高等学校人体结构与功能系列教材

神 经 系 统

娄海燕 李振中 主编

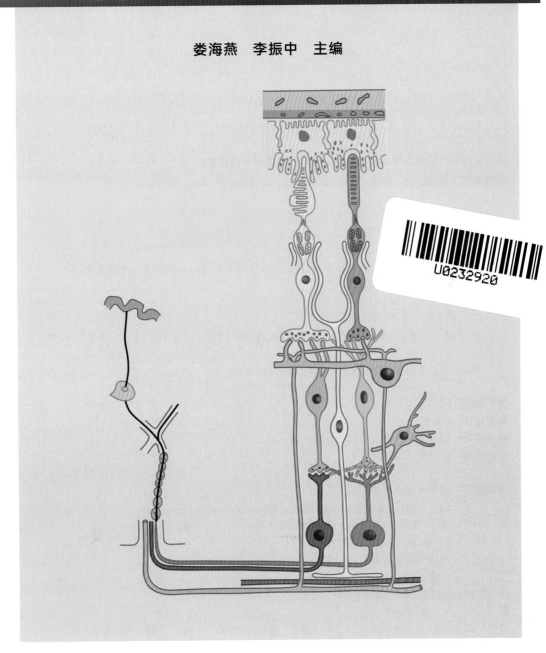

清华大学出版社

北 京

本书封面贴有清华大学出版社防伪标签，无标签者不得销售。

版权所有，侵权必究。举报：010-62782989，beiqinquan@tup.tsinghua.edu.cn。

图书在版编目（CIP）数据

神经系统 / 娄海燕，李振中主编. —北京：清华大学出版社，2023.10（2025.2 重印）
高等学校人体结构与功能系列教材
ISBN 978-7-302-62443-1

Ⅰ.①神… Ⅱ.①娄… ②李… Ⅲ.①人体-神经系统-高等学校-教材 Ⅳ.①Q983

中国国家版本馆CIP数据核字（2023）第016168号

责任编辑：孙　宇
封面设计：王晓旭
责任校对：李建庄
责任印制：杨　艳

出版发行：清华大学出版社
　　　　　网　　　址：https://www.tup.com.cn，https://www.wqxuetang.com
　　　　　地　　　址：北京清华大学学研大厦 A 座　　　邮　　编：100084
　　　　　社 总 机：010-83470000　　　　　　　　　邮　　购：010-62786544
　　　　　投稿与读者服务：010-62776969，c-service@tup.tsinghua.edu.cn
　　　　　质量反馈：010-62772015，zhiliang@tup.tsinghua.edu.cn
印 装 者：三河市龙大印装有限公司
经　　销：全国新华书店
开　　本：210 mm×285 mm　　　印　　张：26.75　　　字　　数：590 千字
版　　次：2023 年 10 月第 1 版　　　　　　　　　　印　　次：2025 年 2 月第 2 次印刷
定　　价：99.00 元

产品编号：100231-01

娄海燕

娄海燕，山东大学基础医学院药理学系教授，博士，硕士生导师；中国药理学会神经精神药理学委员会常务委员，主要研究方向为神经退行性疾病的发病机制及药物干预；主持国家自然科学基金3项，山东省自然科学基金等省级课题6项；以通讯作者发表SCI科研论文20余篇。从事本科生及研究生教学工作20余年，参编教材及专著多部。

李振中

  李振中，山东大学基础医学院人体解剖与神经生物学系教授，博士生导师，山东省省级教学名师，国家级一流本科课程局部解剖学负责人，主编、参编著作或教材27部。主要研究方向为神经-靶组织调控，主持国家级科研课题4项，以第一作者或通讯作者发表学术论文70余篇，其中SCI收录50余篇。现任高等学校基础医学实验教学中心规范化建设和管理工作组副组长、教育部高等学校基础医学类教学指导委员会委员、中国解剖学会理事、山东解剖学会理事长。

高等学校人体结构与功能系列教材

编 委 会

名誉主任 张 运 陈子江

主 任 刘传勇 易 凡

副 主 任 赵福昌 高成江 王立祥

秘 书 长 邹永新

委 员 刘尚明 娄海燕 李振中 孙晋浩

徐广琪 钟 宁 李芳邻 崔 敏

薛 冰 李 丽 王双连 丁兆习

甄军晖 杨向东 王姿颖 郝春燕

《神经系统》

编 委 会

主　编　娄海燕　李振中

副主编　马雪莲　刘　真

编　委（按姓氏笔画排序）

于　卉　于书彦　马雪莲　王　进　王胜军

王艳青　王富武　刘　真　刘尚明　安　杰

孙　霞　牟　坤　苏　擘　李振中　张艳敏

张晓芳　张晓丽　陈　琳　娄海燕

•丛书前言•

"高等学校人体结构与功能系列教材"秉承国际医学教育改革和发展的核心理念，打破学科之间的壁垒，将人体解剖学、组织学与胚胎学、生理学、病理生理学、病理学、药理学、诊断学七门内容高度相关的医学核心课程以器官系统为主线进行了整合，形成《人体结构与功能基础》《神经系统》《运动系统》《血液与淋巴系统》《心血管系统》《呼吸系统》《消化系统》《泌尿系统》《内分泌与生殖系统》共九本书，系统阐述了各器官的胚胎发生、正常结构和功能、相关疾病的病因和发病机制、疾病发生后的形态及功能改变、疾病的诊断和相关药物治疗等内容。

本套教材根据"全面提高人才自主培养质量，着力造就拔尖创新人才"要求，坚持精英医学人才培养理念，在强调"内容精简、详略有方"的同时，力求实现将医学知识进行基于人体器官的实质性融合，克服了整合教材常见的"拼盘"做法，有利于帮助医学生搭建机体结构-功能-疾病-诊断-药物治疗为基础的知识架构。多数章节还采用案例引导的方式，在激发学生学习兴趣的同时，引导学生运用所学知识分析临床问题，提升知识应用能力。

为推进教育数字化，建设全民终身学习的学习型社会，编写组还制作了配套的在线开放课程并在慕课平台免费开放，为医学院校推进数字化教学转型提供了便利。建议选用本套教材的学校改变传统的"满堂灌"教学模式，积极推进混合式教学，将学生线上学习基础知识和教师线下指导学生内化与拓展知识有机结合，使以学生为中心、以能力提高为导向的医学教育理念落到实处。本套教材还支持学生以案例为基础（CBL）和以问题为中心（PBL）的自主学习，辅以实验室研究型学习和临床见习，从而进一步提高医学教育质量，实现培养高素质医学人才的目标。

本套教材以全国高等医学院校临床医学类、口腔医学类、预防医学类和基础医学类五年制、长学制医学生为主要目标读者，并可作为临床医学各专业研究生、住院医师等相关人员的参考用书。

感谢山东大学出版基金、山东大学基础医学院对于本套教材编写的鼎力支持，感谢山东数字人科技股份有限公司提供的高清组织显微镜下图片，感谢清华大学出版社在本书出版和插图绘制过程中给予的支持和帮助。

本套教材的参编作者均为来自山东大学等国内知名医学院校且多年从事教学科研工作的一线教师，他们将多年医学教学积累的宝贵经验有机融入教材中。不过由于时间仓促、编者水平有限，教材中难免会存在疏漏和错误，敬请广大师生和读者提出宝贵意见，以利今后在修订中进一步完善。

刘传勇　易　凡

2022 年 11 月

前　言

　　神经系统是自然界最复杂的系统，在整个医学科学中占有重要的地位。为了适应新时期"健康中国"的战略、"新医科"建设、"双一流"建设、倡导课程思政，体现以"学生"和"学"为中心的教学理念、以系统为主导的教学模式，我们编写了《神经系统》，此为以系统为主导人体结构与功能系列教材中的一个分册。

　　本教材共包括19章。在内容选择上，力求体现神经系统的发生发育、神经系统的基本结构和基本功能、神经电生理、神经系统对感觉和运动功能的调控、神经系统对内脏活动的调节、脑的高级神经活动及其调节、神经系统调控的基本分子机制、神经系统常见疾病及其病理特征、神经系统常用的体格检查和辅助检查、作用于神经系统的常用药物等，为进一步理解神经系统的本质问题、从事神经系统的科学研究和进一步学习神经系统的临床诊治打下坚实的基础。

　　本教材的特点主要包括以下几个方面：①注重神经系统的基本结构；②通过神经系统的发生发育揭示神经系统结构的本质问题；③体现神经系统的基本功能；④展示神经系统电活动的本质；⑤涉及神经系统调控的基本分子机制；⑥展现神经系统常见疾病的症状和体征；⑦介绍神经系统的体格检查和辅助检查；⑧初步涉及神经系统常见疾病的诊治策略；⑨融汇神经系统常见疾病用药的基本原理；⑩为从事神经系统的科学研究提供思路。总之，本教材是以从结构到功能、从正常到病理、从宏观到微观、从基础初步涉及临床、从实际内容描述引导到科学研究的正确道路为指导思想而编写的，力求体现新、深、精、启、明的精髓和特色。

　　有关神经系统的知识浩如烟海，有关神经系统研究的新进展和新发现层出不穷，国内外有关神经系统的著作和教科书种类繁多，在如此复杂的背景下，选择出适合于教学、研读、参考、实践等各方面的教材实属不易，确实面临着巨大的困难和挑战。基于此，在内容选择上，本教材既基于本科教学的实际需要，又结合了最新研究进展加以引导，这是针对医学院校神经系统实际教学内容应用的一个新的尝试，希望本教材能够更大限度地帮助学生揭示神经系统的奥秘，更大可能地为授课教师提供具有科学依据的参考，更大方便地为广大读者提供有益的信息，尽最大努力为神经系统的"教"与"学"提供新的支持、做出新的贡献。

　　本教材可用于神经系统教学，主要供临床医学和基础医学专业学生使用，也可作为口腔医学、预防医学、检验医学、护理学、药学和生物医学等专业的参考教材。

　　由于神经系统的复杂性、不同专业的编者对神经系统认识的局限性，本教材在内容选择、前后呼应、内在逻辑关系的呈现、专业术语的运用等各方面可能存在偏颇，甚至难免会有疏漏、不当或谬误之处，敬请使用本教材的广大同行专家及老师同学们提出宝贵意见与建议，以便在今后再版时更正，使本教材日臻完善。

娄海燕　李振中
2023 年 3 月于济南

目 录

第一章 神经系统概述

神经系统（nervous system）是人体结构和功能最复杂的系统，在人体生理功能活动的调节中发挥主导作用，人体内各器官、系统的功能都受到神经系统的直接或间接调控。

一、神经系统的组成

神经系统由中枢部和周围部组成，是一个高度特化的复杂结构和信息处理系统，负责调节机体各器官的所有生理功能。中枢部包括脑和脊髓，又称中枢神经系统（central nervous system，CNS）。周围部指与脑和脊髓相连的神经，又称周围神经系统（peripheral nervous system，PNS）。与脑相连的周围神经部分为脑神经，与脊髓相连的周围神经部分为脊神经。周围神经又可根据在各器官、系统中所分布的对象不同，分为躯体神经（somatic nerve）和内脏神经（visceral nerve）。躯体神经分布于体表、骨、关节和骨骼肌，内脏神经分布到内脏、心血管、平滑肌和腺体。周围神经根据其功能又可分为感觉神经（sensory nerve）和运动神经（motor nerve）。感觉神经将神经冲动自感受器传向中枢，故又称传入神经（afferent nerve），运动神经是将神经冲动自中枢传向周围的效应器，故又称传出神经（efferent nerve）。周围神经系统和中枢神经系统在解剖学上相互独立，但在功能上又相互联系和整合（图 1-1-1）。

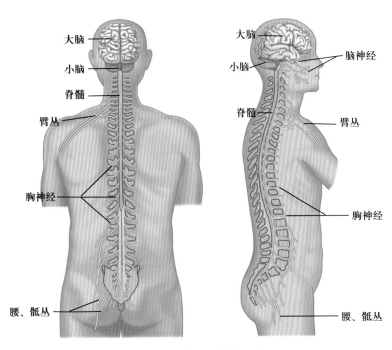

大脑
小脑
脊髓
臂丛
胸神经
腰、骶丛

大脑
小脑
脑神经
脊髓
臂丛
胸神经
腰、骶丛

图 1-1-1　神经系统的区分

二、神经系统的构成

神经系统的基本组织是神经组织，神经组织由神经元（neuron）和神经胶质细胞（neuroglial cell）构成。神经元是神经系统的结构和功能单位，其主要功能是接受、整合、传导和传递信息。无数神经元在神经系统内构成复杂的神经网络，使神经系统具有反射、联系、整合和调节等复杂功能。神经元和神经元之间，或者神经元与效应细胞之间传递信息的部位称为突触（synapse）。

三、神经系统常用术语

在中枢和周围神经系统中，神经元胞体和突起在不同部位有不同的组合编排方式，用不同的术语表示。

（一）灰质

神经元胞体及其树突在中枢部的集聚部位称灰质（gray matter），因富含血管，在新鲜标本中色泽灰暗。

（二）白质

神经纤维在中枢部集聚的部位称白质（white matter），因髓鞘含类脂质而色泽明亮而得名。

（三）皮质

灰质在大、小脑表面成层配布，称为皮质（cortex）。

（四）髓质

位于大脑和小脑的白质因被皮质包绕而位于深部，称为髓质（medulla）。

（五）神经核

在中枢部，皮质以外，形态和功能相似的神经元胞体聚集成团或柱，称为神经核（nucleus）。

（六）纤维束

在白质中，起止、行程和功能基本相同的神经纤维集合在一起称为纤维束（fasciculus）。

（七）网状结构

在中枢部，除了边界明显的灰质和白质以外，还有一些区域内神经元胞体和纤维相互混杂交错而成网络状，称网状结构（reticular formation）。

Note

（八）神经节

在周围部，神经元胞体集聚处称神经节（ganglion）。其中由假单极或双极神经元等感觉神经元胞体集聚而成的称为感觉神经节，由传出神经元胞体集聚而成的、与支配内脏活动有关的称为内脏运动神经节。

（九）神经

神经纤维在周围部集聚在一起称为神经（nerve）。包绕在每条神经外面的结缔组织称为神经外膜，结缔组织将神经分为若干小束，称为神经束，包被神经束的结缔组织称神经束膜，包在每根神经纤维外面的结缔组织称神经内膜。

四、神经系统的活动方式

神经系统在调节机体的活动中，对内、外环境的各种刺激做出适宜的反应，称为反射（reflex）。反射是神经系统活动的基本方式，其结构基础是反射弧（reflex arc）。反射弧由感受器、传入神经、中枢、传出神经和效应器构成。反射的基本过程是刺激信息经反射弧各个环节序贯传递的过程。

五、神经系统的功能

神经系统是人体内最主要的调节系统，通过分布在全身各处的各种感受器，使机体获得体内、外环境变化的信息，通过各种传入通路进入中枢神经系统，脑和脊髓则对这些信息进行分析、综合，然后通过传出神经迅速而精确地调节各器官系统的活动，使机体做出迅速、准确且适当的反应，以适应不断变化着的内、外环境，维持生命活动的正常进行。

（刘　真）

第二章 中枢神经系统的发生和形态结构

第一节 神经管的发生和早期分化

神经系统起源于神经外胚层，由神经管和神经嵴分化而成。神经管分化为中枢神经系统，神经嵴主要分化为周围神经系统。

一、神经管的发生

人体胚胎第3周初，在脊索的诱导下，其上方的外胚层增厚形成神经板（neural plate），神经板两侧高起形成神经褶（neural fold），神经板中央凹陷形成神经沟（neural groove）（图2-1-1）。在相当于枕部体节的平面上，两侧神经褶靠拢而融合成管，并向头、尾两端延伸，最后在头尾两端各有一开口，即前神经孔（anterior neuropore）和后神经孔（posterior neuropore）（图2-1-2）。到第4周末前后神经孔闭合，完整的神经管（neural tube）形成。神经管的前段膨大，衍化为脑；后段较细，衍化为脊髓（图2-1-3）。

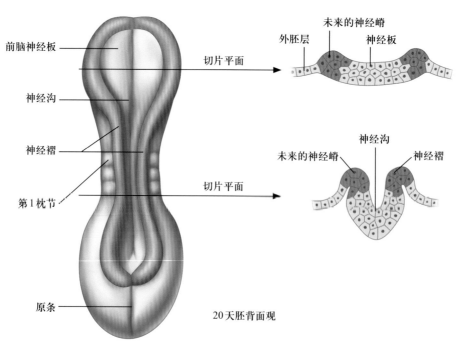

图 2-1-1　神经板的发生及神经沟的形成

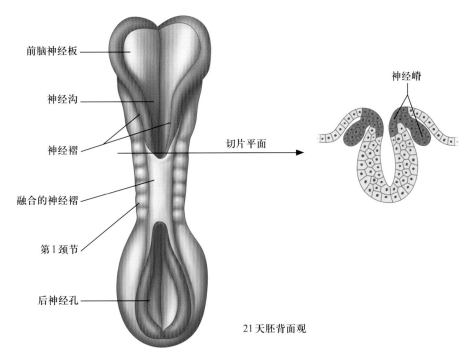

前脑神经板

神经沟

神经褶

融合的神经褶

第1颈节

后神经孔

神经嵴

切片平面

21天胚背面观

图 2-1-2　神经管的发生及神经嵴的形成

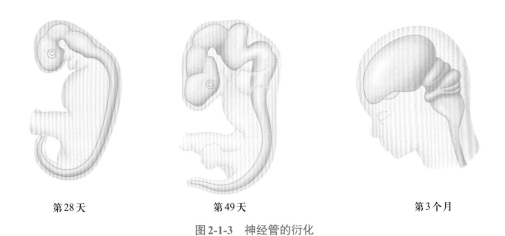

第28天　　　　　第49天　　　　　第3个月

图 2-1-3　神经管的衍化

在由神经沟闭合为神经管的过程中，神经沟边缘与表面外胚层相延续处的神经外胚层细胞游离出来，形成左、右两条与神经管平行的细胞索，位于神经管的背外侧，表面外胚层的下方，称为神经嵴（neural crest）（图2-1-2）。神经嵴参与周围神经系统的形成。

二、神经管的早期分化

神经板最初由单层柱状上皮构成，称为神经上皮（neuroepithelium）。当神经管形成后，管壁变为假复层柱状上皮，上皮的基膜较厚，称为外界膜；管壁内侧也有一层膜，称内界膜。神经上皮细胞不断分裂增殖，部分细胞迁至神经上皮的外周，先后分化为成神经细胞和成神经胶质细胞，构成了一层新细胞层，即套层（mantle layer）。余下的原位神经上皮停止分化，变成一层立方形或矮柱状细胞，称室管膜层（ependymal layer）。

套层的成神经细胞起初为圆球形,很快伸出突起并延伸至套层外周,形成一层新的结构,称边缘层(marginal layer)(图2-1-4)。随着成神经细胞的分化,套层中的成神经胶质细胞也分化为星形胶质细胞和少突胶质细胞,并有部分细胞进入边缘层。

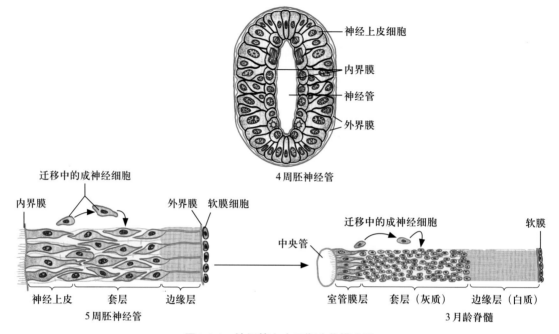

图2-1-4　神经管上皮早期分化模式图

三、神经元的发生

成神经细胞一般不再分裂增殖,起初为圆形,称为无极成神经细胞(apolar neuroblast),以后发出两个突起,称为双极成神经细胞(bipolar neuroblast)。双极成神经细胞朝向神经管腔一侧的突起退化消失,伸向边缘层的一个突起迅速增长,形成原始轴突,此时称为单极成神经细胞(unipolar neuroblast)。单极成神经细胞内侧端又形成若干短突起(原始树突),演变成多极成神经细胞(multipolar neuroblast),进而发育为多极神经元(图2-1-5)。

在神经元的发生过程中,最初生成的神经细胞数目远比以后存留的数目多,那些未能与靶细胞或靶组织建立连接的神经元都在一定时间内凋亡。神经细胞的存活及其突起的发生主要受靶细胞或靶组织产生的神经营养因子的调控。

四、神经胶质细胞的发生

神经胶质细胞的发生晚于神经细胞。成神经胶质细胞首先分化为神经胶质细胞的前体细胞,即成星形胶质细胞和成少突胶质细胞。成星形胶质细胞又分化为原浆性和纤维性星形胶质细胞,成少突胶质细胞分化为少突胶质细胞。对于小胶质细胞的起源,至今尚存争议,有人认为小胶质细胞源于神经管周围的间充质细胞,更多人认为源于血液中的单核细胞(图2-1-5)。神经胶质细胞始终保持分裂增殖能力。

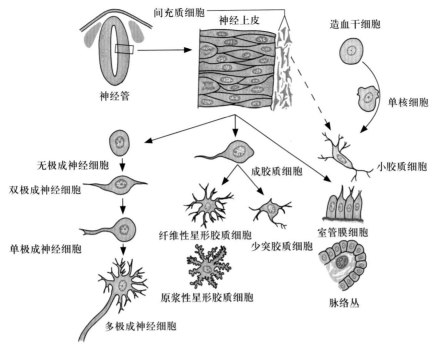

图 2-1-5 神经上皮细胞分化模式图

（刘尚明）

第二节 脊髓的发生

一、脊髓的演变

神经管的下段分化为脊髓，其管腔演化为脊髓中央管，套层分化为脊髓的灰质，边缘层分化为白质。神经管的两侧壁由于套层中成神经细胞和成胶质细胞的增生而迅速增厚，侧壁的腹侧部增厚形成左、右两个基板（basal plate）；背侧部增厚形成左、右两个翼板（alar plate）；顶壁和底壁都薄而窄，分别形成顶板（roof plate）和底板（floor plate）。由于基板和翼板的增厚，在神经管的内表面出现了左、右两条纵沟，称为界沟（sulcus limitans）（图 2-2-1）。

由于成神经细胞和成神经胶质细胞的增多，左、右两基板向腹侧突出，致使两者之间形成了一条纵行的裂隙，位居脊髓的腹侧正中，称为前正中裂。同样，左、右两翼板也增大并在中线愈合形成一隔膜，称为后正中隔。基板形成脊髓灰质的前角，其中的成神经细胞分化为躯体运动神经元。翼板形成脊髓灰质后角，其中的成神经细胞分化为中间神经元。若干成神经细胞聚集于基板和翼板之间，形成脊髓侧角，其内的成神经细胞分化为内脏传出神经元。至此，神经管的尾端分化成脊髓，神经管周围的间充质分化成脊膜（图 2-2-1）。

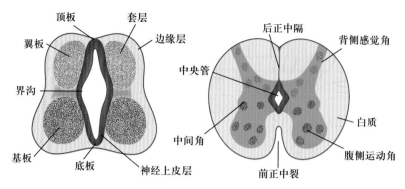

图 2-2-1　脊髓的演变

二、脊髓的位置变化

胚胎第 3 个月之前，脊髓与脊柱等长，其下端可达脊柱的尾骨平面。第 3 个月后，由于脊柱增长比脊髓快，脊柱逐渐超越脊髓向尾端延伸，脊髓的位置相对上移。至出生前，脊髓下端与第 3 腰椎平齐，仅以终丝与尾骨相连；成人脊髓尾端则与第 1 腰椎平齐。由于节段性分布的脊神经均在胚胎早期形成，并从相应节段的椎间孔穿出，当脊髓位置相对上移后，脊髓颈段以下的脊神经根越来越斜向尾侧，至腰、骶和尾段的脊神经根则在椎管内垂直下行，与终丝共同组成马尾（cauda equina）（图 2-2-2）。

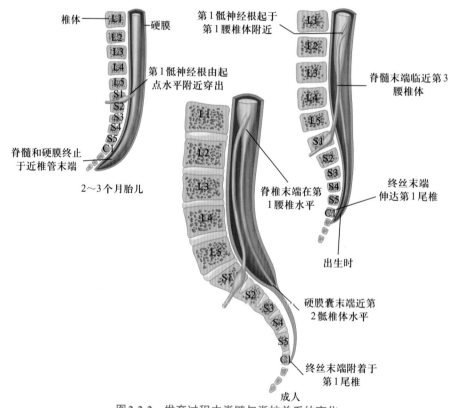

图 2-2-2　发育过程中脊髓与脊柱关系的变化

（刘尚明）

第三节 脊髓的结构

一、位置和外形

脊髓（spinal cord）位于椎管内，上端平枕骨大孔处与延髓相连，下端在成人平第1腰椎体下缘，全长42～45 cm，最宽处横径为1～1.2 cm。脊髓呈前、后稍扁的圆柱形，全长粗细不等，有两个梭形的膨大，即颈膨大和腰骶膨大。前者自第4颈节至第1胸节，后者自第2腰节至第3骶节。脊髓末端变细，称为脊髓圆锥，自此处向下延为细长的无神经组织的终丝，长约20 cm，向上与软脊膜相连，向下在第2骶椎水平以下由硬脊膜包裹，止于尾骨的背面（图2-3-1）。

脊髓主要表面可见6条纵行浅沟，前面正中较明显的沟称前正中裂，后面正中较浅的沟为后正中沟。此外还有两对外侧沟，即前外侧沟和后外侧沟，分别有脊神经前、后根的根丝附着。

脊髓在外形上没有明显的节段性，但每一对脊神经及其前、后根的根丝附着范围的脊髓即构成一个脊髓节段，因为有31对脊神经，故脊髓也可分为31个节段：即8个颈节（C）、12个胸节（T）、5个腰节（L）、5个骶节（S）和1个尾节（Co）（图2-3-2）。

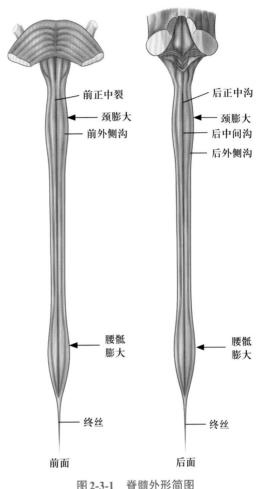

图2-3-1 脊髓外形简图

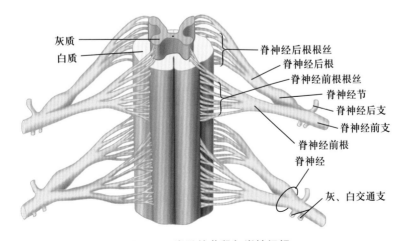

图2-3-2 脊髓的节段与脊神经根

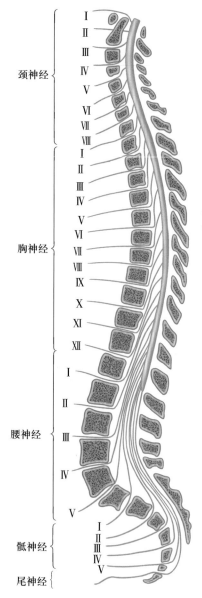

图 2-3-3 脊髓的节段与椎骨序数的关系

由于自胚胎第 4 个月起，脊柱的生长速度比脊髓快，因此成人脊髓和脊柱的长度不等，脊柱的长度与脊髓的节段并不完全对应。成人一般的推算方法为：上颈髓节（$C_1 \sim C_4$）大致与同序数椎骨相对应，下颈髓节（$C_5 \sim C_8$）和上胸髓节（$T_1 \sim T_4$）与同序数椎骨的上 1 节椎体平对，中胸部的脊髓节（$T_5 \sim T_8$）约与同序数椎骨上 2 节椎体平对，下胸部的脊髓节（$T_9 \sim T_{12}$）约与同序数椎骨上 3 节椎体平对，全部腰髓节平对 $T_{10} \sim T_{12}$，全部骶、尾髓节约平对 L_1（图 2-3-3）。

二、内部结构

脊髓主要由灰质和白质两大部分组成。在脊髓的横切面（图 2-3-4）上，可见中央有一细小的中央管，围绕中央管周围是 "H" 形的灰质，灰质的外周是白质。

每侧的灰质，前部宽大为前角或前柱，后部狭细为后角或后柱。在胸髓和上部腰髓（$L_1 \sim L_3$），前、后角之间有向外侧伸出的侧角或侧柱，前、后角之间的区域为中间带，中央管前、后的灰质分别称为灰质前连合和灰质后连合，连接两侧的灰质。因灰质前、后连合位于中央管周围，又称中央灰质。

白质借脊髓的纵沟分为 3 个索，前正中裂与前外侧沟之间为前索（anterior funiculus），前、后外侧沟之间为外侧索（lateral funiculus）；后外侧沟与后正中沟之间为后索（posterior funiculus）。在灰质前连合的前方有纤维横越，称白质前连合。在后角基部外侧与白质之间，灰、白质混合交织，称网状结构，在颈部比较明显。

（一）灰质

脊髓灰质主要成分包括多极神经元的胞体及其树突。

1. 前角

前角内大多是躯体运动神经元，胞体大小不一。较大者称 α 运动神经元，胞体平均直径 25 μm，轴突较粗，分布到骨骼肌（梭外肌）；较小者称 γ 运动神经元，胞体直径 15～25 μm，轴突较细，支配肌梭的梭内肌纤维。以上两种神经元释放的神经递质为乙酰胆碱。还有一种小神经元称闰绍细胞（Renshaw cell），其短轴突与 α 神经元的

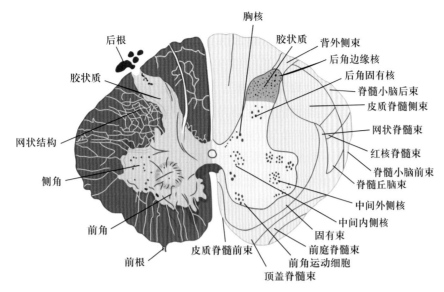

图 2-3-4　新生儿脊髓胸部的横切面

胞体形成突触，可能通过释放甘氨酸，抑制 α 神经元的活动。

2. 后角

大多为中、小型联络神经元，它们主要接收感觉神经元轴突传入的神经冲动，其轴突在白质内形成各种上行纤维束到脑干、小脑和丘脑，所以此类神经元又称为束细胞（tract cell）或投射神经元。

3. 侧角

侧角内含大量内脏运动神经元，为交感神经系统的节前神经元，其轴突组成交感神经系统的节前纤维终止于交感神经节（节后神经元），与节细胞建立突触。侧角的内脏运动神经元也属于胆碱能神经元。

脊髓灰质内有各种不同大小、形态和功能的神经元，其中大多数神经元的胞体往往集聚成群或成层，称为神经核或板层。

根据 Rexed（20 世纪 50 年代）对猫脊髓板层的研究，Schoenen（1973 年）和 Schoenen 与 Faull（1990 年）提供了被普遍认可的人类脊髓灰质的板层模式，将脊髓灰质分为 10 个板层，这些板层从后向前分别用罗马数字 I ～ X 命名（图 2-3-5）。

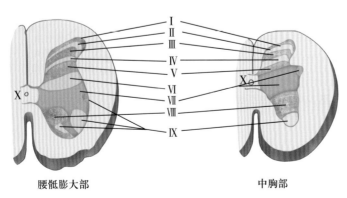

图 2-3-5　脊髓灰质内 Rexed 的板层

板层Ⅰ～Ⅳ是皮肤感受外界痛、温、触、压觉等刺激的初级传入纤维终末和侧支的主要接受区。板层Ⅴ～Ⅵ接受后根本体感觉性初级传入纤维，以及自大脑皮质运动区、感觉区和皮质下结构的大量下行纤维，与调节运动有密切关系。板层Ⅶ占中间带的大部，中间内侧核位于第Ⅶ层最内侧，第Ⅹ层的外侧，占脊髓全长，接受后根传入的内脏感觉纤维，发出纤维到内脏运动神经元并上行至脑。中间外侧核位于T_1～L_2（或L_3）节段的侧角，是交感神经节前神经元胞体所在的部位，即交感神经的低级中枢。S_2～S_4节段板层Ⅶ的外侧部，有骶副交感核，是副交感神经节前神经元胞体所在的部位，即副交感神经的低级中枢（骶部），发出纤维组成盆内脏神经。板层Ⅷ的细胞为中间神经元，接受一些下行纤维束的终末，发出纤维到第Ⅸ层，影响运动神经元。板层Ⅸ由前角运动神经元和中间神经元组成，位于前角的最腹侧。在颈膨大和腰骶膨大处前角运动神经元可分为内、外侧两大群。内侧群又称前角内侧核，支配躯干的固有肌；外侧群又称前角外侧核，支配上、下肢肌。板层Ⅹ位于中央管周围，包括灰质前、后连合，某些后根的纤维终于此处。

（二）白质

白质的主要结构为纵行的神经纤维束，其粗细差异很大，大多是有髓神经纤维，纤维外面有神经胶质细胞的突起包绕。纤维束一般是按它的起止命名，可分为长的上行纤维束、下行纤维束和短的固有束（图2-3-6）。上行纤维束将不同的感觉信息上传到脑，下行纤维束从脑的不同部位将神经冲动下传到脊髓。固有束起止均在脊髓，紧靠脊髓灰质分布，参与完成脊髓节段内和节段间反射活动。

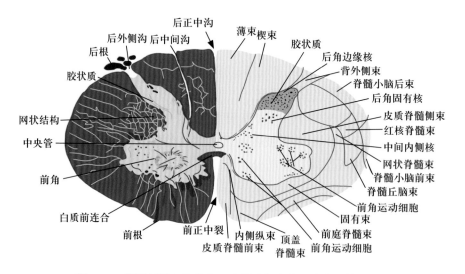

图2-3-6　颈髓纤维束的分布示意图（新生儿颈膨大的横切面）

1. 上行传导束

又称感觉传导束，包括薄束与楔束、脊髓小脑束和脊髓丘脑束。

（1）薄束（fasciculus gracilis）与楔束（fasciculus cuneatus）：薄束和楔束是脊神经后根内侧部的粗纤维在同侧后索的直接延续。薄束成自同侧第5胸节以下脊神经节细胞的中枢突，楔束成自同侧第4胸节以上脊神经节细胞的中枢突。这些脊神经节细胞的周围突分别至肌、腱、关节和皮肤的感受器，中枢突经后根内侧部进入脊髓形成薄束与楔束，在脊髓后索上行，分别止于延髓的薄束核和楔束核。薄束与楔束分别传导来自同侧下半身和上半身的肌、腱、关节和皮肤的本体感觉（肌、腱、关节的位置觉、运动觉和振动觉）和精细触觉（如通过触摸辨别物体纹理粗细和两点距离）信息。

（2）脊髓小脑后束（posterior spinocerebellar tract）和脊髓小脑前束（anterior spinocerebellar tract）：脊髓小脑后束位于外侧索周边的后部，仅见于L₂以上脊髓节段，主要起自同侧板层Ⅶ的背核，上行经小脑下脚终于小脑皮质。脊髓小脑前束位于脊髓小脑后束的前方，主要起自腰骶膨大节段板层Ⅴ～Ⅶ层的外侧部，大部分交叉至对侧上行，小部分在同侧上行，经小脑上脚进入小脑皮质。此二束传递下肢和躯干下部的非意识性本体感觉和触、压觉信息至小脑。

（3）脊髓丘脑束（spinothalamic tract）：可分为脊髓丘脑侧束（lateral spinothalamic tract）和脊髓丘脑前束（anterior spinothalamic tract）。脊髓丘脑侧束位于外侧索的前半部，传递由后根细纤维传入的痛、温觉信息。脊髓丘脑前束位于前索，前根纤维的内侧，传递由后根粗纤维传入的粗触觉、压觉信息。脊髓丘脑束主要起自脊髓灰质Ⅰ和Ⅳ～Ⅶ层，纤维经白质前连合越边后在同节或上1～2节的外侧索和前索上行，止于背侧丘脑。

2. 下行传导束

又称运动传导束，起自脑的不同部位，直接或间接地止于脊髓灰质前角或侧角。包括锥体系的皮质脊髓束和锥体外系的红核脊髓束、前庭脊髓束等。

（1）皮质脊髓束（corticospinal tract）：起源于大脑皮质中央前回和其他一些皮质区域，下行至延髓锥体交叉，其中大部分（75%～90%）纤维交叉至对侧，称为皮质脊髓侧束（lateral corticospinal tract），少量未交叉的纤维在同侧下行称为皮质脊髓前束（anterior corticospinal tract），另有少量不交叉的纤维沿同侧外侧索下行，称为Barne前外侧束。

脊髓前角运动神经元主要接受来自对侧大脑半球的纤维，但也接受来自同侧的少量纤维。支配上、下肢的前角运动神经元只接受对侧半球来的纤维，而支配躯干肌的运动神经元接受双侧皮质脊髓束的支配。当脊髓一侧的皮质脊髓束损伤后，出现同侧损伤平面以下的肢体骨骼肌痉挛性瘫痪（肌张力增高、腱反射亢进等，也称硬瘫），而躯干肌不瘫痪。

（2）锥体外系的下行传导束

1）红核脊髓束：起自中脑红核，纤维交叉至对侧，在脊髓外侧索内下行，对支配屈肌的运动神经元有较强兴奋作用。

2）前庭脊髓束：起自前庭神经外侧核，在同侧前索外侧部下行，主要兴奋躯干和肢体的伸肌，在调节身体平衡中起作用。

3）网状脊髓束：起自脑桥和延髓的网状结构，大部分在同侧下行，行于白质前索和外侧索前内侧部，主要参与对躯干和肢体近端肌运动的控制。

4）顶盖脊髓束：起自中脑上丘，在前索内下行，可兴奋对侧颈肌、抑制同侧颈肌活动。

5）内侧纵束：位于前索，为一复合的上、下行纤维的总合，在脑干起自不同的核团，进入脊髓的为内侧纵束降部，止于颈段脊髓中间带和前角内侧核，协调颈肌的运动。其整体作用主要是协调眼球的运动和头、颈部的运动。

（刘　真　张艳敏）

第四节　脑 的 发 生

脑（brain）位于颅腔内，成年人脑的平均重量约为1400 g。一般可将脑分为6个部分：端脑、间脑、中脑、脑桥、延髓和小脑。通常将中脑、脑桥和延髓合称为脑干（图2-4-1）。

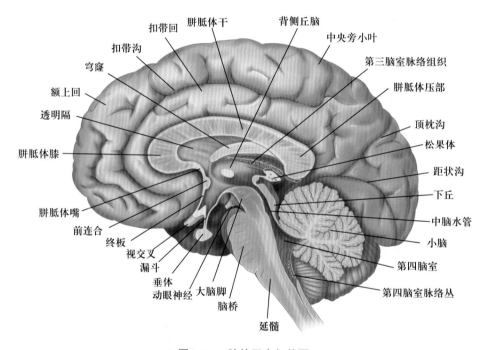

图2-4-1　脑的正中矢状面

脑由神经管的头段演变而来，其形态发生和组织分化过程尽管与脊髓有一些相同或相似之处，但比脊髓更为复杂。

一、脑泡的形成和演变

胚胎第4周末，神经管头段形成三个膨大，即脑泡（brain vesicle），由前向后分别为前脑泡、中脑泡和菱脑泡。至胚胎第5周，前脑泡的头端向两侧膨大，形成左右两侧端脑（telencephalon），以后演变为左右大脑半球，而前脑泡的尾端则形成间脑。中脑泡演变为中脑。菱脑泡演变为头侧的后脑（metencephalon）和尾侧的末脑

（myelencephalon），后脑演变为脑桥和小脑，末脑演变为延髓（图2-4-2）。

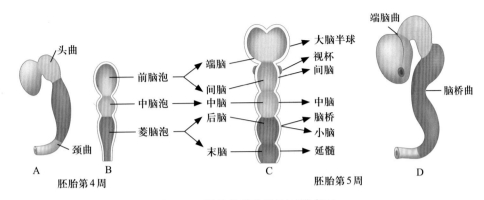

图2-4-2　脑泡的发生及演变模式图

A、D. 侧面观；B、C. 冠状面

随着脑泡的形成和演变，神经管的管腔也演变为各部位的脑室。前脑泡的腔演变为左右两个侧脑室和间脑中的第三脑室；中脑泡的腔很小，形成狭窄的中脑水管；菱脑泡的腔演变为宽大的第四脑室（图2-4-3）。

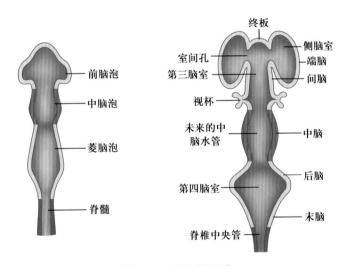

图2-4-3　脑室的形成

在脑泡的形成和演变过程中，由于各部位发育不平衡，相继出现了几个不同方向的弯曲。首先出现的是凸向背侧的头曲（cephalic flexure）和颈曲（cervical flexure）。前者位于中脑部，故又称中脑曲，后者位于脑与脊髓之间。其次，在端脑和脑桥处又出现了两个凸向腹侧的弯曲，分别称端脑曲和脑桥曲（图2-4-2）。

脑壁的演化与脊髓相似，其侧壁上的神经上皮细胞增生并向外侧迁移，分化为成神经细胞和成胶质细胞，形成套层。套层的增厚，使侧壁分化为翼板和基板。端脑和间脑的侧壁大部分形成翼板，基板很小。端脑套层中少部分细胞聚集成团，形成神经核，而大部分细胞都迁至外表面，形成大脑皮质。中脑、后脑和末脑中的套层细胞多聚集成细胞团或细胞柱，形成各种神经核。翼板中的神经核多为感觉中继核，基板中的神经核多为运动核。

二、大脑皮质的组织发生

大脑皮质由端脑套层的成神经细胞迁移和分化而成。大脑皮质的种系发生分为3个阶段，依次是原皮质、旧皮质和新皮质。人类大脑皮质的发生过程重演了皮质的种系发生。海马和齿状回是最早出现的皮质结构，相当于种系发生中的原皮质。胚胎第7周，在纹状体的外侧，大量成神经细胞聚集并分化，形成梨状皮质，相当于种系发生中的旧皮质。梨状皮质出现不久，神经上皮细胞分裂增殖、分批分期地迁至表层并分化为神经元，形成了新皮质，这是大脑皮质中出现最晚、面积最大的部分（图2-4-4）。由于成神经细胞分批分期地产生和迁移，因而皮质中的神经元呈层状排列。越早产生和迁移的细胞，其位置越深；越晚产生和迁移的细胞，其位置越表浅，即越靠近皮质表层。胎儿出生时，新皮质已形成6层结构。原皮质和旧皮质的分层无一定规律性，有的分层不明显，有的分为3层。

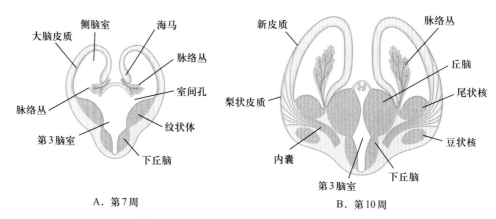

A. 第7周　　　　　　　　B. 第10周

图2-4-4　端脑、间脑冠状面示脑分化模式图

三、小脑皮质的组织发生

小脑起源于后脑翼板背侧部的菱唇（rhombic lip）。左右两菱唇在中线融合，形成小脑板，这就是小脑的始基。胚胎第12周，小脑板的两外侧部膨大，形成小脑半球；中部变细，形成小脑蚓。之后，由一条横裂从小脑半球分出了绒球，从小脑蚓分出了小结。由绒球和小结组成的绒球小结叶是小脑种系发生中最早出现的部分，称原小脑。

胚胎第8周，小脑板由室管膜层、套层和边缘层组成。胚胎第12周，小脑板增厚，神经上皮细胞增殖并通过套层迁至小脑板的外表面，形成了外颗粒层（external granular layer）。这层细胞仍然保持分裂增殖的能力，在小脑表面形成一个细胞增殖区，使小脑表面迅速扩大并产生皱褶，形成小脑叶片。套层外层的成神经细胞分化为浦肯野细胞和高尔基细胞，迁移至外颗粒层的内侧，其中的浦肯野细胞排列为一层，构成浦肯野细胞层；套层内层的成神经细胞则聚集成团，分化为小脑白质中的核团，如齿状核。至胚胎第6个月，外颗粒层细胞开始分化出不同的细胞类型，部分细胞向内迁移，分化为颗粒细胞，位居浦肯野细胞层深面，构成内颗粒层。外颗粒层因大量细胞迁出而变得较少，存留的细胞分化为篮状细胞和星形细胞，形成了小脑皮质的分子层，原来的内颗粒层则改称颗粒层（图2-4-5）。

Note

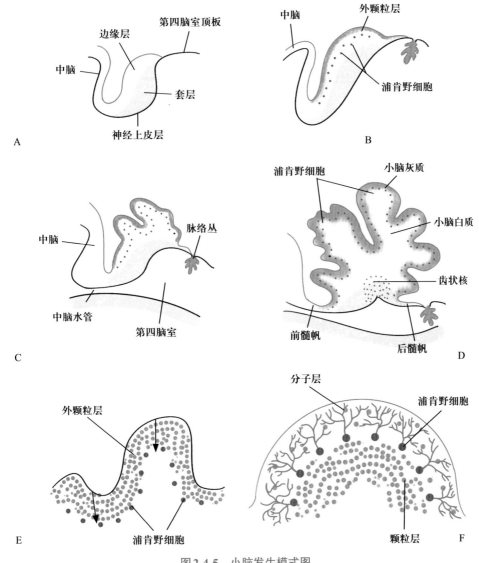

图 2-4-5　小脑发生模式图

A、B、C、D. 胚胎第 8、12、13、15 周小脑矢状切面；
E. 胚胎第 6 个月小脑皮质；F. 出生后小脑皮质

四、神经管缺陷

神经管缺陷（neural tube defect）是由于神经管闭合障碍和发育不全引起的一类先天畸形，主要表现是脑和脊髓的异常，并常伴有颅骨和脊柱的异常。

正常情况下，胚胎第 4 周末神经管应完全闭合，如果失去了脊索的诱导作用或受到环境致畸因子的影响，神经沟就不能正常地闭合为神经管。前神经孔未闭合会导致无脑畸形（anencephaly）；后神经孔未闭合会引起脊髓裂（myeloschisis）。无脑畸形常伴有颅顶骨发育不全，称露脑（exencephaly）。脊髓裂常伴有相应节段的脊柱裂（spina bifida）。脊柱裂可发生于脊柱各段，常见于腰骶部。脊柱裂的严重程度不同，轻者只有少数几个椎弓未在背侧中线愈合，留有一小的裂隙，脊髓、脊膜和神经根均正常，称隐性脊柱裂（spina bifida occulta）。患者的局部皮肤表面常有一小撮毛发，多无任何症状。中度的脊柱裂比较多见，在患处常形成一个大小不等的皮肤囊袋。如果囊袋中只有脊膜和脑脊液，称脊膜膨出（meningocele）；如果囊袋中既有脊膜和脑脊液，又有脊髓和神经根，则称脊髓脊膜膨出（meningomyelocele）（图2-4-6）。严重的脊柱裂大范围的椎弓未发育，伴有脊髓裂，表面皮肤裂开，神经组织暴露于外。如果颅骨发育不全，也可出现脑膜膨出和脑膜脑膨出，多发生于枕部。若脑室也随之膨出，称积水性脑膜脑膨出。

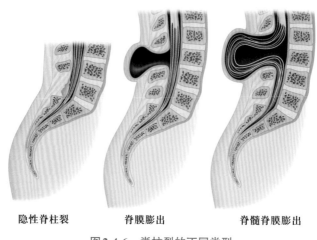

隐性脊柱裂　　　　脊膜膨出　　　　脊髓脊膜膨出

图2-4-6　脊柱裂的不同类型

（刘尚明）

第五节　脑 的 结 构

一、脑干

脑干（brain stem）是位于脊髓和间脑之间的较小部分，位于颅后窝前部，自下而上由延髓（medulla oblongata）、脑桥（pons）和中脑（midbrain）组成。其中延髓和脑桥的腹侧邻接枕骨斜坡，背面与小脑相连。延髓、脑桥和小脑之间围成的腔隙为第四脑室，其向下续于延髓和脊髓的中央管，向上接中脑的中脑水管。

（一）脑干的外形

1. 脑干腹侧面

延髓下部与脊髓外形相似，脊髓表面的各条纵行沟、裂向上延续到达延髓。其腹侧面正中为前正中裂，其两侧的纵行隆起称锥体（pyramid），由大脑皮质发出的锥体束（主要为皮质脊髓束）纤维构成。在锥体的下端，大部分皮质脊髓束纤维左右交叉，形成发辫状的锥体交叉（decussation of pyramid）。延髓上部，锥体外侧的卵圆形隆起称橄榄。每侧橄榄和锥体之间有舌下神经（Ⅻ）根丝穿出。在橄榄的背外侧，自上而下依次有舌咽神经（Ⅸ）、迷走神经（Ⅹ）和副神经（Ⅺ）根丝穿出。脑桥腹侧面中部宽阔隆起，称脑桥基底部。基底部向两侧逐渐缩细的部分，称小脑中脚。基底部与小脑中脚交界处有三叉神经（Ⅴ）根相连。脑桥腹侧下缘与延髓之间为深而明显的、横行的延髓脑桥沟，沟内自中线向外侧依次有展神经（Ⅵ）、面神经（Ⅶ）和前庭蜗神经（Ⅷ）根穿出。中脑两侧粗大的纵行柱状隆起为大脑脚。两侧大脑脚之间的凹陷称脚间窝，动眼神经（Ⅲ）由此穿出（图2-5-1）。

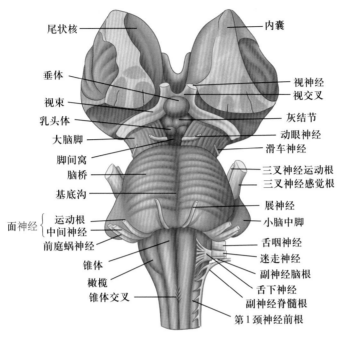

图2-5-1　脑干外形（腹侧面）

2. 脑干背侧面

脑干的背侧面与小脑相连。延髓上半部和脑桥由于中央管的敞开而形成一菱形浅窝，即菱形窝（rhomboid fossa），与小脑之间围成第四脑室（图2-5-2）。

延髓背面的上部构成菱形窝的下半部；下部形似脊髓，正中线的纵形浅沟为脊髓后正中沟的延伸。脊髓后索内的薄束、楔束向上延伸至延髓下部时，分别扩展为膨隆的薄束结节和楔束结节，两者深面分别含有薄束核及楔束核。楔束结节外上方的隆起为小脑下脚。脑桥背面的中部为菱形窝上半部，其两侧为小脑上脚和小脑中脚，连于小脑。中脑背面有两对圆形的隆起，上方者称上丘，下方者称下丘。两者的深面分别有上丘灰质和下丘核，通常将上、下丘合称为四叠体。在上、下丘的外侧，各有一横行的隆起称上丘臂和下丘臂，分别与间脑的外侧膝状体和内侧膝状体相连。下丘下方有滑车神经（Ⅳ）出脑。

（二）脑干的内部结构

脑干的内部结构也主要由灰质和白质构成，但较脊髓更为复杂，同时还出现了大面积的网状结构。

1. 脑干的灰质

脑干内的灰质不再像脊髓内的灰质那样相互连续成纵贯脑干全长的灰质柱，而是聚合成彼此相互独立的各种神经核。根据其纤维联系及功能，可分为3类：脑神经核，与第Ⅲ～Ⅻ对脑神经发生联系；中继核，经过脑干的上、下行纤维束在此进行中继换

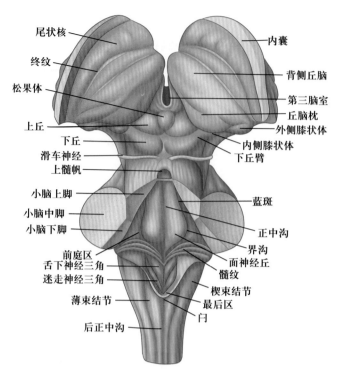

图 2-5-2　脑干外形（背侧面）

元；网状核，位于脑干网状结构中。后两类合称"非脑神经核"。

（1）脑神经核

脊髓灰质内含有与脊神经内4种纤维成分相对应的4种核团，在生物进化过程中，随着头部出现高度分化的视、听、嗅、味觉感受器，以及由鳃弓演化而成的面部和咽喉部骨骼肌，与脊神经相比，脑神经的纤维成分也变得更加复杂，含有7种不同性质的纤维，脑干内部也随之出现了与其相应的7种脑神经核团：①一般躯体运动核，自上而下依次为动眼神经核、滑车神经核、展神经核和舌下神经核。它们发出一般躯体运动纤维分别支配由肌节衍化的眼外肌和舌肌的随意运动。②特殊内脏运动核，自上而下依次为三叉神经运动核、面神经核、疑核及副神经核。它们发出特殊内脏运动纤维支配由鳃弓衍化而成的表情肌、咀嚼肌、咽喉肌及胸锁乳突肌和斜方肌。将鳃弓衍化的骨骼肌视为"内脏"，是因为在种系发生上，鳃弓与属于内脏的呼吸功能有关。③一般内脏运动核，属于副交感核，自上而下依次为动眼神经副核、上泌涎核、下泌涎核和迷走神经背核。它们发出一般内脏运动（副交感）纤维管理头、颈、胸、腹部平滑肌和心肌的收缩，以及腺体的分泌。④一般内脏感觉核，即孤束核下部，相当于脊髓的中间内侧核。接受来自内脏器官、心血管系统的一般内脏感觉纤维。⑤特殊内脏感觉核，即孤束核头端，接受来自味蕾的味觉传入纤维。⑥一般躯体感觉核，自上而下依次为三叉神经中脑核、三叉神经脑桥核及三叉神经脊束核，它们接受来自头面部皮肤和口、鼻黏膜的一般躯体感觉冲动。⑦特殊躯体感觉核，分别为位于前庭区深面的前庭神经核和蜗腹侧核及听结节深面的蜗背侧核，接受来自内耳的平衡觉和听觉纤维（图2-5-3）。

（2）非脑神经核

1）上丘灰质（gray matter of superior colliculus）：位于中脑上部背侧，上丘的深

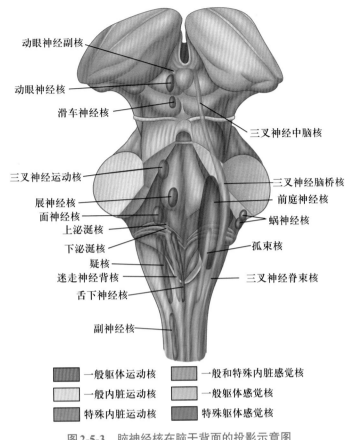

动眼神经副核
动眼神经核
滑车神经核
三叉神经中脑核
三叉神经运动核
展神经核
面神经核
上泌涎核
下泌涎核
疑核
迷走神经背核
舌下神经核
副神经核
三叉神经脑桥核
前庭神经核
蜗神经核
孤束核
三叉神经脊束核

一般躯体运动核　　一般和特殊内脏感觉核
一般内脏运动核　　一般躯体感觉核
特殊内脏运动核　　特殊躯体感觉核

图 2-5-3　脑神经核在脑干背面的投影示意图

面，由浅入深呈灰、白质交替排列的分层结构，在人类构成重要的视觉反射中枢。

2）下丘核（nucleus of inferior colliculus）：位于下丘的深面，为听觉传导通路的重要中继站，接受外侧丘系的大部分纤维，传出纤维经下丘臂投射至内侧膝状体。同时也是重要的听觉反射中枢，可发出纤维终止于上丘，再经顶盖脊髓束终止于脑干和脊髓，参与听觉反射活动。

3）顶盖前区（pretectal area）：位于中脑和间脑的交界部，参与完成直接和间接的瞳孔对光反射。

4）红核（red nucleus）：位于中脑上丘高度，主要接受来自小脑的纤维，其传出纤维下行形成红核脊髓束。

5）黑质（substantia nigra）：位于中脑，有多巴胺能神经元，其合成的多巴胺可调节纹状体的功能活动。

6）脑桥核（pontine nucleus）：位于脑桥基底部，可作为大脑皮质和小脑皮质之间纤维联系的中继站。

7）上橄榄核（superior olivary nucleus）：位于脑桥中、下部，参与声音的空间定位。

8）薄束核（gracile nucleus）和楔束核（cuneate nucleus）：分别位于延髓下部，薄束结节和楔束结节的深面，分别接受脊髓后索内薄束和楔束纤维的终止，是向脑的高级部位传递躯干四肢意识性本体感觉和精细触觉冲动的中继核团。

9）下橄榄核（inferior olivary nucleus）：位于延髓橄榄的深面，是大脑皮质、红

Note

核等与小脑之间纤维联系的重要中继站，参与小脑对运动的调控。

2. 脑干的白质

脑干中的白质主要由长的上、下行纤维束和出入小脑的纤维组成，其中出入小脑的纤维在脑干的背面集合成3对小脑脚。

（1）长的上行纤维束

1）内侧丘系（medial lemniscus）：为薄束核和楔束核发出的二级感觉纤维所组成。此束依次穿过延髓、脑桥和中脑，止于背侧丘脑腹后外侧核。内侧丘系传递对侧躯干、四肢的本体感觉和精细触觉。

2）脊髓丘脑束（spinothalamic tract）：为脊髓内脊髓丘脑侧束和脊髓丘脑前束的延续，两者在脑干内逐渐靠近，又称脊丘系，止于背侧丘脑腹后外侧核。该束传递对侧躯干、四肢的痛温觉和粗略触压觉。

3）三叉丘脑束（trigeminothalamic tract）：又称三叉丘系（trigeminal lemniscus），由三叉神经脊束核及大部分三叉神经脑桥核发的二级感觉纤维所组成，终于背侧丘脑腹后内侧核，主要传导对侧头面部皮肤、牙及口、鼻黏膜的痛觉、温觉和触压觉。

4）外侧丘系（lateral lemniscus）：由起于双侧蜗神经核和双侧上橄榄核的纤维所组成，大部分终止于下丘核。外侧丘系主要传导双侧耳的听觉冲动。

5）脊髓小脑前束（anterior spinocerebellar tracts）和脊髓小脑后束（posterior spinocerebellar tracts）：起于脊髓，分别经小脑上脚和小脑下脚进入小脑，参与本体感觉的反射活动。

（2）长的下行纤维束

1）锥体束（pyramidal tract）：主要由大脑皮质中央前回及中央旁小叶前部的巨型锥体细胞（Betz细胞）和其他类型锥体细胞发出的轴突构成，也有部分纤维起自额、顶叶的其他皮质区。锥体束包括皮质核束和皮质脊髓束，纤维经端脑的内囊下行达脑干，穿经中脑的大脑脚底中3/5。皮质核束由此向下陆续分出纤维，终止于大部分双侧的一般躯体运动核（动眼神经核、滑车神经核、展神经核）、特殊内脏运动核（三叉神经运动核、支配眼裂以上面上部肌的面神经核神经元细胞群、疑核、副神经核）及对侧的支配眼裂以下面下部肌的面神经核神经元细胞群和舌下神经核。皮质脊髓束穿经中脑的大脑脚底中3/5，成束分散穿行于脑桥基底部，至延髓腹侧聚集为锥体，大部分纤维在此越中线交叉至对侧，形成锥体交叉，交叉后的纤维在对侧半脊髓内下降，称皮质脊髓侧束；小部分未交叉的纤维仍在本侧半脊髓前索内下降，称皮质脊髓前束。皮质脊髓束主要支配对侧肢体骨骼肌和双侧躯干肌的随意运动。

2）其他起自脑干的下行纤维束：红核脊髓束，起自对侧的红核，在中脑和脑桥分别行于被盖的腹侧和腹外侧，在延髓位于外侧区；顶盖脊髓束，起自上丘，沿中央灰质外缘走向腹侧，并交叉后下行；前庭脊髓束，起自前庭核，下降于同侧脊髓前索；网状脊髓束：起自脑桥和延髓的网状结构，大部分在同侧下行。

3. 脑干的网状结构

在脑干的被盖区内，除了明显的脑神经核、中继核及长的纤维束外，还有一个非常广泛的区域，存在着纵横交错成网的神经纤维，其间散在有大小不等的神经细胞团块的结构，称脑干网状结构（reticular formation of brain stem）（图2-5-4）。网状结构参与睡眠、觉醒周期和意识状态的调节，参与中枢内上、下行信息的整合，以及躯体和内脏各种感觉和运动功能的调节。网状结构内还存在呼吸中枢和心血管中枢等重要的生命中枢，并与脑的学习、记忆等高级功能有关。

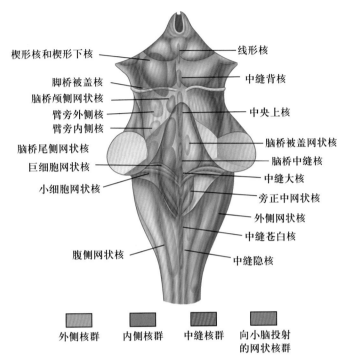

图 2-5-4　脑干网状结构核团在脑干背面投影示意图

二、小脑

小脑（cerebellum）是重要的运动调节中枢，位于颅后窝，前面隔第四脑室与脑干相邻，上方隔小脑幕与大脑半球枕叶相邻（图2-5-5）。

（一）小脑的外形与功能

小脑两侧部膨大，为小脑半球，中间部狭窄，为小脑蚓（图2-5-5）。小脑上面稍平坦，其前、后缘凹陷，称小脑前、后切迹，下面膨隆，在小脑半球下面的前内侧，各有一突出部，称小脑扁桃体。小脑表面有许多相互平行的浅沟，将其分为许多狭窄的小脑叶片。其中小脑上面前、中1/3交界处有一略呈"V"形的深沟，称为原裂；小脑下面绒球和小结的后方有一深沟，为后外侧裂；在小脑半球后缘，有一明显的水平裂。根据原裂和后外侧裂及小脑的发生，可将小脑分成三个叶：前叶、后叶和绒球小结叶。

绒球小结叶在种系发生时出现最早，因此称原小脑，由于其主要和前庭神经及前庭神经核发生联系，所以又称前庭小脑。前叶又称旧小脑，由于此叶主要接受脊髓小脑前、后束的纤维，故又称脊髓小脑。后叶在种系发生上出现最晚，又称新小脑，主要和大脑皮质的广泛区域发生联系，故又称大脑小脑（或皮层小脑）。

原小脑的功能是维持身体的平衡，旧小脑的功能为调节肌张力，新小脑的功能是

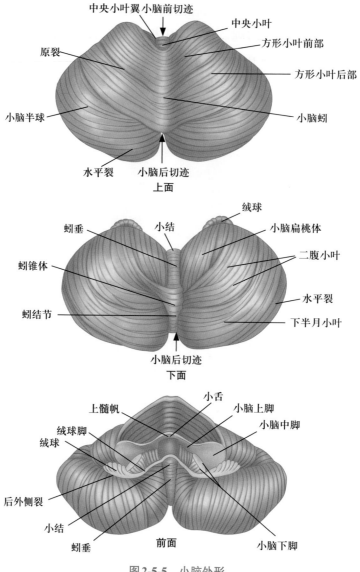

图 2-5-5　小脑外形

协调骨骼肌的随意运动。

（二）小脑的内部结构

小脑由表面的皮质、小脑核构成及深部的髓质构成。

1. 小脑皮质

位于小脑表面，并向内部深陷形成沟，将小脑表面分成许多大致平行的小脑叶片。小脑皮质由神经元的胞体和树突组成，其细胞构筑分为3层（图2-5-6）：由浅至深依次为分子层、浦肯野细胞层和颗粒层。

1）分子层：较厚，大多为神经纤维，神经元则少而分散，主要有两种。一种是星形细胞，体小多突，胞体位于浅层，轴突较短，与浦肯野细胞的树突形成突触。另一种是篮细胞，胞体较大，分布于深层，轴突较长，平行于小脑表面走行，沿途发出许多侧支，其末端呈网状包绕浦肯野细胞的胞体，并与之形成突触。

Note

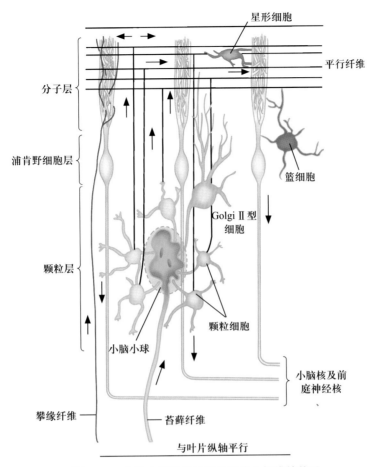

图2-5-6　小脑皮质神经元及其与传入纤维的关系

箭头示神经冲动传递方向；小脑小球由胶质细胞构成囊（虚线所示），
内含一个苔藓纤维玫瑰结、若干颗粒细胞树突及一个Golgi Ⅱ型细胞轴突

2）浦肯野细胞层：由一层排列规则的浦肯野细胞（Purkinje cell）胞体组成。它们是小脑皮质中最大的神经元，胞体呈梨形，自顶端发出2～3条粗的主树突伸向分子层，主树突的分支繁密（图2-5-7），呈扇形铺展在与小脑叶片长轴垂直的平面上。细长的轴突从胞体底部发出，经皮质进入髓质，终止于其中的核群。

3）颗粒层：由密集的颗粒细胞和一些高尔基细胞（Golgi cell）构成。颗粒细胞很小，胞体呈圆形，有4～5个短树突，

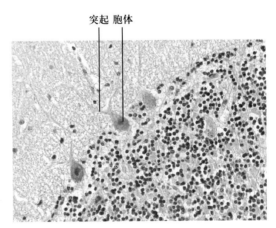

图2-5-7　浦肯野细胞（HE染色，中倍）

末端分支如爪状。轴突上行进入分子层后呈"T"形分支，与小脑叶片长轴平行，故称平行纤维（parallel fiber）。平行纤维穿过一排排浦肯野细胞的扇形树突，与其树突棘形成突触。一个浦肯野细胞的扇形树突有20万～30万条平行纤维通过，故每一个浦肯野细胞都处于很多颗粒细胞的影响之下。高尔基细胞较大，树突分支繁多，多数深入分

子层与平行纤维接触，轴突在颗粒层内呈茂密分支，与颗粒细胞的树突形成突触。

2. 小脑核

又称小脑中央核，位于小脑内部，埋于小脑髓质内。共有4对，由内侧向外侧依次为顶核（fastigial nucleus）、球状核（globus nucleus）、栓状核（emboliform nucleus）和齿状核（dentate nucleus）（图2-5-8）。

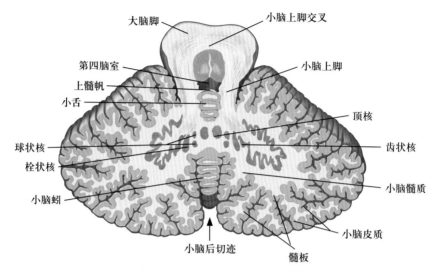

图2-5-8　小脑水平切面（示小脑核）

3. 小脑髓质（白质）

小脑的白质由3类纤维构成。

1）小脑皮质梨状细胞发出的轴突止于小脑中央核，以及中央核投射至小脑皮质的纤维。

2）相邻小脑叶片间或小脑各叶之间的联络纤维。

3）联系小脑和小脑以外其他脑区的传入、传出纤维。主要组成3对小脑脚：小脑上脚、小脑中脚和小脑下脚。①小脑上脚，又称结合臂，连于小脑和中脑、间脑之间，主要是小脑的传出纤维；②小脑中脚，又称脑桥臂，为3个脚中最粗大者，位于最外侧，连于小脑和脑桥之间，主要成分为由对侧脑桥发出的到小脑的纤维；③小脑下脚，又称绳状体，连于小脑和延髓、脊髓之间，包含小脑的传入纤维和传出纤维。

三、间脑

间脑（diencephalon）由胚胎时的前脑泡发育而成，位于脑干与端脑之间，连接大脑半球和中脑。由于大脑半球高度发展而掩盖了间脑的两侧和背面，仅部分腹侧部露于脑底（图2-5-9）。间脑中间有一窄腔即第三脑室，分隔间脑的左、右部分。虽然间脑的体积不到中枢神经系统2%，但结构和功能十分复杂，是仅次于端脑的中枢高级部位。间脑可分为5个部分：背侧丘脑、后丘脑、上丘脑、底丘脑和下丘脑。

（一）背侧丘脑

背侧丘脑（dorsal thalamus）又称丘脑，由一对卵圆形的灰质团块组成，借丘脑间

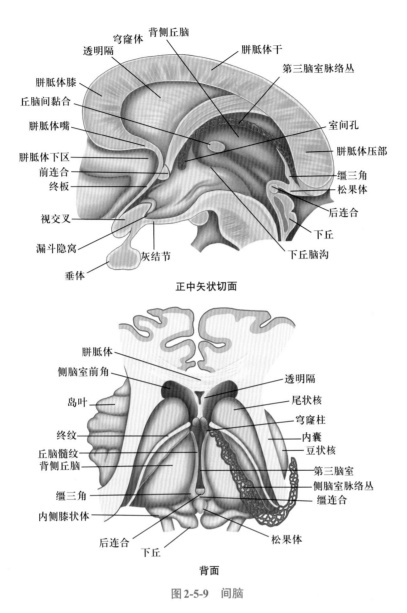

图2-5-9 间脑

黏合相连，其前端突起称丘脑前结节，后端膨大称丘脑枕，背外侧面的外侧缘与端脑尾状核之间隔有终纹，内侧面有一自室间孔走向中脑水管的浅沟，称下丘脑沟，它是背侧丘脑与下丘脑的分界线。

在背侧丘脑灰质的内部有一由白质构成的内髓板，在水平面上此板呈"Y"形，它将背侧丘脑大致分为三大核群：前核群、内侧核群和外侧核群。各核群中均含有多个核团，其中外侧核群分为背侧组和腹侧组，背侧组从前向后分为背外侧核、后外侧核及枕，腹侧组由前向后分为腹前核、腹外侧核（又称腹中间核）和腹后核，腹后核又分为腹后内侧核和腹后外侧核（图2-5-10）。

按进化程序的先后，背侧丘脑又可分为古、旧、新3类核团。古丘脑为非特异性投射核团，包括中线核、板内核和网状核。旧丘脑为特异性中继核团，包括腹前核、腹外侧核和腹后核，其中腹后内侧核接受三叉丘系的纤维和由孤束核发出的味觉纤维，腹后外侧核接受内侧丘系和脊髓丘系的纤维，腹后核发出纤维投射至大脑皮质中央后回的躯体感觉中枢。新丘脑为联络性核团，包括前核、内侧核和外侧核的背侧

Note

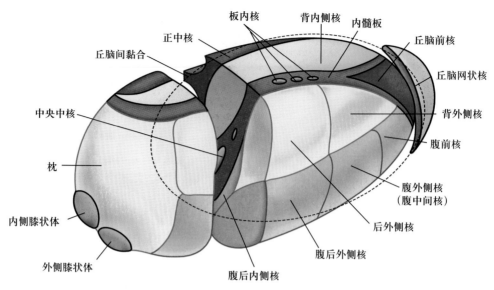

图 2-5-10　背侧丘脑核团模式图

组，在功能上进入高级神经活动领域，能汇聚躯体和内脏的感觉信息及运动信息，并伴随情感意识的辨别分析能力，也参与学习记忆活动。

（二）后丘脑

后丘脑（metathalamus）位于背侧丘脑的后下方，中脑顶盖的上方，包括内侧膝状体（medial geniculate body）和外侧膝状体（lateral geniculate body）（图 2-5-10），属特异性中继核。内侧膝状体接受来自下丘臂的听觉传导通路的纤维，发出纤维至颞叶的听觉中枢；外侧膝状体接受视束的传入纤维，发出纤维至枕叶的视觉中枢。

（三）上丘脑

上丘脑（epithalamus）位于间脑的背侧部与中脑顶盖前区相移行的部分，包括松果体、缰连合、缰三角、丘脑髓纹和后连合（图 2-5-9）。

（四）底丘脑

底丘脑（subthalamus）位于间脑与中脑的过渡区，内含底丘脑核，与黑质、红核、苍白球间有密切的纤维联系，参与锥体外系的功能。

（五）下丘脑

下丘脑（hypothalamus）位于背侧丘脑的下方，上方借下丘脑沟与背侧丘脑分界，前端达室间孔，后端与中脑被盖相续，下面最前部是视交叉，视交叉的前上方连接终板，后方有灰结节，向前下移行于漏斗，漏斗下端与垂体相接，灰结节后方有一对圆形隆起，称乳头体（图 2-5-9）。下丘脑自前至后分为视前区、视上区、结节区和乳头体区，各区又以穹窿柱为标志，分内侧部和外侧部。下丘脑的主要核团有：位于视上区的视交叉上核、室旁核和视上核，位于结节区的漏斗核（哺乳动物又称弓状核）、

Note

背内侧核和腹内侧核，位于乳头体区的乳头体核和下丘脑后核等。

下丘脑与中枢神经系统其他部位，如垂体、背侧丘脑、脑干和脊髓、边缘系统等都有着复杂的纤维联系。下丘脑既是神经-内分泌的调控中心，又是内脏活动的高级调节中枢，主要功能包括神经-内分泌调节、自主神经调节、体温的调节、摄食行为的调节、昼夜节律的调节和情绪活动的调节。

四、端脑

端脑（telencephalon）是脑的最高级部位，大脑半球表面的灰质层，称大脑皮质（cerebral cortex），深部的白质又称髓质，位于白质内的灰质团块为基底核，大脑半球内的腔隙为侧脑室。

（一）端脑的外形和分叶

大脑半球在颅内发育过程中形成起伏不平的外表，凹陷处成沟，沟之间形成长短大小不一的隆起，为大脑回。

左、右大脑半球之间为纵行的大脑纵裂，纵裂的底为连接两半球宽厚的纤维束板，即胼胝体。大脑和小脑之间为大脑横裂。每个半球分为上外侧面、内侧面和下面。上外侧面隆凸，内侧面平坦，两面以上缘为界。下面凹凸不平，它和内侧面之间无明显分界，和上外侧面之间以下缘为界，半球内有3条恒定的沟，将每侧大脑半球分为5叶，分别为额、顶、枕、颞叶及岛叶（图2-5-11和图2-5-12）。外侧沟起于半球下面，行向后上方，至上外侧面。中央沟起于半球上缘中点稍后方，斜向前下方，下端与外侧沟隔一大脑回，上端延伸至半球内侧面。顶枕沟位于半球内侧面后部，自距状沟起由下向上并略转至上外侧面。在外侧沟上方和中央沟以前的部分为额叶（frontal lobe），外侧沟以下的部分为颞叶（temporal lobe），枕叶（occipital lobe）位于半球后部，其前

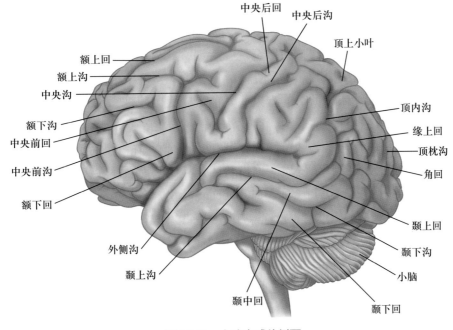

图2-5-11　大脑半球外侧面

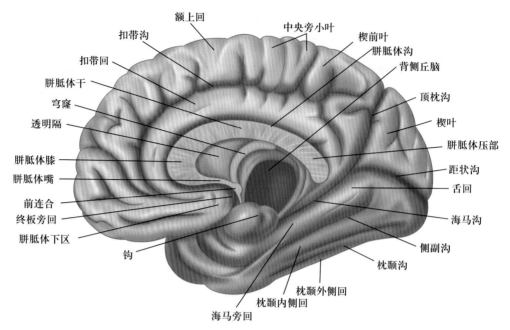

图 2-5-12　大脑半球内侧面

界在内侧面为顶枕沟,在上外侧面的界限是顶枕沟至枕前切迹(在枕叶后端前方约4 cm处)的连线,顶叶(parietal lobe)为外侧沟上方,中央沟后方,枕叶以前的部分,岛叶(insula)呈三角形岛状,位于外侧沟深面,被额叶、顶叶、颞叶所掩盖。

在半球上外侧面,中央沟前方和后方,分别有与之平行的中央前沟和中央后沟,居中央沟和中央前沟之间为中央前回,中央后沟与中央沟之间为中央后回。包绕外侧沟后端的为缘上回,在外侧沟的下方,有与之平行的颞上沟和颞下沟。围绕颞上沟末端的称角回。颞上沟的上方为颞上回,自颞上回转入外侧沟的下壁上,有两个短而横行的脑回称颞横回。

在半球的内侧面,中央前、后回自背外侧面延伸到内侧面的部分为中央旁小叶。在中部有前后方向向上略呈弓形的胼胝体。胼胝体下方的弓形纤维束为穹窿。在胼胝体后下方,有呈弓形的距状沟,向后至枕叶后端,此沟中部与顶枕沟相连。距状沟与顶枕沟之间称楔叶,距状沟下方为舌回。

在半球下面,额叶内有纵行的嗅束,其前端膨大为嗅球,后者与嗅神经相连。颞叶下面有与半球下缘平行的枕颞沟,在此沟内侧并与之平行的为侧副沟,侧副沟的内侧为海马旁回(又称海马回),后者的前端弯曲,称钩。在海马旁回的内侧为海马沟,在沟的上方有呈锯齿状的窄条皮质,称齿状回。从内侧面看,在齿状回的外侧,侧脑室下角底壁上有一弓形隆起,称海马(hippocampus),海马和齿状回构成海马结构。

（二）大脑皮质的分部和分区

大脑皮质是覆盖在大脑半球表面的灰质,从系统发生的角度看,人类大脑皮质可分为原皮质(海马、齿状回)、旧皮质(嗅脑)和新皮质(除原、旧皮质以外的大脑皮质部分)。

不同区域的大脑皮质,各层的厚薄、纤维的疏密及细胞成分都不同。学者们依据皮质各部细胞的纤维构筑，将全部皮质分为若干区。现在广为采用的是Brodmann分区，将皮质分成52个区（图2-5-13）。

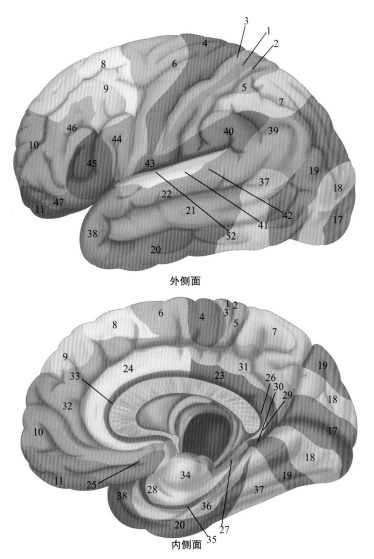

外侧面

内侧面

图2-5-13　大脑皮质分区（Brodmann分区）

（三）大脑皮质功能定位

大脑皮质是脑的最重要部分，是高级神经活动的物质基础。机体各种机制活动的最高中枢在大脑皮质上具有定位关系，形成许多重要中枢，但这些中枢只是执行某种功能的核心部分，例如中央前回主要管理全身骨骼肌运动，但也接受部分的感觉冲动，中央后回主要是管理全身感觉，但刺激它也可产生少量运动，因此大脑皮质功能定位概念是相对的。除了一些具有特定功能的中枢外，还存在着广泛的脑区，它们不局限于某种功能，而是对各种信息进行加工和整合，完成高级的神经精神活动，称为联络区，联络区在高等动物显著增加。

第Ⅰ躯体运动区位于中央前回和中央旁小叶前部（4区和6区）。第Ⅰ躯体感觉区位于中央后回和中央旁小叶后部（3、1、2区）。在人类还有第Ⅱ躯体运动和第Ⅱ躯体感觉中枢，它们均位于中央前回和后回下面的岛盖皮质，与对侧上、下肢运动和双侧躯体感觉（以对侧为主）有关。

视觉区在距状沟上、下方的枕叶皮质，即上方的楔叶和下方的舌回（17区）。听觉区在颞横回（41、42区），接受内侧膝状体来的纤维，每侧的听觉中枢都接受来自两耳的冲动。平衡觉区中枢的位置存有争议，一般认为在中央后回下端，头面部感觉区的附近。嗅觉区在海马旁回钩的内侧部及其附近。味觉区可能在中央后回下部（43区），舌和咽的一般感觉区附近。

一般认为内脏运动中枢在边缘叶，在此叶的皮质区可找到呼吸、血压、瞳孔活动代表区，以及胃肠和膀胱等各种内脏活动的代表区。因此有人认为，边缘叶是自主神经功能调节的高级中枢。

人类大脑皮质与动物的本质区别是进行思维和意识等高级活动，并进行语言的表达，所以在人类大脑皮质上具有相应的语言中枢。运动性语言中枢（motor speech area）为说话中枢，在额下回后部（44、45区），又称Broca区；书写中枢（writing area）（8区）在额中回的后部，紧靠中央前回的上肢代表区，特别是手的运动区；听觉性语言中枢（auditory speech area）在颞上回后部（22区），它能调整自己的语言和听取、理解别人的语言；视觉性语言中枢（visual speech area）又称阅读中枢，在顶下小叶的角回（39区），靠近视觉中枢。

研究表明，听觉性语言中枢和视觉性语言中枢之间没有明显界限，有学者将它们均称为Wernicke区，该区包括颞上回、颞中回后部、缘上回及角回。此外，各语言中枢不是彼此孤立存在的，它们之间有着密切的联系，语言能力需要大脑皮质有关区域的协调配合才能完成。

除上述的功能区外，大脑皮质广泛的联络区中，额叶的功能与躯体运动、发音、语言及高级思维运动有关，顶叶的功能与躯体感觉、味觉、语言等有关，枕叶与视觉信息的整合有关，颞叶与听觉、语言和记忆功能有关。边缘叶与内脏活动有关。

（四）端脑的内部结构

大脑半球表层的灰质称大脑皮质，皮质下的白质称髓质。蕴藏在白质深部的为基底核。端脑的内腔为侧脑室。

1. 大脑皮质的神经元类型

大脑皮质的神经元数量庞大，种类繁多，均属多极神经元，按其细胞的形态分为锥体细胞、颗粒细胞和梭形细胞3大类，其分布有明显分层特征（图2-5-14）。

（1）锥体细胞（pyramidal cell）：为大脑皮质的主要投射（传出）神经元，数量众多，分为大、中、小3型。锥体细胞胞体呈锥形，顶端发出一条较粗的主树突，伸向皮质表面，沿途发出许多小分支。从胞体还发出一些水平走向的树突，且不断分支，与附近神经元胞体或突起形成突触。与主树突相对的胞体底部发出一条较细轴突，长短不一，短者局限于一侧皮质，称为联络纤维（association fiber）；长者经皮质进入白质，组成投射纤维（projection fiber）；而投射到对侧大脑半球的称为连合纤维（commissural fiber）。

（2）颗粒细胞（granular cell）：数量最多，胞体较小，呈颗粒状，包括星形细胞、

Note

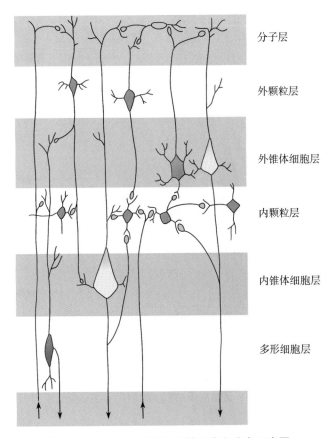

分子层

外颗粒层

外锥体细胞层

内颗粒层

内锥体细胞层

多形细胞层

图 2-5-14　大脑皮质神经元的形态和分布示意图

水平细胞、篮细胞、吊灯样细胞、双刷样细胞、神经胶质样细胞和上行轴突细胞等多个亚型，以星形细胞最多。多数星形细胞的轴突甚短，终止于邻近的锥体细胞或梭形细胞。有些星形细胞的轴突则较长，伸向皮质表面，与锥体细胞顶树突或水平细胞联系。水平细胞的树突和轴突平行于皮质表面，与锥体细胞顶树突联系。因此，颗粒细胞是大脑皮质的中间神经元，构成皮质内信息传递的极其复杂微环路。

（3）梭形细胞（fusiform cell）：数量较少，大小不等，胞体呈梭形，树突自细胞的上、下两端发出，分别上行走向皮质表层和下行至皮质深层。轴突从下端树突的主干发出，其终末分支与锥体细胞构成突触。一些大梭形细胞属于Golgi Ⅰ型神经元，主要位于皮质深层，其轴突较长，可达髓质，组成投射纤维或联络纤维。

2. 大脑皮质的分层

大脑皮质的神经元分层排列，原皮质和旧皮质为3层结构，新皮质由浅至深分为6层（图2-5-15）。

（1）分子层：位于大脑皮质的最浅层。神经元较少，主要包括水平细胞和星形细胞，还有许多与皮质表面平行的神经纤维。

（2）外颗粒层：由许多星形细胞和少量小型锥体细胞组成。

（3）外锥体细胞层：较厚，主要是中、小型锥体细胞和一些星形细胞构成。

（4）内颗粒层：细胞排列密集，多数为星形细胞。

（5）内锥体细胞层：主要由中、大型锥体细胞构成。在中央前回运动区可见巨大

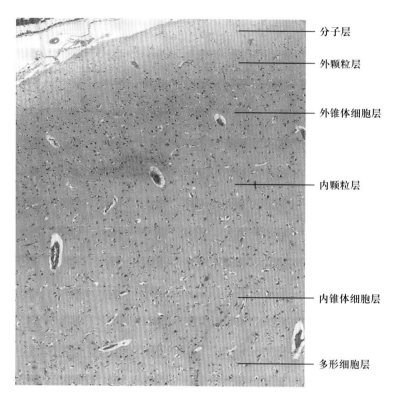

分子层

外颗粒层

外锥体细胞层

内颗粒层

内锥体细胞层

多形细胞层

图2-5-15　大脑皮质6层结构（HE染色，低倍）

锥体细胞，胞体高约120 μm，宽约80 μm，称Betz细胞，其顶树突伸向分子层，轴突组成投射纤维，下行至脑干和脊髓。

（6）多形细胞层：多数为梭形细胞，还有锥体细胞和颗粒细胞。

3. 大脑皮质的神经元联系

大脑皮质的第1～4层主要接受传入冲动。来自丘脑的特异传入纤维（各种感觉传入的上行纤维）主要进入第4层，与星形细胞形成突触。从大脑半球同侧或对侧的联合传入纤维则进入第2、3层，与锥体细胞形成突触。大脑皮质的传出纤维分投射纤维和联合纤维两种。投射纤维主要起自第5层的锥体细胞和第6层的大梭形细胞，下行至脑干及脊髓。联合纤维起自第3、5、6层的锥体细胞和梭形细胞，分布于皮质的同侧及对侧脑区。皮质的第2、3、4层细胞主要与各层细胞相互联系，构成复杂的神经微环路，对信息进行分析、整合和贮存。从功能上看，皮质内的神经元呈纵向柱状排列，与皮质表面垂直，称为垂直柱，是大脑皮质结构和功能的基本单位。同一垂直柱内的所有神经元都具有相同或相似的感受野，并对同一刺激发生反应。

4. 基底核

基底核（basal nuclei）位于白质内，位置靠近脑底，包括纹状体、屏状核和杏仁体。纹状体由尾状核和豆状核组成，尾状核是由前向后弯曲的圆柱体，分为头、体、尾3部，位于背侧丘脑背外侧。豆状核位于岛叶深部，借内囊与内侧的尾状核和丘脑分开，此核在水平切面上呈三角形，并被两个白质板分隔成三部，外侧部最大称壳，内侧二部分合称为苍白球（图2-5-16）。在种系发生上，尾状核和壳是较新的结构，合称新纹状体。苍白球为较古老的结构，称旧纹状体。屏状核位于岛叶皮质与豆状核之

Note

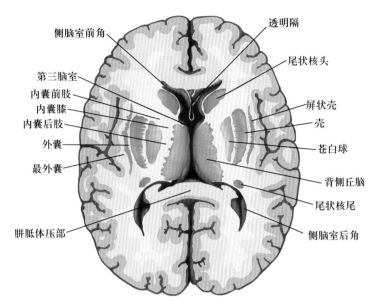

图 2-5-16 基底核、背侧丘脑和内囊

间。杏仁体在侧脑室下角前端的上方，海马旁回钩的深面。

5. 大脑半球的髓质

大脑半球的髓质主要由联系皮质各部和皮质与皮质下结构的神经纤维组成，可分为 3 类。

（1）联络纤维：联系同侧半球内各部分皮质。

（2）连合纤维：连合左、右半球皮质，包括胼胝体、前连合和穹窿连合。

（3）投射纤维：由大脑皮质与皮质下各中枢间的上、下行纤维组成。它们大部分经过内囊（internal capsule）。内囊是位于背侧丘脑、尾状核和豆状核之间的白质板。在水平切面上呈向外开放的"V"形，分内囊前肢、内囊膝和内囊后肢 3 部。内囊前肢的投射纤维主要有额桥束和由丘脑背内侧核投射到额叶前部的丘脑前辐射，内囊膝的投射纤维有皮质核束，内囊后肢的下行纤维束有皮质脊髓束、皮质红核束和顶桥束等，上行纤维束有丘脑中央辐射和丘脑后辐射。

（五）边缘系统

大脑半球的内侧面环绕胼胝体周围和侧脑室下角底壁的结构，包括隔区即胼胝体下区和终板旁回、扣带回、海马旁回、海马和齿状回等，加上岛叶前部、颞极共同构成边缘叶（limbic lobe）。边缘系统（limbic system）是由边缘叶及与其密切相联系的皮质下结构，如杏仁体、隔核、下丘脑、背侧丘脑的前核和中脑被盖的一些结构等共同组成。

边缘系统在进化上是脑的古老部分，它司内脏调节、情绪反应和性活动等。这在维持个体生存和种族生存（延续后代）方面发挥重要作用。同时边缘系统特别是海马与机体的高级精神活动学习、记忆密切相关。

（刘 真 张艳敏）

第三章 周围神经系统的发生和基本结构

第一节 神经节和周围神经的发生

一、神经节的发生

神经节起源于神经嵴。神经嵴细胞向两侧迁移，分列于神经管的背外侧并聚集成细胞团，分化为脑神经节和脊神经节。这些神经节均属感觉神经节。神经嵴细胞首先分化为成神经细胞和卫星细胞，再由成神经细胞分化为感觉神经元。成神经细胞最先长出两个突起，成为双极神经元，由于胞体各面的不均等生长，使两个突起的起始部逐渐靠拢，最后合二为一，于是双极神经元变成假单极神经元。卫星细胞包绕在神经元胞体的周围，是一种神经胶质细胞。神经节周围的间充质分化为包绕整个神经节的结缔组织被膜。

位于胸段的神经嵴，有部分细胞迁至背主动脉的背外侧，形成两列节段性排列的神经节，即交感神经节。这些神经节借纵行的神经纤维彼此相连，形成两条纵行的交感链。节内的部分细胞迁至主动脉腹侧，形成主动脉前交感神经节。此外，还有部分神经嵴细胞迁入肾上腺原基，分化为肾上腺髓质的嗜铬细胞及少量交感神经节细胞（图3-1-1）。副交感神经节的起源问题尚有争议，有人认为来源于神经管，也有人认为来源于脑神经节中的成神经细胞。

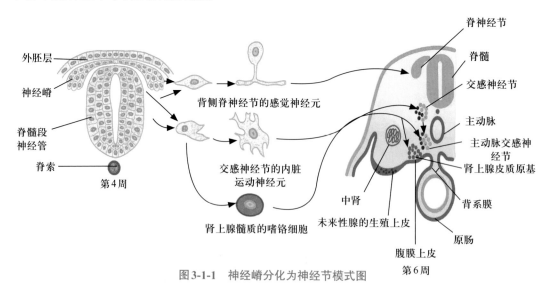

图 3-1-1 神经嵴分化为神经节模式图

二、周围神经的发生

周围神经由感觉神经纤维和运动神经纤维构成，神经纤维由神经细胞的突起和施万细胞构成。感觉神经纤维是感觉神经元的周围突；躯体运动神经纤维是脑干内管理骨骼肌运动的脑神经核及脊髓灰质前角运动神经元的轴突；内脏运动神经的节前纤维是脊髓灰质侧角和脑干的一般内脏运动核中神经元的轴突，节后纤维则是植物神经节细胞的轴突。施万细胞由神经嵴细胞分化而成，并与发生中的轴突或周围突同步增殖和迁移。施万细胞与突起相贴处凹陷，形成一条深沟，沟内包埋着轴突。当沟完全包绕轴突时，施万细胞与轴突间形成一扁系膜。在有髓神经纤维，此系膜不断增长并不断环绕轴突，于是在轴突外周形成了由多层细胞膜环绕而成的髓鞘。在无髓神经纤维，一个施万细胞可与多条轴突相贴，并形成多条深沟包绕轴突，也形成扁平系膜，但系膜不环绕，故不形成髓鞘。36 胚天的 12 对脑神经和 31 对脊神经已清晰可见。

（刘尚明）

第二节　脊　神　经

脊神经（spinal nerves）共 31 对，包括 8 对颈神经、12 对胸神经、5 对腰神经、5 对骶神经和 1 对尾神经。每对脊神经连于一个脊髓节段，每对脊神经借前根连于脊髓前外侧沟；借后根连于脊髓后外侧沟。前、后根均有许多根丝构成，前根是运动性的，后根是感觉性的，两者在椎间孔处合成一条脊神经（图 3-2-1）。脊神经后根在椎间孔附近有椭圆形的膨大，称脊神经节（spinal ganglion），其中内含假单极的感觉神经元，其胞体圆形或卵圆形，大小不一。细胞核圆形，居中，核仁明显。胞质内的尼氏体细小分散。从胞体发出一个突起，在胞体附近盘曲，后呈"T"形分支，一支走

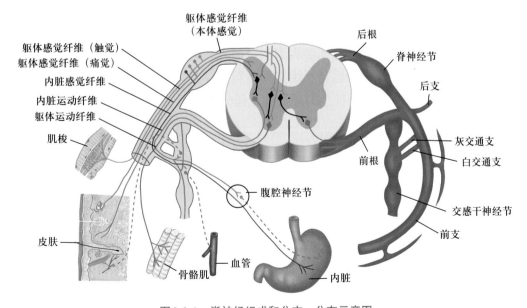

图 3-2-1　脊神经组成和分支、分布示意图

向中枢，称中枢突，构成了脊神经后根；另一支称周围突，经脊神经分布至外周感受器。节细胞胞体及其盘曲的突起外面被一层卫星细胞包裹，在"T"形分支处改由施万细胞包裹。脊神经节内的神经纤维多为有髓神经纤维（图3-2-2）。

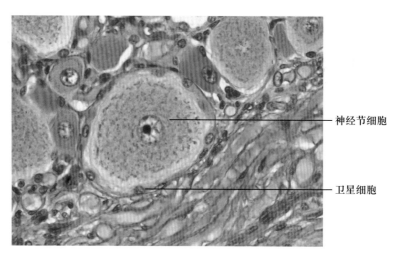

图3-2-2 脊神经节（HE染色，高倍）

脊神经干很短，出椎间孔后立即分为前支、后支、交通支和脊膜支。其中前支粗大，胸神经前支保持原有的节段性走行和分布，其余各部脊神经前支分别交织成丛，形成了颈丛、臂丛、腰丛和骶丛4个脊神经丛，由各丛再发出分支分布。

一、颈丛

颈丛（cervical plexus）由第1～4颈神经前支交织构成，位于胸锁乳突肌上部深面。颈丛的分支包括皮支、肌支和与其他神经相互连接的交通支等。皮支较集中于胸锁乳突肌后缘中点附近浅出，再辐射状分布于一侧颈部皮肤。主要有枕小神经、耳大神经、颈横神经和锁骨上神经等。肌支主要支配颈部深层肌、肩胛提肌、舌骨下肌群等。

膈神经（phrenic nerve）（C_3～C_5）是颈丛中最重要的分支，经前斜角肌前面降至该肌内侧，在锁骨下动、静脉之间经胸廓上口进入胸腔，经肺根前方，在心包的外侧下行，穿入膈肌。膈神经中的运动纤维支配膈肌，感觉纤维分布于胸膜、心包及膈下面的部分腹膜。一般认为右膈神经的感觉纤维尚分布到肝、胆囊和肝外胆道的浆膜。

二、臂丛

臂丛（brachial plexus）由第5～8颈神经前支和第1胸神经前支大部分纤维组成，这5条脊神经前支经过反复分支、交织和组合后，最后形成3个束，分别称为臂丛内侧束、后束和外侧束。臂丛的主要分支如下（图3-2-3）。

（一）胸长神经

胸长神经（long thoracic nerve）（C_5～C_7）起自神经根，经胸侧壁前锯肌表面下行，分布于前锯肌和乳房外侧份。

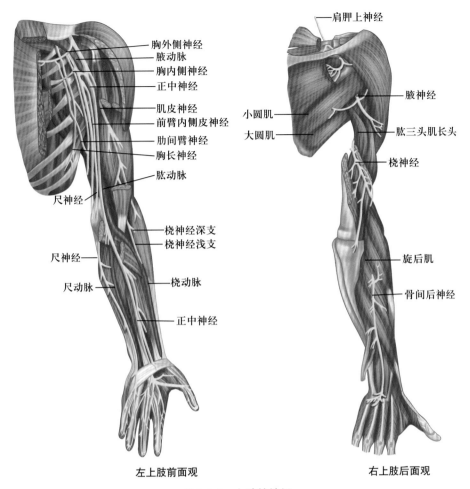

左上肢前面观　　　　　　　右上肢后面观

图 3-2-3　上肢的神经

（二）胸背神经

胸背神经（thoracodorsal nerve）（$C_6 \sim C_8$）起自后束，沿肩胛骨外侧缘伴肩胛下血管下行，分布于背阔肌。

（三）腋神经

腋神经（axillary nerve）（$C_5 \sim C_6$）起自臂丛后束，与旋肱后血管伴行向后外，穿过腋窝后壁分布于三角肌和小圆肌以及肩部、臂外侧区上部的皮肤。

（四）肌皮神经

肌皮神经（musculocutaneous nerve）（$C_5 \sim C_7$）起自臂丛外侧束，向外侧斜穿喙肱肌，经肱二头肌与肱肌间下行，发出的肌支分布于这 3 块肌。皮支称为前臂外侧皮神经，分布于前臂外侧皮肤。

（五）正中神经

正中神经（median nerve）（$C_6 \sim T_1$）分别起自臂丛内、外侧束的内、外侧两根，两根合成正中神经干，沿肱二头肌内侧沟下行至肘窝。继而在前臂正中下行，穿经腕管达手掌。正中神经在前臂分布于除肱桡肌、尺侧腕屈肌和指深屈肌尺侧半以外的所有前臂前群肌及附近关节等，在手部分布于第1、2蚓状肌及鱼际肌（拇收肌除外），掌心、桡侧3½指掌面及其中节和远节指背面的皮肤。

（六）尺神经

尺神经（ulnar nerve）（C_8、T_1）起自臂丛内侧束，沿肱二头肌内侧沟下行至臂中份，穿内侧肌间隔至肱骨内上髁后方的尺神经沟，继而在前臂前内侧向下，经掌腱膜深面腕管浅面进入手掌。尺神经在前臂分布于尺侧腕屈肌和指深屈肌尺侧半，在手部分布于小鱼际肌、拇收肌、骨间掌侧肌、骨间背侧肌及第3、4蚓状肌和小鱼际、小指和环指尺侧半掌面皮肤，以及手背尺侧半和尺侧2½手指背侧皮肤。

（七）桡神经

桡神经（radial nerve）（$C_5 \sim T_1$）是臂丛后束发出的最粗大神经。与肱深动脉伴行，沿桡神经沟旋向下外，在肱骨外上髁前方分为浅、深两支。肌支分布于肱三头肌和前臂后群肌，皮支分布于臂后区、前臂后面皮肤，手背桡侧半和桡侧2½手指近节背面的皮肤。

（八）胸神经前支

胸神经前支共12对，第1～11对各自位于相应肋间隙中，称肋间神经（intercostal nerves），第12对胸神经前支位于第12肋下方，故名肋下神经（subcostal nerve）。上6对肋间神经的肌支分布于肋间肌、上后锯肌和胸横肌。皮支分布于胸前壁、胸侧壁皮肤、肩胛区皮肤及胸膜壁层。下5对肋间神经及肋下神经发出的肌支分布于肋间肌及腹肌前外侧群。皮支除分布至胸、腹部皮肤外，还分布到胸、腹膜的壁层。胸神经前支在胸、腹壁皮肤的节段性分布最为明显，由上向下按顺序依次排列。如T_2分布区相当于胸骨角平面，T_4相当于乳头平面，T_6相当于剑突平面，T_8相当于两侧肋弓中点连线的平面，T_{10}相当于脐平面，T_{12}的分布区则相当于脐与耻骨联合连线中点的平面。胸神经前支的特点是重叠性分布，相邻两条胸神经前支的分布区域具有相互重叠的现象。当只有一条胸神经前支受损时，仅出现其分布区域皮肤的感觉迟钝，而当两条以上相邻的胸神经前支受损伤时，才出现其分布区域皮肤的感觉完全消失。

三、腰丛

腰丛（lumbar plexus）是由第12胸神经前支一部分、第1～3腰神经前支及第4腰神经前支的一部分组成，腰丛位于腰大肌深面腰椎横突前方，除发出支配髂腰肌和腰方肌的肌支外，还发出许多分支分布于腹股沟区、大腿前部和内侧部。主要分支有髂腹下神经、髂腹股沟神经、股外侧皮神经、股神经、闭孔神经和生殖股神经等。

股神经（femoral nerve）（$L_2 \sim L_4$）是腰丛最大分支，经腰大肌外缘穿出，经腹股沟韧带深面进入股三角区，随即分为数支。肌支分布于髂肌、耻骨肌、股四头肌和缝匠肌。皮支分布于大腿及膝关节前面的皮肤。最长的皮支为隐神经，可分布于髌下、小腿内侧面及足内侧缘皮肤（图3-2-4）。

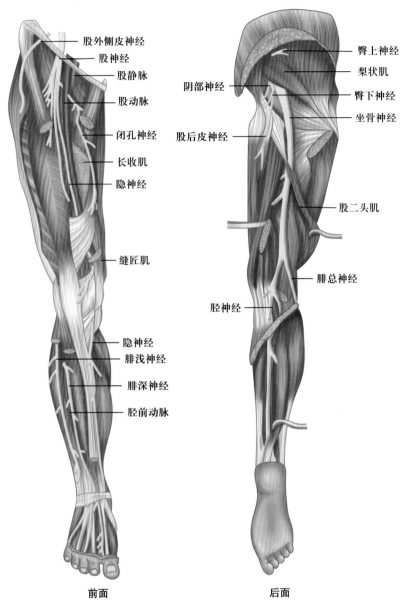

图 3-2-4　下肢的神经

四、骶丛

骶丛（sacral plexus）是全身最大的脊神经丛，由第4腰神经前支余部和第5腰神经前支合成的腰骶干及全部骶神经和尾神经前支组成。骶丛位于盆腔内，骶骨和梨状肌的前面，髂血管的后方。骶丛发出分支分布于盆壁、臀部、会阴、股后部、小腿和足部的肌及皮肤。主要分支包括臀上神经、臀下神经、股后皮神经、阴部神经和坐骨神经。

坐骨神经（sciatic nerve）（L_4、L_5、$S_1 \sim S_3$）是全身最粗大、最长的神经，起始段

最宽可达2 cm，经梨状肌下孔出盆腔后，位于臀大肌深面，在坐骨结节与大转子之间下行至股后区，继而在股二头肌长头深面下行，一般在腘窝上方分为胫神经（tibial nerve）和腓总神经（common peroneal nerve）两大分支（图3-2-4）。坐骨神经干在股后区发出肌支分布于股二头肌、半腱肌、半膜肌和大收肌，同时发出分支分布于髋关节。胫神经为坐骨神经本干的直接延续，于股后区下部沿中线下行入腘窝，继而在小腿后区下行，经内踝后方的踝管处分成两终支进入足底区。胫神经分布于小腿后群和足底肌，以及小腿后面和足底的皮肤。腓总神经由坐骨神经分出后，沿腘窝上外侧界向外下走行，继而绕过腓骨颈向前，分为腓浅神经（superficial peroneal nerve）和腓深神经（deep peroneal nerve）。腓浅神经分布于小腿外侧群肌及小腿外侧、足背和第2～5趾背的皮肤。腓深神经分布于小腿前群肌、足背肌和第1、2趾相对缘的皮肤。

（李振中）

第三节　脑　神　经

　　脑神经（cranial nerves）共12对，其排列顺序一般用罗马数字表示。脑神经的纤维成分较脊神经复杂，主要根据胚胎发生、功能等方面的特点划分为7种纤维成分：①一般躯体运动纤维，支配中胚层衍化来的眼球外肌、舌肌等横纹肌；②特殊内脏运动纤维，支配由鳃弓衍化而成的表情肌、咀嚼肌、咽喉肌及胸锁乳突肌和斜方肌；③一般内脏运动纤维，支配头部、颈部、胸腔、腹腔（肝、胰、脾、肾等实质性脏器和结肠左曲以上消化道）脏器的平滑肌、心肌和腺体，脑神经中的内脏运动纤维均属副交感神经纤维成分；④一般内脏感觉纤维，分布于头部、颈部、胸腔、腹腔（肝、胰、脾、肾等实质性脏器和结肠左曲以上消化道）的脏器；⑤特殊内脏感觉纤维，分布于味蕾和嗅器；⑥一般躯体感觉纤维，分布于皮肤、肌、肌腱和眶内、口、鼻大部分黏膜；⑦特殊躯体感觉纤维，分布于外胚层衍化来的特殊感觉器官即视器和前庭蜗器。

　　脑神经虽然总体上包括7种纤维成分，但就每一对脑神经而言，所包含的纤维成分种类多少不同。根据脑神经所含的纤维成分，可将其分为运动性脑神经（Ⅲ、Ⅳ、Ⅵ、Ⅺ、Ⅻ）、感觉性脑神经（Ⅰ、Ⅱ、Ⅷ）和混合性脑神经（Ⅴ、Ⅶ、Ⅸ、Ⅹ）（图3-3-1）。

一、嗅神经

　　嗅神经（olfactory nerve）由特殊内脏感觉纤维组成，由上鼻甲和鼻中隔上部黏膜内的嗅细胞中枢突聚集而成20多条嗅丝，穿筛板的筛孔入颅前窝，连于嗅球传导嗅觉。

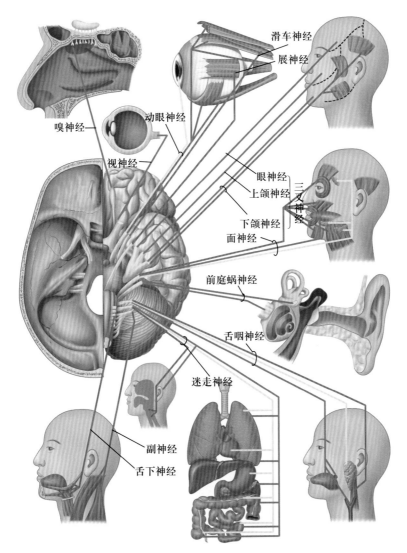

图 3-3-1　脑神经概况

红色：运动纤维；黄色：副交感纤维；蓝色：感觉纤维

二、视神经

视神经（optic nerve）由特殊躯体感觉纤维组成，传导视觉冲动。视网膜节细胞的轴突在视神经盘处聚集，穿过巩膜后形成视神经，入颅后走行至垂体前方连于视交叉，再经视束连于间脑。

三、动眼神经

动眼神经（oculomotor nerve）为运动性神经，含有一般躯体运动和一般内脏运动两种纤维。一般躯体运动纤维起于动眼神经核，一般内脏运动纤维起于动眼神经副核。两种纤维合并成动眼神经后，自脚间窝出脑，穿经海绵窦外侧壁，再经眶上裂入眶。一般躯体运动纤维分布于上睑提肌、上直肌、下直肌、内直肌和下斜肌，一般内脏运动纤维进入睫状神经节交换神经元，节后纤维分布于睫状肌和瞳孔括约肌，参与眼的调节反射和瞳孔对光反射。

四、滑车神经

滑车神经（trochlear nerve）含有一般躯体运动纤维，起于滑车神经核，自中脑背侧下丘下方出脑，是脑神经中最细者，绕过中脑的大脑脚，穿经海绵窦外侧壁向前，经眶上裂入眶，支配上斜肌。

五、三叉神经

三叉神经（trigeminal nerve）含有一般躯体感觉和特殊内脏运动两种纤维。一般躯体感觉纤维的神经元胞体位于三叉神经节内，神经节内为假单极神经元，神经元的中枢突集中构成了粗大的三叉神经感觉根，传导痛温觉的纤维主要终止于三叉神经脊束核；传导触觉的纤维主要终止于三叉神经脑桥核。周围突组成三叉神经三大分支，即眼神经、上颌神经和下颌神经，分布于面部皮肤、眼及眶内、口腔、鼻腔、鼻旁窦的黏膜、牙齿、脑膜等，传导痛、温、触觉等浅感觉。特殊内脏运动纤维起于脑桥的三叉神经运动核，纤维组成三叉神经运动根，最后进入下颌神经中，经卵圆孔出颅，随下颌神经分支分布于咀嚼肌等（图3-3-2）。

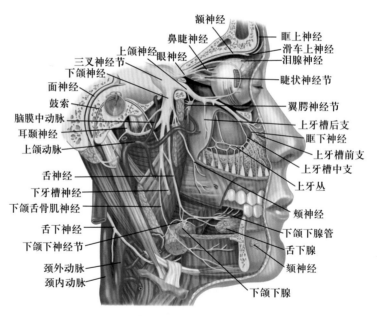

图3-3-2　三叉神经

六、展神经

展神经（abducent nerve）含有一般躯体运动纤维，起于脑桥的展神经核，纤维向腹侧自延髓脑桥沟中线两侧出脑，穿入海绵窦，经眶上裂入眶，分布于外直肌。展神经损伤可引起外直肌瘫痪，产生内斜视。

七、面神经

面神经（facial nerve）为混合性脑神经，由较大的运动根和其外侧较小的混合根组成，自延髓脑桥沟出脑，进入内耳门合成一干，穿内耳道底进入面神经管，先水平走行，后垂直下行由茎乳孔出颅，向前穿过腮腺到达面部。在面神经管内发出鼓索、岩大神经、镫骨肌神经等分支。出茎乳孔后即发出数小支，支配附近的肌，主干前行进入腮腺实质，在腮腺内分支组成腮腺内丛，辐射状穿出腮腺边缘，分布于面部诸表情肌，具体分支包括颞支、颧支、颊支、下颌缘支和颈支等（图3-3-3）。

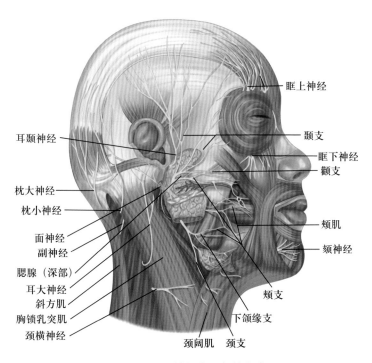

图3-3-3　面神经在面部的分支

　　面神经含有4种纤维成分：①特殊内脏运动纤维，起于脑桥的面神经核，主要支配表情肌的运动；②一般内脏运动纤维，起于脑桥的上泌涎核，属副交感神经节前纤维，在翼腭神经节换元后，节后纤维分布于泪腺及腭、鼻的黏膜腺；在下颌下神经节换元后，节后纤维分布于下颌下腺及舌下腺，控制其分泌；③特殊内脏感觉纤维，即味觉纤维，其胞体位于面神经管起始部弯曲处的膝神经节，周围突分布于舌前2/3黏膜的味蕾，中枢突终止于脑干内的孤束核上部；④一般躯体感觉纤维，传导耳部皮肤的躯体感觉和面部肌的本体感觉。

八、前庭蜗神经

　　前庭蜗神经（vestibulocochlear nerve）属感觉性脑神经。含有传导平衡觉和传导听觉的特殊躯体感觉纤维，由前庭神经和蜗神经两部分组成。前庭神经传导平衡觉，其双极感觉神经元胞体在内耳道底聚集成前庭神经节，其周围突穿内耳道底分布于内耳球囊斑、椭圆囊斑和壶腹嵴，中枢突组成前庭神经。蜗神经传导听觉，其双极感觉神经元胞体在耳蜗聚集成蜗神经节，其周围突分布于内耳螺旋器，中枢突集成蜗神经。前庭蜗神经经内耳门入颅，经延髓脑桥沟外侧部入脑。

九、舌咽神经

舌咽神经（glossopharyngeal nerve）为混合性脑神经。其根丝在橄榄后沟上部连于延髓，与迷走神经、副神经同穿颈静脉孔前部出颅，在孔内神经干上有膨大的上神经节，出孔时又形成稍大的下神经节。舌咽神经出颅后先在颈内动、静脉间下降，继而弓形向前，经舌骨舌肌内侧达舌根。其主要分支有舌支、咽支、鼓室神经和颈动脉窦支等（图3-3-4）。

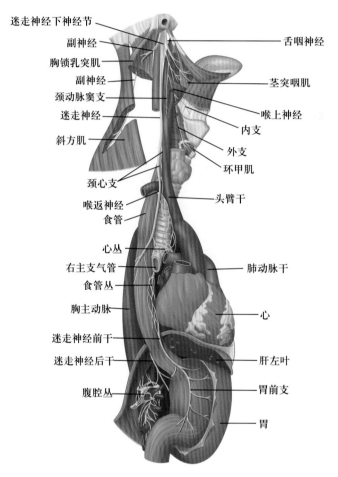

图3-3-4　舌咽神经、迷走神经和副神经

舌咽神经含有5种纤维成分：①特殊内脏运动纤维，起于疑核，支配茎突咽肌；②一般内脏运动纤维，起于下泌涎核，在耳神经节内交换神经元后分布于腮腺，支配腮腺分泌；③一般内脏感觉纤维，其神经元胞体位于颈静脉孔处的舌咽神经的下神经节，周围突分布于舌后1/3、咽、咽鼓管、鼓室、乳突窦和乳突小房的黏膜，以及颈动脉窦和颈动脉小球，中枢突终于孤束核下部，传导一般内脏感觉；④特殊内脏感觉纤维，其神经元胞体位于颈静脉孔处的舌咽神经下神经节，周围突分布于舌后1/3的味蕾，中枢突终止于孤束核上部；⑤一般躯体感觉纤维，很少，其神经元胞体位于舌咽神经上神经节内，周围突分布于耳后皮肤，中枢突入脑后止于三叉神经脊束核。

十、迷走神经

迷走神经（vagus nerve）为混合性脑神经，是行程最长、分布最广的脑神经，分布到硬脑膜、耳郭、外耳道、咽喉、气管和支气管、心、肺、肝、胆、胰、脾、肾及结肠左曲以上的消化管等众多器官。迷走神经以多条根丝自橄榄后沟的中部出延髓，经颈静脉孔出颅，在此处有膨大的迷走神经上、下神经节。迷走神经干出颅后在颈部下行于颈动脉鞘内，发出喉上神经、颈心支、耳支、咽支和脑膜支，继而下行进入胸腔，左迷走神经再经左肺根的后方下行至食管前面，分支构成左肺丛和食管前丛，行于食管下段又逐渐集中延续为迷走神经前干。右迷走神经经右肺根后方达食管后面，分支构成右肺丛和食管后丛，继续下行又集中形成迷走神经后干。在胸部主要发出喉返神经和支气管支。迷走神经前、后干伴食管一起穿膈的食管裂孔进入腹腔。迷走神经前干发出胃前支和肝支，迷走神经后干发出胃后支和腹腔支，终支参加主要由一般内脏运动神经构成的腹腔丛（图3-3-4）。

迷走神经含有4种纤维成分：①一般内脏运动纤维，起于延髓的迷走神经背核，属于副交感节前纤维，随迷走神经分支到达颈部、胸腔、腹腔脏器附近或壁内的副交感神经节换神经元，节后纤维分布于颈部、胸腔、腹腔（肝、胰、脾、肾等实质性脏器和结肠左曲以上消化道）的脏器，控制这些脏器的平滑肌、心肌和腺体的活动；②特殊内脏运动纤维，起于延髓的疑核，随迷走神经分支支配咽喉部肌；③一般内脏感觉纤维，其神经元胞体位于颈静脉孔下方的迷走神经下神经节内，中枢突终于孤束核，周围突随迷走神经分支分布于颈部、胸腔、腹腔（肝、胰、脾、肾等实质性脏器和结肠左曲以上消化道）的脏器，传导一般内脏感觉冲动；④一般躯体感觉纤维，其感觉神经元胞体位于迷走神经的上神经节内，其中枢突入脑后止于三叉神经脊束核，周围突随迷走神经分支分布于硬脑膜、耳郭及外耳道皮肤，传导一般感觉。

十一、副神经

副神经（accessory nerve）是运动性脑神经，为特殊内脏运动纤维。由脑根和脊髓根两部分组成。脑根起于延髓的疑核，自橄榄后沟下部出脑，与副神经的脊髓根同行，一起经颈静脉孔出颅，此后加入迷走神经，随其分支支配咽喉部肌。脊髓根起自颈部脊髓上5～6节段的副神经核，自脊髓前、后根之间出脊髓，在椎管内上行，经枕骨大孔入颅腔，再与脑根一起经颈静脉孔出颅，此后又与脑根分开，经胸锁乳突肌深面，进入斜方肌深面，分支支配此两肌（图3-3-4）。

十二、舌下神经

舌下神经（hypoglossal nerve）为运动性脑神经，由一般躯体运动纤维组成。自延髓的舌下神经核发出，自延髓前外侧沟出脑，经舌下神经管出颅，达舌骨舌肌浅面，穿颏舌肌入舌内，支配全部舌内肌和大部分舌外肌。

（李振中）

第四节　内脏神经系统

内脏神经系统（visceral nervous system）是神经系统的一个组成部分，主要分布于内脏、心血管、平滑肌和腺体。内脏神经和躯体神经一样，按照纤维的性质，可分为感觉和运动两种纤维成分。内脏运动神经（visceral motor nerve）调节内脏、心血管的运动和腺体的分泌，通常不受人的意志控制，是不随意的，故称为自主神经系统（autonomic nervous system），又因它主要是控制和调节动、植物共有的物质代谢活动，并不支配动物所特有的骨骼肌的运动，所以也称为植物神经系统（图3-4-1）。

一、内脏运动神经

（一）内脏运动神经与躯体运动神经的区别

内脏运动神经主要分布于由心肌、平滑肌、腺细胞所组成的内脏器官，在中枢神经系统的控制下，调节这些器官的活动。内脏运动神经与躯体运动神经在结构和功能上有较大差别，主要表现在如下几个方面。

1. 支配的器官不同

躯体运动神经支配骨骼肌，一般受意志的控制；内脏运动神经则支配平滑肌、心肌和腺体，一定程度上不受意志的控制。

2. 神经元数目不同

躯体运动神经自低级中枢至骨骼肌只有一个神经元，而内脏运动神经自低级中枢发出后在周围部的内脏运动神经节（植物性神经节）交换神经元，由节内神经元再发出纤维到达效应器。因此，内脏运动神经从低级中枢到达所支配的器官须经过两个神经元（肾上腺髓质例外，只需一个神经元）。第一个神经元称节前神经元（preganglionic neuron），胞体位于脑干和脊髓内，其轴突称节前纤维（preganglionic fiber）。第二个神经元称节后神经元（postganglionic neuron），胞体位于周围部的植物性神经节内，其轴突称节后纤维（postganglionic fiber）。节后神经元的数目较多，一个节前神经元可以和多个节后神经元构成突触。

3. 纤维成分不同

躯体运动神经只有一种纤维成分，而内脏运动神经则有交感和副交感两种纤维成分。

4. 纤维粗细不同

躯体运动神经纤维一般是比较粗的有髓纤维，而内脏运动神经纤维则是薄髓（节前纤维）和无髓（节后纤维）的细纤维。

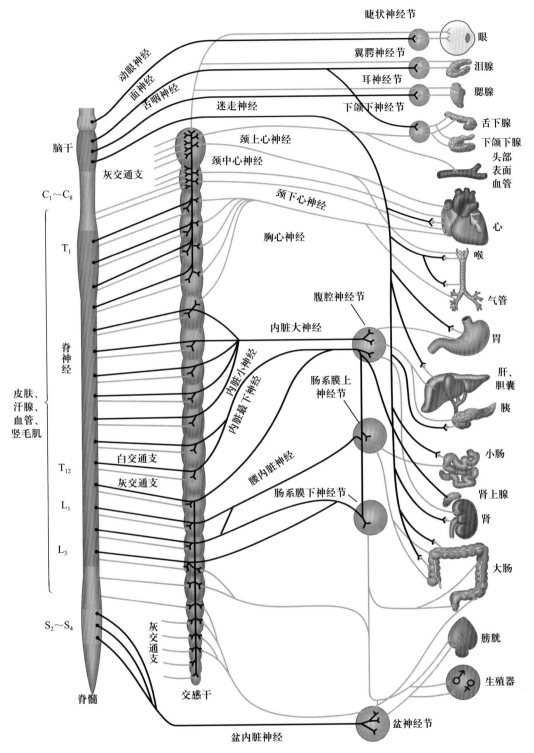

睫状神经节

眼

翼腭神经节

泪腺

耳神经节

腮腺

下颌下神经节

舌下腺

下颌下腺

头部表面血管

颈上心神经

颈中心神经

颈下心神经

胸心神经

心

喉

气管

腹腔神经节

内脏大神经

胃

肠系膜上神经节

肝、胆囊胰

小肠

肾上腺

肾

大肠

膀胱

生殖器

盆神经节

图 3-4-1　内脏运动神经概况示意图

黑色：节前纤维；黄色：节后纤维

5. 节后纤维分布形式不同

内脏运动神经节后纤维的分布形式和躯体运动神经也有不同，躯体运动神经以神经干的形式分布，而内脏运动神经节后纤维常攀附脏器或血管形成神经丛，由神经丛再分支至效应器。

（二）内脏运动神经的组成和分布

根据形态、功能和药理学的特点，内脏运动神经分为交感神经和副交感神经两部分。

1. 交感神经概述

交感神经（sympathetic nerve）的低级中枢位于脊髓T_1～L_3节段的灰质侧柱的中间外侧核。交感神经的周围部包括交感干、交感神经节，以及由神经节发出的分支和交感神经丛等，根据交感神经节所在位置不同，又可分为椎旁神经节和椎前神经节。

交感神经节属于自主神经节，其中的节细胞是自主神经系统的节后神经元，为多极的运动神经元，胞体比感觉神经节的细胞小，散在分布（图3-4-2）。细胞核常偏于一侧，一些细胞有双极，胞质内尼氏体呈均匀分布的颗粒状。节细胞胞体被少量卫星细胞不完全包裹。节内的神经纤维多为无髓神经纤维，较分散，其中有节前纤维和节后纤维。节前纤维与节细胞的树突和胞体形成突触，节后纤维离开神经节，其末端形成内脏运动神经末梢，分布到内脏及血管的平滑肌、心肌和腺上皮细胞。

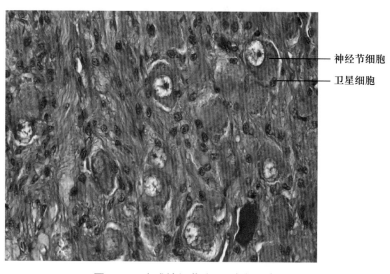

神经节细胞
卫星细胞

图3-4-2　交感神经节（HE染色，高倍）

交感神经节的细胞有两种。一种是体积略大的主节细胞（principal ganglion cell），占大多数。主节细胞多数属肾上腺素能神经元，少数为胆碱能神经元。另一种是节细胞，量少且体积小，常聚集成小群，在荧光组织化学染色标本上，这些细胞显示强荧光，故称小强荧光细胞（small intensely fluorescence cell），简称SIF细胞。SIF细胞释放神经递质多巴胺，它可能是一种中间神经元，其轴突终末与主节细胞建立突触。

椎旁神经节（paravertebral ganglion）即交感干神经节，位于脊柱两旁，借节间支连成左、右两条交感干。两侧交感干沿脊柱两侧走行，上至颅底，下至尾骨，于尾骨的前面两干合并形成一个奇神经节。椎前神经节（prevertebral ganglion）呈不规则的节状团块，位于脊柱前方，腹主动脉脏支的根部，故称椎前节，主要包括腹腔神经节、肠系膜上神经节、肠系膜下神经节及主动脉肾神经节等。

Note

　　每个交感干神经节与相应的脊神经之间都有交通支相连，分白交通支和灰交通支两种。白交通支主要由有髓鞘的节前纤维组成，呈白色，故称白交通支；节前神经元的细胞体仅存在于脊髓T_1～L_3节段的脊髓侧角，白交通支也只存在于T_1～L_3各脊神经的前支与相应的交感干神经节之间。灰交通支连于交感干与31对脊神经前支之间，由交感干神经节细胞发出的节后纤维组成，多无髓鞘，色灰暗，故称灰交通支。

　　交感神经节前纤维由脊髓中间外侧核发出，经脊神经前根、脊神经、白交通支进入交感干内，有3种去向：①终止于相应的椎旁神经节，并交换神经元；②在交感干内上行或下行后，终止于上方或下方的椎旁神经节；③穿过椎旁节后，至椎前节换神经元（图3-4-3）。

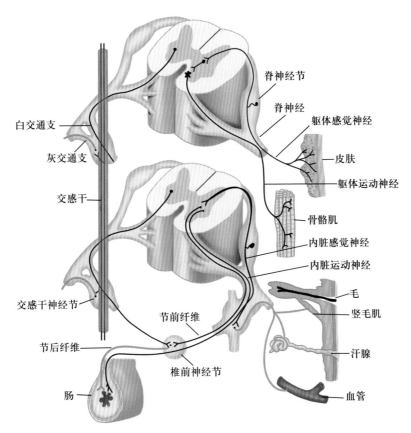

图3-4-3　交感神经纤维走行模式图
黑色：节前纤维；橙色：节后纤维

　　交感神经节后纤维也有3种去向：①发自交感干神经节的节后纤维经灰交通支返回脊神经，随脊神经分布至头颈部、躯干和四肢的血管、汗腺和竖毛肌等，31对脊神经与交感干之间都有灰交通支联系；②攀附动脉走行，在动脉外膜形成相应的神经丛（如颈内、外动脉丛，腹腔丛，肠系膜上丛等），并随动脉分布到所支配的器官；③由交感神经节直接分布到所支配的脏器（图3-4-3）。

　　2. 交感神经的分布

　　（1）颈部：颈交感干位于颈血管鞘后方，颈椎横突的前方。一般每侧有3～4个交感神经节，分别称颈上、中、下神经节。颈部交感干神经节发出的节后神经纤维，可经灰交通支连于8对颈神经，并随颈神经分支分布至头颈和上肢的血管、汗腺、竖毛肌等；可直接至邻近的动脉，形成颈内动脉丛、颈外动脉丛、锁骨下动脉丛和椎动脉丛等，伴随动脉的分支至头颈部的腺体、竖毛肌、血管、瞳孔开大肌；可发出的咽支直接进入咽壁，与迷走神经、舌咽神经的咽支共同组成咽丛；还可发出颈上、中、下心神经，下行进入胸腔，加入心丛。

（2）胸部：胸交感干位于肋头的前方，每侧有10～12个胸神经节。胸交感干发出的分支可经灰交通支连接12对胸神经，并随其分布。从上5对胸神经节发出许多分支，参加胸主动脉丛、食管丛、肺丛及心丛等。穿过第5或第6～9胸交感干神经节的节前纤维组成内脏大神经，沿椎体前面倾斜下降，穿过膈脚，主要终于腹腔神经节。穿过第10～12胸交感干神经节的节前纤维组成内脏小神经，主要终于主动脉肾神经节。由腹腔神经节、主动脉肾神经节等发出的节后纤维，分布至肝、胰、脾、肾等实质性脏器和结肠左曲以上的消化管。

（3）腰部：约有4对腰神经节，位于腰椎体前外侧与腰大肌内侧缘之间。腰交感干发出分支可经灰交通支连接5对腰神经，并随腰神经分布。穿过腰神经节的节前纤维组成腰内脏神经，终于腹主动脉丛和肠系膜下丛内的椎前神经节，交换神经元后节后纤维分布至结肠左曲以下的消化道及盆腔脏器，并有纤维伴随血管分布至下肢。

（4）盆部：盆交感干位于骶骨前面，骶前孔内侧，有2～3对骶神经节和1个奇神经节。节后纤维的分支可经灰交通支，连接骶尾神经，分布于下肢及会阴部的血管、汗腺和竖毛肌。一些小支加入盆丛，分布于盆腔器官。

交感神经节前、节后纤维分布均有一定规律，如来自脊髓T_1～T_5节段中间外侧核的节前纤维，更换神经元后，其节后纤维支配头、颈、胸腔脏器和上肢的血管、汗腺和竖毛肌；来自脊髓T_5～T_{12}节段中间外侧核的节前纤维，更换神经元后，其节后纤维支配肝、胰、脾、肾等腹腔实质性器官和结肠左曲以上的消化管；来自脊髓上腰段中间外侧核的节前纤维，更换神经元后，其节后纤维支配结肠左曲以下的消化管，盆腔脏器和下肢的血管、汗腺和竖毛肌。由于多数的交感神经离效应器较远，因此，交感神经节前纤维短，节后纤维长。一根交感神经节前纤维往往和多个交感神经节内的几十个节后神经元发生接替，所以一根节前纤维兴奋时，可引起广泛的节后神经元兴奋。

3. 副交感神经概述

副交感神经（parasympathetic nerve）的低级中枢位于脑干的一般内脏运动核和脊髓骶部第2～第4节段灰质的骶副交感核，由这些核的神经元发出的纤维即节前纤维。周围部的副交感神经节位于器官的周围或器官的壁内，称器官旁节和器官内节，节内的细胞即为节后神经元。位于颅部的副交感神经节较大，肉眼可见，有睫状神经节、下颌下神经节、翼腭神经节和耳神经节等。颅部副交感神经节前纤维即在这些神经节内交换神经元，然后发出节后纤维随相应脑神经到达所支配的器官。此外，还有位于身体其他部位很小的副交感神经节，只有在显微镜下才能看到。例如，位于心丛、肺丛、膀胱丛和子宫阴道丛内的神经节，以及位于支气管和消化管壁内的神经节等。由于副交感神经节都位于所支配器官的附近或器官壁内，因此节前纤维长，节后纤维

Note

短。一根副交感神经节前纤维常与副交感神经节内一个或几个神经元发生接替，所以一根节前纤维兴奋只引起较局限的节后纤维兴奋。

4. 副交感神经的分布

（1）颅部副交感神经：其节前纤维行于第Ⅲ、Ⅶ、Ⅸ、Ⅹ对脑神经内（图3-4-4）。

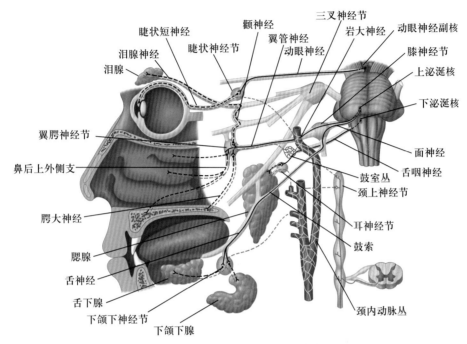

图3-4-4　颅部的内脏神经分布模式图
蓝色：交感神经；黑色：副交感神经

①随动眼神经走行的副交感神经节前纤维，由中脑的动眼神经副核发出，进入眶腔后到达睫状神经节内交换神经元，其节后纤维分布于瞳孔括约肌和睫状肌。②随面神经走行的副交感神经节前纤维，由脑桥的上泌涎核发出，一部分节前纤维经岩大神经至翼腭神经节换神经元，节后纤维分布于泪腺及腭、鼻的黏膜腺。另一部分节前纤维经鼓索，加入舌神经，至下颌下神经节换神经元，节后纤维分布于下颌下腺和舌下腺。③随舌咽神经走行的副交感节前纤维，由延髓的下泌涎核发出，至卵圆孔下方的耳神经节换神经元，节后纤维经耳颞神经分布于腮腺。④随迷走神经走行的副交感节前纤维，由延髓的迷走神经背核发出，随迷走神经的分支到达颈部、胸腔、腹腔脏器附近或壁内的副交感神经节换神经元，节后纤维分布于颈部、胸腔、腹腔（肝、胰、脾、肾等实质性脏器和结肠左曲以上消化道）的脏器。

（2）骶部副交感神经：节前纤维由脊髓骶部第2～第4节段的骶副交感核发出，随骶神经出骶前孔，而后从骶神经分出组成盆内脏神经加入盆丛，随盆丛分支分布到盆腔脏器，在脏器附近或脏器壁内的副交感神经节交换神经元，节后纤维支配结肠左曲以下的消化管和盆腔脏器。

二、内脏感觉神经

内脏感觉神经如同躯体感觉神经，其初级感觉神经元也位于脑神经节和脊神经节内，周围支则分布于内脏和心血管等处的内感受器。内脏感觉的传入冲动进入中枢后，沿着躯体感觉的同一通路上行，即沿着脊髓丘脑束和感觉投射系统到达大脑皮质。内脏感觉的皮层代表区混杂在体表第一感觉区中。人脑的第二感觉区和运动辅助区也与内脏感觉有关。

（李振中　张艳敏）

第四章 脑和脊髓的被膜、血管及脑脊液循环、脑屏障

第一节 脑和脊髓的被膜

脑和脊髓的表面均有3层被膜，有保护、支持脊髓和脑的作用。

一、脑的被膜

脑的被膜自外向内依次为硬脑膜（cerebral dura mater）、脑蛛网膜（cerebral arachnoid mater）和软脑膜（cerebral pia mater）。

硬脑膜坚韧而有光泽，由两层合成，外层兼具颅骨内膜的作用，内层可折叠形成若干板状突起，伸入脑各部之间。由硬脑膜形成的结构有大脑镰、小脑幕、小脑镰和鞍膈等。硬脑膜在某些部位两层分开，内面衬以内皮细胞，构成硬脑膜窦，窦内含静脉血，窦壁无平滑肌，不能收缩。主要的硬脑膜窦有上矢状窦、下矢状窦、直窦、横窦、乙状窦和海绵窦等（图4-1-1）。

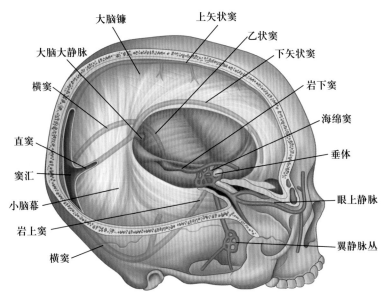

图 4-1-1　硬脑膜及硬脑膜窦

脑蛛网膜薄而透明，缺乏血管和神经，与软脑膜之间有蛛网膜下隙。脑蛛网膜下隙内充满脑脊液，此隙向下与脊髓蛛网膜下隙相通。脑蛛网膜紧贴硬脑膜，在上矢状窦处形成许多绒毛状突起，突入上矢状窦内，称蛛网膜粒。脑脊液经这些蛛网膜粒渗入硬脑膜窦内，回流入静脉。

软脑膜薄而富有血管和神经，覆盖于脑的表面并伸入沟裂内。在脑室的一定部位，软脑膜及其血管与该部的室管膜上皮共同构成脉络组织。在某些部位，脉络组织的血管反复分支成丛，连同其表面的软脑膜和室管膜上皮一起突入脑室，形成脉络丛。脉络丛是产生脑脊液的主要结构。

二、脊髓的被膜

脊髓的被膜由外向内依次为硬脊膜（spinal dura mater）、脊髓蛛网膜（spinal arachnoid mater）和软脊膜（spinal pia mater）（图4-1-2）。

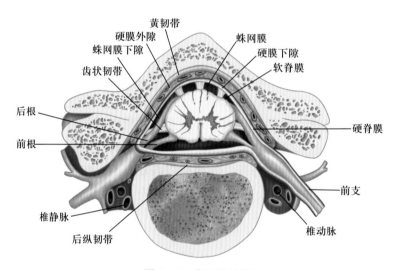

图4-1-2　脊髓的被膜

硬脊膜由致密结缔组织构成，厚而坚韧。硬脊膜与椎管内面的骨膜之间的间隙称为硬膜外隙，内含疏松结缔组织、脂肪、淋巴管和静脉丛等，此间隙略呈负压，有脊神经根通过。临床上进行硬膜外麻醉，就是将药物注入此间隙。

脊髓蛛网膜为半透明的薄膜，位于硬脊膜与软脊膜之间。脊髓蛛网膜与软脊膜之间有较宽阔的间隙，称蛛网膜下隙，脊髓蛛网膜下隙的下部，自脊髓下端马尾神经根部至第2骶椎水平扩大的马尾神经周围蛛网膜下隙，称终池。临床上常在第3、4腰椎间或第4、5腰椎间进行腰椎穿刺，以抽取脑脊液或注射药物而不易伤及脊髓。

软脊膜薄而富有血管，紧贴在脊髓的表面并延伸至脊髓的沟裂中，在脊髓下端移行为终丝。

（刘　真）

第二节　脑和脊髓的血管

一、脑的血管

（一）脑的动脉

脑的动脉来源于颈内动脉（internal carotid artery）和椎动脉（vertebral artery）（图4-2-1）。以顶枕沟为界，大脑半球的前2/3和部分间脑由颈内动脉供应，大脑半球后1/3、部分间脑、脑干和小脑由椎动脉供应。故可将脑动脉归纳为颈内动脉系和椎-基底动脉系。此两系动脉在大脑的分支可分为皮质支和中央支。前者供应营养大脑皮质及其深面的髓质，后者供应基底核、内囊及间脑等。

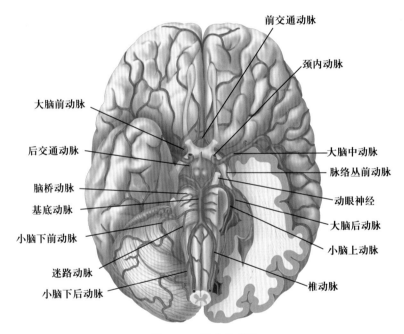

图 4-2-1　脑底的动脉

1. 颈内动脉

起自颈总动脉，自颈部向上至颅底，经颞骨岩部的颈动脉管进入颅内，紧贴海绵窦的内侧壁穿海绵窦腔向前上，至前床突的内侧又向上弯转并穿出海绵窦而分支。颈内动脉按其行程可分为4部：颈部、岩部、海绵窦部和前床突上部。其中海绵窦部和前床突上部合称为虹吸部，常呈"U"形或"V"形弯曲，是动脉硬化的好发部位。颈内动脉在穿出海绵窦处发出眼动脉（见第十四章"视器"）。颈内动脉供应脑的主要分支如下。

（1）大脑前动脉（anterior cerebral artery）（图4-2-2）：在视神经上方向前内行，进入大脑纵裂，与对侧的同名动脉借前交通动脉（anterior communicating artery）相连，然后沿胼胝体沟向后行。皮质支分布于顶枕沟以前的半球内侧面、额叶底面的一部分和额、顶两叶上外侧面的上部；中央支自大脑前动脉的近侧段发出，经前穿质入脑实质，供应尾状核、豆状核前部和内囊前肢。

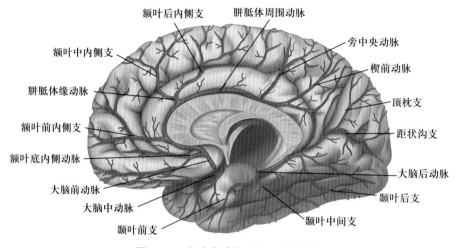

图4-2-2 大脑半球的动脉（内侧面）

（2）大脑中动脉（middle cerebral artery）：可视为颈内动脉的直接延续，向外侧行进入外侧沟内，分为数条皮质支，营养大脑半球上外侧面的大部分和岛叶（图4-2-3），其中包括躯体运动中枢、躯体感觉中枢和语言中枢。若该动脉发生阻塞，将出现严重的功能障碍。大脑中动脉途经前穿质时，发出一些细小的中央支，又称豆纹动脉（图4-2-4），垂直向上进入脑实质，营养尾状核、豆状核、内囊膝和后肢的前部。豆纹动脉行程呈"S"形弯曲，因血流动力关系，在高血压动脉硬化时容易破裂（故又称出血动脉），从而导致脑溢血，出现严重的功能障碍。

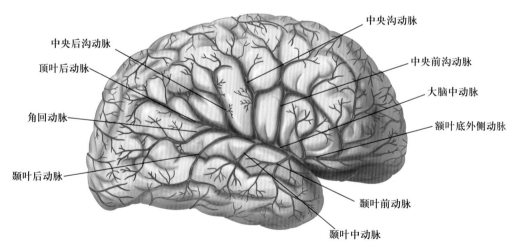

图4-2-3 大脑半球的动脉（外侧面）

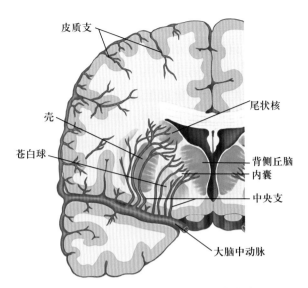

皮质支

壳

苍白球

尾状核

背侧丘脑
内囊

中央支

大脑中动脉

图4-2-4 大脑中动脉的皮质支和中央支

（3）脉络丛前动脉（anterior choroid artery）：沿视束下面向后外行，经大脑脚与海马旁回的钩之间进入侧脑室下角，终止于脉络丛。沿途发出分支供应外侧膝状体、内囊后肢的后下部、大脑脚底的中1/3及苍白球等结构。此动脉细小且行程较长，易被血栓阻塞。

（4）后交通动脉（posterior communicating artery）：在视束下面行向后，与大脑后动脉吻合，是颈内动脉系与椎-基底动脉系的吻合支。

2. 椎动脉

起自锁骨下动脉第1段，穿第6至第1颈椎横突孔，经枕骨大孔进入颅腔，入颅后，左、右椎动脉逐渐靠拢，在脑桥与延髓交界处合成一条基底动脉（basilar artery），后者沿脑桥腹侧的基底沟上行，至脑桥上缘分为左、右大脑后动脉两大终支。

（1）椎动脉的主要分支。

①脊髓前、后动脉：见脊髓的血管。②小脑下后动脉（posterior inferior cerebellar artery）（图4-2-1）：是椎动脉的最大分支，在平橄榄下端附近发出，向后外行经延髓与小脑扁桃体之间，分支分布于小脑下面的后部和延髓后外侧部。

（2）基底动脉的主要分支。

①小脑下前动脉（anterior inferior cerebellar artery）（图4-2-1）：自基底动脉起始段发出，经展神经、面神经和前庭蜗神经的腹侧达小脑下面，供应小脑下部的前份。②迷路动脉（labyrinthine artery）（图4-2-1）：又称内听动脉，细长，伴随面神经和前庭蜗神经进入内耳道，供应内耳迷路。约有80%以上的迷路动脉发自小脑下前动脉。③脑桥动脉（pontine artery）（图4-2-1）：为一些细小的分支，供应脑桥基底部。④小脑上动脉（superior cerebellar artery）（图4-2-1）：在近基底动脉的末端处发出，绕大脑脚向后，供应小脑上部。⑤大脑后动脉（posterior cerebral artery）（图4-2-2）：是基底动脉的终末分支，绕大脑脚向后，沿海马旁回的钩转至颞叶和枕叶的内侧面。皮质支分布于颞叶的内侧面、底面及枕叶；中央支由起始部发出，经后穿质入脑实质，供应背侧丘脑、内侧膝状体、下丘脑和底丘脑等。大脑后动脉起始部与小脑上动脉根部之

Note

间夹有动眼神经（图4-2-1），当颅内压增高时，海马旁回的钩可移至小脑幕切迹下方，使大脑后动脉向下移位，压迫并牵拉动眼神经，从而导致动眼神经麻痹。

3. 大脑动脉环（cerebral arterial circle）

又称Willis环，由两侧大脑前动脉起始段、两侧颈内动脉末段、两侧大脑后动脉借前、后交通动脉共同组成。位于脑底下方，蝶鞍上方，环绕视交叉、灰结节及乳头体周围（图4-2-1）。此环使两侧颈内动脉系与椎-基底动脉系相交通。在正常情况下，大脑动脉环两侧的血液不相混合，而是作为一种代偿的潜在装置。当此环的某一处发育不良或被阻断时，可在一定程度上通过大脑动脉环使血液重新分配和代偿，以维持脑的血液供应。

（二）脑的静脉

脑的静脉无瓣膜，不与动脉伴行，可分为深、浅两组，两组之间相互吻合。浅组收集脑皮质及皮质下髓质的静脉血，直接注入邻近的静脉窦；深组收集大脑深部的髓质、基底核、间脑、脑室脉络丛等处的静脉血，最后汇成一条大脑大静脉注入直窦。两组静脉最终经硬脑膜窦回流至颈内静脉。

1. 浅组

以大脑外侧沟为界分为3组（图4-2-5）：大脑上静脉（外侧沟以上），有8～12支，收集大脑半球上外侧面和内侧面上部的血液，注入上矢状窦；大脑下静脉（外侧沟以下）收集大脑半球上外侧面下部和半球下面的血液，主要注入横窦和海绵窦；大脑中静脉又分为浅、深两组：大脑中浅静脉收集半球上外侧面近外侧沟附近的静脉，本干沿外侧沟向前下，注入海绵窦；大脑中深静脉收集脑岛的血液，与大脑前静脉和纹状体静脉汇合成基底静脉（basal vein）。基底静脉注入大脑大静脉。

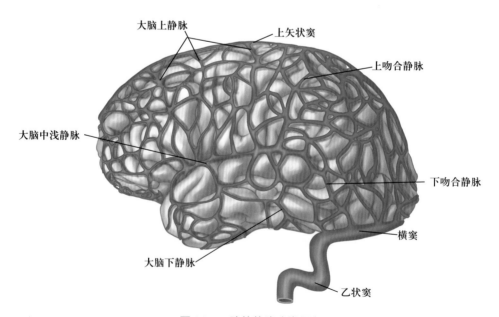

图 4-2-5　脑的静脉（浅组）

2. 深组

包括大脑内静脉和大脑大静脉（图4-2-6）。

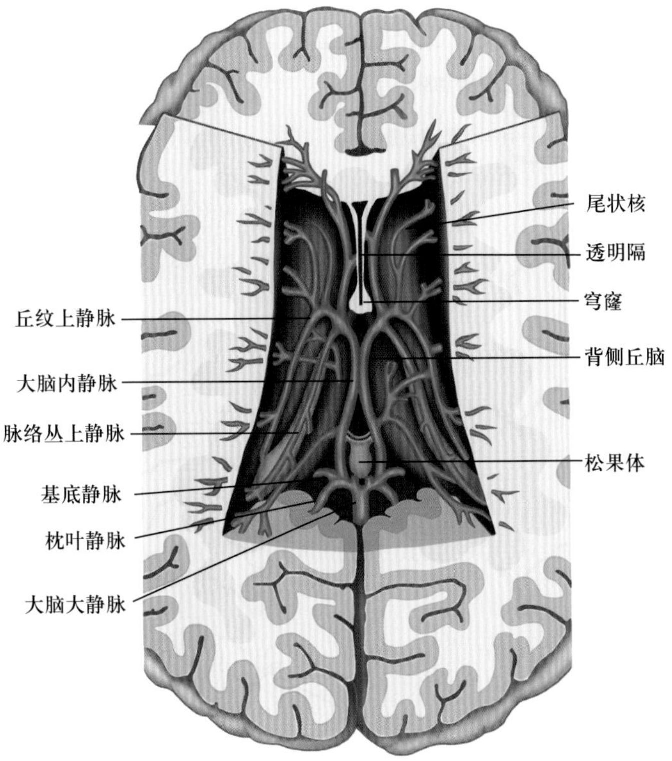
尾状核
透明隔
穹窿
背侧丘脑
松果体
丘纹上静脉
大脑内静脉
脉络丛上静脉
基底静脉
枕叶静脉
大脑大静脉

图4-2-6　脑的静脉（深组）

大脑内静脉（internal cerebral vein）由脉络膜静脉和丘脑纹静脉在室间孔后上缘合成，向后至松果体后方，与对侧的大脑内静脉汇合成一条大脑大静脉（great cerebral vein），又称Galen静脉。大脑大静脉很短，收纳大脑半球深部髓质、基底核、间脑和脉络丛等处的静脉血，在胼胝体压部的后下方注入直窦。

二、脊髓的血管

（一）脊髓的动脉

脊髓的动脉有两个来源，即椎动脉和节段性动脉（图4-2-7）。椎动脉发出脊髓前动脉（anterior spinal artery）和脊髓后动脉（posterior spinal artery）。它们在下行的过程中，不断得到节段性动脉（如颈升动脉、肋间后动脉、腰动脉和骶外侧动脉等）分支的增补，以保障脊髓有足够的血液供应。

左、右脊髓前动脉在延髓腹侧合成一干，沿前正中裂下行至脊髓末端。脊髓后动脉自椎动脉发出后，绕延髓两侧向后走行，沿脊神经后根基部内侧下行，直至脊髓末端。

脊髓前、后动脉之间借环绕脊髓表面的吻合支互相交通，形成动脉冠（图4-2-8），由动脉冠再发分支进入脊髓内部。脊髓前动脉的分支主要分布于脊髓前角、侧角、灰

Note

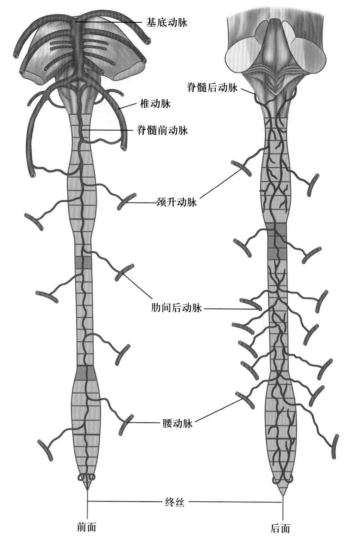

图 4-2-7　脊髓的动脉

基底动脉

脊髓后动脉

椎动脉

脊髓前动脉

颈升动脉

肋间后动脉

腰动脉

终丝

前面　　　　后面

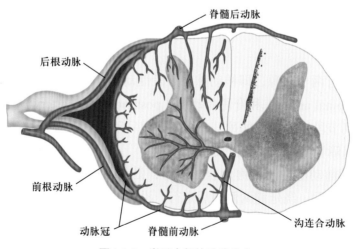

图 4-2-8　脊髓内部的动脉分支

脊髓后动脉

后根动脉

前根动脉

动脉冠　　脊髓前动脉

沟连合动脉

Note

质连合、后角基部、前索和外侧索。脊髓后动脉的分支则分布于脊髓后角的其余部分和后索。

由于脊髓动脉的来源不同，有些节段因两个来源的动脉吻合薄弱，血液供应不够充分，容易使脊髓因缺血而损害，称为危险区，如第1～第4胸节（特别是第4胸节）和第1腰节的腹侧面。

（二）脊髓的静脉

脊髓的静脉较动脉多而粗。脊髓前、后静脉由脊髓内的小静脉汇集而成，通过前、后根静脉注入硬膜外隙的椎内静脉丛。

（刘　真）

第三节　脑脊液及其循环

脑脊液（cerebral spinal fluid，CSF）是充满脑室系统、蛛网膜下隙和脊髓中央管内的无色透明液体，内含多种浓度不等的无机盐、葡萄糖、微量蛋白和少量淋巴细胞，pH为7.4，对中枢神经系统起缓冲、保护、运输代谢产物和调节颅内压等作用。成人脑脊液总量平均为150 mL，处于不断产生、循环和回流的平衡状态中。

脑脊液主要由脑室脉络丛产生，少量由室管膜上皮和毛细血管产生。由侧脑室脉络丛产生的脑脊液经室间孔流至第三脑室，与第三脑室脉络丛产生的脑脊液一起，经中脑水管流入第四脑室，再汇合第四脑室脉络丛产生的脑脊液一起经第四脑室正中孔和两个外侧孔流入蛛网膜下隙，然后流向大脑背面的蛛网膜下隙，经蛛网膜粒渗透到硬脑膜窦（主要是上矢状窦）内，回流入血液（图4-3-1）。

（刘　真）

第四节　脑　屏　障

中枢神经系统内神经元的正常功能活动需要其周围的微环境保持一定的稳定性，而维持这种稳定性的结构称脑屏障（brain barrier）（图4-4-1）。它能选择性地允许某些物质通过，阻止另一些物质通过。按形态特点，脑屏障可分为3类：血-脑屏障、血-脑脊液屏障和脑脊液-脑屏障。

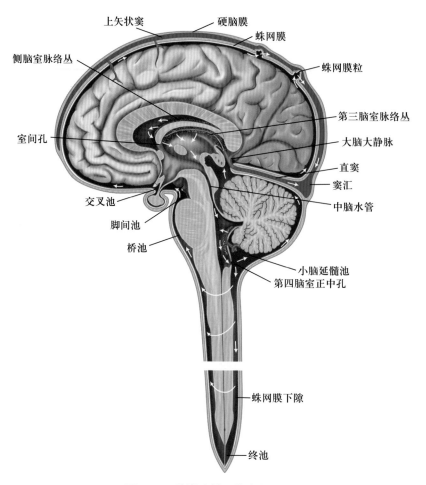

图 4-3-1　脑脊液循环模式图

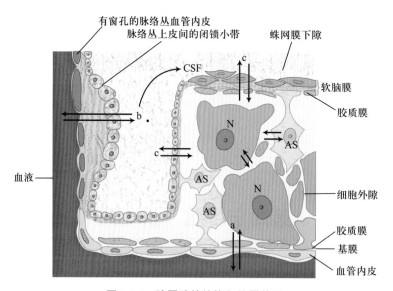

图 4-4-1　脑屏障的结构和位置关系

a. 血-脑屏障；b. 血-脑脊液屏障；c. 脑脊液-脑屏障；AS. 星形胶质细胞；N. 神经元；CSF. 脑脊液

一、血-脑屏障

血-脑屏障（blood-brain barrier，BBB）是位于血液与脑和脊髓的神经组织之间的屏障结构，其结构基础是：①脑和脊髓内的毛细血管内皮，由于该内皮细胞无窗孔、内皮细胞之间为紧密连接，从而阻碍大分子物质通过，但允许水和某些离子通过；②毛细血管基膜；③胶质膜，由星形胶质细胞的终足围绕在毛细血管基膜的外面形成。血-脑屏障能阻止多种物质如毒素、某些非脂溶性物质进入脑内。

在中枢神经的某些部位缺乏血-脑屏障，如正中隆起、连合下器、穹窿下器、终板血管器、脉络丛、松果体、神经垂体等。这些部位的毛细血管内皮细胞有窗孔，可使蛋白和大分子物质自由通过。

二、血-脑脊液屏障

血-脑脊液屏障（blood-cerebrospinal fluid barrier，BCB）位于脑室脉络丛的毛细血管与脑脊液之间，其结构基础主要是脉络丛上皮细胞间隙的顶部有紧密连接（闭锁小带）。脉络丛的毛细血管内皮细胞上有窗孔，因此该屏障仍有一定的通透性。该屏障能选择性阻止血液中某些物质进入脑脊液，从而保持脑脊液成分相对稳定。

三、脑脊液-脑屏障

脑脊液-脑屏障（cerebrospinal fluid-brain barrier，CBB）位于脑室和蛛网膜下隙的脑脊液与脑和脊髓的神经组织之间，其结构基础为：室管膜上皮、软脑膜和软膜下胶质膜。由于室管膜上皮没有紧密连接，因而不能有效地限制大分子物质通过，加上软脑膜及其下面的胶质膜的屏障作用也很弱，因此，脑脊液的化学成分与脑组织细胞外液的成分大致相同。

在正常情况下，脑屏障能使中枢神经系统免受内、外环境中各种物理和化学因素的影响，从而维持相对稳定的状态。当脑屏障损伤时（如炎症、外伤、肿瘤、血管病等），其通透性可发生改变，从而使脑和脊髓神经组织受到各种致病因素的影响，因而导致脑水肿、脑出血、免疫异常等严重后果。然而，屏障并不是绝对的，无论从结构上还是从功能上，脑屏障都是相对的，这不仅因为脑的某些部位没有血-脑屏障，而且由于在脑屏障的三个组成部分中，脑脊液-脑屏障的结构最不完善，可使脑脊液和脑内组织液互相交通。因此，认识脑屏障对脑保护和脑疾病治疗药物的选择有重要意义。

脑积水（hydrocephalus）是一种比较多见的先天畸形，多由脑室系统发育障碍、脑脊液生成和吸收失衡所致，以中脑水管和室间孔狭窄或闭锁最常见。由于脑脊液不能正常流通循环，致使脑室中积满液体或在蛛网膜下腔中积存大量液体，前者称脑内脑积水，后者称脑外脑积水，其临床特征表现为颅脑增大，颅骨变薄，颅缝变宽。

（刘　真　刘尚明）

第五章 神经科学的细胞与分子基础

第一节 神经电生理

生物体内的所有细胞无论处于静息状态还是活动状态都伴随电现象，称为细胞生物电（bioelectricity）。细胞生物电的产生是带电离子跨细胞膜流动的结果，表现为细胞膜两侧一定的跨膜电位（transmembrane potential），简称膜电位（membrane potential）。细胞的膜电位主要表现为两种形式：安静时存在的静息电位和受刺激时产生的动作电位。机体所有的细胞都具有静息电位，但只有可兴奋细胞如神经细胞、肌细胞和部分腺细胞能够产生动作电位。临床上诊断疾病时应用的心电图、脑电图、肌电图、胃肠电图等是器官水平上记录到的生物电，它们都以细胞水平生物电活动为基础。

一、静息电位

（一）静息电位的概念与测定

静息电位（resting potential，RP）是指静息状态下存在于细胞膜两侧的内负外正的电位差。1939年，英国生理学家Hodgkin和Huxley利用枪乌贼巨大神经轴突标本（直径可达1 mm）和当时较精密的示波器，将充满了海水的电极（直径仅0.1 mm）从轴突的横断面纵向插入神经轴突内，第一

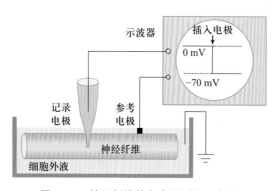

图 5-1-1　神经纤维静息电位测定示意图

次精确地记录到了静息电位。通常采用细胞内微电极来记录膜电位的水平，称为细胞内电位记录。典型的玻璃微电极采用毛细玻璃管加热拉制而成，中间充以电极内液，如KCl溶液等，其尖端很细，开口直径<1 μm，因此可以将它直接刺入离体或在体的细胞以记录细胞内电位。如图5-1-1所示，将示波器的参考电极置于细胞外液并接地，当参考电极和记录电极均位于细胞外液中时，示波器显示细胞膜外两点之间电位差为零；在记录电极插入细胞的瞬间，荧光屏上的扫描线立即向下移动到一个较稳定的负值水平，表明静息情况下细胞膜两侧存在一个稳定的电位差，而且膜内侧的电位低于膜外侧，该电位差就是该细胞的静息电位。当细胞外液为零电位时，各类细胞的膜内电位在安静情况下均为负值，范围为-100～-10 mV，如在骨骼肌细胞约为-90 mV，神经细胞约为-70 mV，平滑肌细胞约为-55 mV，红细胞约为-10 mV。

静息电位的大小通常以细胞内负值的大小来表示，由于记录膜电位都是以细胞外为零电位，所以细胞内负值越大，表示膜两侧的电位差越大，即静息电位越大。通常将静息时细胞膜两侧内负外正的稳定状态称为极化（polarization）。如果膜两侧的电位差增大（如细胞内电位由-70 mV变化为-90 mV），表示膜的极化状态增强，称为超极化（hyperpolarization）；如果膜两侧电位差减小（如细胞内电位由-70 mV变化为-50 mV），表示膜的极化状态减弱，称为去极化（depolarization）；去极化到零电位后，膜内电位如进一步变为正值时称为反极化（reverse polarization）；膜电位高于零电位的部分，称为超射（overshoot）；膜去极化后再向静息电位方向恢复的过程，称为复极化（repolarization）。

（二）静息电位的产生机制

1. 细胞膜两侧离子的浓度梯度与平衡电位

细胞静息电位的形成是带电离子跨膜流动的结果，离子跨膜转运的先决条件有两个：一个是该离子在细胞膜两侧是否存在浓度差和（或）电位差；另一个是细胞膜对它是否具有通透性。

细胞膜两侧离子浓度差驱动力和跨膜电场产生的驱动力的代数合称为电-化学驱动力，是引起离子跨膜扩散的直接动力。浓度差是由细胞膜中的离子泵，主要是钠泵的活动所形成和维持的。表5-1-1显示的是哺乳动物神经元膜两侧的离子浓度，其中细胞外液的Na^+浓度是细胞内的12倍左右，而细胞内液K^+浓度为细胞外的30倍左右。此时，假设细胞膜只对一种离子有通透性，该离子将在浓度差的推动下从高浓度一侧向低浓度一侧跨膜扩散，由于离子本身带有电荷，随着离子跨膜扩散的进行，膜两侧将形成一个逐渐增大的电位差，该电位差成为该离子进一步跨膜扩散的阻力。当电位差驱动力增加到与浓度差驱动力相等时，电-化学驱动力即为零，此时该离子的跨膜净移动停止，膜两侧的电位差也不再改变（图5-1-2），此时的跨膜电位差被称为该离子的平衡电位（equilibrium potential）。例如，当细胞膜只对K^+有通透性，K^+将在浓度差的驱动下从细胞内向细胞外扩散，由于细胞膜对大分子有机负离子不通透，它们不能随K^+移出细胞，将聚集在细胞膜的内表面，从而将外流的K^+限制于膜的外表面，在膜两侧产生内负外正的电位差，即K^+扩散电位（图5-1-2A）。扩散电位将阻止该离子的继续扩散，当扩散电位驱动力增加到与浓度差驱动力相等时，K^+净移动速率为0，膜电位便稳定下来，该电位即K^+平衡电位（K^+ equilibrium potential，E_K）。同理，若细胞膜只对Na^+有通透性，Na^+离子将在浓度差的驱动下从细胞外向细胞内扩散，产生内正外负的Na^+扩散电位，最终膜电位将达到Na^+平衡电位（Na^+ equilibrium potential，E_{Na}）（图5-1-2B）。

表5-1-1　哺乳动物神经元细胞内液和胞外液中主要离子的浓度和各离子的平衡电位（温度：37℃）

离子	细胞外液（mmol/L）	胞质（mmol/L）	平衡电位（mV）
Na^+	145	12	+67
K^+	4	155	-98
Cl^-	120	7	-76
Ca^{2+}	1.2	0.0001	+125

注：表中Ca^{2+}浓度为游离Ca^{2+}浓度

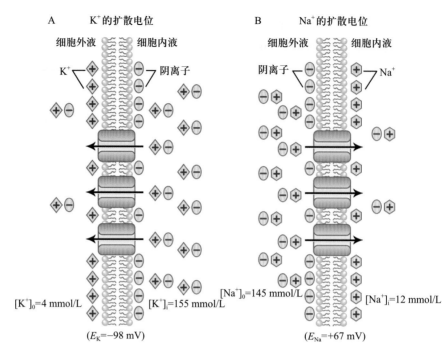

图 5-1-2　K^+ 扩散电位和 Na^+ 扩散电位形成示意图

A. 细胞膜只对 K^+ 有通透性时，K^+ 从细胞内向细胞外扩散，细胞内出现负电位；

B. 细胞膜只对 Na^+ 有通透性时，Na^+ 从细胞外向细胞内扩散，细胞内出现正电位

根据某种离子在膜两侧的浓度，利用 Nernst 公式，可以计算出该离子的平衡电位，即

$$E_{ion} = \frac{RT}{ZF} \ln \frac{[C]_o}{[C]_i}$$

其中，E_{ion} 为某离子（ion）的平衡电位，R 为气体常数，T 为绝对温度，F 为法拉第常数，Z 为离子的化合价，$[C]_i$ 与 $[C]_o$ 分别表示膜内和膜外该离子的浓度。假设温度为 37℃，离子 X 为 +1 价，将自然对数转换为常用对数，E_x 的单位用 mV 表示时，则上述 Nernst 公式可表示为：

$$E_x = 61.5 \lg \frac{[C]_o}{[C]_i} (mV)$$

若将膜两侧溶液中的离子浓度分别代入上式中，可计算出各种离子的平衡电位。一般来说，哺乳动物多数细胞的 E_k 为 -100～-90 mV，E_{Na} 为 +50～+70 mV。

需要指出的是，K^+ 流出细胞形成平衡电位后，细胞内外 K^+ 的浓度将会发生改变，那么，这种改变会进一步影响 K^+ 的平衡电位吗？假设某个直径为 25 μm 的细胞，其膜电位为 0 mV，该细胞膜对 K^+ 的通透性突然增大，达到 K^+ 平衡电位所需的外流的 K^+ 量大约为 10^{-12} mol，相当于 K^+ 的浓度降低了 4 μmol/L，即由正常细胞内 K^+ 的浓度 140 mmol/L 降低到了 139.996 mmol/L，因此，产生平衡电位所需要 K^+ 的流出量非常少，因此该 K^+ 外流不会影响 K^+ 平衡电位。

2. 静息时细胞膜对 K^+ 较大的通透性和 K^+ 外流是形成静息电位的主要原因

在安静状态下，如果细胞膜只对 K^+ 有通透性，那么静息电位就应该等于 K^+ 的平衡电位，同理如果静息时细胞膜只对 Na^+ 有通透性，那么静息电位就应该等于 Na^+ 的平

衡电位。如果细胞膜对多种离子同时具有通透性，静息电位的大小则取决于细胞膜对这些离子的相对通透性和膜两侧的浓度差。

在安静状态下，由于细胞膜中存在持续开放的非门控K^+通道，如神经细胞膜中的钾漏通道（图5-1-3），该通道在安静时对K^+的通透性为Na^+的50～100倍，细胞膜对K^+的通透性最高，因此，静息电位接近于K^+平衡电位。1949年，Alan Hodgkin和Bernard Katz在实验中所测得的静息电位值与计算所得的K^+平衡电位非常接近，而与Na^+平衡电位则相差较远；当改变细胞外液中K^+浓度时，静息电位也发生相应改变，当细胞外K^+浓度升高时，K^+平衡电位减小，静息电位也相应减小；当细胞外K^+浓度与细胞内相等时，K^+的平衡电位为0 mV，细胞的静息电位也在0 mV左右，证实了静息电位主要是因为细胞膜对K^+通透性较大、K^+向细胞外扩散而形成的（图5-1-4）。

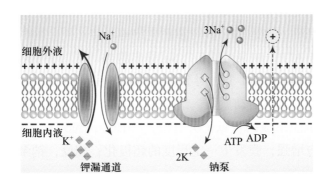

图5-1-3 神经元细胞膜上的钾漏通道和钠泵参与静息电位形成的示意图
钾漏通道对钾离子通透性较大，对钠离子通透性较小；钠泵具有生电作用，每次转运使细胞外净增加一个正电荷

临床上出现的高血钾可以强烈抑制心脏的兴奋和收缩功能，当高血钾发生时，膜两侧K^+浓度梯度的减小使K^+平衡电位减小，于是静息电位随之减小（去极化），膜电位的减小可影响电压门控钠通道的功能，导致心肌细胞兴奋性先升高、后降低，严重的高血钾可引起心搏骤停。

3. 静息时细胞膜对Na^+具有的较低通透性和少量的Na^+内流也参与静息电位的形成

Hodgkin和Huxley的实验显示，实际测得的静息电位并不完全等于E_K，而是略小

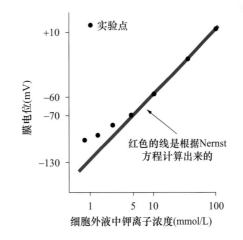

图5-1-4 膜电位与细胞外液中钾离子浓度的关系

于E_K，或者说静息电位水平介于E_K和E_{Na}之间，只是更靠近E_K。这说明，在静息电位形成过程中，除了膜对K^+具有较大通透性和K^+外流的主要因素外，膜对Na^+具有的较低通透性和由此引起的少量Na^+内流也有贡献。进入细胞的少量Na^+可部分抵消由K^+外流所形成的膜内负电位。事实上，细胞膜除了对细胞内有机负离子几乎没有通透性

外，对Na^+、K^+和Cl^-都具有通透性，因此，静息电位的数值取决于细胞膜对上述离子的相对通透性。细胞膜对多种离子有通透性时可用下面的Goldman-Hodgkin-Katz方程计算静息电位，该方程是David Goldman于1943年提出的：

$$V_m = 61 \lg \frac{P_K [K_{out}] + P_{Na} [Na_{out}] + P_{Cl} [Cl_{in}]}{P_K [K_{in}] + P_{Na} [Na_{in}] + P_{Cl} [Cl_{out}]}$$

其中，V_m是跨膜电压，P表示细胞膜对该离子的通透性。

膜对某种离子的通透性越高，该离子的扩散对静息电位形成的作用就越大，静息电位也就越接近该离子的平衡电位。由上可知，细胞膜对K^+和Na^+的通透性是静息电位的决定因素。如果膜对K^+的通透性增大，静息电位将增大（更趋向于E_K）；反之，膜对Na^+的通透性增大，则静息电位减小（更趋向于E_{Na}）。

4. 钠泵的生电作用直接影响静息电位

钠泵通过主动转运可以维持细胞膜两侧Na^+和K^+的浓度差，为Na^+和K^+跨膜扩散形成静息电位奠定基础，这是钠泵影响静息电位的间接作用。同时钠泵本身具有生电作用，每分解一分子ATP，钠泵可使3个Na^+移出胞外，同时2个K^+移入胞内，使细胞外净增加了一个正电荷（图5-1-3），导致膜内电位的负值增大。因此，钠泵活动直接影响静息电位的形成。钠泵活动愈强，细胞内电位的负值就愈大。但一般来说，钠泵的生电作用对静息电位形成的贡献十分有限，在神经纤维可能不超过5%。钠泵活动增强时，其生电效应增强，膜发生一定程度的超极化；相反，钠泵活动受抑制时，则可使静息电位减小。

需要指出的是，如表5-1-1所示，细胞的静息电位既不等于Na^+的平衡电位（+67 mV），也不等于K^+的平衡电位（-98 mV）。在静息状态下，存在Na^+内流和K^+外流，两者相互抵消，静息电位基本不变。不断流入细胞内的Na^+和流出细胞外的K^+则需要通过钠泵主动转运，使膜两侧正常的Na^+和K^+浓度梯度得以维持。

二、动作电位、局部电位及细胞兴奋性

（一）动作电位的概念及特点

动作电位（action potential，AP）是指细胞受到一个有效刺激时膜电位在静息电位基础上发生的一次短暂、快速、可向远处传播的电位波动。图5-1-5显示的是利用细胞内记录方法记录到的神经纤维动作电位示意图，当受到一个有效刺激时，其膜电位从-70 mV逐渐去极化到达阈电位水平（见后文），此后迅速上升至+30 mV，形成动作电位的升支（去极相）；随后又迅速复极至接近静息电位水平，形成动作电位的降支（复极相）。两者共

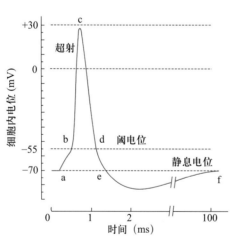

图5-1-5　神经纤维动作电位模式图
ab. 膜电位逐步去极化达到阈电位水平；bc. 动作电位快速去极相；cd. 动作电位快速复极相；bcd. 锋电位；de. 负后电位；ef. 正后电位

Note

同形成尖峰状的电位变化，称为锋电位（spike potential）。锋电位是动作电位的主要部分，被视为动作电位的标志。锋电位之后膜电位的低幅、缓慢波动，称为后电位（after potential）。后电位包括前后两个成分，前一个成分是锋电位之后复极化尚未恢复到静息电位的部分，称为后去极化电位（after depolarization potential，ADP）；后一个成分大于静息电位，即电位降低到静息电位水平以下的超极化，称为后超极化电位（after hyperpolarization potential，AHP）。如果沿用电生理学发展早期使用细胞外记录的方法对后电位命名，由于发生动作电位的区域细胞外电位变负，细胞外记录中就将动作电位波形中位于静息电位基线以上的部分称为负电位，基线以下的部分称为正电位。同样，也将细胞内记录到的后去极化电位称为负后电位（negative afterpotential），将后超极化电位称为正后电位（positive afterpotential）。不同细胞的动作电位具有不同的形态，例如，神经细胞的动作电位时程很短，锋电位呈尖峰状，持续时间 1 ms 左右；骨骼肌细胞的动作电位时程略长，为数毫秒，但波形仍呈尖峰状；而心室肌细胞的动作电位复极化过程中具有一个平台期，时程长达几百毫秒。

尽管不同种类的细胞动作电位具有不同的形态，但所有的动作电位都具有以下特点。①"全或无"（all or none）现象：要使细胞产生动作电位，施加的刺激必须达到一定的强度，能引发动作电位的最小刺激强度称为阈强度（threshold intensity），若刺激未达阈强度，动作电位就不会产生（无）；当刺激达到阈强度时，即可出现动作电位，动作电位一旦出现，其幅度便到达该细胞动作电位的最大值，不会随刺激强度的继续增强而增大（全），这就是动作电位的"全或无"现象。②不衰减传播：动作电位产生后，并不停留在受刺激处的局部细胞膜，而是沿细胞膜迅速向四周传播，直至传遍整个细胞，而且其幅度和波形在传播过程中始终保持不变。③脉冲式发放：连续刺激所产生的多个动作电位不会融合起来，表现为一个个分离的脉冲式发放，即连续产生的动作电位不会相互叠加。

（二）动作电位的产生机制

动作电位是细胞受有效刺激时膜两侧带电离子跨膜转运而形成的电位波动，如前所述，离子跨膜转运需要两个必要因素，一是离子的电-化学驱动力，二是细胞膜对离子的通透性。动作电位的产生正是在静息电位基础上两者发生改变的结果。

1. 电-化学驱动力的改变及离子跨膜流动

当膜电位 E_m 等于某种离子（X）的平衡电位 E_x 时，该离子受到的电-化学驱动力为零，因此，离子的电-化学驱动力可用膜电位与离子平衡电位的差值（E_m-E_x）表示，差值愈大，电-化学驱动力就愈大；数值前的正负号表示离子跨膜流动的方向，正号为外向，负号为内向。因此，细胞处于静息电位或动作电位期间任一时刻各种离子受到的电-化学驱动力都可以计算出来。当神经细胞处于静息状态时（图5-1-6A），假设该细胞静息电位为-70 mV，E_K 为-90 mV，E_{Na} 为+60 mV 时，K^+ 和 Na^+ 受到的电化学驱动力分别为：

K^+ 电化学驱动力：$E_m-E_K = -70\ mV - (-90\ mV) = +20\ mV$

Na^+ 电化学驱动力：$E_m-E_{Na} = -70\ mV - (+60\ mV) = -130\ mV$

Note

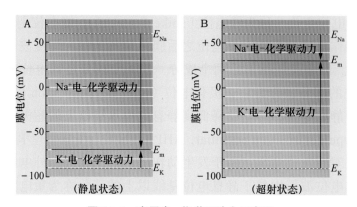

图5-1-6　离子电-化学驱动力示意图

A. 静息状态下 Na^+ 和 K^+ 的电-化学驱动力；B. 超射达到最大值时 Na^+ 和 K^+ 的电-化学驱动力

E_{Na}：Na^+ 平衡电位；E_K：K^+ 平衡电位；E_m：膜电位。虚线为离子平衡电位水平，实线为膜电位水平；

箭头方向向下为内向驱动力，向上为外向驱动力

以上表明静息状态下，Na^+ 受到的内向驱动力明显大于 K^+ 受到的外向驱动力。在动作电位期间，尽管膜电位发生了显著变化，但各种离子的平衡电位基本不变，因为动作电位期间离子的跨膜流动量只占离子总量的几万分之一，膜两侧的离子浓度差基本不受影响。因此，动作电位期间离子的电-化学驱动力主要随膜电位的变化而变化。例如，当 E_m 去极化至锋电位超射水平 $+30\ mV$ 时（图5-1-6B），K^+ 和 Na^+ 受到的电化学驱动力分别为：

K^+ 电化学驱动力：$E_m - E_K = +30\ mV - (-90\ mV) = +120\ mV$

Na^+ 电化学驱动力：$E_m - E_{Na} = +30\ mV - (+60\ mV) = -30\ mV$

这表明，当膜去极化至 $+30\ mV$ 时，K^+ 的外向驱动力较静息时明显增大，而 Na^+ 的内向驱动力明显减小。

2. 动作电位期间细胞膜通透性的变化

动作电位的产生是膜两侧带电离子跨膜移动的结果。带正电荷的离子由膜外向膜内转运或带负电荷的离子由膜内向膜外转运时产生内向电流（inward current），可使膜内电位的负值减小，甚至变为正值，引起细胞膜去极化。反之，带正电荷的离子由膜内向膜外转运或带负电荷的离子由膜外向膜内转运时产生外向电流（outward current），可使膜内电位变负，引起细胞膜的超极化或在去极化基础上发生复极化。

根据以上分析，细胞在静息状态时，Na^+ 受到很强的内向驱动力（$-130\ mV$），如果此时膜对 Na^+ 的通透性增大，将出现很强的内向电流，导致细胞膜快速去极化；当细胞产生动作电位，如去极化达到超射值水平时，K^+ 受到的外向驱动力明显增大（$+120\ mV$），若此时膜对 K^+ 的通透性增大，将出现很强的外向电流，导致细胞膜快速复极化。膜对离子的通透性的改变，取决于细胞膜上相应离子通道的功能状态。

（1）离子通道的功能状态：Hodgkin和Huxley认为电压门控钠通道存在有串联排列的两个闸门，靠近细胞外侧的激活门（m门）和靠近细胞内侧的失活门（h门），各自具有不同的动力学特征，由此决定了通道的三种功能状态（图5-1-7B）：①静息态（resting state），是膜电位保持在静息电位水平（如 $-70\ mV$ 左右）时通道尚未开放的状态。这时，钠通道的m门完全关闭，h门虽然完全开放，但通道仍不能导通。

②激活态（activated state），是膜在迅速去极化（如从-70 mV改变为+20 mV）时电压门控钠通道m门迅速打开的状态。同时，h门则缓慢关闭。当m门迅速开放而h门尚未关闭时，两个闸门同时处于开放状态，此时膜对Na⁺的通透性可增加500~5000倍，使Na⁺电流迅速增大。

③失活态（inactivated state），是通道在激活态之后对去极化刺激不再反应的状态，这时通道的h门移入通道中央，即使去极化仍然继续、激活门仍然开放，离子也不能通过。通道失活后，再强的刺激也不能诱导其开放，只有经历了复极化过程，h门才能从通道口逐渐退出，m门才能回到通道中央，Na⁺通道才能恢复原先的静息状态，才能被再次激活。通道从"失活态"回到"静息态"的过程称为复活。

电压门控钾通道没有失活门，只有一个激活门（n门），通道只有两种功能状态，即安静时激活门关闭的"静息态"和去极化时激活门开放、离子外流的"激活态"（图5-1-7C）。电压门控钾通道的激活门在去极化时开放，但反应速度较电压

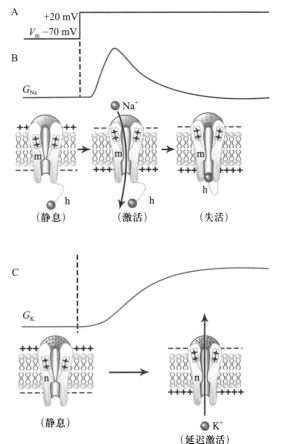

图5-1-7　电压门控钠通道和电压门控钾通道的功能状态示意图

A. 钳制电压；B. 电压敏感钠通道的电导及功能状态；C. 电压敏感钾通道的电导及功能状态

门控钠通道激活门要慢得多，多数是在钠通道失活后才完全开放，表现为延迟激活，同时钾通道的关闭也很缓慢。

（2）利用电压钳技术测定膜电导：20世纪40年代，Kenneth Cole创建了电压钳（voltage clamp）技术（图5-1-8），此后，Alan Hodgkin和Andrew Huxley成功利用该技术在枪乌贼轴突上研究了动作电位期间膜对离子通透性的变化，首次证明了细胞膜对Na⁺和K⁺通透性的改变对动作电位产生的重要性。他们利用电压钳技术将膜电位E_m钳制在某一水平，从而在电-化学驱动力（E_m-E_x）保持恒定的条件下直接记录某种离子（X）的膜电流（I_x），细胞膜对离子的通透性可视为膜电导（G_x，即膜电阻的倒数），根据欧姆定律可计算出某种离子的膜电导，如下式：

$$G_x=I_x/（E_m-E_x）$$

（3）动作电位期间钠电导和钾电导的变化：如图5-1-9A所示，将枪乌贼大神经纤维的膜电位从-65 mV突然钳制到-130 mV时，除了电容电流外没有记录到膜电流，表明超极化不能改变细胞膜的通透性；相反，将膜电位由-65 mV突然钳制到0 mV并保持不变时（图5-1-9B），在电容电流之后，可首先记录到向下的内向电流，随后转变为向上的外向电流，表明去极化刺激可引起膜电导即膜通透性的改变。但

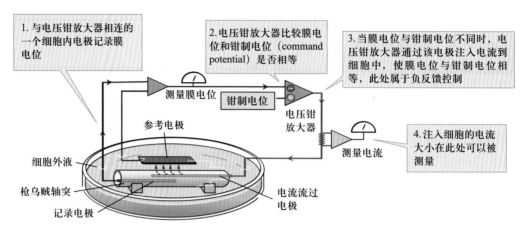

图 5-1-8　电压钳技术工作原理示意图

电压钳技术保持膜电位 E_m 不变的原理：将测量的细胞膜电位 E_m 和钳制电位（V_c，人为钳制膜电位的水平）
进行比较，并将其差异以电流的形式经反馈电路向细胞内注入，直到膜电位 E_m 与钳制电位完全一致为止，
从而人为地将膜电位 E_m 钳制于任一水平

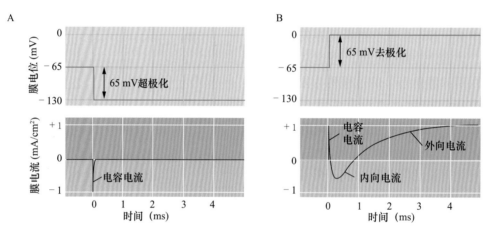

图 5-1-9　利用电压钳技术记录全细胞膜电流

A. 当将膜电位由 -65 mV 钳制到 -130 mV 时，除了电容电流，没有膜电流出现；

B. 当将膜电位由 -65 mV 钳制到 0 mV 时，在电容电流之后出现了先向内后向外的膜电流

是，是什么离子介导了该内向电流和外向电流呢？Alan Hodgkin 和 Andrew Huxley 采用下面几种方法进行研究。

① 如图 5-1-10 所示，在研究该内向电流的电压依赖性时，发现当膜电位被钳制在 +52 mV 时，记录不到该内向电流，根据这一点可以推测该离子的平衡电位为 +52 mV，他们所用的细胞外液 Na$^+$浓度为 440 mmol/L，而乌贼神经纤维细胞内 Na 浓度为 50 mmol/L，根据 Nernst 方程可以计算出 Na$^+$的平衡电位为 +55 mV，当将膜电位钳制在 +52 mV 时，电 - 化学驱动力接近 0，Na$^+$电流为 0，该推测值与实验结果一致。因此，推测该内向电流为 Na$^+$流（I_{Na}）。

② 如图 5-1-11 所示，将细胞外液更换为无 Na$^+$细胞外液时，该内向电流消失，而将无 Na$^+$细胞外液重新更换为正常细胞外液时，该内向电流又重新被记录到，该结果表明，细胞外液中存在 Na$^+$是该内向电流产生的前提，进一步表明该内向电流为 Na$^+$流。

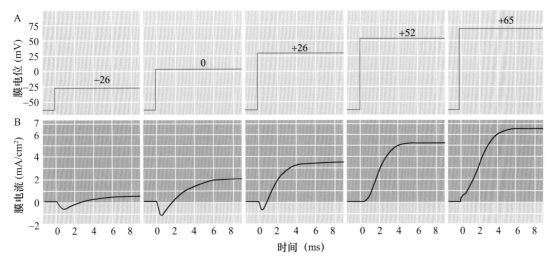

图5-1-10　不同膜电位水平对膜电流的影响

A. 将膜电位钳制在不同的水平；B. 相应的膜电流改变

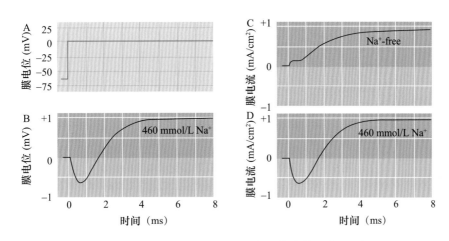

图5-1-11　细胞外钠离子对内向电流的影响

A. 把细胞膜电位钳制到0 mV；B. 细胞外液中，钠离子浓度为460 mmol/L时，记录到的内向电流；C. 当将细胞外液更换为无Na^+细胞外液时，记录不到内向电流；D. 将无Na^+细胞外液中Na^+浓度调整为460 mmol/L时，内向电流又重新被记录到

（改编自Hodgkin and Huxley，1952a）

③ 如图5-1-12所示，在细胞外液中加入钠通道的特异性阻断剂河豚毒素（tetrodotoxin，TTX）后，内向电流被明显抑制，表明消失的内向电流是由Na^+介导的；在细胞外液中加入钾通道的特异性阻断剂四乙胺（tetraethylammonium，TEA）后，只能记录到内向电流，延迟出现的外向电流完全消失，表明外向电流是由K^+所介导的。

这一系列的实验表明，去极化刺激可引起细胞膜对Na^+和K^+的通透性依次增加。在细胞上首先记录到内向的Na^+离子流，Na^+离子流在很短的时间内消失，此后出现逐渐增大的外向K^+流。

将随时间变化的I_{Na}、I_K和钳制的电位值分别代入膜电导计算公式，可分别得到去极化期间随时间变化的钠电导G_{Na}和钾电导G_K。电导反映的是膜对离子的通透性，没有正负之分。如果分别给予细胞一系列的钳制电压，可记录到一组不同

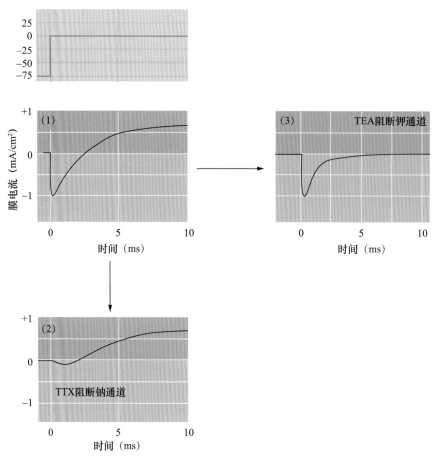

图5-1-12 通道阻断剂对枪乌贼轴突膜电流的影响

把细胞膜电位钳制到0 mV时，（1）先记录到内向电流，然后记录到外向电流；（2）在细胞外液中加入钠通道阻断剂TTX时，内向电流消失而外向电流不受影响；（3）在细胞外液中加入钾通道阻断剂TEA后，外向电流消失，而内向电流不受影响

的随时间变化的I_{Na}和I_K曲线，可计算出不同膜电位下不同的G_{Na}和G_K，表明G_{Na}和G_K都具有明显的时间依赖性和电压依赖性。时间依赖性是指保持膜电位不变时，离子电导随时间而改变的特征。如图5-1-9B所示，将膜电位钳制在0 mV时，G_{Na}表现为快速一过性激活（小于1 ms），很快便失活，快速激活引发了动作电位去极化过程；G_K则在钠通道失活时逐渐增大，因此K^+外流的明显增强出现在Na^+内流之后，与钠通道失活一起，加速了膜的复极化过程。G_{Na}和G_K还具有明显的电压依赖性，图5-1-13显示了不同膜电位钳制水平下G_{Na}和G_K的变化过程，二者都随着膜电位去极化的增强而增大，表现为明显的电压依赖性，去极化增强引起G_{Na}增大，G_{Na}增大引起的Na^+内流又进一步促进了膜的去极化，从而使G_{Na}出现正反馈性增加（图5-1-13B），这一过程有助于动作电位去极化时相的快速形成，使细胞发生兴奋；去极化也可使G_K增大，但G_K增大后引起的K^+外流将促使膜电位快速向静息电位恢复，即复极化（图5-1-13C），这一负反馈特征有助于兴奋后的细胞迅速回到静息状态。

　　根据细胞膜G_{Na}和G_K各自特定的电压依赖性和时间依赖性特征，不难理解细胞在受到刺激后离子跨膜流动和动作电位的产生过程。细胞受到有效刺激时，细胞膜的Na^+电

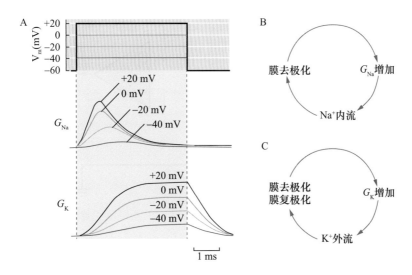

图 5-1-13　细胞膜 Na⁺ 电导（G_{Na}）和 K⁺ 电导（G_K）的电压及时间依赖性

A. 钠电导和钾电导随去极化程度增加而增加，表现出电压依赖性；G_{Na} 在一开始就立刻增大，而后很快减小；
G_K 经一定延迟后才逐渐增大，待膜复极化后才减小，二者都表现出时间依赖性；B. 膜去极化与 G_{Na} 形成正反馈，
形成动作电位的上升支；C. 膜去极化也使 G_K 增大，导致膜复极化到静息电位水平

导将首先增大，Na⁺ 在较大的电－化学驱动力推动下流入胞内，使膜发生去极化，膜去极化达到一定程度（即阈电位，见后文）后，去极化与 G_{Na} 之间出现正反馈，膜电位急剧上升，直至接近 Na⁺ 平衡电位，形成动作电位升支；去极化达到峰值后由于 Na⁺ 通道失活，G_{Na} 迅速减小，同时 G_K 逐渐增大，K⁺ 在强大的外向驱动力作用下快速外流，使膜迅速复极化，形成动作电位的降支。由于钾通道关闭比较缓慢，因此当膜电位恢复到静息电位时仍然有少量的 K⁺ 外流，形成后超极化电位。若降低细胞外液中的 Na⁺ 浓度或给予钠通道阻断剂 TTX 后，神经纤维动作电位的幅度将下降或消失。

膜的钙电导（G_{Ca}）也具有电压依赖性和时间依赖性，某些细胞触发动作电位去极化时的内向电流不是 Na⁺ 而是 Ca²⁺ 介导的，如平滑肌细胞、心肌的窦房结自律细胞和内分泌细胞等。

（4）膜电导改变的实质：膜电导即膜对离子通透性变化的实质是膜上相应离子通道的开放和关闭。尽管 Hodgkin 和 Huxley 受技术的局限，没有直接记录到单通道电流，但他们已经推测到细胞膜上具有电压敏感的钠通道和钾通道，并推测出这些通道的特点。1976 年，Erwin Neher 和 Bert Sakmann 创建了膜片钳（patch clamp）技术，首次记录到蛙骨骼肌终板膜上 ACh 受体阳离子通道开放形成的单通道电流（single channel current），证实了膜上确实存在离子通道，两人因此获得了 1991 年的诺贝尔生理学或医学奖。

与电压钳技术不同，膜片钳技术使用的微电极不刺入细胞内，而是使电极尖端与胞膜形成高阻封接（通常达到 Gig 欧姆），电极下方的一小片膜（可能只包含一个或几个离子通道）在电学上便与周围细胞膜绝缘，将其钳制在不同的电压水平时，可观测单个离子通道的电活动。图 5-1-14 就是利用膜片钳技术记录单通道活动的示意图（图 5-1-14A）和记录到的典型的单通道 K⁺ 电流（图 5-1-14B）。单通道的开闭是"全或无"式的，每次开放可产生皮安级（pA，10⁻¹² A）的电流。由于开放和关闭的转换速度非常快，且开放或关闭的持续时间是随机的，单通道电流表现为一个个宽窄不

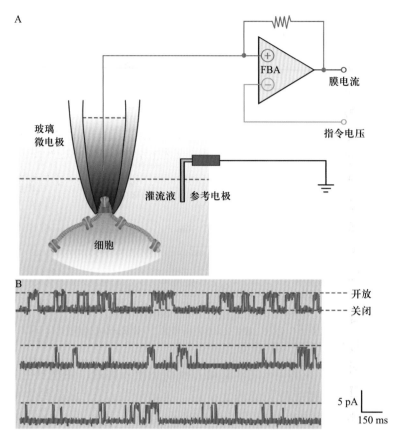

图 5-1-14　利用膜片钳技术记录单通道电流

A. 细胞贴附式（cell-attached recording）单通道电流记录装置示意图，FBA（feedback amplifier）为反馈放大器；B. 去极化激活的单通道 K^+ 电流

一的矩形波。反映单通道功能活动的指标有平均电流幅度 i、平均开放时间 T_o 和开放概率 P_o（通道处于开放状态的时间百分比）等，还可根据单通道电流和电压的关系（i-v 曲线）计算出单通道的电导 g。在全细胞水平记录到的某种离子电流的改变，本质上是许多随机开放的单通道电流发生总和而形成的，又称宏膜电流（macroscopical current）。宏膜电流与单通道电流之间的关系可用下式表示：

$$I = NP_o i$$

式中，I 为全细胞模式记录的宏膜电流，N 为细胞膜上该离子通道开放的数目，P_o 代表通道的开放概率，i 为单通道电流。宏膜电流与单通道电流的关系表明全细胞模式观察到的宏膜电流变化可能是单通道开放数量、通道开放概率或单通道电导任一因素发生改变的结果。

（三）动作电位的触发

动作电位的产生是细胞受到有效刺激的结果。一般而言，刺激（stimulus）是指细胞所处环境的变化，包括物理、化学和生物等性质的变化。若要使细胞对刺激发生反应，特别是使某些细胞产生动作电位，刺激必须达到一定量。刺激量通常包括 3 个参数，即刺激的强度、刺激的持续时间和刺激强度-时间变化率。由于电刺激的这 3 个参数很容易控制且重复性好，对组织的损伤性小，故生理学实验中常选用电脉冲作

Note

为人工刺激。实际操作中为方便起见，常将刺激的持续时间和强度-时间变化率固定，观察刺激强度与反应的关系。能使细胞产生动作电位的最小刺激强度，称为阈强度或阈值（threshold）。相当于阈强度的刺激称为阈刺激（threshold stimulus），大于或小于阈强度的刺激分别称为阈上刺激和阈下刺激。所谓有效刺激，指的就是能使细胞产生动作电位的阈刺激或阈上刺激。

某些情况下，刺激引起的反应是细胞膜的超极化，如某些神经递质作用于细胞后，可引起带负电荷的Cl^-内流，此时细胞产生的反应不是兴奋而是抑制。只有当某些刺激引起膜内正电荷增加，即负电位减小（去极化）并快速减小到一个临界值时，细胞膜的电压敏感钠通道才能正反馈激活而形成动作电位，这个能触发动作电位的膜电位临界值称为阈电位（threshold potential，TP）（图5-1-5）。一般来说，细胞的阈电位比其静息电位小10～20 mV，如神经细胞的静息电位约为-70 mV，其阈电位为-55 mV左右。阈刺激就是其强度刚好能使细胞的静息电位发生去极化达到阈电位水平的刺激。一定强度的阈下刺激也能引起部分钠通道开放，引起少量Na^+内流而产生轻微的去极化，但由于达不到阈电位水平，该去极化电位很快被增强的K^+外流（钾漏通道介导，去极化使K^+电-化学驱动力增大）抵消。当刺激引起的去极化达到阈电位水平时，K^+的外流不足以对抗Na^+内流，于是在净内向电流的作用下，细胞膜的去极化与Na^+电导之间形成正反馈，使膜电位出现爆发性去极化，形成动作电位陡峭的升支。所以，对那些以Na^+通道大量开放而触发的动作电位而言，阈电位也可定义为刚好能触发膜去极化与Na^+电导之间形成正反馈的膜电位水平。动作电位之所以具有"全或无"特征，其原因是刺激强度只决定膜电位是否能达到阈电位水平，一旦达到阈电位，动作电位的爆发程度如去极化的幅度和速度等不再与刺激强度相关，而是由Na^+通道本身的性状和离子所受电-化学驱动力的大小决定。

影响阈电位水平的主要因素是电压门控钠通道在细胞膜中的分布密度、功能状态及细胞外的Ca^{2+}水平。钠通道密度较大时，只需较小的刺激即可形成较大的Na^+电流，如神经元轴突始段膜中的电压门控钠通道分布密度极高，故始段兴奋性极高，易产生动作电位。细胞外的Ca^{2+}水平也可影响钠通道的激活。当细胞外Ca^{2+}浓度增高时，可减小膜对Na^+的通透性，使阈电位抬高，细胞兴奋性下降，故Ca^{2+}被称为"稳定剂"；相反，细胞外Ca^{2+}浓度降低，可使阈电位下移，向静息电位水平靠近，细胞的兴奋性升高。细胞外Ca^{2+}水平影响钠通道激活的机制，可能是Ca^{2+}与膜表面的一些负电荷结合后改变了跨膜电场的缘故。细胞外较高的Ca^{2+}水平可增强静息状态下的跨膜电场，使Na^+通道感受电场变化的S4跨膜段不易发生构型改变，通道保持较低的开放概率；细胞外Ca^{2+}水平降低则减弱了原有的跨膜电场，使S4跨膜段容易感受去极化刺激而发生构型改变，通道开放概率增高。临床上常见的低钙惊厥正是由此而产生的。

（四）动作电位的传播

动作电位产生之后可沿细胞膜不衰减地传遍整个细胞，这一过程也称为传导（conduction）。动作电位传导的原理可用局部电流学说解释。如图5-1-15所示，在动作电位的发生部位即兴奋区，膜两侧电位呈内正外负的反极化状态，而与它相邻的未兴奋

Note

区仍处于内负外正的极化状态（图5-1-15A上）。因此，兴奋区与邻近未兴奋区之间将出现电位差，并产生由正电位区流向负电位区的电流。这种发生在兴奋区与邻近未兴奋区之间的电流称为局部电流（local current）。局部电流流动的方向在膜内侧是由兴奋区经细胞内液流向邻近的未兴奋区，向外穿过质膜后，又经细胞外液由邻近的未兴奋区回到兴奋发生的起始部位，构成电流回路。局部电流流动的结果是使邻近的未兴奋区膜内负值减小，即去极化，当此处的去极化达到阈电位时即可触发该部位爆发动作电位，成为新的兴奋区（图5-1-15A下），而原来的兴奋区则进入复极化状态。新的兴奋区又与其前方的未兴奋区再形成新的局部电流，恰如多米诺骨牌倾倒一样，一处发生的兴奋将成为下一处兴奋的诱因，且其幅度只取决于当时的膜电导和膜两侧Na$^+$的电-化学驱动力大小，而与刺激强度和传播距离无关，因此能够使动作电位由近及远不衰减传播开来，动作电位在同一细胞上传导的实质是局部电流导致细胞膜依次产生新的动作电位的过程。此外，由于兴奋区和邻旁未兴奋区之间的电位差高达100 mV（即动作电位的幅值），是邻旁未兴奋区去极化到阈电位所需幅值（10~20 mV）的数倍，故局部电流的刺激强度远大于细胞兴奋所需的阈值，因而动作电位在生理情况下的传导是十分"安全"的。

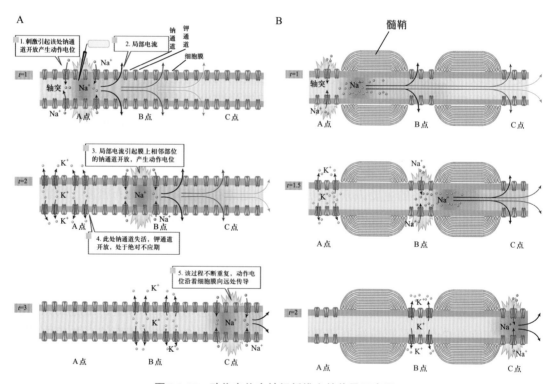

图5-1-15　动作电位在神经纤维上的传导示意图

A. 无髓神经纤维上动作电位的传导：去极化导致轴突上A点的电压敏感钠通道开放，在此处产生动作电位（time t=1）；在A点与B点之间产生局部电流，使B点去极化，导致B点处的电压敏感钠通道开放，此处爆发动作电位（time t=2），该处又与相邻的C点之间产生局部电流，进一步导致C点产生动作电位（time t=3），该过程不断地重复，直到动作电位传遍整个细胞；　B. 有髓神经纤维上动作电位的传导：局部电流只能在郎飞结之间形成，动作电位只能在郎飞结处产生

在无髓神经纤维（图5-1-15A）或肌纤维，兴奋传导过程中局部电流在细胞膜上是按顺序发生的，即整个细胞膜都依次发生由Na$^+$内流和K$^+$外流介导的动作电位。有髓纤维的轴突具有胶质细胞反复包绕形成的髓鞘，髓鞘包裹的区域较长（1~2 mm），

两段髓鞘之间的裸露区即郎飞结（node of Ranvier）（1～2 μm）。在有髓鞘包裹的区域，轴突膜中几乎没有钠通道，且轴浆与细胞外液之间的膜电阻因胶质细胞膜的多层包裹而加大，因而跨膜电流大大减小，膜电位的波动达不到阈电位水平。在郎飞结处，轴突膜是裸露的，钠通道非常密集（可达 10^4～10^5 个），故跨膜电流较大，膜电位的波动容易达到阈电位。所以，有髓纤维上只有郎飞结处能够发生动作电位，局部电流也仅在兴奋区的郎飞结与未兴奋区的郎飞结之间发生（图 5-1-15B）。当一个郎飞结的兴奋通过局部电流影响到邻近郎飞结并使之去极化达到阈电位时，即可触发新的动作电位（图 5-1-15B）。这种动作电位从一个郎飞结跨越结间区"跳跃"到下一个郎飞结的传导方式称为跳跃式传导（saltatory conduction）。跳跃式传导具有以下优势：

1. 传导速度加快

有髓神经纤维上髓鞘包绕的部分电阻很高，同无髓神经纤维相比，局部电流沿轴突扩布时"漏出"细胞膜较少，因此局部电流强度较大，扩布的距离更远，可使多个郎飞结同时产生动作电位，从而加快了兴奋的传导速度。例如枪乌贼有直径达 1 mm 的神经纤维（称为巨轴突），但传导速度也仅 30 m/s 左右。高等动物以轴突的髓鞘化来提高传导速度，总直径不足 0.02 mm 的有髓神经纤维，传导速度可达 100 m/s 以上，比无髓神经纤维快得多。

2. 节约能量消耗

神经纤维髓鞘化不仅能提高动作电位的传导速度，还能减少能量消耗。因为动作电位只发生在郎飞结，所以传导过程中跨膜流入和流出的离子将大大减少，它们经主动转运返回时所消耗的能量也显著减少。临床上发生的多发性硬化症属于一种自身免疫性疾病，其病理改变为有髓神经纤维髓鞘进行性丢失。因此，神经纤维传导速度减慢，甚至完全中断，患者可出现瘫痪或感觉丧失等症状。

（五）兴奋性及其变化

兴奋性（excitability）是指机体的组织或细胞接受刺激发生反应的能力或特性，它是生命活动的基本特征之一。当机体、器官、组织或细胞受到刺激时，功能活动由弱变强或由相对静止转变为比较活跃的反应过程或反应形式，称为兴奋（excitation）。任何活细胞都具有兴奋性，但神经细胞、肌细胞和腺细胞很容易接受刺激并发生明显的兴奋反应，受刺激后首先发生的共同反应就是产生动作电位，其次才表现出不同的功能活动形式，如肌细胞发生收缩、腺细胞产生分泌等。因此，生理学中常将神经细胞、肌细胞和腺细胞这些能够产生动作电位的细胞称为可兴奋细胞（excitable cell）。对这些可兴奋细胞而言，兴奋性又可定义为细胞接受刺激后产生动作电位的能力，而动作电位的产生过程或动作电位本身又可称为兴奋。

可兴奋细胞在发生一次兴奋后，其兴奋性将出现以下周期性变化（图 5-1-16）。

1. 绝对不应期

在兴奋发生后的最初一段时间内，无论施加多强的刺激也不能使细胞再次兴奋，其兴奋性下降到"零"，这段时间称为绝对不应期（absolute refractory period）。绝对不应期大致相当于整个锋电位的持续时间（图 5-1-16ab）。在锋电位升支期间大部分

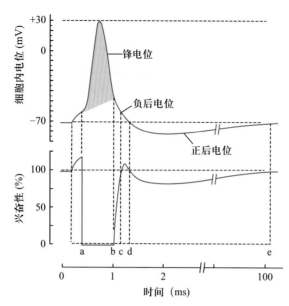

图 5-1-16　兴奋性变化与动作电位的时间关系示意图

ab. 绝对不应期；bc. 相对不应期；cd. 超长期；de. 低常期

钠（或钙）通道已处于激活状态，不存在再激活的问题；兴奋后最初的一段时间大部分钠（或钙）通道已进入失活状态，不可能再次接受刺激而激活。所以锋电位不会发生融合。同时，锋电位产生的最高频率也受限于绝对不应期的长短。例如，神经细胞的绝对不应期约为 2 ms，故理论上其产生锋电位的最大频率可达 500 次 /s。

2. 相对不应期

绝对不应期之后，细胞的兴奋性逐渐恢复，再次接受刺激后可发生兴奋，但刺激强度必须大于原来的阈值，这一时期称为相对不应期（relative refractory period）。相对不应期是细胞兴奋性从零逐渐恢复到接近正常的时期。此期兴奋性较低的原因是失活的电压门控钠（或钙）通道虽已开始复活，但复活的通道数量较少（部分尚处于复活过程中），因此必须给予阈上刺激才能引发动作电位。在神经纤维，相对不应期的持续时间（图 5-1-16 中 bc）相当于动作电位中的负后电位前半段。由于电压门控钙通道复活所需的时间长于钠通道，因而由钙通道激活形成的动作电位，其不应期也较长。

3. 超常期

相对不应期过后，有的细胞还会出现兴奋性轻度增高的时期，此期称为超常期（supranormal period）。在神经纤维，超常期（图 5-1-16 中 cd）相当于动作电位中负后电位的后半段。此时电压门控钠（或钙）通道已基本复活，但膜电位尚未完全回到静息电位，距离阈电位水平较近，因而只需阈下刺激就能使膜去极化达到阈电位而再次兴奋。

4. 低常期

超常期后有的细胞又出现兴奋性的轻度减低，此期称为低常期（subnormal period）。低常期（图 5-1-16 中 de）相当于动作电位的正后电位部分。这个时期电压门控钠（或钙）通道虽已完全复活，但膜电位处于轻度的超极化状态，与阈电位水平的距离加大，因此需要阈上刺激才能引起细胞再次兴奋。

三、电紧张电位和局部电位

（一）细胞膜和胞质的被动电学特性

细胞膜和胞质的被动电学特性是指它们作为静态的电学元件、无生物学机制参与时所表现出来的电学特性，包括静息状态下的膜电容、膜电阻和轴向电阻等。

1. 膜电容

细胞膜脂质双层具有绝缘性，膜两侧是能导电的细胞内液和细胞外液，类似

Note

于一个平行板电容器，因此细胞膜具有电容器的特性，具有膜电容（membrane capacitance）。膜电容大小与细胞膜的表面积成正比，表面积愈大，膜电容就愈大，细胞发生频繁的出胞或入胞活动时，细胞膜表面积增大或减小，细胞膜电容也发生相应的改变。大多数细胞膜的电容值为 1 $\mu F/cm^2$。当膜中的离子通道开放而引起离子跨膜流动时，就相当于在电容器上充电或放电，从而产生膜两侧的电位差，即跨膜电位或膜电位。如安静状态下的静息电位和细胞受到有效刺激后产生的动作电位。

2. 膜电阻

单纯的脂质双层电阻值极高，对电流几乎是绝缘的，在 1 cm^2 的面积上，其电阻可高达 $10^6 \sim 10^9$ Ω；生物膜的脂质双层中由于嵌入了许多离子通道和转运体，其实际电阻，即膜电阻（membrane resistance）要小得多，仅约 10^3 Ω。离子通道和转运体的数量越多或活动程度越大，膜电阻就越小。

3. 轴向电阻

神经纤维的轴突直径较小、纤维延伸的距离较长，在研究其电活动的产生和传导时，需要考虑细胞内液形成的轴向电阻，即细胞沿长轴存在的电阻（R）。一般来说，直径越小、轴向延伸的距离越长，轴向电阻就越大。

由于质膜兼有电容和电阻的特性，因此可用并联的阻容耦合电路来描述其电学特性。图 5-1-17A 是一个细胞膜和胞质的等效电路图，将细胞膜分成许多小片段，每一小片膜相当于一个 Cm 和 Rm 的并联电路，彼此间在膜内由轴向电阻（Ri）相连，在膜外由细胞外液（由于电阻很小，常忽略不计）短路连接。利用这一等效电路，可分析细胞膜在静息时和受刺激时膜电流与膜电位的变化规律。

（二）电紧张电位

1. 电紧张电位的概念

如果在神经轴突的某一点向轴浆内注入直流电流（细胞外为零电位）（图 5-1-17B），由于细胞膜本身具有被动电学特性，通过细胞膜的电流可在膜上产生膜电位，该电流将沿轴浆向两端流动形成轴向电流，同时该电流可以穿过细胞膜形成跨膜电流。在电流注入点以外的细胞膜上，由于轴向电阻的存在及不断有电流跨膜流出，轴向电流和跨膜电流都将随距离的增加而逐渐衰减，所产生的膜电位也逐渐衰减，即注入电流处的膜电位最大，注入点周围的膜电位以距离的指数函数衰减（图 5-1-17C）。同时，由于膜电容的存在，跨膜电流流过时，充、放电需要一定时间，膜电位的改变不能瞬间达到稳态值（图 5-1-17C 中的小图），而是作为时间的指数函数达到稳态的。这种完全由膜的被动电学特性决定、具有一定空间和时间分布特征的膜电位，称为电紧张电位（electrotonic potential）。通常用空间常数（space constant）和时间常数（time constant）来描述电紧张电位的空间和时间分布特征。

2. 电紧张电位的传播特点

（1）空间常数（space constant）：是用来描述电紧张电位传播范围即空间分布特征的参数，常用 λ 表示，它是指膜电位衰减至最大值的 37%（1/e）时所扩布的空间距离

Note

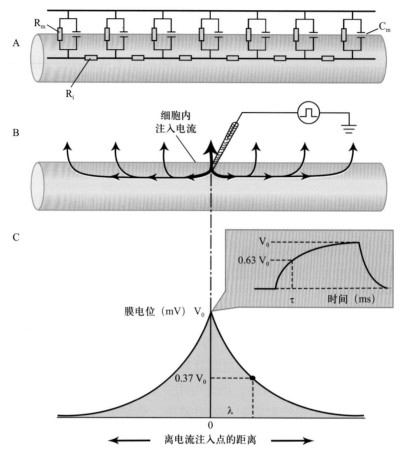

图 5-1-17　细胞膜的被动电学特性与电紧张电位示意图

A. 细胞膜的等效电路图；R_m：膜电阻；C_m：膜电容；R_i：轴向电阻；B. 经微电极向轴突内注入电流后轴向电流和跨膜电流密度变化示意图；C. 电紧张电位随传播距离增加呈指数性衰减，小插图显示电紧张电位形成的时间过程

λ：空间常数；τ：时间常数；V_0：注入电流部位的最大膜电位值

（图5-1-17C）。λ越大，电紧张电位传播的范围和对邻近膜的影响范围就越大。λ主要受膜电阻和轴向电阻的影响，增大膜电阻（如有髓纤维）或减小轴向电阻（如加大直径），可使λ加大。一般来说，细胞的λ常常较小，为0.1～1 mm。对于神经轴突而言，注射电流引起的电紧张电位在离开注射点后1～2 mm处即可发生95%的衰减。

（2）时间常数（time constant）：是描述电紧张电位时间变化特征的参数，常用τ表示，它是电位上升或下降到稳态值的63%时所需的时间（图5-1-17C中的小图）。τ越小，电紧张电位的生成速度就越快。影响τ的主要因素包括膜电阻、轴向电阻和膜电容，其中膜电容的影响最大，减小膜电容（如髓鞘包裹轴突）可缩短电紧张电位达到稳态值的时间。一般来说，细胞的τ为1～20 ms。

电紧张电位的扩布范围和生成速度可影响动作电位的产生及传导速度。有髓神经纤维上动作电位的传导速度较快，其原因正是轴突被髓鞘包裹后，膜电阻加大、膜电容减小，从而使λ加大、τ减小的缘故。

3. 电紧张电位的极性

电紧张电位可表现为去极化电紧张电位（向细胞内注射正电荷）和超极化电紧张电位（向细胞内注射负电荷）。如果用正、负两个电极在膜的外侧施加电刺激

（图5-1-18A），可以在两个电极下方同时产生极性不同的电紧张电位。其中，负极下方的细胞膜可以产生去极化电紧张电位，因为胞质内的正电荷会流向负电极的下方，相当于给胞内注入了正电荷；而正电极下方会产生与之方向相反的跨膜电流和超极化电紧张电位，因为胞内的负电荷会流向正电极下方，相当于在胞内注入了负电荷。因此，当用细胞外电极刺激细胞时，只有在产生去极化电紧张电位的负电极下方才可能爆发动作电位。

4. 电紧张电位的特征

电紧张电位完全由质膜和胞质固有的被动电学特性所决定，其产生没有离子通道的激活和膜电导的改变。具有以下特征：①等级性电位，电紧张电位的幅度可随刺激强度的增大而增大；②衰减性传导，电紧张电位的幅度随传播距离的增加呈指数函数下降；③电位可发生总和，由于电紧张电位无不应期，多个连续发生或同时发生的电紧张电位可叠加在一起，使反应幅度增大，当去极化电紧张电位的幅度达到一定程度时，可引起膜中少量电压门控钠（或钙）通道开放，形成局部电位（见下文）。

（三）局部电位

1. 局部电位的概念

电紧张电位的产生没有离子通道的激活和膜电导的改变，完全是由膜的被动特性决定的。但在生物体内，大多数情况下，例如，在电刺激或神经递质的作用下，细胞膜可出现部分通道开放、少量带电离子跨膜移动，出现轻度的膜电位波动。这种由膜主动特性参与（即部分离子通道开放）形成的、不能向远距离传播的膜电位改变称为局部电位（local potential）。图5-1-18A是用双极电极在细胞外给予神经纤维多次逐渐增大的直流电刺激，分别在刺激电极的正极和负极附近细胞内记录到的膜电位的变化情况。正极下方的细胞膜受到超极化刺激而使膜电位发生超极化改变（图5-1-18B静息电位水平以下部分）；负极下方的细胞膜受到去极化刺激而使膜电位发生去极化改变（图5-1-18B静息电位水平以上部分）。

当负极处刺激强度很小（约1/3阈值）时，下方出现的去极化电位的幅度与相应刺激强度的超极化电位相同，但是方向相反（图5-1-18B中1、2和1′、2′），说明此时的去极化电位改变也是基于膜被动特性的电紧张电位；当去极化刺激进一步增强时（仍然是阈下刺激），膜电位改变的幅度却明显大于相应刺激强度的超极化电位（图5-1-18B中3、4和3′、4′），说明这时已有膜主动特性引起的电变化参与到去极化刺激引起的膜电位改变之中，该去极化电紧张电位激活了少量的钠通道，少量的Na^+内流使膜发生的去极化与去极化电紧张电位相叠加，这种由少量Na^+通道激活产生的去极化膜电位波动称为局部兴奋（local excitation）。体内的局部兴奋包括骨骼肌终板膜上的终板电位、突触后膜上的兴奋性突触后电位和感觉神经末梢上的发生器电位等，虽然参与的离子机制不同，但是都导致局部细胞膜去极化。而有些细胞受到抑制性神经递质的作用后，细胞膜可发生超极化电位改变，如突触后膜上产生的抑制性突触后电位、感光细胞受到光照刺激后产生的感受器电位等。

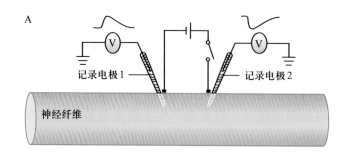

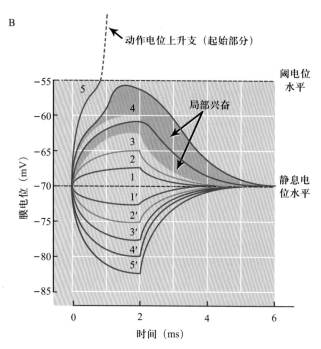

图5-1-18　局部兴奋的实验装置和实验结果示意图

A. 刺激和记录实验装置，记录电极1置于细胞内靠近刺激电极负极处，记录电极2置于细胞内靠近刺激电极正极处；

B. 细胞内记录的膜电位变化，静息电位水平以上为记录电极1记录到的去极化电紧张电位和局部兴奋（阴影部分），
静息电位水平以下为记录电极2记录到的超极化电紧张电位

2. 局部电位的特征和意义

局部电位中虽然包含一部分离子通道开放引起的细胞的主动反应，但它仍具有电紧张电位的电学特征：①等级性电位，即其幅度与刺激强度相关，而不具有"全或无"特点；②衰减性传导，局部电位以电紧张的方式向周围扩布，逐渐衰减，扩布范围一般不超过1 mm半径；③没有不应期，可以发生空间总和和时间总和，相距较近的多个局部电位的叠加称为空间总和（spatial summation），在细胞膜某一点上先后产生的多个局部电位的叠加称为时间总和（temporal summation）。这些局部电位的总和效应，可使膜电位接近或远离阈电位水平，从而改变细胞的兴奋性。

（马雪莲）

第二节　突触和突触传递

突触是神经元与神经元之间或神经元与靶细胞（如肌肉或腺体细胞）之间的功能联系部位或装置。通常是神经元的轴突末端与其他神经元（或其他细胞）接触，将信息传递至下游神经元或靶细胞。有时轴突的末端有许多分支，每个分支都可以形成一个突触。有时轴突上的局部膨大也可与其他细胞形成突触。

神经元的信号通过突触从一个神经元到另一个神经元或靶细胞的传递称为突触传递（synaptic transmission）。

根据突触的结构可以将突触分为电突触和化学突触两类。

一、电突触

电突触（electric synapse）具有相对简单的结构与功能，离子电流直接通过突触传递至另一个细胞，其结构基础为缝隙连接（gap junction）。在缝隙连接处，两个细胞的膜仅相隔3 nm左右。缝隙连接由6个连接蛋白（connexins）形成的复合体组成，6个连接蛋白结合在一侧细胞膜上形成一个称为连接子（connexon）的通道，相邻细胞的两个连接子（每个细胞一个）结合形成一个缝隙连接通道（图5-2-1）。该通道允许离子直接从一个细胞的细胞质扩散到另一个细胞的细胞质。大多数缝隙连接通道的孔隙都比较大，直径1～2 nm，足以让大多数离子和有机小分子通过。

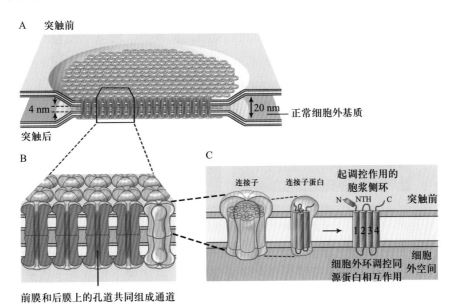

图 5-2-1　电突触组成结构示意图

A. 由跨越两个神经元细胞膜的通道组成的电突触。电子显微镜图中显示的是从大鼠肝膜中分离出来的电突触通道阵列；B. 缝隙连接的组成。相邻细胞质膜上都有一个通道，两通道相连，组成缝隙连接；C. 连接子由6个相同的连接蛋白组成。单个连接蛋白N端和C端都在胞内，含有4个跨膜α螺旋（1～4）

电突触的一个特点是双向性，即离子流动的方向在两个细胞方向上是均等的，流动方向取决于离子的电-化学驱动力。电突触的另一个特点是传输速度非常快。突触前神经元上的动作电位几乎可以立即传导到突触后神经元。例如无脊椎动物小龙虾的逃逸反射神经通路中，感觉和运动神经元之间存在电突触，有利于面临危险情况时能够迅速逃跑。

电突触与化学突触相比虽然数量较少，但其在哺乳动物中枢神经系统各个脑区都有分布并且具有不同的功能。电突触经常出现在相邻神经元的活动高度同步的地方，如在胚胎发育早期神经元之间的电突触连接特别常见，使相邻细胞能够共享电和化学信号，有助于协调它们的生长和成熟。

二、化学突触

在人成熟的神经系统中大部分的突触传递通过化学突触（chemical synapse）进行。

（一）化学突触的结构

化学突触的突触前膜和突触后膜由20～50 nm宽的突触间隙隔开，是缝隙连接宽度的10倍。突触间隙充满了纤维状细胞外基质蛋白，使突触前膜和突触后膜相互黏附。突触前侧通常是轴突末端。在轴突末端通常包含多个突触囊泡（synaptic vesicle），突触囊泡直径约50 nm（图5-2-2）。神经递质储存于这些突触囊泡中。许多轴突末端还含有较大的突触囊泡，直径约为100 nm。这类突触囊泡含有可溶性蛋白质，在电子显微镜下呈黑色，被称为大而致密的核心囊泡。

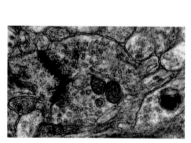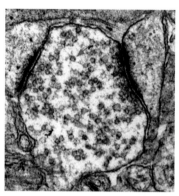

图5-2-2　电镜下化学突触囊泡和活性区

红色箭头标示突触囊泡；蓝色箭头标示活性区

在化学突触间隙两侧的膜附近有大量蛋白聚集，在电镜下形成电子致密带。在突触前，细胞内突触囊泡聚集在突触前膜电子致密带，神经递质在此释放，此区域被称为活性区（active zone）（图5-2-2）。在突触后膜下方大量蛋白聚集形成突触后致密带（postsynaptic density）。突触后致密带包含突触后膜上的神经递质受体，以及与这些受体结合的蛋白，这些受体与突触前释放的神经递质结合，进而激活下游信号通路，导致突触后神经元或效应细胞被激活或被抑制。

（二）化学突触的分类

在中枢神经系统中，化学突触根据其形成突触的位置分为以下几类：突触后膜位于树突上，称为轴-树突触（axodendritic synapse）；突触后膜位于细胞体上，则称为轴-体突触（axosomatic synapse）；在某些情况下，突触后膜位于另一个轴突上，这些突触称为轴-轴突触（axoaxonic synapse）。在某些特殊的神经元中，两个树突间也会彼此形成突触。

中枢神经系统突触可根据其突触前膜和突触后膜分化的外观进一步分为两大类。突触后膜分化比突触前膜分化厚的突触称为不对称突触，或Gray Ⅰ型突触（Gray's type Ⅰ）；那些突触前膜与突触后膜分化厚度相似的称为对称突触，或Gray Ⅱ型突触（Gray's type Ⅱ）（图5-2-3）。这些结构差异的突触其功能也存在显著的差异。Gray Ⅰ型突触通常是兴奋性的，而Gray Ⅱ型突触通常是抑制性的。

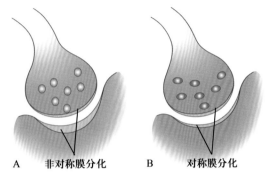

图 5-2-3　对称性与非对称性突触示意图
A. Gray's Ⅰ型，不对称突触，通常是兴奋性的；
B. Gray's Ⅱ型，对称突触，通常具有抑制性

在中枢神经系统外也存在化学突触连接，例如，自主神经系统的轴突支配腺体、平滑肌和心脏也都是通过化学突触连接。化学突触也存在于脊髓运动神经元的轴突和骨骼肌之间。这种突触被称为神经肌肉接头，它具有中枢神经系统化学突触的许多结构特征，是经典的突触功能的研究模型，我们对突触传递机制的大部分知识都是通过神经肌肉接头突触获得的。

三、化学突触传递基本理论

在化学突触传递过程中，沿轴突传播的动作电位在轴突末端由电信号被转换为化学信号，通过突触传递，化学信号再次转换为电信号。这种从电信号-化学信号-电信号的突触传递是神经系统行使其功能基本方式。化学信号以神经递质的形式传递，突触传递过程即神经递质在神经元中合成、存储、释放、清除及作用于突触后受体产生效应的过程。

（一）神经递质

经典的神经递质必须满足以下标准：①突触前神经元中含有合成神经递质的前体和酶系统，能合成该神经递质；②神经递质存储于突触前囊泡内，并且在神经兴奋冲动到达轴突末端时释放至突触间隙；③释放的神经递质可以作用在突触后受体并发挥生理作用，并且人为给予神经递质能引起突触后神经元或者效应细胞相同的生理效应；④存在使神经递质失活的酶或其他失活神经递质的方式，如重吸收；⑤存在模拟或抑制该神经递质突触传递作用的递质受体的激动剂和拮抗剂。

　　神经递质可以简单分为两大类：小分子神经递质和多肽类神经递质。如图5-2-4所示，小分子神经递质包括氨基酸类、单胺类和其他神经递质，如谷氨酸、多巴胺、乙酰胆碱等。氨基酸和胺类神经递质都是含有至少一个氮原子的有机小分子，储存在突触囊泡中。多肽类神经递质分子量相对较大，储存在较大的分泌颗粒中。电镜下突触囊泡多为清亮的囊泡，而存储多肽类神经递质的囊泡通常是直径较大、电子密度较高的致密囊泡。通常小分子神经递质介导快速的突触传递，而多肽类神经递质通常介导的突触传递较慢，发挥神经调质的功能。

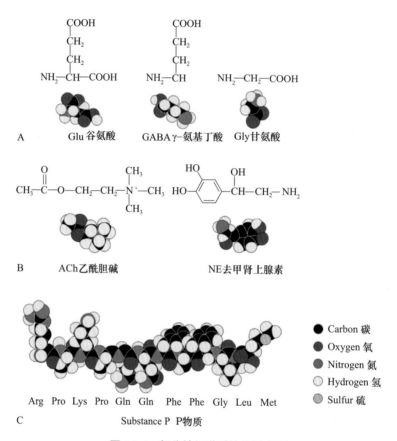

图5-2-4　部分神经递质结构示意图

A. 氨基酸类神经递质，谷氨酸、γ-氨基丁酸和甘氨酸；B. 胺类神经递质，乙酰胆碱和肾上腺素；
C. 多肽类神经递质，P物质

　　在一些情况下，两种或多种神经递质共同存在于同一个轴突末端，这些神经递质称为共神经递质（co-transmitters）。例如，多肽通常存在于含有单胺或氨基酸类神经递质的轴突末端。这些不同的神经递质在不同的条件下共同或分别释放。

（二）神经递质的合成与存储

　　化学突触传递需要首先合成神经递质，并储存在囊泡中。小分子神经递质与多肽类神经递质利用不同的机制合成。小分子神经递质，如氨基酸类和单胺类神经递质的合成需要特定的前体底物和酶。用于合成神经递质所需的前体分子通常被轴突末端质膜上的转运蛋白（transporter）转运至神经末梢。合成这些神经递质的酶存在于突触前

Note

末端的细胞质中。递质合成后会转运至突触囊泡中集中存储。神经递质被转移至囊泡中依赖于囊泡膜上的转运体（transporter）。转运体是一类多次跨膜蛋白，这些跨膜蛋白利用跨囊泡膜质子梯度存储的能量，逆神经递质的浓度梯度，将递质分子从细胞质转运入囊泡。

大多数小分子神经递质包装在直径为40～60 nm的突触囊泡中，在电子显微照片中清晰可见（图5-2-2）。

多肽类神经递质的合成和储存与小分子神经递质完全不同。多肽类神经递质即为多个氨基酸形成的短肽链。通常，多肽神经递质首先在粗面内质网中合成前肽原，在高尔基体中被剪切形成较小的具有递质活性的多肽片段。含有多肽神经递质的分泌颗粒从高尔基体中出芽，并通过轴突运输被运送到轴突末端。神经多肽被包装成直径为90～250 nm的突触囊泡，这些囊泡的中心在电子显微镜下电子密度较高，是大的致密囊泡（large dense-core vesicles）。

（三）神经递质的释放

1. 钙离子是神经递质释放的充分必要条件

存储在囊泡中的神经递质在动作电位到达轴突末端后被诱导释放。首先，动作电位导致轴突末端膜的去极化，进而导致活性区中的电压门控钙离子通道开放。钙离子通道开放使胞外钙离子大量涌入轴突末端，局部钙离子浓度升高。

Ca^{2+}浓度的升高是神经递质从突触囊泡释放的必要和充分条件。首先，即使在没有突触前动作电位的情况下，如果将Ca^{2+}微量注射到突触前末端也会触发神经递质释放。其次，突触前显微注射钙离子螯合剂可抑制突触前动作电位引起的神经递质释放。

虽然所有神经递质释放都依赖于Ca^{2+}，但并非所有神经递质都以相同的速度释放。例如，运动神经元分泌ACh只需要几分之一毫秒，但神经多肽的释放需要动作电位的持续高频脉冲。这些释放速率的差异可能源于囊泡相对于突触前Ca^{2+}通道的空间排列差异，从而导致局部Ca^{2+}信号的传导时间存在差异。大量含有小分子神经递质的突触囊泡在活性区聚集，在活性区也分布大量的电压依赖的钙离子通道，当Ca^{2+}通道开放后，在活性区周围的局部微环境中，Ca^{2+}可以迅速达到非常高的浓度（Ca^{2+}在0.2 ms内流入轴突末端，浓度达到>0.1 mmol/L），神经递质释放非常迅速。含有多肽类神经递质的释放区域通常不在活性区，释放位点通常距离Ca^{2+}进入位点有一定距离。通常动作电位引起的钙离子浓度变化只局限在轴突末端区域，所以多肽神经递质通常不会响应每个到达轴突末端的动作电位而释放。多肽神经递质的释放通常需要持续高频率的动作电位，以便整个轴突末端的Ca^{2+}浓度可以达到触发释放远离活性区囊泡所需的水平。与氨基酸和单胺类神经递质的快速释放不同，动作电位诱导的多肽神经递质的释放需要时间较长，需要50 ms或更长时间。

2. 神经递质的量子化释放

Katz和他的同事在1950—1960年利用微电极记录肌细胞的膜电位，发现神经肌肉接头处神经递质释放是量子化的，即在神经肌肉接头突触，乙酰胆碱以量子化的形式释放，产生终板电位（end-plate potential，EPP）。量子化释放（quantal release）是以囊泡为单位释放神经递质。神经肌肉接头处,乙酰胆碱高度浓缩在运动神经元的突触囊泡中,其浓度约为100 mmol/L,大约10000个神经递质分子包含在单个囊泡中。在电镜下可以观察到在神经递质释放时,突触囊泡膜与突触前膜融合,并且融合的量与递质释放的量呈正相关。这些结果进一步支持神经递质量子化释放来自单个突触囊泡神经递质的释放这一观点。而且,量子化释放几乎存在于所有的化学突触中。

3. 神经递质释放的分子机制

神经递质释放的过程是突触囊泡的膜与突触前膜融合的过程,融合后囊泡中的神经递质溢出到突触间隙,这一过程是典型的胞吐作用(exocytosis)的过程。

神经递质在突触前膜的释放过程如下。

(1)存储池囊泡转运至突触前膜。在轴突末端存在大量的神经递质囊泡,其中一部分囊泡距离活性区较远,组成囊泡的存储池(reserve pool);另一部分囊泡聚集在突触前膜活性区,准备释放神经递质。突触蛋白(synapsins)是突触囊泡胞浆侧的外周膜蛋白,在调控存储池囊泡的定位和转运过程中发挥重要作用。当神经末梢去极化并且Ca^{2+}进入轴突末端,突触蛋白被激酶磷酸化并与囊泡分离。没有突触蛋白结合的囊泡会从存储池转运至突触前膜,准备释放神经递质。突触蛋白磷酸化这一步骤是调动储备囊泡的关键步骤。如果突触蛋白缺失或利用抗体抑制突触蛋白,会导致神经末梢突触囊泡数量减少,以及突触末端在重复刺激期间高速释放递质的能力降低。

(2)SNARE蛋白介导囊泡膜与突触前膜融合。突触囊泡的膜和质膜的融合通过可溶性N-乙基马来酰亚胺-敏感因子附着受体(soluble N-ethylmaleimide-sensitive factor attachment receptors,SNARE)融合蛋白家族完成。

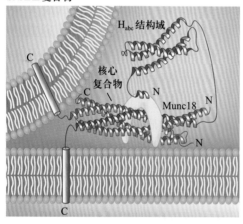

图5-2-5 SNARE复合物结构示意图

突触SNARE复合体由4个α螺旋组成,分别来自vSNARE(synaptobrevin)和tSNARE(一个syntaxin与两个SNAP-25)。Munc18与SNARE复合体结合。N,C分别代表蛋白N末端与C末端

膜融合的机制较为保守,SNARE参与从酵母到人类的各种膜的融合。SNARE家族成员有两种形式,一种是囊泡SNARE(vesicle SNARE或v-SNARE,也称为R-SNARE,因为含有重要的中央精氨酸残基),位于囊泡膜中;另一种是靶膜SNARE(target-SNARE或t-SNARE,也称为Q-SNARE,因为它们含有谷氨酰胺残基),位于靶膜中,如质膜。纯化的v-SNARE和t-SNARE可在体外形成α-螺旋卷曲螺旋复合物(图5-2-5)。

每个突触囊泡都含有小突触囊泡蛋白(synaptobrevin,也被称为vesicle-associated membrane protein,囊泡相关膜蛋白或VAMP),即v-SNARE。突触前膜活性区

包含两种类型的t-SNARE蛋白,即突触融合蛋白(syntaxin)和SNAP-25。小突触囊泡蛋白、突触融合蛋白和SNAP-25形成SNARE复合物,参与突触囊泡与质膜融合(图5-2-6)。

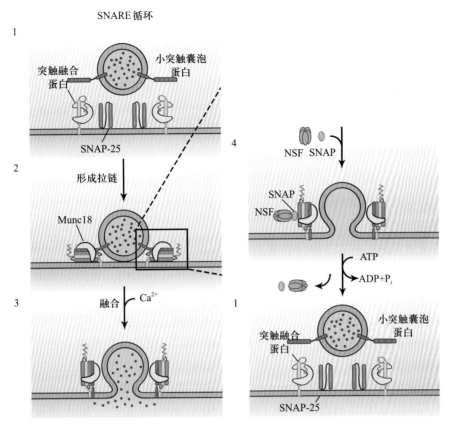

图 5-2-6　SNARE 复合物形成与解离示意图

1. 小突触囊泡蛋白（Synaptobrevin）与两种质膜靶蛋白，突触融合蛋白（syntaxin）和外周膜蛋白 SNAP-25 相互作用；2. 这 3 种蛋白形成一个紧密的复合体，使囊泡和突触前膜紧密相连；3. 钙离子的涌入引发了囊泡膜与质膜的快速融合；SNARE 复合体现在位于质膜中；4. 两种蛋白质，NSF 和 SNAP 与 SNARE 复合体结合，并在 ATP 功能下使 SNARE 复合物解离

除此之外，还有其他蛋白共同参与调控囊泡膜与突触前膜的融合。例如，Munc18（mammalian unc18 homolog，哺乳动物 unc18 同源物）和 Munc18 的同源蛋白 -SM 蛋白（sec1/Munc18 样蛋白）。这些蛋白对于膜融合反应也是必不可少的。如果敲除 Munc18 会阻止神经元中的所有突触融合。因此，由 SNARE 组成膜融合的核心结构，有多种辅助因子调节膜融合的过程。

膜融合后，SNARE 复合体必须解离以实现有效的囊泡膜的回收。N- 乙基马来酰亚胺敏感融合蛋白（N-ethylmaleimide-sensitive fusion protein，NSF），通过可溶性 NSF 附着蛋白（soluble NSF-attachment protein，SNAP）与 SNARE 复合物结合，水解 ATP，释放能量来解离 SNARE 复合物，从而再生游离 SNARE（图 5-2-6）。

（3）钙离子与突触结合蛋白（synaptotagmins）结合引起神经递质释放。突触囊泡与突触前膜的融合发生速度非常快，在几分之一毫秒内发生。一旦 Ca^{2+} 进入突触前末端，就会与囊泡上的 Ca^{2+} 传感器结合，从而立即触发膜融合。

突触结合蛋白是触发融合的主要 Ca^{2+} 传感器。突触结合蛋白的 N 末端跨膜区将其锚定到突触囊泡。每个突触结合蛋白的胞质区可以结合 5 个 Ca^{2+} 离子。Ca^{2+} 离子与突触结合蛋白的结合引起 SNARE 结构的进一步改变，膜融合发生。

多种神经毒素可以通过破坏神经递质释放的不同环节，影响神经递质释放，从而发挥其毒性。例如，肉毒杆菌毒素（botulinum）和破伤风毒素（tetanus toxin）可以特异性切割SNARE蛋白，从而阻止神经递质从囊泡中释放，影响递质信号传递；黑寡妇蜘蛛毒素中的α-latrotoxin可以不依赖于动作电位促进神经递质胞吐，抑制神经递质再循环，使神经递质耗竭，发挥其毒性。

4. 突触囊泡膜的再循环利用

当动作电位以高频发放时，神经元能够保持高速率的神经递质的释放。这个过程导致大量囊泡发生胞吐作用，可能超过突触前最初存在的囊泡的数量。因为神经末梢通常离细胞体有一段距离，所以通过胞体合成来补充囊泡并运输到神经末梢会太慢而不实用。为了防止囊泡的迅速耗尽，胞吐的囊泡膜会被迅速回收重新形成新的神经递质囊泡。

神经递质释放后存在3种突触囊泡膜回收机制。

第一种是最快速的机制，涉及融合孔的可逆开放和关闭，囊泡膜不会完全塌陷到突触前膜中（图5-2-7A）。在融合孔关闭后，囊泡可以仍留在活动区，为神经递质下一次释放做好准备；囊泡也可以在融合孔关闭后离开活性区，但能够快速重新释放。这种快速回收机制被称为触-弹方式（kiss and run），现在认为低频刺激期间，囊泡优先通过这些途径再循环。

较高频率的刺激会利用第二种较慢的机制，该途径中囊泡膜在与质膜融合后，网格蛋白（clathrin）参与回收囊泡膜（图5-2-7B）。在该途径中，回收的囊泡膜必须通过内体再循环，然后才能重新使用囊泡。

第三种机制在长时间的高频刺激后起作用。在这些条件下，突触前末端大量的膜内陷，囊泡膜可能通过批量回收（bulk retrieval）的过程被循环利用（图5-2-7C）。

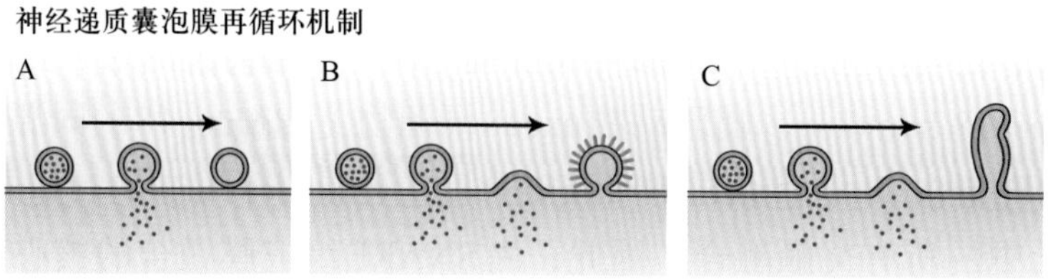

神经递质囊泡膜再循环机制

A　　　　　　　B　　　　　　　C

图5-2-7　神经递质囊泡膜再循环机制示意图

A. 可逆融合孔。囊泡膜与质膜没有完全融合，通过融合孔释放出递质。囊泡回收只需要闭合融合孔，因此可以在几十到几百毫秒内迅速发生。该途径可能在神经递质较低释放速率下占主导地位。用过的囊泡可能会留在细胞膜上，也可能从细胞膜转移到储备的囊泡池；B. 网格蛋白介导的再循环。在经典的递质释放后，囊泡膜通过网格蛋白包被的内吞作用被回收。这些有被小窝分布在除活性区外的轴突末端。这个途径在神经递质正常释放下发生；C. 批量回收途径。多余的膜通过从未被包覆的小窝出芽进入末端。这些未包被的囊膜主要在活性区形成。这种途径可能只在递质高速释放后发生

（四）神经递质受体

释放到突触间隙中的神经递质与突触后特定受体蛋白结合，进而影响突触后神经元或靶细胞。神经递质受体可以分为两类：配体门控离子通道受体和G蛋白耦联受体。

1. 配体门控离子通道受体

这一类受体是离子通道，具有胞外神经递质结合位点，由3～5个亚基组成，多个亚基聚集在一起在细胞膜形成离子通道。在没有神经递质的情况下，离子通道通常是

关闭的。当神经递质与受体细胞外区域的特定位点结合时，会引起构象变化导致通道开放，相应离子会通过。

脊椎动物中的所有神经递质门控离子通道受体有3种。γ-氨基丁酸（γ-aminobtyric acid, GABA）、甘氨酸和血清素门控离子通道与肌肉ACh受体属于同一家族（图5-2-8左），由5个亚基组成，每个亚基具有4个跨膜片段。谷氨酸门控离子通道构成第二个家族，由4个亚基组成，每个亚基具有3个跨膜片段（图5-2-8中）。第三类是ATP作为神经递质的受体，ATP门控离子通道是三聚体，每个亚基只有两个跨膜片段（图5-2-8右）。配体门控神经递质受体也称为离子型受体（ionotropic receptors），介导跨突触的快速突触传递。氨基酸和单胺类神经递质的快速化学突触传递一般是由离子通道受体介导的。

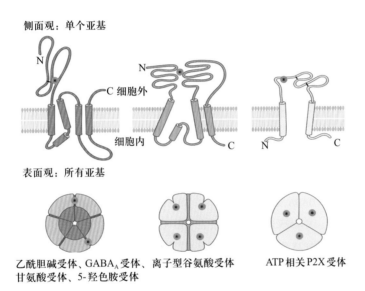

图 5-2-8 离子通道受体结构示意图

左，离子型GABA受体、甘氨酸受体和血清素受体的亚基是4次跨越膜蛋白。5个亚基构成一个功能受体，有两个神经递质结合位点（＊）。中间，离子型谷氨酸受体具有4个亚基和4个神经递质结合位点；每个亚基跨膜3次。右，离子型P2X受体，由3个亚基组成，每个亚基跨膜两次，都有1个ATP结合位点

配体门控通道通常具有一定的离子选择性。例如，神经肌肉接头处的ACh门控离子通道受体选择性的对Na^+和K^+开放，通道开放后Na^+内流、K^+外流，最终效应是突触后细胞发生去极化。这种去极化的效应倾向于使膜电位接近产生动作电位的阈值，所以由神经递质的突触前释放引起的短暂突触后膜去极化称为兴奋性突触后电位（excitatory postsynaptic potential，EPSP）。ACh门控和谷氨酸门控离子通道受体的突触激活导致EPSP。

如果递质门控通道受体对Cl^-开放，Cl^-会进入细胞，导致突触后细胞膜电位超极化。这种效应倾向于使膜电位远离产生动作电位的阈值，所以这种效应是抑制性的。由突触前释放的神经递质引起的突触后膜电位的瞬时超极化称为抑制性突触后电位（inhibitory postsynaptic potential，IPSP）。甘氨酸或GABA门控离子通道受体激活导致IPSP。

2. G蛋白耦联受体

与离子通道型受体相比，G蛋白耦联受体（G protein coupled receptor，GPCR）与

神经递质结合被激活后，会触发细胞内信号级联以调节离子通道电导，从而间接调节膜电位。神经递质作用在G蛋白耦联受体发挥效应一般包括3个步骤：①神经递质分子与突触后膜GPCR结合；②受体蛋白激活G蛋白，这些G蛋白可以沿着突触后膜的细胞内面自由移动；③活化的G蛋白激活下游效应蛋白。效应蛋白可以是膜上的G蛋白门控离子通道，也可以是第二信使。第二信使可以进一步激活细胞质中的其他酶，这些酶可以调节离子通道功能并改变细胞代谢。因为G蛋白耦联受体可以触发广泛的代谢作用，所以通常被称为代谢型受体（metabotropic receptor）。与离子通道型受体不同，代谢型受体的作用时间范围从几十毫秒到几秒。

许多神经递质同时具有离子通道型和代谢型受体（表5-2-1）。例如，乙酰胆碱除了有离子通道型ACh受体，还可以作用于代谢型受体。

表5-2-1　人神经递质受体基因编码统计表

神经递质	离子通道型神经递质受体		代谢型神经递质受体	
	名称	基因数	名称	基因数
乙酰胆碱	烟碱型乙酰胆碱受体	16	毒蕈碱型乙酰胆碱受体	5
谷氨酸	NMDA受体	7	代谢型谷氨酸受体（mGluR）	8
	AMPA受体	4		
	其他受体	7		
氨基丁酸	GABA$_A$受体	19	GABA$_B$受体	2
甘氨酸	甘氨酸受体	5		
ATP	P2X受体	7	P2Y受体	8
血清素（5-羟色胺）	5-HT$_3$受体	5	5-HT$_{1,2,4,6,7}$受体	13
多巴胺			多巴胺受体	5
去甲肾上腺素			α-肾上腺素受体	5
			β-肾上腺素受体	6
组胺			组胺受体	4
腺苷			腺苷受体	3
神经多肽			多肽受体	上百种

（1）G蛋白耦联受体的基本结构：大多数G蛋白耦联受体由一个包含7次跨膜α螺旋的多肽组成（图5-2-9）。多肽的两个细胞外环形成递质结合位点。该区域的结构变化决定了结合神经递质的特异性，以及激动剂和拮抗剂的结合位点。两个细胞内环可以结合并激活G蛋白。人类基因组具有编码约800种不同G蛋白耦联受体的基因，G蛋白耦联受体不仅仅在神经元，在身体的所有细胞类型中都发挥重要作用。

（2）G蛋白作用模式及下游信号通路：G蛋白是三磷酸鸟苷（GTP）结合蛋白的简称，G蛋白家族中含约20种不同类型的G蛋白。神经递质通过结合G蛋白耦联受体，活化G蛋白及其下游信号通路。某些类型的G蛋白可以被多种受体激活。

1）G蛋白作用模式：大多数G蛋白具有相同的作用模式（图5-2-10）：①每个G蛋白都有3个亚基，分别为α、β和γ亚基。在静息状态下，鸟苷二磷酸（GDP）分子与G$_α$亚基结合，整个复合物漂浮在膜的内表面。②当与GDP结合的G蛋白遇到正确

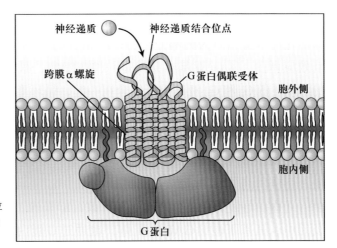

图5-2-9 G蛋白耦联受体结构示意图

大多数代谢型受体含有7个跨膜的α螺旋，1个位于细胞外的递质结合位点和1个位于细胞内侧的G蛋白结合位点

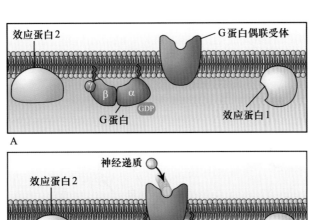

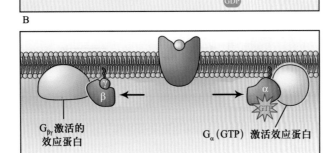

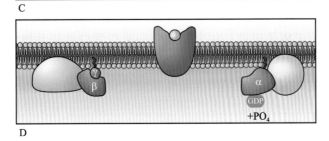

图5-2-10 G蛋白耦联受体作用模式图

A. G蛋白的α亚基在其不活跃状态下与GDP结合；B. 当G蛋白偶联受体激活时，GDP转换为GTP；C. 激活的G蛋白分裂，G_α（GTP）亚基和$G_{\beta\gamma}$亚基都可以激活效应蛋白；D. G_α亚基缓慢地从GTP中去除磷酸盐（PO_4），将GTP转化为GDP并终止其自身的活性

类型的受体，递质分子与该受体结合，G蛋白就会释放其GDP，并结合GTP，被活化。③活化的G蛋白分为两部分：与GTP结合的G_α亚基和$G_{\beta\gamma}$复合物，两者都可以继续影响效应蛋白。④G_α亚基本身就是一种GTP酶，最终将GTP分解为GDP，从而终止G_α的活动。⑤G_α和$G_{\beta\gamma}$亚基重新组合在一起，循环重新开始。

2）G蛋白下游信号通路：活化的G蛋白可以通过多种方式发挥其效应，例如，G蛋白直接影响离子通道或通过第二信使影响胞内不同信号通路。

① 活化的G蛋白直接作用于离子通道：多种神经递质使用此种方式发挥作用。例如，心脏窦房结细胞上的乙酰胆碱受体。这些ACh受体激活G蛋白后，$G_{\beta\gamma}$亚基沿膜横向迁移，与钾通道结合并诱导其开放，K^+外流，最终导致心率下降（图5-2-11）。神经元中γ-氨基丁酸的GABA_B受体，也通过G蛋白直接调控钾离子通道，从而发挥抑制性功能。

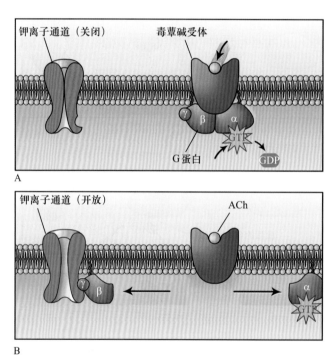

图5-2-11　G蛋白耦联受体通过直接影响离子通道作用模式图

A. 心肌中的G蛋白被乙酰胆碱与毒蕈碱受体结合而激活；B. 活化的$G_{\beta\gamma}$亚基直接诱导钾通道开放

G蛋白直接作用于离子通道有两个特点：一是G蛋白耦联系统中递质信息传递最快的，神经递质与G蛋白耦联受体结合后30～100 ms便能产生效果。虽然不如递质门控通道速度快，但这比通过第二信使级联反应要快。二是与其他G蛋白信号传递系统相比，反应更多局限在细胞局部发生。由于G蛋白在膜内扩散的距离不会很远，因此只有G蛋白附近的通道会受到影响。

② 第二信使级联反应：G蛋白也可以通过直接激活某些酶来发挥作用。这些酶的激活可以触发一系列复杂的生化反应，这种级联反应改变神经元功能。在整个过程中会有多个第二信使介导，通过多个步骤将神经递质与下游酶的激活耦联在一起，整个

过程称为第二信使级联反应。

cAMP作为第二信使是较为经典的G蛋白级联反应。例如，去甲肾上腺素与β受体结合激活兴奋性G蛋白（stimulatory G protein，G_s），G_s继续刺激膜结合的腺苷酸环化酶，腺苷酸环化酶将ATP转化为cAMP。随后胞质中cAMP的升高会激活PKA，PKA会进一步磷酸化下游底物（图5-2-12）。与之相对应的是另一种肾上腺素受体-α_2受体，其激活导致抑制性G蛋白（inhibitory G protein，G_i）的激活，G_i抑制腺苷酸环化酶的活性，抑制第二信息cAMP的产生。

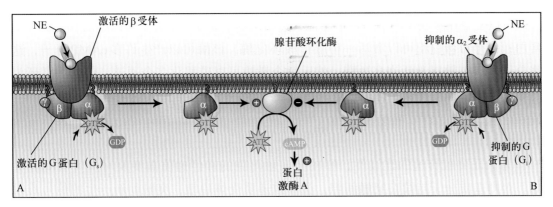

图5-2-12 G蛋白耦联受体通过cAMP作用模式图
A. NE与受体结合激活G_s，G_s激活腺苷酸环化酶。腺苷酸环化酶进而催化产生cAMP，cAMP激活下游酶蛋白激酶A；
B. NE与α_2受体结合激活G_i，G_i抑制腺苷酸环化酶

还有一些第二信使的级联反应存在分支。如图5-2-13所示，G蛋白激活磷脂酶C（phospholipase，PLC）。PLC进一步作用于膜磷脂酰肌醇二磷酸（phosphatidylinositol-4,5-bisphosphate，PIP_2），将其分解形成两个分子，二酰基甘油（diacylglycerol，DAG）和肌醇-1,4,5-三磷酸（inositol 1,4,5-trisphosphate，IP_3）作为第二信使。DAG是脂溶性的，停留在膜上，在那里激活下游酶蛋白激酶C（protein kinase C，PKC）。同时，水溶性IP_3在胞质中扩散，并与细胞内光面内质网（endoplasmic reticulum，ER）和其他有膜细胞器上的特定受体结合。这些受体是IP_3门控Ca^{2+}通道，因此IP_3导致细胞器释放其储存的Ca^{2+}。细胞质中Ca^{2+}的升高会引发广泛而持久的影响。例如，其中一种作

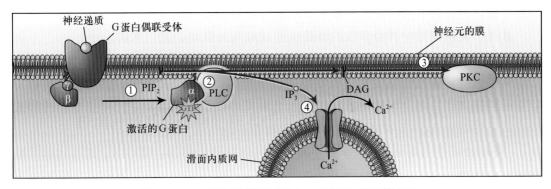

图5-2-13 G蛋白耦联受体通过DAG与IP_3作用模式图
①激活的G蛋白会激活磷脂酶C（PLC）；②PLC将PIP_2分为DAG和IP_3；③DAG激活下游酶蛋白激酶C（PKC）；
④IP_3刺激细胞内储存的Ca^{2+}的释放。Ca^{2+}可以继续激活各种下游酶

用是激活钙调蛋白依赖性蛋白激酶（calmodulin-dependent protein kinase，CaMK）。有研究报道 CaMK 参与学习记忆的调控。

许多第二信使级联中下游的关键酶是蛋白激酶，如 PKA、PKC、CaMK，激酶底物的磷酸化会改变其构象，从而改变其生物活性。例如，心肌细胞上的 β 肾上腺素受体被激活后，导致 cAMP 升高，激活 PKA，PKA 磷酸化电压门控钙通道，从而增强了它们的活性。更多的 Ca^{2+} 流入细胞内，导致心脏跳动更强烈。

G 蛋白耦联受体的信号传播相对复杂而缓慢。这种方式一个重要的优势是信号级联放大，一种 G 蛋白耦联受体的激活可以导致激活的不是一个，而是许多离子通道。信号放大可以发生在级联反应中的多个位置。例如，单个神经递质分子可以激活 10～20 个 G 蛋白；每个 G 蛋白都可以激活一种腺苷酸环化酶，该酶可以产生许多 cAMP 分子，这些分子可以扩散以激活许多激酶，然后每个激酶可以磷酸化多个通道。信号级联还为精细调控信号强度提供了许多位点，可以在细胞中产生非常持久的化学变化。

（五）突触间隙神经递质的清除

为保证突触传递的连续性，释放至突触间隙的神经递质需要及时从突触间隙移除。否则递质分子持续在突触间隙，会导致递质受体脱敏，突触前新产生的信号难以传递。突触间隙的神经递质主要通过 3 种机制清除：扩散、酶降解和再摄取。

1. 扩散

扩散是所有神经递质都具有的清除方式，但效率偏低。

2. 酶降解

通过酶降解清除突触间隙递质，抑制突触传递，最典型的是乙酰胆碱的清除。在神经肌肉接头处，ACh 与其受体发生反应后，与受体解离，在乙酰胆碱酯酶的作用下水解为胆碱和乙酸盐。

有一些单胺类的神经递质可以被酶降解，以控制神经元内递质的浓度或使突触间隙的递质分子失活。这些降解酶在临床上很重要，可以作为药物作用的靶点和疾病诊断指标。例如，阻断单胺递质降解的单胺氧化酶（monoamine oxidase，MAO）的抑制剂可用于治疗抑郁症和帕金森病。儿茶酚 -O- 甲基转移酶（catechol-Omethyl transferase，COMT）存在于神经元与胶质细胞的细胞质中，对降解生物胺很重要，COMT 被认为在调节皮质多巴胺水平方面发挥特别重要的作用。

此外，突触间隙中神经多肽的清除也通过细胞外肽酶的蛋白水解。

3. 再摄取

大多数神经递质失活的关键机制是通过质膜的再摄取（reuptake）。再摄取可以抑制突触传递作用，并且将递质重新转运至突触前以供后续重新利用。再摄取由神经末梢或神经胶质细胞膜中的转运蛋白介导。与囊泡转运蛋白不同（由 H^+ 电化学梯度驱动），质膜转运蛋白由 Na^+ 电化学梯度通过同向转运机制驱动，其中 Na^+ 离子和递质沿相同方向移动。

神经递质的转运蛋白都是跨膜蛋白，根据其结构和机制分为两类：一类是神经递质钠同向转运蛋白（neurotransmitter sodium symporters，NSS），属于跨膜蛋白的超家

Note

族，12次穿膜，包括GABA、甘氨酸、去甲肾上腺素、多巴胺、血清素和氨基酸的转运蛋白；另一类是谷氨酸转运蛋白，这些蛋白质8次跨膜。每种转运蛋白又包括负责每种神经递质的多个转运蛋白。例如，有多种GABA、甘氨酸和谷氨酸转运蛋白，每一种都有不同的定位、功能和药理学特性。

这两类转运蛋白可以在转运机制上加以区分。虽然两者都是由Na^+提供的电化学势能驱动的，但谷氨酸的转运需要K^+的逆向转运，而NSS的转运通常需要Cl^-离子的协同转运。在谷氨酸的运输过程中，1个带负电荷的递质分子与3个Na^+离子和1个质子被一起输入细胞内，一个K^+输出细胞。这导致每次转运有正电荷的净流入，产生一个内向电流。相反，NSS蛋白将1～3个Na^+和1个Cl^-与其底物一起运输。

神经递质的再摄取也是药物作用的靶点。例如，可卡因会阻止多巴胺、去甲肾上腺素和血清素的再摄取；三环类抗抑郁药和选择性5-羟色胺再摄取抑制剂，如氟西汀（百忧解），可阻断5-羟色胺或去甲肾上腺素的再摄取。阻断转运蛋白的药物可以延长和增强单胺和GABA的突触信号传导。

（六）突触总和

中枢神经系统中大多数神经元接收数以千计的突触输入，这些输入激活不同的递质门控离子通道和G蛋白耦联受体。突触后神经元整合所有这些复杂的离子和化学信号以产生动作电位。突触总和（summation）是多个突触电位在一个突触后神经元内整合的过程。

1. EPSP总和

在中枢神经系统中大多数神经元接收多个突触前的信息，许多EPSP叠加在一起可以产生显著的突触后去极化。EPSP总和是CNS中最简单的突触整合形式。有两种类型的EPSP总和方式，空间总和和时间总和。空间总和是树突上的许多不同突触处同时生成的EPSP相加。时间总和是同一突触中在1～15 ms内快速连续生成的EPSP相加。

进入树突的突触部位的电流必须沿着树突向下扩散并穿过胞体，在轴突起始段汇集，如果此处膜去极化超过动作电位阈值，产生动作电位。树突上叠加的多个EPSP是否能激发突触后神经元动作电位取决于突触与轴突起始段的距离及树突膜的特性。电流传递距离越远，EPSP衰减幅度越大。树突的直径、膜表面的电压门控通道的密度也影响电流的传递。

一些神经元的树突膜上几乎没有门控通道，如脊髓运动神经元。然而，大多数神经元树突具有电压门控钠、钙通道。树突中的电压门控通道可以作为在树突上的小型PSP的放大器。在一个长的树突中减少到几乎为零的EPSP仍可能足够大到触发电压门控钠通道的开放，钠通道的开放增加内向电流以增强突触信号向胞体的传递。所以，EPSP的总和是否有助于突触后神经元产生动作电位输出取决于几个因素：兴奋性突触的数量、突触与轴突起始区的距离，以及树突的特性，包括直径、膜上电压门控离子通道密度等。

2. IPSP总和

并非所有突触都是兴奋性的，有些突触的作用是使膜电位远离动作电位阈值，这些被称为抑制性突触。GABA和甘氨酸是两种常见的抑制性神经递质，它们的递质门控通道为氯离子通道，仅对Cl⁻开放。氯离子通道开放后允许Cl⁻跨膜流动（正常情况下内流），使膜电位接近氯离子平衡电位E_{Cl}（约为-65 mV）。如果静息膜电位高于-65 mV，这些通道的激活将导致膜超极化，即ISIP。

需要注意，如果静息膜电位已经是-65 mV，Cl⁻通道激活后不会看到任何IPSP，因为膜电位的值已经等于E_{Cl}。如果没有可见的IPSP，神经元会被抑制吗？答案是肯定的。例如，在树突的远端有一个兴奋性突触，在靠近胞体的树突近端段上有一个抑制性突触。兴奋性突触的激活导致正电荷流入树突，向胞体传递，该电流使膜去极化。然而，在抑制性突触的部位，膜电位约等于E_{Cl}，-65 mV。因此，正电流通过该位置时会向膜外流动，产生外向离子流，使膜电位V_m达到-65 mV。所以该抑制性突触充当了分流器，抑制电流通过胞体向轴丘流动。这种类型的抑制称为分流抑制（shunting inhibition）（图5-2-14）。分流抑制的实际物理基础是带负电的氯离子向内移动，形式上相当于向外的正电流流动。

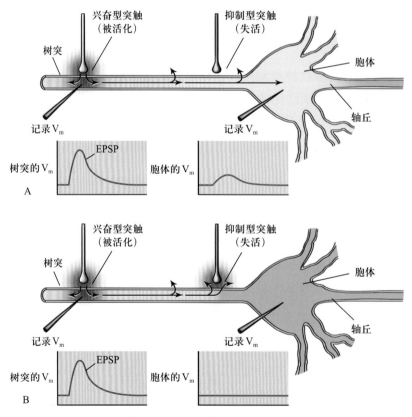

图5-2-14 分流抑制模式示意图

一个神经元接收一个兴奋性输入和一个抑制性输入。A. 兴奋性输入的刺激引起向内的突触后电流扩散到胞体，在那里它可以记录为EPSP；B. 当抑制输入和兴奋输入同时受到刺激时，去极化电流在到达体细胞之前就泄漏了

因此，抑制性突触也参与突触总和。IPSP减小了EPSP的大小，减小突触后神经元产生动作电位的可能性。此外，分流抑制会显著影响树突膜的特性，降低兴奋性正电流（即内向离子流）向轴突起始区的流动。

3. G蛋白耦联受体对突触活性的调控

以上我们讨论的大多数突触后整合机制都是离子通道受体介导的。然而，有许多神经递质作用于G蛋白耦联受体，而且有些G蛋白并不直接调控离子通道。这些突触后受体的激活不会直接引发EPSP和IPSP，而是调控由其他神经递质通过门控通道产生的EPSP的效能。这种类型的突触传递称为突触调制（modulation）。我们将通过肾上腺素β受体介绍调质如何影响突触总和。

单胺类神经递质去甲肾上腺素（norepinephrine，NE）与β受体结合可激活G蛋白，而G蛋白进一步激活细胞内腺苷酸环化酶，产生第二信使cAMP，cAMP激活蛋白激酶PKA。在一些神经元中，PKA的一种蛋白底物是树突膜中的钾通道亚基。磷酸化此亚基导致该钾通道关闭，从而降低膜K^+电导，使远距离或弱EPSP更容易传递至轴丘，细胞会变得更加兴奋，易于产生动作电位（图5-2-15）。因此，NE与β受体的结合对膜电位几乎没有影响，但会大大增加另一种神经递质在兴奋性突触处产生的反应，并且由于这种效应涉及多种分子，因此它的持续时间长得多。

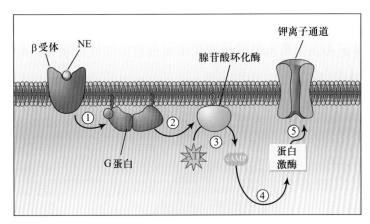

图 5-2-15　NE 调控突触活性示意图

①NE与β受体的结合激活膜上的G蛋白；②G蛋白激活腺苷酸环化酶；③腺苷酸环化酶将ATP转化为第二个信使cAMP；④cAMP激活一种蛋白激酶；⑤蛋白激酶通过磷酸化钾离子通道使其关闭

G蛋白耦联受体除了产生cAMP这个第二信使外，还可以产生其他类型的第二信使分子，在突触后神经元中引发不同的级联生化反应，突触后神经元可以更易于产生或者抑制动作电位。

（苏　擘）

第三节　主要神经递质及其受体

一、乙酰胆碱

（一）乙酰胆碱的合成存储与释放

ACh是第一种被确定的神经递质。除了作为神经-骨骼肌接头及迷走神经和心肌纤维之间的神经肌肉突触的神经递质外，ACh也是内脏运动系统神经节中突触的递质，还在中枢神经系统的多个脑区发挥作用。现在人们对神经肌肉接头和神经节突触中胆碱能传递的功能了解很多，但对中枢神经系统中ACh的作用仍有许多尚不清楚。

乙酰胆碱在神经末梢由前体乙酰辅酶A（由葡萄糖合成）和胆碱在胆碱乙酰转移酶（choline acetyltransferase，ChAT）的催化作用下将乙酰基从乙酰辅酶A转移到胆碱，生成ACh。ChAT在胞体中合成并运输到轴突末端。只有胆碱能神经元含有ChAT，因此这种酶是使用ACh作为神经递质的神经元（胆碱能神经元）的标记。利用ChAT特异性抗体可以标记胆碱能神经元。血浆中的胆碱浓度约10 mmol/L，可以被高亲和力的 Na^+ 依赖的胆碱协同转运蛋白（choline transporter，ChT）转运到胆碱能神经元中。胆碱的含量多少决定了轴突末端可以合成乙酰胆碱的量，因此胆碱转运到神经元中被认为是乙酰胆碱合成的限速步骤。对于一些胆碱能突触传递缺陷的某些疾病，有时会开出胆碱膳食补充剂来提高大脑中的ACh水平。乙酰胆碱在神经元的胞质中合成后，囊泡ACh转运蛋白（vesicle ACh transporter，VAChT）将大约10000个ACh分子转运到胆碱能囊泡中。转运ACh至囊泡所需的能量由囊泡腔的酸性 H^+ 提供，VAChT将 H^+ 交换为ACh（图5-3-1）。

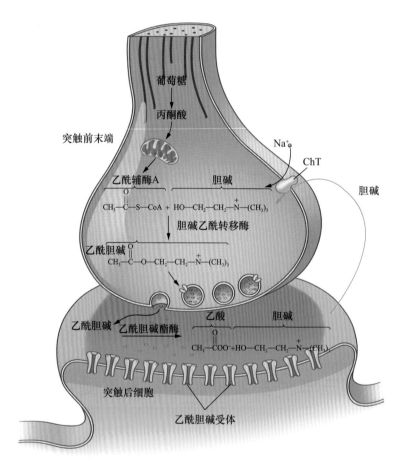

图 5-3-1　乙酰胆碱代谢示意图

胆碱和乙酰辅酶A在胆碱乙酰转移酶的作用下合成乙酰胆碱。乙酰辅酶A来自糖酵解产生的丙酮酸，而胆碱通过 Na^+ 依赖的共转运体（ChT）运输到轴突末端。乙酰胆碱通过囊泡转运蛋白（VAChT）进入突触囊泡。乙酰胆碱释放后，迅速被乙酰胆碱酯酶代谢，胆碱经ChT运回轴突末端

释放在突触间隙的ACh可以被乙酰胆碱酯酶（acetylcholinesterase，AChE）降解，而终止ACh的作用。AChE集中在突触间隙中，具有非常高的催化活性（每个AChE分子每秒大约催化5000个ACh分子降解），迅速将ACh水解成乙酸盐和胆碱，确保ACh从突触前末端释放后其浓度迅速降低。乙酰胆碱水解产生的胆碱通过ChT转运回神经末梢而被用于重新合成乙酰胆碱（图5-3-1）。

胆碱酯酶是很多药物的作用靶点。在许多作用于胆碱能酶系统的药物中，比较常见的是有机磷酸盐，其中包括一些有效的化学制剂，如神经性毒剂沙林。有机磷酸盐的致命性在于它们抑制AChE，使其对释放的ACh无效，导致ACh在胆碱能突触处积聚。ACh积聚使突触后肌肉细胞去极化，对随后的ACh释放无效，从而导致神经肌肉麻痹和其他影响。由于昆虫对乙酰胆碱酯酶抑制剂高度敏感，有机磷酸盐被开发用于杀虫剂。

（二）乙酰胆碱受体

乙酰胆碱有离子型和代谢型两种类型的受体。这两种受体可以根据它们的特定激动剂来命名。离子型ACh受体可以被尼古丁激活，被称为烟碱型受体（nicotine receptor，N receptor）或N胆碱受体。N胆碱受体不仅在肌肉中表达，而且在大脑中的许多神经元中表达，能够被尼古丁激活，进而激活奖赏通路，导致成瘾。代谢型ACh受体可以被毒蕈碱激活，被称为毒蕈碱型受体（muscarinic receptor，M receptor）或M受体。毒蕈碱在某些蘑菇中含量较多。

1. 离子型ACh受体

离子型ACh受体，即N胆碱受体，是研究得最好的离子型神经递质受体，由5个亚基组成。根据其分布部位的不同可分为神经肌肉接头N胆碱受体，即N_M受体（nicotinic muscle receptor）；神经节N胆碱受体和中枢N胆碱受体称为N_N胆碱受体（nicotinic neuronal receptor）。在神经肌肉接头处，N_M胆碱受体包含两个α亚基，每个α亚基都有一个ACh的结合位点，可以结合单个ACh分子。两个ACh结合位点都必须被占据，受体才能够被激活，因此只有相对高浓度的ACh才能激活这些受体。两个α亚基与其他N_M胆碱受体亚基组成五聚体，其他3个其他亚基可以是β、δ和γ或ε亚基。除了结合ACh外，N胆碱受体还能结合其他配体，如尼古丁和α-银环蛇毒素。不同组织中的N胆碱受体组成和功能有所不同，例如，N_N胆碱受体仅包含两种受体亚基类型（α和β），比例为3α：2β，与N_M受体（一般以2α：1β：1δ：1γ/ε的比例组合）不同，N_N胆碱受体对α-银环蛇毒素缺乏敏感性。

N胆碱受体的每个亚基都包含一个大的细胞外结构域以及4个跨膜结构域（图5-3-2A）。所有亚基的M_2螺旋排列在离子传导孔内。当乙酰胆碱受体关闭时，跨膜螺旋形成疏水屏障，阻止离子流动。ACh结合后诱导α亚基的旋转，使M_2螺旋的构象改变并打开闸门以允许阳离子通过。

N_M受体研究得最清楚。当动作电位触发运动神经元轴突末端的ACh释放后，ACh分子与突触后受体结合，后者高度集中在与运动轴突末端直接相邻的肌肉膜上。与ACh结合后，N_M受体开放，导致Na^+内流、K^+外流，并且Na^+流入多于K^+流出，从而使肌肉细胞去极化。当去极化达到阈值时，肌肉细胞会激发动作电位，从而导致肌肉

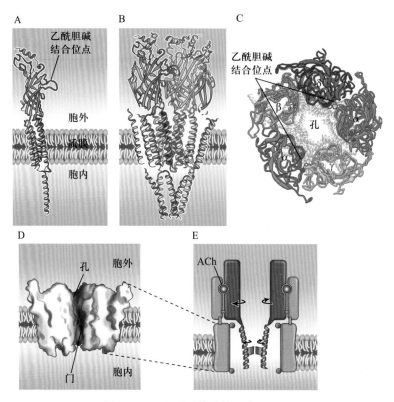

图 5-3-2　N 胆碱受体结构示意图

A. α亚基的结构示意图。每个亚基有 4 个跨膜区：α亚基在其细胞外结构域中还含有 ACh 的结合位点；B. 5 个亚基一起形成一个完整的 AChR；C. AChR 顶面观。每个亚基组成一个跨膜螺旋，5 个亚基的排列形成通道孔；D. AChR 跨膜域的横切面。孔道两端的开口很大，孔道口处的孔道变窄。绿松石球表示钠离子的尺寸（直径 0.3 nm）；E. AChR 的门控模型。ACh 与两个 α亚基上的结合位点结合会导致部分细胞外结构域的构象变化，从而导致形成孔的螺旋移动并打开孔门

收缩。

2. 代谢型 ACh 受体

　　代谢型 ACh 受体是 G 蛋白耦联受体，也被称为毒蕈碱 ACh 受体，简称 M 胆碱受体。M 胆碱受体可介导 ACh 在大脑中的大部分作用。与其他代谢型受体一样，M 胆碱受体具有 7 个螺旋跨膜结构域（图 5-3-3）。ACh 与 M 胆碱受体细胞外表面的单个结合位点结合，该结合位点位于由几个跨膜螺旋形成的较深通道内（图 5-3-3）。ACh 与该位点的结合导致受体构象变化，使 G 蛋白与 M 胆碱受体的细胞内结构域结合，活化 G 蛋白。

　　已知 M 胆碱受体有 $M_1 \sim M_5$ 5 种亚型，它们与不同类型的 G 蛋白耦联，导致各种不同的缓慢的突触后反应。M 胆碱受体在纹状体和其他前脑区域高度表达，它们激活内向整流 K^+ 通道或 Ca^{2+} 激活的 K^+ 通道，从而对多巴胺介导的运动效应产生抑制作用。在大脑的其他脑区，如海马，M 胆碱受体通过关闭 Kv7 K^+ 通道产生兴奋性作用。M 胆碱也存在于外周神经系统中，介导心脏、平滑肌和外分泌腺等自主效应器官的外周胆碱能反应，并介导迷走神经对窦房结细胞自律性的抑制作用。M 胆碱受体也是许多药物的作用靶点，其激动剂或拮抗剂广泛应用于临床，例如，临床上常用的 M 胆碱受体拮抗药包括阿托品（用于扩张瞳孔）、东莨菪碱（有效预防晕动病）和异丙托溴铵（用于治疗哮喘）等。

Note

A 侧面观　　　　　　　　　　　　　　　　　　B 顶面观

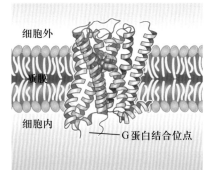
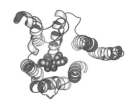

细胞外

质膜

细胞内

——G 蛋白结合位点

图 5-3-3　M_2 胆碱受体结构示意图

A. 该受体跨膜 7 次，胞内有 G 蛋白结合结构域（仅部分显示），胞外有 ACh 结合的结构域。图中 ACh 结合位点被 3- 喹咛基苯甲酸酯（QNB，彩色球体，一种毒蕈碱的雷雷普 - 拮抗剂）所占据；B. mAChR 细胞外顶面观，显示 QNB 与 ACh 结合位点结合

二、生物胺类神经递质

生物胺递质（biogenic amine transmitters）有 5 种：3 种儿茶酚胺（catecholamines）［多巴胺（dopamine，DA）、去甲肾上腺素（norepinephrine，NE 或 noradrenaline，NA）、肾上腺素（epinephrine 或 adrenaline）］、组胺（histamine）和血清素（serotonin）。

生物胺递质参与调控多种大脑功能，包括中枢稳态，情绪、注意力等认知行为，生物胺功能缺陷与大多数精神疾病有关。生物胺递质突触是精神类疾病药物的重要靶点，影响这些神经递质的合成、分解代谢、受体结合的药物是现代神经药理学中常用的药物；许多成瘾性药物也作用于生物胺途径。

（一）儿茶酚胺类神经递质的合成与降解

儿茶酚胺神经递质包含 DA、NE 和肾上腺素（图 5-3-4）。这些胺类神经递质含有一种称为儿茶酚的化学结构（图 5-3-4A），所以这些神经递质统称为儿茶酚胺。儿茶酚胺能神经元参与调节运动、情绪、注意力和内脏功能。

1. 合成

酪氨酸是三种不同儿茶酚胺类神经递质的前体，所有儿茶酚胺能神经元都含有酪氨酸羟化酶（tyrosine hydroxylase，TH），它催化儿茶酚胺神经递质合成的第一步，即酪氨酸转化为多巴（dopa，3,4- 二羟苯丙氨酸）（图 5-3-5A）。TH 的活性是儿茶酚胺神经递质合成的速率限制因子，也是儿茶酚胺能神经元的标志。

多巴通过多巴脱羧酶转化为神经递质 DA

A 邻苯二酚基团

多巴胺（DA）

去甲肾上腺素（NE）

B　　肾上腺素

图 5-3-4　儿茶酚胺类神经递质示意图

A. 邻苯二酚基团；B. 儿茶酚胺神经递质

（图 5-3-5B）。多巴脱羧酶在儿茶酚胺能神经元含量丰富，因此合成的 DA 量主要取决于可用的多巴量。帕金森病的发病机制是黑质中多巴胺能神经元缓慢退化并最终死亡。治疗帕金森病的一种策略是使用多巴，从而促进存活神经元中 DA 合成，增加可释放的 DA 量。

在 NE 能神经元中除了 TH 和多巴脱羧酶外，还含有将 DA 转化为 NE 的酶多巴胺β-羟化酶（dopamine β-hydroxylase，DBH）（图 5-3-5C）。DBH 位于突触囊泡内，在 NE 能神经元轴突末端，DA 从胞质中转运到突触囊泡内，并在那里合成 NE。

肾上腺素也属于儿茶酚胺类神经递质，肾上腺素能神经元含有苯乙胺 N-甲基转移酶（phenylethanolamine N-methyltransferase，PNMT），可将 NE 转化为肾上腺素（图 5-3-5D）。PNMT 存在于肾上腺素能神经元轴突末端的细胞质中。神经元首先在囊泡中合成 NE 并释放到胞质中，再转化为肾上腺素，后者再转运到囊泡中。肾上腺素除了在大脑中充当神经递质外，还在肾上腺髓质中合成，以内分泌激素的方式发挥作用。

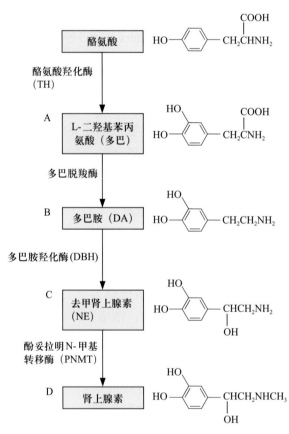

图 5-3-5　儿茶酚胺类神经递质合成示意图

2. 儿茶酚胺神经递质的清除

儿茶酚胺系统没有类似于 AChE 的快速细胞外降解酶。突触间隙中儿茶酚胺的作用主要通过选择性 Na^+ 依赖转运体再摄取返回轴突末端而终止。转运至轴突末端的儿茶酚胺可能会被重新转运到突触囊泡中以供重复使用，或者可能会被线粒体外膜上的单胺氧化酶（MAO）酶降解。许多药物甚至毒品作用于转运体。例如，苯丙胺和可卡因会阻断儿茶酚胺的再摄取，从而延长其在突触间隙中的作用。

3. 多巴胺及其受体

多巴胺神经元在大脑中主要位于中脑和下丘脑（图5-3-6）。黑质（substantia nigra）向纹状体（corpus striatum）投射的多巴胺能神经元在躯体运动协调中发挥重要作用。在帕金森病中，黑质的多巴胺能神经元退化，导致运动功能障碍。中脑腹侧被盖区（ventral tegmental area）的多巴胺能神经元投射到基底前脑的额叶和颞叶皮层和边缘结构，并在情绪、激励、奖励和记忆中发挥作用。许多滥用药物通过影响中枢神经系统中的多巴胺能回路起作用。还有一些多巴胺能神经元投射到脑干和脊髓，调节一些交感神经节前神经元。

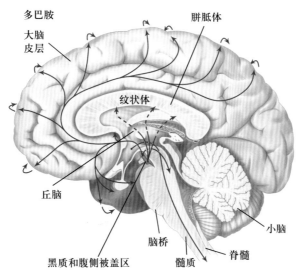

图 5-3-6　多巴胺在脑中的分布投射示意图

多巴胺合成后通过囊泡单胺转运蛋白（vesicular monoamine transporter，VMAT）转运到突触囊泡中。释放到突触间隙中的多巴胺通过 Na^+ 依赖的多巴胺转运体（Na^+-dependent dopamine co-transporter，DAT）将多巴胺再摄取到神经末梢或周围的神经胶质细胞中。DAT 是常用的药物靶点，可卡因可以通过抑制 DAT 增加突触间隙中的多巴胺浓度从而产生其精神作用；另一种成瘾药物安非他明也抑制 DAT 以及去甲肾上腺素的转运蛋白。参与多巴胺分解代谢的两种主要酶是 MAO 和儿茶酚 O- 甲基转移酶（COMT），神经元和神经胶质都含有线粒体 MAO 和细胞质 COMT。这些酶的抑制剂，如苯乙肼和反苯环丙胺，在临床上用作抗抑郁药。

20世纪80年代，根据应用选择性配基的研究结果及其与信号转导途径耦联关系，将 DA 受体确定为 D_1 和 D_2 两种亚型。后来应用重组 DNA 克隆技术确定脑内存在5种 DA 亚型受体（D_1～D_5），其中，D_1 和 D_5 亚型受体在药理学特征上符合上述的 D_1 亚型受体，而 D_2、D_3、D_4 受体则与上述的 D_2 亚型受体相符合，因此分别被称为 D_1 样受体（D_1-like receptors）和 D_2 样受体（D_2-like receptors）。现在发现多巴胺受体都是 G 蛋白耦联受体。大多数多巴胺受体亚型通过激活或抑制腺苷酸环化酶起作用。这些受体的激活通常会导致复杂的行为。例如，给予多巴胺受体激动剂会导致实验动物出现多动、重复和刻板样行为；髓质中另一种类型的多巴胺受体的激活可抑制呕吐。因此，这些受体的拮抗剂被用作催吐剂，临床上用于中毒或药物过量后催吐解毒。多巴胺受体拮抗剂还可以引起僵直，多巴胺信号系统异常可能是某些精神病患者出现全身肌肉僵直的原因。

4. 去甲肾上腺素及其受体

在脑中去甲肾上腺素能神经元胞体主要存在于蓝斑核，投射到前脑的多个脑区（图5-3-7），主要参与调控睡眠和清醒、觉醒、注意力和进食等行为。在外周神经系统中去甲肾上腺素能神经元主要存在于交感神经节细胞，通过释放去甲肾上腺素调控内脏运动系统（visceral motor system）。

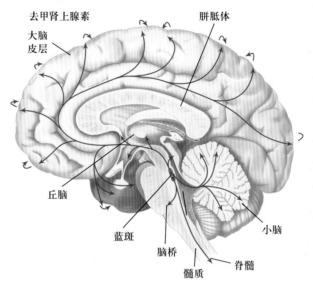

图5-3-7　NE在脑中的分布投射示意图

神经元合成的NE也通过VMAT转运至突触囊泡中。NE自囊泡释放到突触间隙后，主要通过突触前膜上NE转运蛋白体（norepinephrine transporter，NET）以重摄取方式清除突触间隙的NE。NET是一种Na^+依赖性协同转运蛋白，也能够转运多巴胺。苯丙胺可以作用于NET，抑制其功能，使突触间隙中的NE和多巴胺增多，从而产生兴奋剂的功能。像多巴胺一样，摄取到胞质内的NE也被MAO和COMT降解。

NE和肾上腺素都可以作用于α和β肾上腺素受体。这两种递质的受体都是G蛋白耦联受体。现在已知有两种α肾上腺素受体，α_1和α_2。各自包含3种不同亚型，α_{1A}、α_{1B}、α_{1D}和α_{2A}、α_{2B}、α_{2C}。α_1受体的激活通常导致K^+通道的抑制，产生缓慢去极化；而α_2受体的激活可以导致不同类型的K^+通道的激活，而产生缓慢的超极化。β肾上腺素受体有3种亚型，β_1肾上腺素受体主要表达于心脏组织和中枢神经系统，β_2肾上腺素受体主要表达于支气管和血管平滑肌细胞，β_3肾上腺素受体主要在膀胱和脂肪组织中表达，它们主要调节膀胱舒张和脂肪分解。肾上腺素受体的激动剂和拮抗剂，例如，β受体拮抗药普萘洛尔（propranolol），又称心得安（inderol），在临床上用于治疗心律失常和偏头痛等各种疾病。这些药物的大部分作用靶点都在外周神经系统支配的靶组织，特别是心血管和呼吸系统的平滑肌受体上。

5. 肾上腺素

肾上腺素在大脑中的含量少于多巴胺和去甲肾上腺素，并且只在大脑少量神经元中存在。中枢神经系统中肾上腺素能神经元胞体主要位于外侧被盖系统和髓质，并投射至下丘脑和丘脑（图5-3-8）。这些肾上腺素分泌神经元主要调节呼吸和心脏功能。

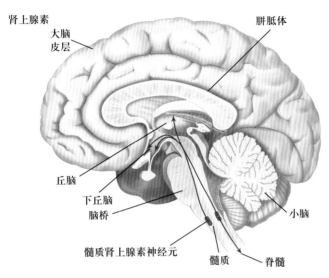

图5-3-8　肾上腺素在脑中的分布投射示意图

肾上腺素的代谢与去甲肾上腺素的代谢非常相似。肾上腺素也通过VMAT转运至囊泡中。现在还未发现特定用于肾上腺素的质膜转运蛋白，质膜上的NET能够将肾上腺素转运至突触前膜内。如上所述，肾上腺素也通过α和β肾上腺素受体发挥作用。

（二）组胺（histamine）

组胺在脑中主要存在于下丘脑中的神经元中，向大脑和脊髓的几乎所有区域发送稀疏但广泛的投射（图5-3-9）。组胺由组氨酸脱羧酶催化组氨酸产生（图5-3-10），产

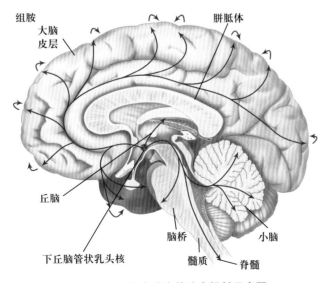

图5-3-9　组胺在脑中的分布投射示意图

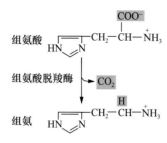

图 5-3-10　组胺合成示意图

生的组胺也是通过VMAT转运到囊泡中。释放的组胺通过组胺甲基转移酶和MAO的联合作用被降解。

　　组胺有4种受体，且都是代谢型受体。在中枢神经系统中，组胺通过其受体在唤醒和注意力方面发挥作用。此外组胺还控制前庭系统功能。在变态反应或组织损伤时，血液中肥大细胞会释放组胺，参与调控变态反应。多种受体的拮抗药被开发应用于临床。例如，穿过血-脑脊液屏障的抗组胺药苯海拉明（benadryl），通过干扰组胺在CNS唤醒中的作用而起到镇静剂的作用。由于组胺在控制前庭功能中的作用，H_1受体的拮抗药用于预防晕动病。H_2受体控制消化系统中胃酸的分泌，所以临床上H_2受体拮抗药可用于治疗多种上消化道疾病（如消化性溃疡）。此外由于组胺受体在介导变态反应中的作用，许多组胺受体拮抗药已被开发为抗组胺的抗过敏药物。

（三）5-羟色胺

　　5-羟色胺（5-hydroxytryptamine，5-HT），也称为血清素（serotonin），最早被发现存在于血清中，可以增加血管张力。在脑中5-HT胞体主要存在于脑桥中缝区域和上脑干的神经元中，广泛投射到前脑（图5-3-11）。

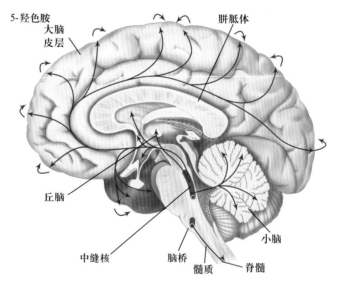

图 5-3-11　5-羟色胺在脑中的分布投射示意图

　　色氨酸是5-HT合成的前体，色氨酸被质膜转运蛋白转运到神经元中，并在色氨酸-5-羟化酶作用下催化生成5-羟色氨酸（5-HTP），然后通过5-HTP脱羧酶将5-HTP转化为5-HT（图5-3-12）。5-HT合成的限速步骤为色氨酸含量的多少。脑中色氨酸的来源是血液，而血液色氨酸的来源是饮食（谷物、肉类、奶制品、巧克力中色氨酸含量特别丰富）。5-HT合成后也通过VMAT转运到突触囊泡中。5-HT在突触间隙的清除主要通过突触前膜的特定血清素转运蛋白（SERT）将5-HT转运回神经末梢，其

Note

突触传递作用也会终止。SERT也是许多抗抑郁药的靶点，临床上的部分抗抑郁药是5-HT再摄取抑制剂（SSRI），可抑制SERT对5-HT的转运。最常见的SSRI可能是抗抑郁药百忧解。转运至神经末梢的5-HT可以被MAO分解代谢。

5-HT受体包括配体依赖的离子通道和G蛋白耦联受体两类。大多数5-HT受体是代谢型的，具有G蛋白耦联受体典型的单体结构。代谢型5-HT受体介导的生物学功能与多种行为有关，如昼夜节律、运动行为、情绪和精神觉醒状态等。这些受体功能的损害与许多精神疾病有关，例如抑郁症、焦虑症和精神分裂症。所以临床上多种抗焦虑抑郁药物作用于5-HT

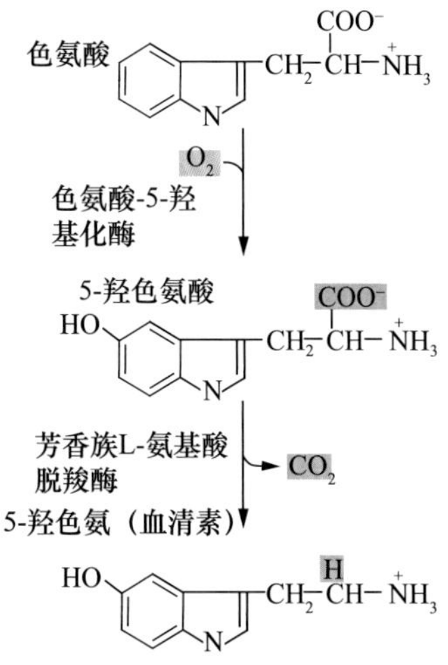

图 5-3-12　5- 羟色胺合成示意图

受体。5-HT受体的激活还可以调节饱腹感，对摄食行为有抑制效应。

5-HT₃受体是由5个亚基组成的配体门控离子通道。这种五聚体结构与乙酰胆碱等离子型受体非常相似，5个亚基的跨膜结构域形成离子通道。5-HT₃受体是非选择性阳离子通道，介导兴奋性突触后反应。配体结合位点位于这些受体的细胞外结构域，是多种治疗药物的靶点，例如，临床上用于预防术后恶心和化疗引起的呕吐的昂丹司琼（zofran）和格拉司琼（kytril）作用于此。

三、氨基酸类神经递质

谷氨酸（Glu）、甘氨酸（Gly）和γ-氨基丁酸（GABA）是中枢神经系统中常见的几种氨基酸类神经递质。其中，谷氨酸和甘氨酸是构成蛋白质的20种氨基酸之一，在各种细胞中广泛分布，但是其在神经末梢中的浓度比其他细胞中的氨基酸浓度要高很多。例如，谷氨酸能轴突末端胞质中的平均谷氨酸浓度约为20 mmol/L，比非谷氨酸能细胞高出2～3倍。而γ-氨基丁酸作为神经递质只集中分布在特定的神经元中。

（一）谷氨酸

1. 谷氨酸的合成、存储与清除

谷氨酸是大脑中重要的神经递质。中枢神经系统中几乎所有的兴奋性神经元都是谷氨酸能神经元。据估计，超过一半的大脑突触会释放谷氨酸。谷氨酸不能穿过血-脑脊液屏障，因此必须在神经元中合成。谷氨酸合成最普遍的前体是谷氨酰胺，它被系统A转运蛋白2（system A transporter 2，SAT₂）转运到突触前末端，然后被线粒体谷氨酰胺酶代谢为谷氨酸（图5-3-13）。神经元中葡萄糖代谢也参与谷氨酸的合成，三羧酸循环产生的中间体2-酮戊二酸通过转氨作用生成谷氨酸。在突触前合成的谷氨酸被囊泡谷氨酸转运蛋白（vesicular Glu transporter，VGLUT）转运至突触囊泡内。现在已鉴定出至少3种不同的VGLUT基因，其中不同的VGLUT将谷氨酸转运到不同类型的谷氨酸能突触前末端的囊泡中。

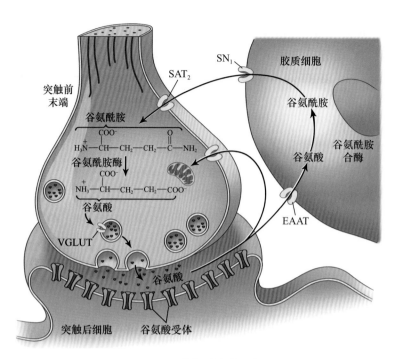

图 5-3-13　谷氨酸代谢示意图

释放到突触间隙的谷氨酸的作用通过兴奋性氨基酸转运体（EAATs）被摄取到周围的胶质细胞（和神经元）而终止。在胶质细胞内，谷氨酸被谷氨酰胺合成酶转化为谷氨酰胺，并通过 SN₁ 转运子被胶质细胞释放。谷氨酰胺通过 SAT₂ 转运体进入神经末梢，并通过谷氨酰胺酶转化为谷氨酸。谷氨酸通过囊泡谷氨酸转运体（VGLUTs）进入突触囊泡，完成整个循环

　　释放到突触间隙的谷氨酸会被兴奋性氨基酸转运体（excitatory amino acid transporter，EAAT）从突触间隙中清除。EAAT 是 Na^+ 依赖性谷氨酸协同转运蛋白，其家族有 5 个成员。一些 EAAT 存在于神经胶质细胞膜中，而另一些存在于突触前膜。通过 EAAT 转运到神经胶质细胞中的谷氨酸被谷氨酰胺合成酶转化为谷氨酰胺。然后，谷氨酰胺通过不同的转运蛋白系统 N 转运蛋白 1（system N transporter 1，SN₁）转运出神经胶质细胞，并通过 SAT₂ 转运到神经末梢。这个过程被称为谷氨酸 - 谷氨酰胺循环（图 5-3-13）。这个循环允许神经胶质细胞和突触前末端合作，以维持充足的谷氨酸供应进行突触传递并迅速终止突触后谷氨酸作用。

　　2. 谷氨酸受体

　　谷氨酸受体既有离子型受体也有代谢型受体。

　　（1）离子型受体：谷氨酸有 3 种类型的离子型受体，这 3 种受体以它们的激动剂命名，分别是 α- 氨基 -3- 羟基 -5- 甲基 -4- 异恶唑 - 丙酸酯（α-amino-3-hydroxyl-5-methyl-4-isoxazole-propionate，AMPA）、N- 甲基 -D- 天冬氨酸（N-methyl-D-aspartate，NMDA）和红藻氨酸（kainic acid，KA），因此分别称为 AMPA 受体、NMDA 受体和 KA 受体。所有这些受体都是谷氨酸门控阳离子通道，被激活后产生兴奋性突触后反应。

　　3 种谷氨酸受体各有其特点，AMPA 受体产生的兴奋性突触后电流（excitatory postsynaptic current，EPSC）通常比其他类型的离子型谷氨酸受体产生的 EPSC 大得多，因此 AMPA 受体是大脑中兴奋性传递的主要受体；NMDA 受体产生的 EPSC 比 AMPA 受体产生的更慢且持续时间更长；KA 受体产生的 EPSC 上升也比较迅速，但比 AMPA 受体介导的衰减慢。

① AMPA受体由4个不同的亚基组成，分别是$GluA_1 \sim GluA_4$。每个亚基赋予AMPA受体独特的功能特性。AMPA门控通道对Na^+和K^+都是通透的，其中大部分对Ca^{2+}不通透。AMPA受体被激活后Na^+内流、K^+外流，净效应是过量的阳离子进入细胞，产生兴奋性传递。

② NMDA受体与AMPA受体类似，也是四聚体。NMDA受体亚基有3组（$GluN_1$、$GluN_2$和$GluN_3$），其中$GluN_2$有$GluN_{2A} \sim GluN_{2D}$，$GluN_3$有$GluN_{3A}$和$GluN_{3B}$。$GluN_2$亚基与谷氨酸结合，$GluN_1$和$GluN_3$亚基与甘氨酸结合。NMDA受体四聚体通常包含两个谷氨酸结合亚基$GluN_2$和两个甘氨酸结合亚基$GluN_1$。在某些情况下，$GluN_3$取代了两个$GluN_2$亚基之一。

与AMPA受体不同，NMDA受体通道除了对Na^+和K^+通透之外，还对Ca^{2+}通透。所以NMDA受体被激活后会增加突触后神经元中Ca^{2+}的浓度，Ca^{2+}作为第二信使激活细胞内信号传导过程。例如，在突触后，Ca^{2+}可以激活多种酶，调节多种通道的开放，影响基因表达，但是过量的Ca^{2+}有时甚至会引发细胞死亡。因此，NMDA受体的激活可以引起突触后神经元广泛而持久的变化。在学习记忆过程中，Ca^{2+}通过NMDA门控通道进入细胞可能会导致长期记忆的变化。

NMDA受体的另一个关键特性是电压依赖性。NMDA受体通道内部含有Mg^{2+}的结合位点，在静息状态和超极化膜电位下Mg^{2+}阻断该通道，Na^+、K^+和Ca^{2+}无法通过，而去极化会将Mg^{2+}排出通道孔隙，从而使Na^+、K^+和Ca^{2+}能通过通道。所以Mg^{2+}赋予NMDA受体电压依赖性。谷氨酸和突触后去极化同时存在才可以使NMDA受体通道开放。NMDA受体的第三个特征是甘氨酸作为其共激动剂。

在大脑的许多突触中，AMPA受体与NMDA受体共存，共同介导大多数谷氨酸诱导的兴奋性突触后电位。当谷氨酸与AMPA受体结合时，AMPA通道激活，快速诱导突触后膜去极化；随着突触后膜去极化时，Mg^{2+}从NMDA孔中排出，与谷氨酸结合的NMDA受体通道开放，允许Na^+、K^+和Ca^{2+}离子自由通过NMDA通道。

（2）代谢型受体　除了上述离子型谷氨酸受体外，谷氨酸还有3种代谢型受体（mGluR）。与兴奋性离子型谷氨酸受体不同，mGluR会导致较慢的突触后反应，且作用多样，可以激发或抑制突触后细胞。mGluR是由两个相同亚基组成的二聚体，每个亚基都有谷氨酸结合结构域。谷氨酸结合激活受体，然后G蛋白与活化受体的结合启动细胞内信号传导。

（二）γ-氨基丁酸与甘氨酸

1. γ-氨基丁酸

γ-氨基丁酸（GABA）和甘氨酸是中枢神经系统中抑制性突触使用最多的神经递质。大脑中多达1/3的突触使用GABA作为其抑制性神经递质。GABA最常见于局部回路中间神经元。

（1）GABA的合成、存储与清除：GABA合成的主要前体是葡萄糖，它被三羧酸循环酶代谢为谷氨酸（丙酮酸和谷氨酰胺也可以作为GABA前体）。谷氨酸脱羧酶（glutamic acid decarboxylase，GAD）催化谷氨酸转化为GABA（图5-3-14）。GAD几乎只存在于GABA能神经元中，可以用于标记GABA能神经元。GAD需要磷酸吡哆醛才能发挥活性。磷酸吡哆醛来源于维生素B_6，缺乏维生素B_6会导致GABA合成减少，降低大脑的GABA含量，随后导致突触抑制的丧失可能引发癫痫。合成的GABA会通过囊泡抑制性氨基酸转运蛋白（vesicular inhibitory amino acid transporter，VIAAT）转运到突触囊泡中。

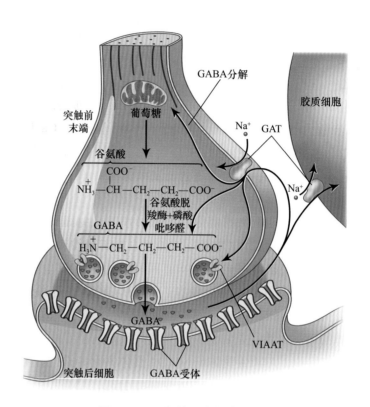

图5-3-14　γ-氨基丁酸代谢示意图

GABA由谷氨酸通过谷氨酸脱羧酶合成，此过程需要磷酸吡哆醛。GABA可以通过囊泡抑制氨基酸转运蛋白（VIAAT）加载到突触囊泡中。释放的GABA被周围胶质细胞上的高亲和转运蛋白（GAT）转运摄取，或者被神经元突触前膜的转运蛋白（GAT）重摄取，从而终止GABA的作用，并将GABA转运回突触末端重新利用

GABA的清除机制类似于谷氨酸，神经元和神经胶质细胞都含有高亲和力的Na^+依赖性GABA协同转运蛋白GAT。大多数GABA最终转化为琥珀酸，在三羧酸循环中进一步代谢。

（2）GABA的受体：GABA也有两种类型的突触后受体，离子型和代谢型受体，分别为$GABA_A$和$GABA_B$。

① 离子型受体：离子型$GABA_A$受体是GABA门控阴离子通道，主要对Cl^-通透。在成熟神经元内Cl^-浓度较细胞外浓度低，因此，$GABA_A$受体的激活后通道开放，带负电荷的Cl^-流入，导致突触后神经元超极化，从而抑制突触后细胞。然而在发育中的神经元中，神经元胞内Cl^-浓度高，胞外Cl^-浓度低，$GABA_A$受体激活后，Cl^-外流，导致突触后神经元去极化被激活。

$GABA_A$受体是五聚体，其亚基有19种类型，不同神经元的$GABA_A$受体的组成和功能存在很大差异。通常$GABA_A$受体由2个α亚基、2个β亚基和1个其他亚基组

Note

成，最常见的是1个γ亚基。5个亚基组成的$GABA_A$受体结构与nAChR非常相似。多亚基的跨膜结构域形成Cl^-通道。$GABA_A$的亚基细胞外结构域有GABA的结合位点，此外还有许多其他药物的结合位点。例如，苯二氮䓬类药物，如地西泮（valium）和氯氮䓬（librium）与$GABA_A$受体的α和δ亚基的细胞外结构域结合来增强GABA的突触传递，发挥减轻焦虑的作用。巴比妥类药物，如苯巴比妥和戊巴比妥，也与一些$GABA_A$受体的α和β亚基的细胞外结构域结合，增强GABA能传递，产生催眠效果；这些药物在临床上可用于麻醉及控制癫痫。此外，$GABA_A$受体上还有氯胺酮、类固醇和乙醇的结合位点。

②代谢型受体：GABA的代谢型受体$GABA_B$也广泛分布在大脑中。与离子型GABA受体一样，$GABA_B$受体具有抑制性。然而，$GABA_B$介导的抑制作用主要是通过激活K^+通道完成，而不依赖于Cl^-通道的激活。$GABA_B$受体的第二个作用是阻断Ca^{2+}通道，这也能抑制突触后细胞。

$GABA_B$受体是由B_1和B_2亚基的组成的异二聚体，GABA与B_1亚基的结合导致两个亚基的跨膜结构域发生构象变化，从而允许G蛋白活化，进而引发下游效应。

2. 甘氨酸

甘氨酸作为抑制型神经递质分布更为局限，在脊髓中使用更多，脊髓中大约一半的抑制性突触使用甘氨酸。甘氨酸由丝氨酸在丝氨酸羟甲基转移酶的作用下生成（图5-3-15）。生成的甘氨酸通过VIAAT（与转运GABA到囊泡的转运体相同）转运到

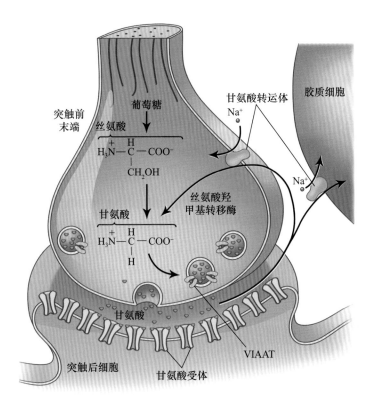

图5-3-15　甘氨酸代谢示意图

在大脑中，甘氨酸合成的主要前体是丝氨酸。甘氨酸在囊泡抑制氨基酸转运蛋白（VIAAT）的作用下加载到突触囊泡中。
高亲和转运蛋白将释放至突触间隙的甘氨转运至周围胶质细胞或神经元中，终止甘氨酸的作用

突触囊泡中。一旦从突触前神经元中释放出来，甘氨酸就会被质膜中的甘氨酸转运蛋白迅速从突触间隙中清除。

甘氨酸受体是配体门控Cl⁻通道，其结构与GABA_A受体非常相似。甘氨酸受体也是五聚体，由4个α亚基和1个辅助β亚基组成的五聚体。甘氨酸与细胞外结构域上的配体结合位点结合会导致构象变化，从而打开通道，Cl⁻可以从通道进入细胞，抑制突触后神经元。士的宁可以与此配体结合位点结合来阻断甘氨酸受体。

四、多肽类神经递质

（一）多肽的分类

根据神经多肽的序列，神经肽递质大致分为5类：脑-肠肽（brain-gut peptides）、阿片样肽（opioid peptides）、垂体肽（pituitary peptides）、下丘脑释放肽（hypothalamic releasing hormones），以及其他不易分类的肽（图5-3-16）。

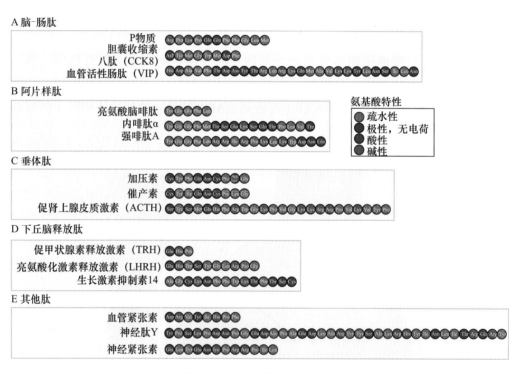

图 5-3-16　多肽神经递质分类示意图

（二）多肽神经递质与经典小分子神经递质的区别

多肽类的神经递质在合成、包装等方面不同于前面所述小分子神经递质，而与非神经元细胞的分泌蛋白非常相似。多肽在合成时通常首先合成比最终的成熟肽大得多的前肽原（pre-propeptides），前肽原再通过一系列的加工生成成熟的多肽。前肽原在粗面内质网中合成，其中信号肽序列被切除，剩余的多肽，称为肽原（propeptide）。肽原穿过高尔基体并被包装到反式高尔基网络中的囊泡中被进一步加工修饰，包括蛋

Note

白的水解、肽末端的修饰、糖基化、磷酸化和二硫键形成等，生成成熟的多肽递质。从高尔基体释放的分泌颗粒囊泡，即大的致密核心囊泡通过快速轴突运输运送到轴突末端。

　　一种前肽原通常可以产生不止一种神经肽，几种不同的神经活性肽可由单个连续mRNA编码，该mRNA被翻译成一种大的前体蛋白，即肽原（图5-3-17）。肽原可以含有一个相同肽的多个拷贝，例如，胰高血糖素的前体含有两个激素拷贝；肽原也可以从一种前体切割成几种不同的多肽，如阿片肽。而且由于蛋白前体的加工方式不同，产生相同肽原的神经元可能会释放不同的神经肽。例如，阿片类家族的阿黑皮素原（proopiomelanocortin，POMC）。POMC存在于垂体前叶和中叶、下丘脑和大脑的其他几个区域，以及胎盘和肠道中，但不同组织中的POMC产生不同的多肽。一种可能性是不同神经元可能在内质网、高尔基体或囊泡的腔内含有不同特性的蛋白酶。另一种可能性是两个神经元虽然含有相同的加工蛋白酶，但细胞中蛋白的糖基化位点不同，从而使多肽在不同区域被切割，产生不同的成熟多肽。

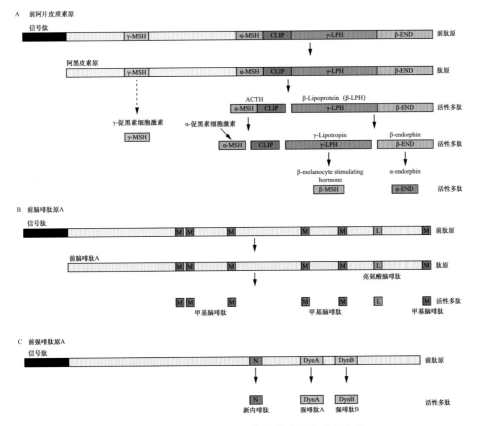

图 5-3-17　多肽神经递质阿片肽前肽原与成熟多肽

神经肽产生于更大的前体分子，这些前体经过不同的处理，以产生特定的神经多肽。A. POMC前体在垂体的不同叶中被不同地处理，产生α-促黑素细胞激素（α-MSH）和γ-MSH，类肾上腺皮质素中间叶肽（CLIP）和β-脂质体（β-LPH）。β-LPH被裂解生成γ-LPH和β-内啡肽（β-END），它们各自产生β-黑素细胞刺激激素（β-MSH）和α-内啡肽（α-END）。ACTH（促肾上腺皮质激素）和β-LPH内的内蛋白水解分裂发生在中间叶而不是前叶；B. 类似的前脑啡肽原A经过加工产生6个甲基脑啡肽和1个亮氨酸脑啡肽；C. 前强啡肽原A也被切割成至少3个多肽，包括α-新内啡肽（N）、强啡肽A（Dyn A）和强啡肽B（Dyn B），它们与亮氨酸脑啡肽有关，因为这3个多肽的氨基末端序列都包含亮氨酸脑啡肽的序列

神经多肽递质一般存储于大的致密核心囊泡，其释放也依赖于细胞内电压门控 Ca^{2+} 通道介导的 Ca^{2+} 的升高。但是多肽神经递质的释放一般不在突触末端的活性区，而是发生在轴突末端膜的任何地方。因此，这种形式的胞吐作用需要高频刺激才能将突触前膜 Ca^{2+} 提高到足以触发其释放的水平，而且释放较慢。这与单个动作电位引发的突触囊泡的快速胞吐形成鲜明对比，后者是由于电压门控 Ca^{2+} 通道紧密聚集在活性区而导致局部 Ca^{2+} 快速升高，递质快速释放。

神经活性肽、小分子递质和其他神经活性分子可以共存于神经元的同一个致密核心囊泡中。在成熟的神经元中，这种组合通常由一种小分子递质和一种或多种多肽递质组成。例如，ACh 和血管活性肠肽（vasoactive intestinal peptide，VIP）可以一起释放，并在相同的靶细胞上协同作用。因此，多肽能突触经常引发复杂的突触后反应。释放到突触间隙的多肽被肽酶（peptidases）分解代谢成无活性的氨基酸片段，肽酶通常位于质膜的细胞外表面。

几乎所有的神经肽都通过激活 G 蛋白耦联受体发挥作用。研究大脑中的这些代谢肽受体相对困难，因为已知的特异性激动剂和拮抗剂很少。与激活小分子神经递质受体所需的浓度相比，多肽在低浓度（μmol/L～nmol/L）下激活其受体。这些特性允许肽的突触后受体与突触前末端相距很远，并调节位于多肽释放位点附近的神经元的电特性。

（三）多肽神经递质举例

多肽递质数量多、功能丰富。许多激素的多肽也可作为神经递质发挥作用。一些多肽递质与调节情绪有关，也有多肽，如 P 物质和阿片肽，与疼痛感知有关，还有其他肽如促黑素细胞激素、促肾上腺皮质激素和 β- 内啡肽，调节对压力的复杂反应。我们以 P 物质和阿片肽为例做一简单介绍。

1. P 物质

神经肽的研究始于 P 物质（substance P）的发现，它是一种强效降压剂，属于脑/肠肽。P 物质是一种11个氨基酸的多肽，在人类海马、新皮层及胃肠道中高浓度存在。它也从 C 纤维中释放（C 纤维是周围神经中的小直径传入神经，用于传递有关疼痛和温度的信息）。P 物质是脊髓中的一种感觉神经递质，其释放可被脊髓中间神经元释放的阿片肽抑制，从而抑制疼痛。编码 P 物质的基因还编码其他几种神经活性肽，包括神经激肽 A（neurokinin A）、神经肽 K（neuropeptide K）和神经肽 γ（neuropeptide γ）。

2. 阿片肽

阿片肽是一类特别重要的多肽类神经递质，是在20世纪70年代在寻找内啡肽时被发现的。内啡肽是一种模拟吗啡作用的内源性化合物。人们希望这些化合物能成为镇痛剂，并通过这些内源性化合物助于了解毒瘾机制。现在已经发现20多种内源性阿片肽，分为3类：内啡肽（endorphin）、脑啡肽（enkephalin）和强啡肽（dynorphin）（表5-3-1）。每一类都分别源自不同基因的前肽原−前阿黑皮质素原（pre-proopiomelanocortin）、前脑啡肽 A 原（pre-proenkephalin A）和前强啡肽原（pre-prodynorphin）（图5-3-17）。

Note

表5-3-1　内源性阿片肽

名称	氨基酸序列
内啡肽	
α- 内啡肽	*Tyr-Gly-Gly-Phe*-Met-Thr-Ser-Glu-Lys-Ser-Gln-Thr-Pro-Leu-Val-Thr
α- 新内啡肽	*Tyr-Gly-Gly-Phe*-Leu-Arg-Lys-Tyr-Pro-Lys
β- 内啡肽	*Tyr-Gly-Gly-Phe*-Met-Thr-Ser-Glu-Lys-Ser-Gln-Thr-Pro-Leu-Val-Thr-Leu-Phe-Lys-Asn-Ala-lle-Val-Lys-Asn-Ala-His-Lys-Gly-Gln
γ- 内啡肽	*Tyr-Gly-Gly-Phe*-Met-Thr-Ser-Glu-Lys-Ser-Gln-Thr-Pro-Leu-Val-Thr-Leu
脑啡肽	
亮氨酸脑啡肽	*Tyr-Gly-Gly-Phe*-Leu
甲基脑啡肽	*Tyr-Gly-Gly-Phe*-Met
强啡肽	
强啡肽 A	*Tyr-Gly-Gly-Phe*-Leu-Arg-Arg-lle-Arg-Pro-Lys-Leu-Lys-Trp-Asp-Asn-Gln
强啡肽 B	*Tyr-Gly-Gly-Phe*-Leu-Arg-Arg-Gln-Phe-Lys-Val-Val-Thr

　　阿片肽广泛分布于整个大脑，通常与小分子神经递质（如GABA和5-HT）共定位。通常阿片类多肽往往起到镇静作用。在实验动物脑内注射时，它们起到镇痛剂的作用。阿片类多肽还涉及复杂的行为，例如性吸引力、攻击性和顺从行为。它们还与精神分裂症和自闭症等精神疾病有关。而且，反复使用阿片类药物会导致耐受和成瘾。

　　阿片类多肽通过其受体发挥功能。阿片受体最早被发现可以被鸦片激活。鸦片中的活性成分是多种植物生物碱，主要是吗啡。吗啡是最有效的镇痛药之一，具有成瘾性。哌替啶、美沙酮和芬太尼等合成阿片类药物也是强效镇痛药。现在已知3种阿片受体（μ、δ和κ受体）。μ- 阿片受体已被确定为阿片类药物介导的奖励的主要作用位点。芬太尼是μ- 阿片受体的选择性激动药，其镇痛效力是吗啡的80倍。这种合成阿片剂被广泛用作临床镇痛剂以减轻疼痛。

五、其他神经递质

（一）三磷酸腺苷（ATP）

　　除了氨基酸和单胺类神经递质外，还有一些其他小分子可以作为神经元之间的化学信使。最常见的是三磷酸腺苷（adenosine triphosphate，ATP）。ATP作为神经递质，集中在CNS和PNS中的所有突触囊泡中，与经典的递质一样通过Ca^{2+}依赖性方式释放到突触间隙。ATP通常与另一种经典递质一起包装在囊泡中。例如，含有儿茶酚胺的囊泡可能含有100 mmol/L的ATP、400 mmol/L的儿茶酚胺。在这种情况下，儿茶酚胺和ATP是共同递质。ATP还与GABA、谷氨酸、乙酰胆碱、DA，以及多肽类递质一起作为共同递质出现在各种类型的神经元中。

　　ATP从突触释放后，被细胞外酶降解，产生腺苷。腺苷也能激活几种腺苷选择性受体，具有自己的信号传导作用。但是腺苷不被认为是经典的神经递质，因为它不储存在突触囊泡中，不以Ca^{2+}依赖性方式释放。

　　突触间隙中的几种酶，如腺苷三磷酸双磷酸酶、ecto-5′核苷酸酶和核苷转运蛋白，参与了细胞外嘌呤（ATP与腺苷都含有嘌呤环）的快速分解代谢和清除。

　　ATP和腺苷的受体广泛分布在神经系统以及许多其他组织中。已知有3类嘌呤受体。一类是P2X受体，属于门控离子型受体，其结构与前面讲述的离子型受体不同，由3个亚基组成三聚体，每个亚基都有一个仅跨膜两次的跨膜结构域。P2X受体的中心形成非选择性阳离子通道。受体激活后介导兴奋性突触后反应。离子型嘌呤受体广泛分布于中枢和外周神经元中。在机械感觉和疼痛中起作用，在其他细胞中的功能尚不清楚。

　　其他两类嘌呤受体是G蛋白耦联受体。这两类受体对激动剂的敏感性不同：一种对腺苷敏感，另一种优先被ATP激活。这两种受体都存在于整个大脑以及外周组织中，例如心脏、脂肪组织和肾脏。黄嘌呤如咖啡因和茶碱会阻断腺苷受体，这可能是这些药物具有兴奋作用的原因。

（二）一氧化氮（NO）

　　现在研究发现多种气体分子，如一氧化氮（NO）、一氧化碳（CO）、硫化氢（H_2S）也在细胞间通信中发挥作用。NO是由一氧化氮合酶作用产生的气体，一氧化氮合酶作用于精氨酸，生成瓜氨酸并同时产生NO（图5-3-18）。在神经元内，NO合酶受Ca^{2+}与钙调蛋白调节。NO很小且具有膜渗透性，所以NO产生后，可以渗透过质膜，比大多数其他递质分子更自由地扩散（在其降解之前从其产生部位扩散几十微米），甚至可以穿透一个细胞影响周围细胞。所以，NO可以协调局部区域多个细胞活动，调控局部神经元网络的突触可塑性。

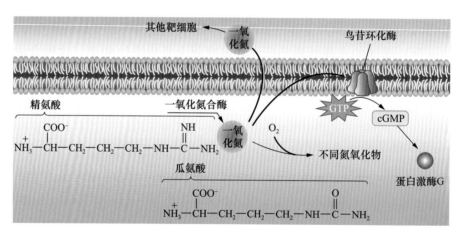

图5-3-18　NO合成、释放和作用模式示意图

　　NO的所有作用靶点都是在其细胞内。NO的一种作用方式是可以激活胞内鸟苷酸环化酶，在细胞内产生第二信使cGMP，cGMP进一步作用于下游信号通路。NO的另一种作用方式是通过亚硝基化对靶蛋白进行共价修饰，从而影响蛋白的功能。NO通过与氧气反应生成惰性氮氧化物而自发衰变，因此，它的信号只持续很短的时间（几秒钟或更短）。神经元中NO参与调节多种突触活性，特别NO对谷氨酸能神经元的突触活性的调节研究比较多。有研究报道NO也可能与一些神经系统疾病有关。NO和超氧化物生成之间的不平衡是某些神经退行性疾病的基础。

（三）内源性大麻素

内源性大麻素（endocannabinoids）是一类具有信息传递作用，有极性头部的不饱和脂肪酸，由膜脂的酶促降解产生（图5-3-19）。大麻素和2-花生四烯酸甘油（2-arachidonoylglycerol，2-AG）已被确定为内源性大麻素，它们与Δ9-四氢大麻酚（大麻植物大麻的精神活性成分）都可以与大麻素受体结合。

内源性大麻素的作用方式不同于经典的神经递质，它们从突触后神经元释放并作用于突触前末端。从突触后到突触前方向的信号传递称为逆行信号（retrograde signaling）；因此，内

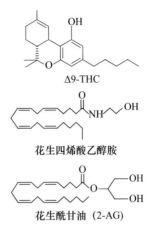

图5-3-19　大麻活性成分与内源性大麻素

源性大麻素是逆行信使。逆行信使作为一种反馈系统来调节传统形式的突触传递（图5-3-20）。内源性大麻素的产生受到突触后神经元内的第二信使的调控。通常是突触后Ca^{2+}浓度的升高通过某种方式激活内源性大麻素合成酶从膜脂中产成内源性大麻素分子。内源性大麻素有几个特性：①不像大多数经典神经递质那样包装在囊泡中；②体积小，具有膜通透性，一旦生成，可以迅速扩散穿过细胞膜以接触邻近的细胞；③选择性地与主要位于某些突触前末端的大麻素1型受体（cannabinoid receptor type 1，CB1）结合。

释放的内源性大麻素通过载体介导分子转运将其运回突触后神经元，终止其作用，在突触后神经元内源性大麻素被脂肪酸水解酶（fatty acid hydrolase，FAAH）水解。

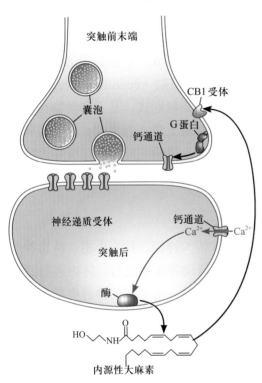

图5-3-20　内源性大麻素反向信号传递示意图

现在已确定两种类型的大麻素受体，其中大部分内源性大麻素在中枢神经系统中的作用由CB1介导。CB1受体是G蛋白耦联受体，其主要作用往往是减少突触前钙通道的开放。由于突触前钙通道受到抑制，突触前末端释放其神经递质的能力受损，突触前与突触后的突触传递减弱。因此，当突触后神经元非常活跃时，它会释放内源性大麻素，从而抑制突触前对突触后神经元的抑制性或兴奋性驱动。这种利用内源性大麻素逆向调控突触活性的机制在整个中枢神经系统中广泛存在。

现在已经合成了几种结构上与内源性大麻素相似并与CB1受体结合的化合物。这

些化合物可以作为CB1受体的激动剂或拮抗剂，既可作为阐明内源性大麻素生理功能的工具，又可作为开发治疗药物的靶标。

（苏　犖）

第四节　反射活动的基本规律

一、反射的概念和分类

反射是神经活动的基本方式，是指在中枢神经系统参与下，机体对内、外环境变化所作出的规律性应答。Pavlov将反射分为非条件反射和条件反射两类。非条件反射（unconditioned reflex）是指在出生后无须训练就具有的反射，如防御反射、食物反射、性反射等，这类反射具有生来就有、数量有限、形式固定和较低级等特点。非条件反射的建立无须大脑皮质的参与，通过皮质下各级中枢就能形成。它使人和动物能够初步适应环境，对于个体和种系的生存具有重要意义。条件反射（conditioned reflex）是指通过后天学习和训练而形成的反射。它是反射活动的高级形式，是人和动物在个体生活过程中，按照所处的生活环境，在非条件反射的基础上建立起来的，其类型和数量无限，可以建立，也能消退。人和高等动物形成条件反射的主要中枢部位在大脑皮质。条件反射较非条件反射有更大的灵活性，更适应于复杂多变的生存环境。

二、反射弧的组成与中枢控制

反射的结构基础是反射弧。反射弧包括感受器、传入神经、神经中枢、传出神经和效应器5个部分。反射弧任何一个部分受损，反射活动将无法进行。体内各种感受器相当于换能器，可接受内、外环境变化的刺激并转变为一定形式的神经电信号，后者通过传入神经传至相应的神经中枢，中枢对传入信号进行分析处理并发出指令，由传出神经传至效应器改变其活动。中枢是反射弧中最复杂的部位，不同反射的中枢范围差别很大。传入神经元和传出神经元之间，在中枢只经过一次突触传递的反射，称为单突触反射（monosynaptic reflex）。体内唯一的单突触反射为腱反射。在中枢经过多次突触传递的反射，称为多突触反射（polysynaptic reflex）。人和高等动物体内的大部分反射都属于多突触反射。

在整体情况下，反射传入冲动进入脊髓或脑干后，除了在同一水平与传出部分发生联系并发出传出冲动外，还有上行冲动传到更高级的中枢部位进一步整合，再由高级中枢发出下行冲动来调整反射的传出冲动。同时在效应器产生效应后，效应器的输出变量中有部分信息可通过反馈调节不断地改变中枢或其他环节的活动状态，用以纠正反射活动的偏差，以实现反射的精确性。因此，反射发生时，既有初级水平的整合，也有较高级水平的整合，通过多级水平的整合后，反射活动变得更复杂和更具适应性。

三、中枢神经元的联系方式

神经元据其在反射弧中的位置可分为传入、传出和中间神经元。人类中枢神经系统传出神经元约有数十万个，传入神经元较传出神经元多1～3倍，而中间神经元数目最多，中枢神经元相互连接成网，形成复杂的相互连接方式，归纳起来主要有以下几种。

（一）单线式联系

单线式联系（single-line connection）是指一个突触前神经元仅与一个突触后神经元发生突触联系（图5-4-1A），例如视网膜视锥系统的联系方式，这种联系方式可使视锥系统具有较高的分辨能力。绝对的单线式联系很少，会聚程度较低的突触联系也通常被视为单线式联系。

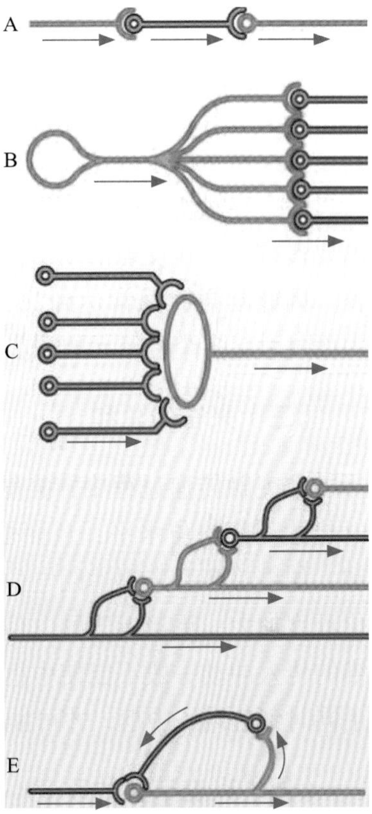

（二）辐散和聚合式联系

辐散式联系（divergent connection）是指一个神经元通过其轴突侧支或末梢分支与多个神经元形成突触联系（图5-4-1B），在传入通路中较多见。如在脊髓中央灰质后角的传入神经元既与本节段脊髓的中间神经元及传出神经元发生联系，又通过上升与下降支与邻近脊髓节段的中间神经元发生突触联系。聚合式联系（convergent connection）是指一个神经元可接受来自许多神经元轴突末梢的投射而建立突触联系（图5-4-1C），在传出通路中较多见，如脊髓中央灰质前角运动神经元接受不同轴突来源的突触传入。

图5-4-1　中枢神经元的联系方式模式图

（三）链锁式和环式联系

中间神经元之间如果辐散与聚合式联系同时存在，则可形成链锁式联系（chain connection）或环式联系（recurrent connection）（图5-4-1D）。神经冲动通过链锁式联系，在空间上加大了作用范围。神经冲动通过环式联系，既可因负反馈而使活动及时终止，也可因正反馈而使兴奋增强和延续。在环式联系中，即使最初的刺激已经停止，传出通路上的冲动发放仍能持续一段时间，这种现象称为后发放或后放电（after discharge）。

四、中枢兴奋传布的特征

兴奋在中枢的传播往往需经多次突触接替，由于突触结构和化学递质参与等因素的影响，其兴奋传递明显不同于冲动在神经纤维上的传导，中枢兴奋传布的特征主要表现为以下几个方面。

（一）单向传播

在反射活动中，兴奋经化学性突触传递时，只能从突触前末梢传向突触后神经元，这一现象称为单向传播（one-way conduction）。化学性突触传递限定了神经兴奋传导所携带的信息只能沿着指定的路线运行，具有重要意义；而电突触由于其结构无极性，因而可双向传播兴奋。

（二）中枢延搁

兴奋通过中枢部分比较缓慢，称为中枢延搁。本质上是在反射过程中花费在反射中枢的所有化学性突触传递上的时间。因为突触传递的过程包括突触前膜释放神经递质和递质扩散发挥作用等多个环节，所以兴奋通过突触部分耗时较长。据测定兴奋通过一个突触所需的时间为0.3～0.5 ms，比神经冲动在神经纤维上传导通过同样的距离要慢得多，在反射活动中，当兴奋通过中枢部分时往往需要通过多个突触传递的接替，因此延搁时间常达到10～20 ms。兴奋通过电突触传递时则几乎没有时间延搁，因而可引起多个神经元的同步活动。

（三）兴奋的总和

在突触传递过程中，突触后神经元发生兴奋需要有多个EPSP的总和，才能使膜电位达到阈电位水平，从而爆发动作电位，兴奋的总和包括空间性总和与时间性总和。如果总和后未到达阈电位水平，此时突触后神经元虽未出现兴奋，但膜电位去极化程度加大，更接近于阈电位水平，表现为易化。因此，在反射活动中，单条神经纤维的传入冲动一般不能使中枢发出传出效应，需有若干神经纤维的传入冲动同时或几乎同时到达同一中枢，才可能产生传出效应。

（四）兴奋节律的改变

在反射弧传入神经元（突触前神经元）与传出神经元（突触后神经元）上分别记录其放电频率，可测得两者的频率不同。这是因为突触后神经元常同时接受多个突触前神经元的突触传递，且其自身的功能状态也可能不同，同时，反射中枢通常经过多个中间神经元接替，因此，最后传出冲动的频率取决于各种影响因素的综合效应。

（五）后发放与反馈

如前所述，后发放可发生在环式联系的反射通路中。此外，后发放也可见于各种神经反馈的活动中。如发动随意运动时，兴奋引起骨骼肌收缩后，骨骼肌内肌梭不断发出反馈信息将本身的运动状态和位置信息又传入中枢，这些反馈信息用于纠正和维持原先的反射活动。

（六）对内环境变化敏感和易疲劳

由于突触间隙与细胞外液相通，因此内环境理化因素的变化，如缺氧、CO_2分压升高、麻醉剂及某些药物等均可影响化学性突触传递。另外，用高频电脉冲长时间连续刺激突触前神经元，突触后神经元的放电频率将逐渐降低；而将同样的刺激施加于神经纤维，则神经纤维的放电频率在较长时间内不会降低，因此突触部位是反射弧中最容易发生疲劳的环节，其原因可能与递质的耗竭有关。

五、中枢抑制和中枢易化

神经系统的功能是以反射方式进行的。反射活动能协调的进行，是因为中枢内既有抑制活动又有易化活动，即中枢抑制（central inhibition）和中枢易化（central facilitation），两者均为主动过程，具有重要的生理意义。

（一）中枢抑制

1. 突触后抑制

突触后抑制（postsynaptic inhibition）是指由中枢内抑制性中间神经元释放抑制性递质，使突触后膜产生IPSP，从而使突触后神经元发生抑制。哺乳动物突触后抑制包括传入侧支性抑制和回返性抑制两种形式。

（1）传入侧支性抑制（afferent collateral inhibition）：又称交互性抑制（reciprocal inhibition），神经纤维进入中枢后，一方面与反射通路上的某一中枢神经元形成兴奋性突触，另一方面通过侧支与一个抑制性中间神经元也形成兴奋性突触，这一个抑制性中间神经元再与另一个中枢神经元形成抑制性突触，抑制该中枢神经元的活动。例如伸肌肌梭的传入冲动进入脊髓后，直接兴奋伸肌的α运动神经元，同时通过侧支兴奋一个抑制性中间神经元，转而抑制屈肌的α运动神经元，导致伸肌收缩而屈肌舒张（图5-4-2）。这种抑制能使不同中枢之间的活动协调起来。

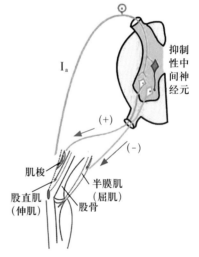

图5-4-2　传入侧支性抑制示意图

（2）回返性抑制（recurrent inhibition）：是指某一中枢神经元兴奋时，其传出冲动沿轴突外传，同时又经轴突侧支兴奋一抑制性中间神经元，该抑制性神经元兴奋后，其轴突释放抑制性递质，反过来抑制原先发生兴奋的神经元及同一中枢的其他神经元。例如，脊髓前角运动神经元发出轴突支配骨骼肌，同时发出轴突侧支与闰绍细胞构成突触联系，闰绍细胞是抑制性神经元，其兴奋后释放抑制性神经递质甘氨酸，回返性地抑制该运动神经元和其他同类运动神经元（图5-4-3）。回返性抑制的意义在于及时终止神经元的活动，并使同一中枢内许多神经元的活动同步化。

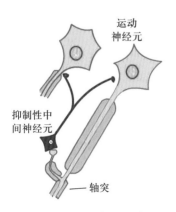

图5-4-3　回返性抑制示意图

2. 突触前抑制

突触前抑制的结构基础是轴突-轴突式突触和轴突-胞体式突触的联合。如图5-4-4所示，在脊髓灰质后角，感觉传入神经纤维的轴突末梢A与脊髓内第一级感觉上行投射神经元C构成轴突-胞体式突触；后角内中间神经元的轴突末梢B与末梢A构成轴突-轴突式突触，但与神经元C不直接形成突触。当神经冲动到达末梢A，能够引起神经元C产生EPSP；若仅兴奋末梢B，则神经元C不发生反应。如果末梢B先兴奋，间隔一定时间后兴奋末梢A，则神经元C产生的EPSP较原先没有末梢B参与的情况下明显减小。在以上突触联系模式中，神经元B兴奋时释放的递质相对地降低了神经元A兴奋时在神经元C的胞体产生的兴奋性突触后电位，因此称为突触前抑制（presynaptic inhibition）。突触前抑制有3种可能的发生机制：①末梢B兴奋时释放GABA，作用于末梢A上的$GABA_A$受体，$GABA_A$受体是一类Cl^-通道，开放后引起末梢A的Cl^-电导增加，当动作电位到达末梢A时会因为Cl^-内流降低去极化幅度，时程缩短，进入末梢A的Ca^{2+}减少，由此而引起递质释放量减少，最终导致神经元C的EPSP减小；②在某些轴突末梢（图5-4-4末梢A）上还存在$GABA_B$受体，$GABA_B$受体是一类G蛋白耦联受体，该受体激活导致膜上的钾通道开放，引起K^+外流，使膜复极化加快，导致末梢A的Ca^{2+}内流减少而产生抑制效应；③兴奋性末梢（图5-4-4末梢A）上某些促代谢型受体被激活后，引起递质释放过程中的一个或多个步骤对末梢轴浆内Ca^{2+}增多的敏感性降低，直接抑制神经递质释放。突触前抑制广泛存在于中枢，

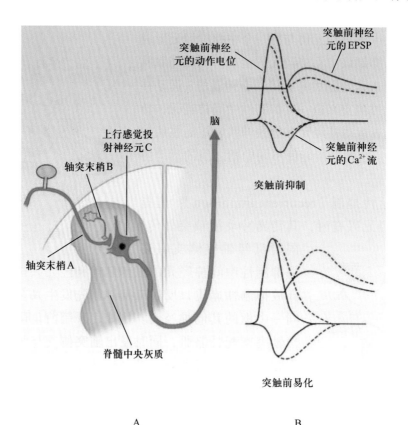

图5-4-4　突触前抑制和突触前易化的神经元联系方式及机制示意图。
A．神经元的联系方式；B．机制解释，虚线表示发生突触前抑制和突触前易化时的情况

尤其在感觉传入通路中，对感觉传入活动的调节具有重要作用。

（二）中枢易化

1. 突触前易化

突触前易化（presynaptic facilitation）与突触前抑制具有相同的结构基础。如图5-4-4所示，如果末梢B先兴奋引起到达末梢A的动作电位时程延长，则钙通道开放的时间将延长，导致进入末梢A的Ca^{2+}量增多，末梢A释放递质就增多，最终神经元C的EPSP增大，从而产生突触前易化。对海兔的研究发现轴突-轴突式突触的突触前末梢释放5-HT，引起末梢A内cAMP水平升高，钾通道发生磷酸化而关闭，从而延缓动作电位的复极化过程，于是流入末梢A中的Ca^{2+}增多，神经递质释放也增多，导致运动神经元上的EPSP增大。

2. 突触后易化

突触后易化（postsynaptic facilitation）表现为EPSP的总和，使膜电位更接近于阈电位水平，如果在此基础上给予一个刺激，就更容易达到阈电位水平而爆发动作电位。

（马雪莲）

第六章　神经系统对内脏活动的调节

机体对内脏活动和躯体运动的调节有明显不同，内脏活动几乎不受意识控制，主要接受自主神经系统的调控。边缘系统和下丘脑等各级中枢在对内脏活动、本能行为和情绪的控制中发挥重要作用。自主神经系统也称为植物神经系统或内脏神经系统，其主要功能是调节内脏器官组织、平滑肌和腺体的活动。自主神经系统主要包括交感神经系统（sympathetic nervous system，SNS）和副交感神经系统（parasympathetic nervous system，PNS），均接受中枢神经系统的控制。此外，分布于消化道内脏器官壁内的神经组织构成内在神经系统（intrinsic nervous system），又称肠神经系统（enteric nervous system，ENS），也属于自主神经系统的范畴。

第一节　自主神经系统对内脏活动的调节

一、内脏感觉经交感神经和副交感神经传入中枢

自主神经系统包括与调节内脏活动有关的传入神经、中枢和传出神经。自主神经系统主要通过快速、有效的反射过程调节内脏活动。内脏器官分布有多种感受器，包括化学感受器、压力感受器、痛觉感受器、牵张感受器、容量感受器等，大多为游离神经末梢。内脏感受器受刺激时，一般不引起明显的主观感觉。内脏感受器能感受机体内环境的相应变化，并将其转变为动作电位，经交感神经或副交感神经传入纤维到达中枢，通过相应的反射活动调节内脏功能。内脏感受器的初级传入神经元胞体位于脊神经节或脑神经节内，经交感神经干和副交感神经干进入脊髓和脑干。内脏感受器一般属于慢适应感受器，因此有利于机体对内环境的变化进行持续检测。

二、中枢通过交感和副交感传出神经调节内脏活动

内脏感受器的传入冲动抵达相应的中枢部位，经过中枢的分析整合，其传出冲动经交感或副交感神经到达效应器，主要通过递质－受体途径调节心肌、平滑肌和腺体等内脏器官组织的功能活动，维持机体内环境的稳态。

三、自主神经系统对内脏器官和腺体活动的调节

（一）自主神经系统的结构特征

交感神经和副交感神经具有不同的解剖学特征，见第三章第四节（图6-1-1）。

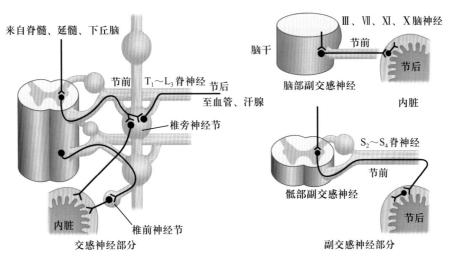

图 6-1-1　自主神经系统构成示意图

左：交感神经起自脊髓胸、腰段（$T_1 \sim L_3$）灰质侧角，交感神经节位于椎旁节和椎前节内；

右：副交感神经起自脑干的脑神经核和脊髓骶段（$S_2 \sim S_4$）侧角，副交感神经节通常位于效应器官内

（二）自主神经系统的功能

自主神经系统的主要功能是调节心肌、平滑肌和腺体（消化腺、汗腺、部分内分泌腺）的活动。交感神经系统和副交感神经系统主要的递质是乙酰胆碱和去甲肾上腺素，这些神经递质均通过与相应的受体结合发挥效应。此外，自主神经系统还存在肽类、嘌呤类等递质与受体（表 6-1-1）。

表 6-1-1　自主神经系统胆碱能受体和肾上腺素受体的分布及其生理功能

效应器	胆碱能系统		肾上腺素能系统	
	受体	效应	受体	效应
自主神经节	N	神经节的兴奋传递		
心脏				
窦房结	M	心率减慢	β_1	心率加快
房室传导系统	M	传导减慢	β_1	传导加快
心肌	M	收缩力减弱	β_1	收缩力增强
血管				
冠状血管	M	舒张	α_1	收缩
			β_2	舒张（为主）
骨骼肌血管	M	舒张[1]	α_1	收缩
			β_2	舒张（为主）
腹腔内脏血管			α_1	收缩（为主）
			β_2	舒张
皮肤黏膜、脑和唾液腺血管	M	舒张	α_1	收缩
支气管				
平滑肌	M	收缩	β_2	舒张
腺体	M	促进分泌	α_1	抑制分泌
			β_2	促进分泌

续表

效应器	胆碱能系统		肾上腺素能系统	
	受体	效应	受体	效应
胃肠				
胃平滑肌	M	收缩	β_2	舒张
小肠平滑肌	M	收缩	α_2	舒张[2]
			β_2	舒张
指约肌	M	舒张	α_1	收缩
腺体	M	促进分泌	α_1	抑制分泌
胆囊和胆道	M	收缩	β_2	舒张
膀胱				
逼尿肌	M	收缩	β_2	舒张
三角区和括约肌	M	舒张	α_1	收缩
输尿管平滑肌	M	收缩（？）	α_1	收缩
子宫平滑肌	M	可变[3]	α_1	收缩（有孕）
			β_2	舒张（无孕）
眼				
虹膜环行肌	M	收缩（缩瞳）		
虹膜辐射状肌			α_1	收缩（扩瞳）
睫状肌	M	收缩（视近物）	β_2	舒张（视远物）
唾液腺	M	分泌大量稀薄唾液	α_1	分泌少量黏稠唾液
皮肤				
汗腺	M	促进温热性发汗[1]	α_1	促进精神性发汗
竖毛肌			α_1	收缩
内分泌				
胰岛	M	促进胰岛素释放	α_2	抑制胰岛素和胰高血糖素释放
	M	抑制胰高血糖素释放	β_2	促进胰岛素和胰高血糖素释放
肾上腺髓质	N	促进肾上腺素和去甲肾上腺素释放		
甲状腺	M	抑制甲状腺激素释放	α_1、β_2	促进甲状腺激素释放
代谢				
糖酵解			β_2	加强糖酵解
脂肪分解			β_3	加强脂肪分解

　　注：（1）为交感节后胆碱能纤维支配。（2）可能是突触前受体调制递质的释放所致。（3）因月经周期、循环中雌激素、孕激素以及其他因素而发生变动。

（三）自主神经系统功能活动的基本特征

1. 紧张性活动

自主神经对支配的效应器一般具有持久的紧张性作用，这对维持器官的正常生理功能具有重要意义。如正常情况下心交感神经有兴奋心脏的紧张性传出冲动，在动物实验中切断心交感神经引起心率减慢，而切断心迷走神经则心率加快。又如，切断支配虹膜的副交感神经，瞳孔散大；而切断其交感神经，则瞳孔缩小。自主神经系统的紧张性来源于中枢，而中枢的紧张性源于神经反射和体液因素等多种因素的影响。

2. 对同一效应器的双重支配

大多数组织器官都受交感神经和副交感神经的双重支配，两者的作用往往相互拮抗。如心迷走神经抑制心脏活动，而心交感神经则加强心脏活动。这种双重调节可使器官的活动状态快速调整以适应机体的需要。但某些情况下，交感和副交感神经对某一器官的作用也可以是一致的，如两者都能促进唾液腺的分泌，交感神经促使少量黏稠唾液的分泌，而副交感神经则引起大量稀薄唾液的分泌。交感神经系统与副交感神经系统之间也存在交互抑制，当交感神经系统活动增强时，副交感神经系统活动则处于相对抑制状态，反之亦然。此外，在某些特殊情况下，两者的活动也可能都增强或减弱，但其中一种神经的活动占相对优势。

3. 受效应器所处功能状态的影响

自主神经的生理效应常与效应器当时的功能状态有关。例如，刺激迷走神经使处于收缩状态的胃幽门舒张，却使处于舒张状态的胃幽门收缩。刺激交感神经可抑制未孕动物的子宫平滑肌，而对有孕动物的子宫平滑肌则具兴奋作用，这可能是因为子宫在不同功能状态时表达的受体不同。

4. 对整体生理功能调节的意义

交感神经系统的活动一般比较广泛，常以整个系统参与反应，其主要作用在于动员机体许多器官的潜在能力，以适应环境的急剧变化。例如，在剧烈运动、窒息、失血或寒冷环境等情况下，交感神经系统活动增强，引起心率加速、皮肤与腹腔内脏血管收缩、体内血库释放血液、红细胞计数增加、支气管扩张、肝糖原分解加速、血糖升高、肾上腺素分泌增加等，从而使机体适应内、外环境的急剧变化。副交感神经系统的活动相对比较局限，其意义主要在于保护机体、休整恢复、促进消化、积蓄能量，以及加强排泄和生殖功能等。例如，在安静状态下，副交感神经活动增强，引起心脏活动减弱、瞳孔缩小、消化功能增强，以促进营养物质吸收和能量补充。

第二节　各级中枢对内脏活动的调节

自主神经系统对内脏活动的调节主要通过反射完成，从脊髓到大脑皮质的各级神经中枢都参与这一调节过程。较简单的内脏反射通过脊髓整合即可完成，而复杂的内脏反射则需要延髓及以上的很多中枢共同调节。

一、脊髓对内脏活动的调节

脊髓是多种内脏反射的初级中枢。在动物的脊休克恢复阶段，基本的血管张力反射、发汗反射、排尿反射、排便反射、阴茎勃起反射等逐渐恢复，说明一些基本的内脏反射均可在脊髓水平完成。但脊髓水平的内脏反射功能是初级的，尚不能很好地适应正常生理功能的需要。例如，脊髓离断患者在脊休克恢复后，其血压虽可恢复到一定水平，但由平卧位转为直立位时常感头晕，说明脊髓失去了高位中枢的调控后，体位性血压反射的调节能力很差。此外，脊髓离断患者虽能发生排尿反射，但不能通过意识主动控制排尿，因而会出现持续尿失禁，排尿也不完全。

二、脑干对内脏活动的调节

低位脑干发出的副交感神经传出纤维支配头面部的腺体、心脏、支气管、喉、食管、胃、胰腺、肝和小肠等内脏器官。其中，迷走神经背核和疑核发出的迷走神经是最重要的副交感神经。

延髓（medulla oblongata）是心血管中枢所在部位，也是产生节律性呼吸活动的关键部位。在延髓下缘切断与脊髓之间的联系，血压立即下降到很低的水平，呼吸也会停止。同时，脑干网状结构中存在许多与内脏功能活动有关的神经元，其下行纤维支配脊髓，调节脊髓的自主神经功能。许多基本生命现象（如循环、呼吸等）的反射调节在延髓水平已能初步完成，故延髓有"生命中枢"之称。此外，中脑是瞳孔对光反射的中枢部位。中脑和脑桥对心血管活动、呼吸和排尿等内脏活动也有调节作用。

三、下丘脑对内脏活动的调节

下丘脑接受脊髓和脑干上传的感觉信息，是调节内脏活动的较高级中枢。它把内脏活动与躯体运动、情绪反应等其他生理功能联系起来，进行整合，调节机体的自主神经活动、体温、摄食、水平衡、内分泌、情绪活动及生物节律等多种生理功能。

（一）自主神经系统的调节

下丘脑通过其传出纤维到达脑干和脊髓，改变自主神经系统节前神经元的紧张性，从而调控多种内脏功能。动物实验中，刺激下丘脑后部和外侧部引起血压升高、心率加快；刺激视前区引起血压下降和心率减慢；刺激灰结节外侧部引起血压升高、呼吸加快、胃肠蠕动减慢和瞳孔扩大；刺激灰结节内侧部则引起心率减慢、胃肠蠕动加强；刺激漏斗后部引起显著的交感神经系统兴奋表现，如心率加快、血管收缩、血压升高、呼吸加快、胃肠蠕动减弱、瞳孔扩大和基础代谢率升高等。

（二）体温调节

实验发现，在间脑以上水平切除大脑皮质的哺乳动物能保持体温的相对稳定，而在下丘脑以下部位横切脑干的动物则不能维持正常体温。损毁视前区-下丘脑前部（preoptic anterior hypothalamus，PO/AH），动物的体温调节功能减弱甚至消失，提示下丘脑PO/AH区是基本的体温调节中枢。PO/AH区存在温度敏感神经元，既能感受所在部位的温度变化，也接受并整合其他部位传来的温度信息，维持体温的相对稳定。PO/AH区温度敏感神经元的活动决定体温调定点（set point）的高低，正常成人的调定点约为37℃。当体温偏离调定点时，即可发出指令，通过调节机体的散热和产热活动，使体温保持相对稳定。致热源可作用于PO/AH区，使体温调定点发生重调定，引起发热。

（三）水平衡调节

机体水平衡的调节包括水的摄入和排出两个方面。中枢神经系统通过产生渴觉引起主动饮水活动，而肾脏通过调节对水的重吸收控制排水过程。毁损下丘脑可导致动物烦渴与多尿，说明下丘脑能调节渴觉的形成和水的摄入与排出，从而维持机体的水平衡。下丘脑前部视上核和室旁核可能存在渗透压感受器，可根据血液的渗透压变化调节抗利尿激素的合成和分泌。当血浆晶体渗透压升高或循环血量减少时，下丘脑渗透压感受器或心房和胸腔大静脉的容量感受器兴奋，反射性引起抗利尿激素的合成和释放增加，从而促进肾脏集合管对水的重吸收，使尿量减少，有利于血管晶体渗透压和循环血量的恢复。

（四）对垂体激素分泌的调节

下丘脑通过垂体门脉系统（hypophyseal portal system）和下丘脑-垂体束（hypothalamo-hypophyseal tract）调节腺垂体和神经垂体激素的合成、贮存和分泌，实现对内脏功能等多种生理活动的调节。下丘脑促垂体区内的小细胞神经元能合成与分泌多种下丘脑调节肽，通过垂体门脉系统运送到腺垂体，促进或抑制相应腺垂体激素的分泌。下丘脑视上核和室旁核内的大细胞神经元能合成催产素和血管升压素，这些神经元的轴突形成下丘脑-垂体束，将催产素和血管升压素运送到神经垂体贮存和释放。

（五）生物节律控制

机体内许多功能活动都按一定的时间顺序发生周期性变化，称为生物节律（biorhythm）。研究表明，下丘脑视交叉上核（suprachiasmatic nucleus，SCN）可能是哺乳动物控制日节律的关键部位，使机体内源性日周期节律与外界环境的昼夜节律同步起来，并使体内各组织器官的节律与视交叉上核的节律同步化，其机制可能与调控松果体合成、分泌褪黑素（melatonin）有关。实验发现，毁损啮齿类动物的视交叉上核，可使其原有的各种内源性日周期节律性活动和激素分泌的昼夜节律性丧失，如正常的夜间活动和白天睡觉等行为，以及促肾上腺皮质激素和褪黑素分泌的节律等。

四、本能行为和情绪的神经调控

本能行为（instinctual behavior）是指动物在进化过程中形成并经遗传固定下来的、对个体和种族延续具有重要意义的行为，如摄食、饮水和性行为等。情绪（emotion）是指人类和动物对客观事物或环境变化所表达的一种特殊的主观情感体验和客观表达。在本能行为和情绪活动过程中，常伴有自主神经系统和内分泌系统功能活动的改变。本能行为和情绪主要受边缘系统和下丘脑的控制，并受新皮层和意识的调控。此外，后天学习和社会、文化等因素也影响本能行为和情绪。

（一）本能行为

1. 摄食行为是维持个体生存的基本行为

（1）摄食中枢和饱中枢：摄食行为是动物维持个体生存的基本活动。通过埋藏电极刺激下丘脑外侧区可引起动物多食，而毁损该部位则导致拒食，提示下丘脑外侧区是摄食中枢（feeding center）。刺激下丘脑腹内侧核可引起动物拒食，毁损此核则导致动物食欲和体重增加，提示下丘脑腹内侧核是饱中枢（satiety center）。用微电极记录摄食中枢和饱中枢神经元放电，发现动物饥饿时，外侧核放电频率较高而内侧核放电频率较低；而静脉注射葡萄糖后，则引起相反的变化。说明摄食中枢和饱中枢之间存在交互抑制的关系。杏仁核基底外侧核群神经元的活动能易化饱中枢并抑制摄食中枢的活动。电刺激杏仁核基底外侧核群可抑制摄食活动，毁损此核群则引起动物摄食量增加和肥胖。电生理记录发现杏仁核基底外侧核群和下丘脑外侧区（摄食中枢）神经元的自发放电呈相互制约的关系，即当一个核内神经元自发放电增多时则另一个核内神经元自发放电减少。此外，隔区也具有易化饱中枢和抑制摄食中枢的作用。

（2）葡萄糖敏感神经元对摄食行为的调控：下丘脑摄食中枢和饱中枢内均存在对葡萄糖敏感的神经元，在摄食行为的控制中起重要作用。葡萄糖可激活摄食中枢内葡萄糖敏感神经元上的钠泵，使神经元细胞膜发生超极化，神经元活动受抑制。饱中枢的活动主要取决于葡萄糖敏感神经元对葡萄糖的利用度。当葡萄糖利用度较高时，饱中枢神经元活动加强，而摄食中枢神经元活动减弱，产生饱感而抑制摄食行为；当葡萄糖利用度较低时，则发生相反的作用。

（3）调控摄食行为的神经肽：下丘脑和边缘系统中存在多种神经肽参与摄食行为的调控。例如，神经肽Y、阿片肽、增食因子、胰多肽、去甲肾上腺素、多巴胺等促进摄食；而瘦素、神经降压素、缩胆囊素等则抑制摄食行为。

（4）大脑皮质对摄食行为的控制：大脑新皮质可在一定程度上控制摄食中枢活动，影响摄食行为。饮食习惯、对某些食物的厌恶或喜爱、进食动机和情绪等均可影响摄食行为。如主观上强制节食、过多进食喜欢的食物等，均与新皮层对摄食中枢的调制有关。

2. 渴觉激发的饮水行为

渴觉（thirst）时激发饮水行为的主观感觉，在维持体液平衡中发挥重要作用。下丘脑和边缘系统在渴觉形成和饮水行为的控制中发挥重要作用。下丘脑控制摄水的区域与摄食中枢极为靠近，破坏下丘脑外侧区，动物除拒绝饮食外，饮水也明显减少；刺激下丘脑外侧区某些部位，则引起动物饮水增多。大脑皮质可主动控制饮水行为，习惯、文化和精神因素等也会影响饮水行为。渴觉的产生主要与血浆晶体渗透压升高和细胞外液量明显减少有关，前者通过刺激下丘脑前部的渗透压感受器而起作用，后者则主要由肾素-血管紧张素系统发挥作用。细胞外液减少和循环血量降低时，能刺激肾素分泌增加，使循环血液中血管紧张素Ⅱ含量增高，血管紧张素Ⅱ能作用于间脑的特殊感受区穹窿下器（sub-fornical organ，SFO）和终板血管器（organum vasculosum of the lamina terminalis，OVLT），引起渴觉和饮水行为。此外，血压升高可增加压力感受器传入冲动，通过压力感受性反射抑制口渴和饮水行为。

3. 多级中枢参与控制性行为

性行为（sexual behavior）是动物和人类保持种族延续、维持种系生存的基本活动。人类性行为受神经系统和内分泌激素的调节，也受社会、环境和心理因素的影响。性行为的神经调节主要是在中枢神经系统的控制下，通过条件反射和非条件反射完成的。性器官受交感神经、副交感神经和躯体神经支配，脊髓是控制兴奋和性行为的基本反射中枢。下丘脑和边缘系统是调节性行为的较高级中枢，电刺激大鼠、猫、猴等动物的下丘脑内侧视前区，雄性或雌性动物均可出现性行为；而毁损该部位，则导致对异性冷漠和性行为丧失。电刺激杏仁外侧核及基底外侧区抑制性行为；而刺激杏仁内侧核则增强性行为。大脑皮质对性行为的控制起主导作用，在各种性刺激信号的作用下，大脑皮质兴奋并将信息传递到皮层下中枢，引起性欲或性行为。人类大脑皮质也具有很强的抑制性行为的能力。

（二）情绪

情绪是人类对客观事物和情景变化是否符合和满足自己需要的主观情感体验和客观表达。情绪有积极情绪和消极情绪两类，包括恐惧、焦虑、发怒、平静、愉快、痛苦、悲哀和惊讶等多种表现形式。

1. 恐惧和发怒

引发恐惧（fear）和发怒（rage）的诱因相似，一般都是对机体或生命可能或已经造成威胁和伤害的信号，但这两种情绪活动的外部表现并不完全相同。动物在恐惧时表现为出汗、瞳孔扩大、蜷缩、环伺四周以寻机逃跑等；而在发怒时则发出咆哮声，并表现出如竖毛、瞳孔扩大、张牙舞爪等攻击行为。恐惧和发怒都属于本能的防御反应（defense reaction），也称格斗-逃避反应（fight-flight reaction）。电刺激清醒动物的下丘脑近中线两旁的腹内侧区，可诱发防御反应；刺激麻醉动物的该区域，则引起骨骼肌血管舒张、皮肤和内脏血管收缩、血压升高、心率加快等交感神经系统兴奋效应。因此，下丘脑近中线两旁的腹内侧区被称为防御反应区（defense area）。此外，电刺激下丘脑外侧区可引起动物的攻击、厮杀行为；刺激下丘脑背侧区则引起动物的逃避行为。在猫的间脑水平以上切除大脑，易出现张牙舞爪的搏斗行为等交感神经亢进的表现，这一现象称为假怒（sham rage）。

2. 愉快和痛苦受脑内奖赏系统和惩罚系统的调控

愉快（pleasure）是一种积极的情绪，通常由那些能够满足机体需要的刺激所引起，如饥饿时获得食物的情绪表现。痛苦（agony）则是一种消极的情绪，通常由对躯体和精神造成伤害的刺激引起，也可因机体的需要得不到满足而引起，例如创伤、疼痛、饥饿、寒冷等引起的情绪表现。愉快和痛苦情绪分别与脑内奖赏中枢和惩罚中枢的活动有关。电刺激某些脑区能引起动物的自我满足和愉快，这些脑区属于奖赏系统（reward system）。奖赏效应可能与从中脑腹侧被盖区到伏隔核的多巴胺能通路有关。将电极置于动物脑内从中脑被盖腹侧区延伸到额叶皮层的近中线部分，包括中脑被盖腹侧区、内侧前脑束、杏仁、伏隔核和额叶皮层等结构，并在动物笼内安装一个可自我控制刺激器电源的杠杆，一旦动物踩上杠杆，刺激器通过刺激电极对特定脑区施加刺激，这种实验方法称为自我刺激（self-stimulation）。动物只要获得过一次愉快的自我刺激体验后，就会反复进行自我刺激，并快速发展到长时间连续自我刺激。如果将电极置于动物中脑导水管周围的中央灰质、丘脑和下丘脑的室周区等部位，动物在一次自我刺激后出现恐惧、痛苦或害怕等类似于受到惩罚的体验，就会对踩杠杆出现恐惧和退避行为，表明这些脑区属于惩罚系统（punishment system）或回避系统（avoidance system）。脑内奖赏系统所占脑区域约为全脑的35%，惩罚系统约占5%，而既非奖赏系统又非惩罚系统所占脑区域约为60%。

3. 脑内奖赏系统和惩罚系统的活动是激发或抑制行为的动机

动机（motivation）是激发人们产生某种行为的欲望或意念。人类和动物的本能行为是在一定的欲望驱使下产生的，如摄食、饮水、性行为等本能行为分别由食欲、渴觉和性欲所激发。脑内奖赏系统和惩罚系统成为激发和抑制行为的动机，几乎所有的行为都与奖赏或惩罚有一定的关系。成瘾（addiction）指不能自制，并不顾其消极后果地反复将某种化学物质或药物摄入体内，其中枢机制与脑内奖赏系统的激活有关。

（三）情绪生理反应

情绪生理反应（emotional physiological reaction）是指在情绪活动中伴随发生的一系列生理变化，主要包括自主神经系统和内分泌系统功能活动的改变。

1. 自主神经系统活动的变化

多数情况下，情绪活动中伴随的自主神经系统活动改变，主要表现为交感神经系统活动的相对亢进。例如，猫受到疼痛刺激时可出现心率加快、血压升高、呼吸加深加快、痛苦扩大、出汗、竖毛、胃肠运动抑制等表现；动物在发生防御反应时，除上述变化，还伴有骨骼肌血管舒张、皮肤和内脏血管收缩等交感活动的改变。其意义在于使各器官的血流量重新分配，有利于在格斗或逃跑时骨骼肌获得充足的血供。在某些情况下，情绪活动中伴随的自主神经系统活动变化也可表现为副交感神经系统活动相对亢进，如进食可引起消化液分泌和消化道运动的加强；性兴奋可导致生殖器官血管舒张；焦虑可引起排尿、排便次数增加；悲伤可引起流泪等。

2. 内分泌系统活动的变化

情绪活动常引起多种激素分泌的改变。例如，创伤或疼痛等原因引起的应激常伴有痛苦、恐惧和焦虑等情绪反应的发生。此时，血液中促肾上腺皮质激素和糖皮质激素浓度明显升高，肾上腺素、去甲肾上腺素、血管升压素、生长激素和催乳素浓度也明显升高。情绪波动较大时，会导致性激素分泌紊乱，出现性欲亢进或冷淡，并可引起育龄期女性月经周期紊乱。

（于书彦）

第七章 胆碱受体激动药

第一节 传出神经系统药理概述

　　周围神经系统包括传入神经系统和传出神经系统。根据所支配的效应器官不同，传出神经系统分为自主神经系统（autonomic nervous system，ANS）和躯体运动神经系统（somatic motor nervous system，SMNS）。自主神经系统包括交感神经和副交感神经，主要支配内脏器官、心肌、平滑肌和腺体等效应器活动，这些活动一般不受人的意识控制，故称非随意运动。体内多数器官接受交感神经和副交感神经的双重支配，两类神经兴奋时所产生的效应一般表现为相互拮抗。躯体运动神经系统支配骨骼肌运动，通常为随意活动，如肌肉的运动和呼吸活动等。

　　传出神经系统根据其末梢释放的递质不同，分为主要以乙酰胆碱为递质的胆碱能神经（cholinergic nerve）和主要以去甲肾上腺素为递质的去甲肾上腺素能神经（noradrenergic nerve）。胆碱能神经包括全部副交感神经的节后纤维、全部交感神经和副交感神经的节前纤维、躯体运动神经，以及极少数交感神经的节后纤维（支配汗腺分泌和骨骼肌血管舒张的神经）；去甲肾上腺素能神经合成并释放去甲肾上腺素，包括几乎全部交感神经的节后纤维（图7-1-1和图7-1-2）。

一、传出神经系统的递质和受体

　　传出神经系统的主要递质为乙酰胆碱和去甲肾上腺素，受体常根据能与之选择性相结合的递质而命名。在传出神经系统，能与乙酰胆碱结合的受体，称为乙酰胆碱受体。能与去甲肾上腺素或肾上腺素结合的受体称为肾上腺素受体。它们又进一步分为不同的亚型。乙酰胆碱受体又分为M胆碱受体和N胆碱受体。肾上腺素受体又分为α受体和β受体。

　　根据信号转导机制，传出神经系统的受体分为两类：M胆碱受体和肾上腺素受体属于G蛋白耦联受体，N胆碱受体属于配体门控离子通道型受体。

　　各型胆碱受体及肾上腺素受体的亚型、分布部位及受体激动后所产生的效应见第六章（表6-1-1）。

二、传出神经系统药物的基本作用方式

　　作用于传出神经系统的药物，主要作用靶位是传出神经系统的递质和受体。药物可通过直接与受体结合或影响递质的合成、贮存、释放、代谢等环节而产生生物学效应。

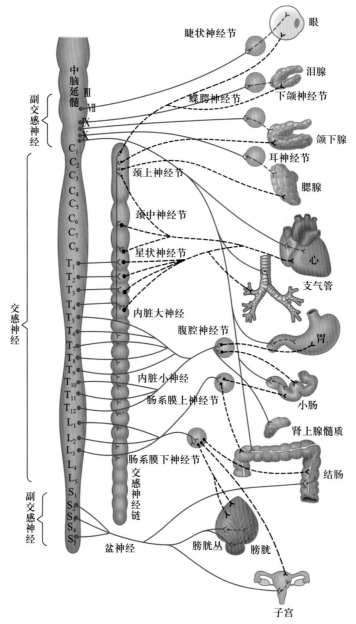

图7-1-1　自主神经系统分布示意图

蓝色：胆碱能神经；灰色：去甲肾上腺素能神经；实线：节前纤维；虚线：节后纤维

（一）直接作用于受体

这类药物通过与受体结合而发挥作用。包括受体的激动药和拮抗药。激动药与其受体结合后所产生的效应与神经末梢释放的递质效应相似，而拮抗药与受体结合后不产生或较少产生拟似递质的作用，并可妨碍递质与受体结合，产生与递质相反的作用。传出神经系统受体激动药及拮抗药在心血管疾病、神经肌肉接头疾病、胃肠道疾病、呼吸系统疾病及眼科疾病等治疗方面有广泛应用。

Note

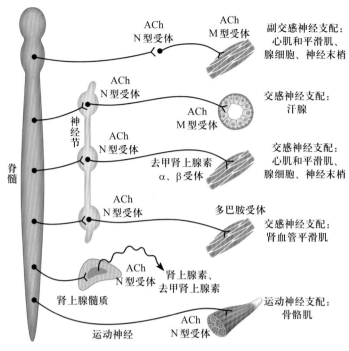

图 7-1-2　传出神经分类模式图

ACh：乙酰胆碱

（二）影响递质

1. 影响递质的生物合成

密胆碱可抑制 ACh 的生物合成，α-甲基酪氨酸抑制 NE 生成，但两者无临床应用价值，仅用作研究工具药。

2. 影响递质的贮存

利血平抑制神经末梢囊泡对 NE 的摄取，使囊泡内 NE 逐渐减少以致耗竭，从而拮抗 NE 能神经的作用，导致血压下降。

3. 影响递质的释放

麻黄碱和间羟胺可通过促进释放 NE 而发挥拟肾上腺素作用。

4. 影响递质的消除

这类药物有抗胆碱酯酶药、MAO 抑制药和 COMT 抑制药等。

三、传出神经系统药物的分类

传出神经系统药物可按其作用性质及对不同受体的选择性进行分类，见表 7-1-1。

表 7-1-1　常用传出神经系统药物的分类

拟似药	拮抗药
（一）胆碱受体激动药	（一）胆碱受体阻断药
1. M、N 胆碱受体激动药（卡巴胆碱）	1. M 受体阻断药
2. M 受体激动药（毛果芸香碱）	（1）非选择性 M 受体阻断药（阿托品）
3. N 胆碱受体激动药（烟碱）	（2）M_1 受体阻断药（哌仑西平）

续表

拟似药	拮抗药
（二）抗胆碱酯酶药（新斯的明）	（3）M_2受体阻断药（戈拉碘铵）
（三）肾上腺素受体激动药	（4）M_3受体阻断药（hexahydrosiladifenidol）
1. α受体激动药	2. N胆碱受体阻断药
（1）$α_1$、$α_2$受体激动药（去甲肾上腺素）	（1）N_N胆碱受体阻断药（六甲双铵）
（2）$α_1$受体激动药（去氧肾上腺素）	（2）N_M胆碱受体阻断药（琥珀胆碱）
（3）$α_2$受体激动药（可乐定）	（二）胆碱酯酶复活药（碘解磷定）
2. α、β受体激动药（肾上腺素）	（三）肾上腺素受体阻断药
3. β受体激动药	1. α受体阻断药
（1）$β_1$、$β_2$受体激动药（异丙肾上腺素）	（1）$α_1$、$α_2$受体阻断药
（2）$β_1$受体激动药（多巴酚丁胺）	1）短效类（酚妥拉明）
（3）$β_2$受体激动药（沙丁氨醇）	2）长效类（酚苄明）
	（2）$α_1$受体阻断药（哌唑嗪）
	（3）$α_2$受体阻断药（育亨宾）
	2. β受体阻断药
	（1）$β_1$、$β_2$受体阻断药（普萘洛尔）
	（2）$β_1$受体阻断药（阿替洛尔）
	（3）$β_2$受体阻断药（布他沙明）
	3. $α_1$、$α_2$、$β_1$、$β_2$阻断药（拉贝洛尔）

第二节 M胆碱受体激动药

胆碱受体激动药（cholinoceptor agonists）也称直接拟胆碱药（direct acting cholino-mimetic drugs），可激动胆碱受体，对效应器产生与乙酰胆碱相似的作用。根据对受体的选择性，胆碱受体激动药可分为M胆碱受体激动药和N胆碱受体激动药。M胆碱受体激动药又分为胆碱酯类与生物碱类。胆碱酯类（choline esters）是结构中含有胆碱酯的药物，包括ACh和几种合成药如卡巴胆碱、氯贝胆碱和醋甲胆碱等；大多数胆碱酯类药对M胆碱受体和N胆碱受体均有兴奋作用，但对M胆碱受体的作用较强。生物碱类（alkaloids）为几种从植物中提取的生物碱，如毛果芸香碱、毒蕈碱、槟榔碱等，主要兴奋M胆碱受体。N胆碱受体激动药以烟碱为代表。

一、胆碱酯类M胆碱受体激动药

（一）乙酰胆碱

乙酰胆碱（Acetylcholine，ACh）是由胆碱与乙酸形成的酯，为季铵化合物，脂溶性低，不易透过血-脑脊液屏障。在水溶液中不稳定，可自行水解，也可被组织中

Note

的胆碱酯酶迅速水解而失活，且其作用广泛，选择性差，故无临床实用价值，在科学研究中常作为工具药使用。其主要药理作用及机制如下。

1. 心脏

ACh通过激动M_2受体激活IP_3、DAG等级联机制产生负性变力作用（negative inotropic effect）、负性变时作用（negative chronotropic effect）和负性变传导作用（negative dromotropic effect）；对心房肌的作用比心室肌明显。在整体情况下，ACh可使全身血管扩张，引起血压短暂下降，出现反射性心率加快。

（1）负性变力作用　即心肌收缩力减弱。胆碱能神经主要分布于窦房结、房室结、浦肯野纤维和心房，而心室较少有胆碱能神经支配。故ACh对心脏的直接作用主要在心房，其对心室的作用主要是通过影响去甲肾上腺素能神经活性而间接产生。由于迷走神经末梢与交感神经末梢紧密相邻，迷走神经末梢所释放的ACh可激动交感神经末梢突触前M受体，负反馈抑制交感神经末梢NE释放，故使心室收缩力减弱。

（2）负性变时作用　ACh可使心率减慢。通过抑制Ca^{2+}内流，使窦房结舒张期自动除极延缓；另外，促进K^+外流，复极化电流增加，使动作电位到达阈值的时间延长，导致心率减慢。

（3）负性变传导作用　ACh可减慢房室结和浦肯野纤维传导，这是由于ACh可延长房室结和浦肯野纤维的有效不应期（effective refractory period，ERP），使其传导减慢。

2. 血管

ACh可舒张全身血管。ACh的血管舒张作用为激动血管内皮细胞M_3型胆碱受体所致，引起内皮源性舒血管因子（endothelium-derived relaxing factor，EDRF），即NO释放，从而引起邻近平滑肌细胞松弛，使血管舒张。此外，ACh也可通过激动NE能神经末梢突触前膜的M胆碱受体，抑制NE的释放，造成血管舒张。

3. 血压

静脉注射小剂量ACh时由于全身血管舒张，可产生一过性血压下降，常伴有反射性心率加快；但大剂量注射可引起心率减慢和房室传导阻滞。如在注射ACh前先给阿托品阻断M胆碱受体，则由于N胆碱受体的激动作用可使肾上腺髓质儿茶酚胺的释放增加，以及交感神经节兴奋而导致血压升高。

4. 平滑肌

（1）胃肠道迷走神经兴奋时释放的ACh可明显兴奋胃肠道平滑肌，使其收缩幅度和张力均增加，促进腺体分泌，出现恶心、呕吐、嗳气、小肠痉挛和排便等症状；但外源性ACh由于迅速被血浆丁酰胆碱酯酶水解而难以抵达效应器官发挥作用。

（2）泌尿道迷走神经兴奋时释放的ACh可使泌尿道平滑肌蠕动增加，膀胱逼尿肌收缩，排空压力增加，膀胱容积减少，同时膀胱三角区和外括约肌舒张，使膀胱排空。但外源性ACh这些作用并不显著。

5. 腺体

ACh可使泪腺、气管和支气管腺体、唾液腺、消化道腺体和汗腺分泌增加。

6. 其他

局部ACh滴眼可使瞳孔括约肌收缩（瞳孔缩小）和睫状肌收缩（调节近视）。

此外，ACh可激动自主神经节、肾上腺髓质与骨骼肌神经肌肉接头的N胆碱受体，引起交感及副交感神经节兴奋，肌肉收缩。虽然中枢神经系统有M胆碱受体与N胆碱受体的分布，但ACh不易透过血-脑脊液屏障，故外周给药并不产生明显的中枢作用。

（二）卡巴胆碱

卡巴胆碱（carbachol）化学性质稳定，不易被胆碱酯酶水解，但选择性差，对M胆碱受体和N胆碱受体均有激动作用。该药对膀胱和肠道作用明显，故可用于术后腹气胀和尿潴留患者。由于不良反应较多，且阿托品对它的解毒效果差，故目前主要用于局部滴眼，缩瞳以降低眼内压，治疗青光眼。

（三）醋甲胆碱

醋甲胆碱（methacholine）对胆碱酯酶水解作用的抵抗力较强，故其水解速度较ACh慢，作用时间较长。由于作用特异性差，临床已少用。

二、生物碱类

该类药物主要为天然生物碱，包括毛果芸香碱（pilocarpine，匹鲁卡品）和毒蕈碱等。

（一）毛果芸香碱

毛果芸香碱是从南美洲小灌木毛果芸香属植物中提取的生物碱。

1. 药理作用

毛果芸香碱能选择性激动M胆碱受体，产生M样作用，对眼和腺体的作用较明显。

（1）眼　毛果芸香碱滴眼能产生缩瞳、降低眼内压和调节痉挛等作用。

①缩瞳　虹膜内有两种平滑肌，瞳孔括约肌和瞳孔开大肌，前者受胆碱能动眼神经支配，激动该括约肌上的M胆碱受体可使瞳孔括约肌收缩，瞳孔缩小；后者受去甲肾上腺素能神经支配，该神经兴奋可使瞳孔开大肌收缩，瞳孔扩大。该药激动瞳孔括约肌上的M胆碱受体而使瞳孔缩小，局部用药作用可持续数小时至1 d。

②降低眼内压　房水由睫状体上皮细胞分泌及血管渗出产生，经瞳孔流入前房，在前房角通过小梁网（trabecular meshwork）流入巩膜静脉窦（schlemm's canal），然后进入血液循环（图7-2-1）。毛果芸香碱通过缩瞳作用使虹膜向中心拉紧，虹膜根部变薄，前房角间隙扩大，房水流出量增加，从而使眼内压下降；同时也对小梁网加压，使其小孔开放，促进房水流入巩膜静脉窦（图7-2-2）。用1%~2%毛果芸香碱滴眼后，数分钟后眼内压开始下降，持续4~8 h。

③调节痉挛　眼睛的调节主要取决于晶状体屈度的变化。毛果芸香碱可激动睫状肌M胆碱受体，使其收缩（向眼睛的中心方向收缩），导致控制晶状体凹凸度的睫状小带松弛，晶状体可因本身的弹性而自行变凸，从而使眼睛的屈光度增加，使眼

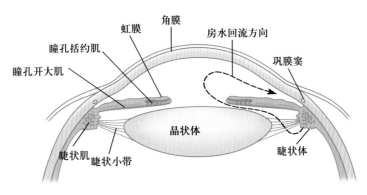

图 7-2-1　房水回流通路

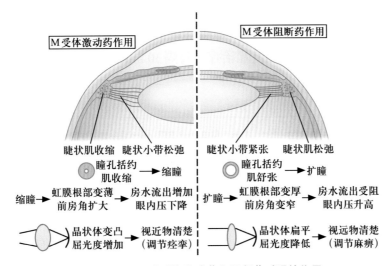

图 7-2-2　M胆碱受体激动药和阻断药对眼的作用

调节于近视状态，此时看近物清楚，看远物模糊，这种作用称为调节痉挛（spasm of accommodation）（图 7-2-2）。

（2）腺体　该药10～20 mg皮下注射可使汗腺分泌增加，唾液分泌也明显增加。泪腺、胃腺、胰腺、小肠腺体和呼吸道黏膜分泌均可增加。

2. 临床应用

（1）青光眼　青光眼为眼科常见疾病，主要特征是进行性视乳头凹陷及视力减退，并伴有眼内压增高，增高的眼内压可使眼球变形，引起头痛、视力减退等症状，严重时可致失明。青光眼可分为闭角型与开角型两型。闭角型青光眼（充血性青光眼）患者前房角狭窄，房水回流受阻、眼内压增高，低浓度的毛果芸香碱可使患者的瞳孔缩小、前房角间隙扩大、眼内压降低，从而缓解青光眼症状。该药也可用来治疗开角型青光眼（单纯性青光眼），作用机制未明。

（2）虹膜炎　与扩瞳药阿托品交替使用，可防止虹膜与晶状体粘连。

（3）其他　口服可用于治疗颈部放射治疗后的口腔干燥，但在增加唾液分泌的同时，汗液分泌也明显增加。该药还可用于抗胆碱药阿托品中毒的解救。

3. 不良反应

毛果芸香碱过量可出现M胆碱受体过度兴奋的症状，可用足量阿托品对抗，并合用对症治疗，如维持血压和人工呼吸等。滴眼时应压迫内眦以避免药液流入鼻腔增加吸收而产生不良反应。

（二）毒蕈碱

毒蕈碱是从毒蕈中提取的生物碱，最初由捕蝇蕈（amanita muscaria）中分离得到。该药虽不作为治疗性药物，但具有重要的药理活性。

毒蕈碱为M胆碱受体激动药，其效应与节后胆碱能神经兴奋时相似。我国民间因食用野生蕈而中毒的情况时有发生。毒蕈碱在捕蝇蕈中含量很低（约为0.003%），因而人食用捕蝇蕈后并不至于引起毒蕈碱中毒。但在丝盖伞菌属和杯伞菌属中含有高的毒蕈碱成分，食用这些菌属后，可在30～60 min内出现毒蕈碱中毒症状，表现为流涎、流泪、恶心、呕吐、头痛、视觉障碍、腹部绞痛、腹泻、支气管痉挛、心动过缓、血压下降和休克等。可用阿托品治疗（每隔30 min，肌内注射1～2 mg）。

第三节　N胆碱受体激动药

N胆碱受体有N_M和N_N两种亚型。N_M胆碱受体分布于骨骼肌；N_N胆碱受体分布于交感神经节、副交感神经节和肾上腺髓质。N胆碱受体激动药主要有烟碱（nicotine）、洛贝林（lobeline，山梗菜碱）等。

烟碱是由烟草中提取的一种液态生物碱。作用广泛而复杂，可激动N_M和N_N胆碱受体。对N胆碱受体具有双相作用。给药后首先对所有神经节产生短暂的兴奋作用，随后是持续的抑制作用。烟碱对骨骼肌N_M胆碱受体的阻断作用可迅速掩盖其激动作用而产生肌麻痹。由于烟碱作用广泛、复杂，故无临床实用价值，仅具有毒理学意义。

（娄海燕）

第八章 抗胆碱酯酶药和胆碱酯酶复活药

病例 8-1-1

43 岁的王先生半年前发现自己的眼睛有时难以睁开，后来症状逐渐加重，看电脑屏幕的时候，会把一行字看成两行，而且喝水经常被呛。他告诉医生他的症状一般在早上会好一些，随着一天的进展会恶化。他闭上眼睛后，上睑下垂似乎有所好转。医生怀疑王先生得了重症肌无力，并进行了依酚氯铵（Tensilon）测试。测试呈阳性，医生给王先生开了新斯的明。请回答以下问题：

1. 依酚氯铵试验如何帮助诊断重症肌无力？
2. 重症肌无力的发病机制是什么？
3. 依酚氯铵和新斯的明的作用机制是什么？

第一节 抗胆碱酯酶药

胆碱酯酶可分为乙酰胆碱酯酶（AChE）和丁酰胆碱酯酶（butylcholinesterase，BChE，也称假性胆碱酯酶）两类。AChE 主要存在于胆碱能神经末梢突触间隙，活性极高，1 个酶分子可在 1 min 内水解 $6×10^5$ 分子的 ACh。BChE 主要存在于血浆中，可水解其他胆碱酯类如琥珀胆碱，对 ACh 的特异性较低，对终止体内 ACh 的作用并不重要。因此，本文所提及的胆碱酯酶主要指 AChE。

AChE 蛋白分子表面活性中心有两个能与 ACh 结合的部位，即阴离子部位和酯解部位。前者含有一个谷氨酸残基，后者含有一个由丝氨酸的羟基构成的酸性作用点和一个由组氨酸咪唑环构成的碱性作用点，它们通过氢键结合，增强了丝氨酸羟基的亲核性，使之较易与 ACh 结合。

AChE 通过三个步骤水解 ACh：①ACh 分子中带正电荷的季铵阳离子头，以静电引力与 AChE 的阴离子部位相结合；同时 ACh 分子中的羰基碳与 AChE 酯解部位的丝氨酸羟基以共价键结合，形成 ACh 与 AChE 的复合物。②ACh 与 AChE 复合物裂解为胆碱和乙酰化 AChE。③乙酰化 AChE 迅速水解，分离出乙酸，AChE 的活性恢复（图 8-1-1）。

抗胆碱酯酶药（anticholinesterase agents）又称 AChE 抑制药或间接拟胆碱药（indirect-acting cholinomimetics）。与 ACh 相似，该类药物也能与 AChE 结合，但结合

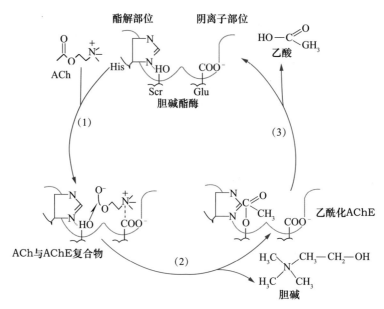

图 8-1-1　胆碱酯酶水解乙酰胆碱过程示意图

Glu：谷氨酸；Ser：丝氨酸；His：组氨酸

较牢固，形成的复合物水解较慢，使 AChE 活性受抑（图 8-1-2），从而导致胆碱能神经兴奋时末梢释放的 ACh 不能被及时水解而大量堆积，产生拟胆碱作用。

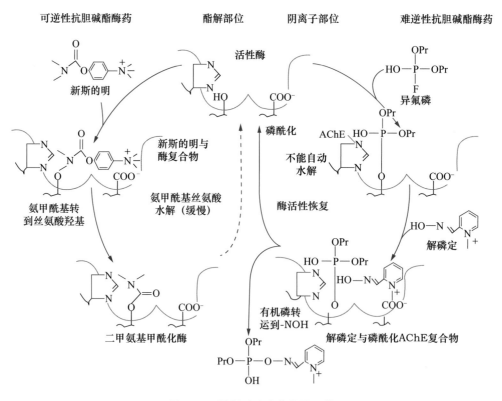

图 8-1-2　抗胆碱酯酶药作用环节

根据药理学性质不同，该类药物可分为易逆性抗 AChE 药和难逆性抗 AChE 药两类。易逆性抗胆碱酯酶药对胆碱酯酶的抑制作用相对弱一些，是可逆的。难逆性抗胆碱酯药对胆碱酯酶的抑制作用强，酶的活性很难恢复。

一、易逆性抗胆碱酯酶药

（一）易逆性抗胆碱酯酶药的共性

1. 药理作用

（1）眼　该类药物结膜用药时可产生结膜充血，并可收缩瞳孔括约肌和睫状肌，引起缩瞳和调节痉挛，使视力调节在近视状态。由于上述作用可促使眼房水回流，从而使眼内压下降。其中缩瞳作用可在几分钟内显现，30 min达最大反应，持续数小时至数天。而晶状体调节痉挛作用持续较为短暂，一般比缩瞳时间短。

（2）胃肠道　不同药物对胃肠道平滑肌作用强度不同。新斯的明可促进胃平滑肌收缩及增加胃酸分泌，拮抗阿托品所致的胃张力下降。新斯的明对食管下段也有兴奋作用，在食管明显弛缓和扩张的患者，新斯的明能促进食管的蠕动，并使其张力增加。此外，新斯的明尚可促进小肠、大肠（尤其是结肠）的活动，加快肠内容物排出。

（3）神经肌肉接头　大多数作用较强的抗AChE药对骨骼肌具有兴奋作用，主要通过抑制神经肌肉接头AChE所致，但也有一定的直接兴奋作用（如新斯的明）。一般认为抗AChE药可逆转由非去极化型肌松药所引起的肌肉松弛，但并不能有效拮抗由去极化型肌松药引起的肌肉麻痹，因后者引起的肌肉麻痹主要由于神经肌肉运动终板去极化所致。

（4）其他　抗AChE药可促进腺体如支气管腺体、泪腺、汗腺、唾液腺、胃腺、小肠及胰腺等的分泌作用。对心血管系统作用较复杂，因为该系统受交感和副交感神经的双重支配，其最后效应为两者的综合结果。由于ACh对心脏主要作用表现为心率减慢、心排血量下降（副交感神经对心脏的支配占优势），故大剂量抗AChE药可引起血压下降，此作用也常与药物作用于延脑的血管运动中枢有关。

2. 临床应用

（1）重症肌无力　是一种骨骼肌神经肌肉接头传递障碍所导致的疾病。临床上主要表现为眼睑下垂，咀嚼和吞咽困难，重复活动后肌肉无力或易疲劳，休息后症状缓解。全身任何肌群均可受累，眼肌是重症肌无力最易受累的肌群，严重者可影响呼吸肌。现认为该病是一种自身免疫性疾病，多数患者血清中有抗N_M胆碱受体的抗体，从而导致N_M胆碱受体的数目减少。常用的药物为新斯的明和吡斯的明。此外，新斯的明尚可与依酚氯铵交替使用，用于重症肌无力的诊断。

（2）腹气胀和尿潴留　新斯的明常用于减轻由手术或其他原因引起的腹气胀和尿潴留。肠梗阻、泌尿道梗阻、腹膜炎或大肠坏死的患者，则不能使用该药。

（3）青光眼　以毒扁豆碱、地美溴铵较为多用。滴眼后可使瞳孔缩小，眼压下降。

（4）非去极化型（竞争型）肌松药过量时的解毒　新斯的明、依酚氯铵和加兰他敏等可用于非去极化型肌松药中毒的解救，但不宜用于去极化型肌松药过量中毒的解救。

（5）阿尔茨海默病（Alzheimer disease，AD）　AD是一种起病隐匿的进行性发展的神经系统退行性疾病，AD患者脑内胆碱能神经功能低下，导致认知功能障碍。该类药物对AD早期及改善认知功能障碍有效，常用药物有多奈哌齐、利凡斯的明、加兰他敏等。

（二）常用的易逆性抗胆碱酯酶药

1. 新斯的明

新斯的明（neostigmine）为季铵类化合物，脂溶性低，口服吸收少而不规则。不易透过血脑屏障，故无中枢作用。滴眼不易透过角膜，故对眼的作用较弱。新斯的明对骨骼肌的兴奋作用最强，因为除了抑制AChE活性，还可直接激动骨骼肌运动终板上的N_M胆碱受体和促进运动神经末梢释放ACh，用于治疗重症肌无力，可口服给药，也可皮下或肌内注射给药。新斯的明对胃肠道和膀胱平滑肌的收缩作用较强，也常用于术后腹气胀和尿潴留，还可用于阵发性室上性心动过速和对抗非去极化型（竞争型）肌松药过量时的中毒。

新斯的明的不良反应主要与胆碱能神经过度兴奋有关，过量时易出现胆碱能危象（cholinergic crisis），患者主要表现为胆碱能中毒症状M样作用和N样作用，如大量出汗、小便失禁、瞳孔缩小、心律失常、肌震颤和无力等。严重者可因呼吸衰竭、心脏停搏而死亡。此时应停用新斯的明，用M胆碱受体阻断药阿托品作对抗性治疗。

2. 吡斯的明

吡斯的明（pyridostigmine）作用类似于新斯的明，但较弱，起效缓慢，作用时间较长。主要用于治疗重症肌无力，也可用于治疗麻痹性肠梗阻和术后尿潴留。

3. 毒扁豆碱

毒扁豆碱（physostigmine）也称依色林，是一种从西非毒扁豆的种子中提取的生物碱，属叔铵类化合物，现已人工合成。其作用与新斯的明相似，但较强，而无直接兴奋M胆碱受体和N胆碱受体作用，并可进入中枢，故对外周和中枢都有较强的作用。眼内局部应用时，其作用与毛果芸香碱类似，但较强而持久，且刺激性较大，表现为瞳孔缩小，眼内压下降。用于治疗急性青光眼，先用该药滴眼数次，后改用毛果芸香碱维持疗效。该药可穿透血脑屏障，故理论上可用于治疗某些具有中枢抗胆碱作用的药物中毒，如三环类抗抑郁药、抗组胺药、镇吐药、某些抗帕金森病药和吩噻嗪类抗精神病药等药物。可用于阿托品等抗胆碱药物中毒的解救。由于选择性低、毒性大，故除用于治疗阿托品类药物中毒外，一般不作全身应用。

4. 依酚氯铵

依酚氯铵（edrophonium chloride）药理作用与新斯的明相似但较弱，对骨骼肌兴奋作用强大。该药显效较快，用药后可立即改善症状，使肌肉收缩力增强，但维持时间很短，5～15 min作用消失，故不宜作为治疗用药。用于诊断重症肌无力。先快速静脉注射2 mg，如在30～45 s后未见任何药物效应，可再静脉注射8 mg，给药后若受试者出现短暂的肌肉收缩改善，同时未见舌肌纤维收缩症状（此反应常见于非重症肌无力的患者），则诊断为重症肌无力。在诊断的同时应准备阿托品，以防出现严重毒性反应。该药还可用于鉴别重症肌无力患者新斯的明或吡斯的明的用量不足或过量。

5. 地美溴铵

地美溴铵（demecarium bromide）是作用时间较长的易逆性抗AChE药，主要用于

Note

治疗青光眼。滴眼后15～60 min可见瞳孔缩小，用药后24 h降眼压作用达高峰，作用持续9 d以上。

二、难逆性抗AChE药——有机磷酸酯类

有机磷酸酯类（organophosphate）主要作为农业和环境卫生杀虫剂，如敌百虫（dipterex）、乐果（rogor）、马拉硫磷（malathion）、敌敌畏（DDVP）、内吸磷（systox E1059）和对硫磷（parathion，605）等，有些则用作战争毒气，如沙林（sarin）、梭曼（soman）和塔崩（tabun）等，为人工合成的难逆性抗AChE药。该类药物临床治疗价值不大，但有毒理学意义。世界卫生组织认为杀虫剂中毒已成为一个全球性的问题，尤其在发展中国家。职业性中毒最常见途径为经皮肤或呼吸道吸入，非职业性中毒则大多由口摄入。

> **病例8-1-2**
>
> 2017年2月14日，一中年男子在吉隆坡国际机场离境厅等候飞往澳门的班机时，被身份不明的人从后面抓住并向其面部泼洒不明液体。随后他向机场柜台职员求助，在从机场诊所被转移至布城医院救治途中身亡。后经确认死者死于VX神经毒剂（一种有机磷化合物）。请思考以下问题：有机磷的中毒机制是什么？中毒症状有哪些？如何解救有机磷中毒？有什么注意事项？

（一）中毒机制

有机磷酸酯类可与AChE牢固结合，从而抑制了该酶的活性。与易逆性抗AChE药相似，其结合点也在AChE的酯解部位丝氨酸羟基。有机磷酸酯类的磷原子具有亲电子性，可与羟基上具有亲核性的氧原子形成共价键结合，形成难以水解的磷酰化AChE，使AChE失去水解ACh的能力，造成体内ACh大量积聚而引起一系列中毒症状。若不及时抢救，AChE可在几分钟或几小时内发生"老化"。"老化"是指磷酰化AChE的磷酰化基团上的一个烷氧基断裂，生成更为稳定的单烷氧基磷酰化AChE。此时即使应用AChE复活药，也难以恢复酶的活性，必须等待新生的AChE出现，才可水解ACh。此过程可能需要几周时间。因此一旦中毒，应迅速抢救，在磷酰化AChE老化之前使用AChE复活药，以使AChE复活（图8-1-2）。

（二）中毒表现

1. 急性中毒

有机磷酸酯类中毒时，ACh在体内大量堆积。由于ACh的作用极其广泛，故中毒症状表现多样化，主要为毒蕈碱样（M样）、烟碱样（N样）症状，即急性胆碱能危象，严重者还可出现中枢症状。

（1）M样症状：当人体吸入或经眼接触毒物蒸气或雾剂后，眼和呼吸道症状可首先出现，表现为瞳孔明显缩小、眼球疼痛、睫状肌痉挛、视力模糊和眼眉疼痛。随

着症状加重，由于交感神经节的兴奋作用，缩瞳作用可能并不明显。也可见泪腺、鼻腔腺体、唾液腺、支气管和胃肠道腺体分泌增加。呼吸系统症状还包括胸腔紧缩感及由于支气管平滑肌收缩、呼吸道腺体分泌增加所致的呼吸困难。当毒物由胃肠道摄入时，胃肠道症状可首先出现，表现为厌食、恶心、呕吐、腹痛和腹泻等。当毒物经皮肤吸收中毒时，则与吸收部位最邻近的区域可见出汗及肌束颤动。严重中毒时，可见自主神经节呈先兴奋、后抑制状态，产生复杂的自主神经综合效应，常可表现为口吐白沫、呼吸困难、大汗淋漓、大小便失禁、心率减慢和血压下降等。

（2）N样症状：神经肌肉接头 N_M 胆碱受体被激动，表现为不自主肌束抽搐、震颤，后转为肌无力，并可导致肌肉麻痹，严重时可引起呼吸肌麻痹。

（3）中枢症状：除了脂溶性极低的毒物外，其他毒物均可进入血脑屏障而产生中枢作用，表现为先兴奋、不安，继而出现惊厥，后可转为抑制，出现意识模糊、共济失调、谵妄、反射消失、昏迷、中枢性呼吸麻痹等症状，以及血管运动中枢抑制造成的血压下降。

急性有机磷酸酯类中毒死亡可发生在 5 min～24 h 内，取决于摄入体内的毒物种类、量、途径及其他因素等，死亡的主要原因为呼吸衰竭及循环衰竭。

2. 慢性中毒

多发生于长期接触农药的人员，主要表现为血中 AChE 活性持续明显下降，而临床症状不明显，表现为神经衰弱症候群、腹胀、多汗、偶见肌束颤动及瞳孔缩小。

（三）急性中毒的治疗

1. 清除毒物

一旦发现中毒，应立即把患者移出现场。对经皮肤吸收者，应用温水和肥皂清洗皮肤。经口中毒者，应首先抽出胃内容物，并用微温的 2% 碳酸氢钠溶液或 1% 盐水反复洗胃，直至洗出液中不含农药味，然后用硫酸镁导泻。敌百虫口服中毒时不用碱性溶液洗胃，因其在碱性溶液中可转化为毒性更强的敌敌畏。眼部染毒，可用 2% 碳酸氢钠溶液或 0.9% 生理盐水冲洗数分钟。

2. 解毒药物

（1）阿托品：为治疗急性有机磷酸酯类中毒的特异性、高效能解毒药物。能迅速对抗 M 样作用，表现为松弛平滑肌、抑制腺体分泌、加快心率和扩大瞳孔等，较大剂量时还可引起中枢作用，减轻或消除有机磷酸酯类中毒引起的恶心、呕吐、腹痛、大小便失禁、流涎、支气管分泌增多、呼吸困难、出汗、瞳孔缩小、心率减慢和血压下降等。由于阿托品对中枢的 N 胆碱受体无明显作用，故对有机磷酸酯类中毒引起的中枢症状，如惊厥、躁动不安等对抗作用较差。应早期、反复、足量给药，可根据中毒情况采用较大剂量，达到"阿托品化"（阿托品轻度中毒），即瞳孔散大、口干、皮肤干燥、颜面潮红、肺部湿啰音显著减少或消失、心率加快等。然后减量维持，逐渐延长间隔时间，直至临床症状和体征基本消失后，方可停药。因阿托品不能使 AChE 复活，对中度或重度中毒患者，必须采用阿托品与 AChE 复活药早期合并应用的治疗措施。

（2）AChE复活药：AChE复活药是一类能使被有机磷酸酯类抑制的AChE恢复活性的药物。这些药物都是肟类化合物，它们不但能使单用阿托品所不能控制的严重中毒病例得到解救，而且可显著缩短中毒的病程。常用药物有碘解磷定及氯解磷定，详见本章第二节。

3. 急性中毒的药物治疗原则

（1）联合用药：阿托品能迅速缓解M样中毒症状。AChE复活药不仅能恢复AChE的活性，还能直接与有机磷酸酯类结合，迅速改善N样中毒症状，对中枢症状也有一定的改善作用，故两者合用能取得较好疗效。

（2）尽早用药：在清除毒物的同时，应及早、足量、反复注射阿托品。磷酰化胆碱酯酶易"老化"，故AChE复活药也应及早使用。

（3）足量用药：阿托品的用量必须足以拮抗ACh大量积聚所引起的中毒症状。阿托品足量的指标是M样中毒症状迅速消失或出现"阿托品化"。但需注意避免阿托品中毒。AChE复活药足量的指标是N样中毒症状全部消失，全血或红细胞中AChE活性分别恢复到50%～60%或30%以上。

（4）重复用药：中、重度中毒或毒物不能从吸收部位彻底清除时，应重复给药，以巩固疗效。

4. 对症支持治疗

抢救有机磷酸酯类中毒时，对症支持治疗也很重要。如维持患者气道通畅、纠正电解质紊乱、抗休克、用地西泮控制持续惊厥等。

（四）慢性中毒的治疗

目前对有机磷酸酯类慢性中毒尚缺乏有效治疗方法，主要以预防为主。如农药生产工人或长期接触者AChE活性下降至50%以下时，不待症状出现，即应彻底脱离现场，以免中毒加深。

第二节　胆碱酯酶复活药

一、碘解磷定

碘解磷定（pralidoxime iodide，PAM）又称派姆，为最早应用的AChE复活药。水溶液不稳定，久置可释放出碘。

（一）药理作用及机制

碘解磷定进入体内后，其带正电荷的季铵氮即与磷酰化AChE的阴离子部位以静电引力相结合，进而其肟基（＝N—OH）与磷酰化AChE的磷酰基形成共价键结合，生成磷酰化AChE和解磷定的复合物，后者进一步裂解为磷酰化解磷定，同时使

AChE游离出来，恢复其水解ACh的活性。此外，碘解磷定也能与体内游离的有机磷酸酯类直接结合，成为无毒的磷酰化碘解磷定，由尿液排出，从而阻止游离的毒物继续抑制AChE活性。

（二）临床应用

治疗有机磷中毒。可明显减轻N样症状，对骨骼肌痉挛的对抗作用尤为明显，能迅速控制肌束颤动，对中枢中毒症状也有一定的改善作用；但不能直接对抗体内积聚的ACh的作用，故应与阿托品合用。

该药对不同有机磷酸酯类中毒疗效存在差异，如对内吸磷、马拉硫磷和对硫磷中毒疗效较好，对敌百虫、敌敌畏中毒疗效稍差，而对乐果中毒则无效。

（三）不良反应

一般治疗剂量时，不良反应少见。但如剂量超过2 g或静脉注射速度过快时，可产生轻度乏力、视力模糊、复视、眩晕、头痛、恶心、呕吐和心率加快等症状。此外，由于该药含碘，可引起口苦、咽痛和对注射部位的刺激性。由于该药不良反应较多，药理作用较弱，又只能静脉注射，故目前已较少使用。

二、氯解磷定

氯解磷定（pralidoxime chloride，PAM-Cl）的药理作用和用途与碘解磷定相似，但水溶性好，水溶液较稳定，可肌内注射或静脉注射给药。该药不良反应较碘解磷定小，偶见轻度头痛、头晕、恶心、呕吐和视力模糊等。由于其使用方便，不良反应较小，故临床上较为常用。

（娄海燕）

第九章 胆碱受体阻断药

病例9-1-1

　　一个7岁的小男孩被父母送到急诊室。他的妈妈告诉医生他在野外玩耍时吃了几粒野果。医生检查发现男孩出现了下列症状和体征：谵妄，面部潮红，肺部无喘息、啰音等，心率120次/min，无肠鸣音，腹部肿胀，膀胱充盈，皮肤干燥，无泪液或唾液分泌物，高热，瞳孔散大。请推测他可能是误服了哪类毒物？为什么会出现上述症状和体征？应采取何种措施进行治疗？

　　胆碱受体阻断药（cholinoceptor blocking drug）能与胆碱受体结合而不产生或极少产生拟胆碱作用，却能妨碍ACh或胆碱受体激动药与胆碱受体结合，从而拮抗其作用。按其选择性不同，可分为M胆碱受体阻断药和N胆碱受体阻断药。M胆碱受体阻断药又称平滑肌解痉药，可分为M_1、M_2和M_3胆碱受体阻断药。N胆碱受体阻断药又分为N_N和N_M胆碱受体阻断药。N_N胆碱受体阻断药能阻断神经节的N_N胆碱受体，又称神经节阻滞药（ganglionic blocker）。N_M胆碱受体阻断药能阻断运动终板上的N_M胆碱受体，具有肌肉松弛作用，故又称神经肌肉阻滞药（neuromuscular blocker）。

第一节　M胆碱受体阻断药

　　M胆碱受体阻断药能阻碍ACh或胆碱受体激动药与平滑肌、心肌、腺体细胞、外周神经节和中枢神经系统等的M胆碱受体结合，从而拮抗其拟胆碱作用。

一、阿托品及其类似生物碱

　　包括阿托品、东莨菪碱和山莨菪碱等。多从茄科植物颠茄（*Atropa belladonna*）、曼陀罗（*Datura stramonium*）、洋金花（*Datura metel*）及唐古特莨菪等天然植物中提取。天然存在的生物碱为不稳定的左旋莨菪碱，阿托品是在提取过程中得到的稳定的消旋莨菪碱（*dl*-hyoscyamine）。东莨菪碱为左旋体，其抗ACh作用较右旋体强许多倍。

（一）阿托品

1. 药理作用及作用机制

阿托品（atropine）作用机制为竞争性拮抗M胆碱受体。其与M胆碱受体结合后，由于本身内在活性小，一般不产生受体激动作用，但能阻断ACh或胆碱受体激动药与其受体结合，从而拮抗这类药物对M胆碱受体的激动作用。

阿托品对各种M胆碱受体亚型的选择性较低，作用广泛。随着剂量增加，可依次出现腺体分泌减少，瞳孔扩大和调节麻痹，胃肠道及膀胱平滑肌抑制和心率加快等效应，大剂量尚可出现中枢症状（表9-1-1）。

表9-1-1 阿托品剂量与作用的关系

剂量（mg）	作用
0.5	轻度口干，汗腺分泌减少，轻度心率减慢
1.0	口干、口渴感，心率加快（有时心率可先减慢），轻度扩瞳
2.0	明显口干，心率明显加快、心悸，扩瞳、调节麻痹
5.0	上述所有症状加重，皮肤干燥，说话和吞咽困难，不安、疲劳，头痛，发热，排尿困难，肠蠕动减少
10.0	上述所有症状加重，瞳孔极度扩大，极度视物模糊，皮肤红、热、干，运动失调，不安、激动、幻觉、谵妄和昏迷

（1）腺体：阿托品能阻断腺体细胞膜上的M胆碱受体，使腺体分泌减少。对不同腺体分泌的抑制作用强度不同，对唾液腺和汗腺的作用最明显。在用0.5 mg阿托品时，即可见唾液腺和汗腺分泌减少；剂量增大，抑制作用更为显著。同时泪腺及呼吸道腺体分泌也明显减少，较大剂量时也减少胃液分泌。但对胃酸分泌的影响较小，因胃酸分泌还受到体液等因素的调节。

（2）眼：阿托品能阻断眼部所有M胆碱受体，其总体效应与毛果芸香碱相反，表现为扩瞳、眼内压升高和调节麻痹。

① 扩瞳：由于阿托品阻断瞳孔括约肌上的M胆碱受体，故使去甲肾上腺素能神经支配的瞳孔开大肌功能占优势，瞳孔扩大。

② 升高眼内压：由于瞳孔扩大，虹膜退向外缘，因而前房角间隙变窄，阻碍房水回流入巩膜静脉窦，造成眼内压升高，故青光眼患者禁用。

③ 调节麻痹：阿托品使睫状肌松弛而退向外缘，从而使睫状小带拉紧，晶状体处于扁平状态，屈光度降低，只适合看远物，而不能将近物清晰地成像于视网膜上，造成视近物模糊不清。这一作用称为调节麻痹（paralysis of accommodation）。

（3）平滑肌：阿托品可松弛多种内脏平滑肌，尤其对过度活动或痉挛状态的平滑肌作用更为显著。它可抑制胃肠道平滑肌痉挛，降低蠕动的幅度和频率，缓解胃肠绞痛。阿托品也可降低尿道和膀胱逼尿肌的张力和收缩幅度，常可解除由药物引起的输尿管张力增高。对胆管和子宫平滑肌的作用较弱。阿托品对括约肌的作用取决于其功能状态，例如胃幽门括约肌痉挛时，阿托品具有松弛作用，但作用不恒定。

（4）心血管系统。

① 心脏：治疗量（0.5 mg）阿托品可使部分患者心率短时轻度减慢，一般每分钟

Note

减少4～8次。研究发现，选择性M_1胆碱受体阻断药哌仑西平也有减慢心率作用。如先用哌仑西平后再用阿托品，则阿托品减慢心率作用消失，提示阿托品的这种作用是由于它阻断了突触前膜M_1受体，从而减少突触中ACh对递质释放的抑制作用所致。较大剂量的阿托品，由于阻断窦房结M_2受体而解除了迷走神经对心脏的抑制作用，可引起心率加快，其加快心率的程度取决于迷走神经张力。青壮年迷走神经张力高，应用后心率加快明显，如肌内注射阿托品2 mg，心率可增加35～40次/min。而阿托品对运动状态、婴幼儿及老年人的心率影响小。阿托品也可拮抗迷走神经过度兴奋所致的窦房结及房室的传导阻滞。此外，阿托品尚可缩短房室结的有效不应期，增加房颤或房扑患者的心室率。

②血管和血压：因大多数血管床无明显的胆碱能神经支配，故治疗量的阿托品单独使用对血管活性和血压无显著影响，但可完全拮抗由胆碱酯类药物所引起的外周血管扩张和血压下降。中毒量阿托品可引起皮下血管扩张，出现潮红和温热等症状，其扩血管作用机制与M胆碱受体阻断作用无关，可能是机体对其引起的体温升高（由于抑制汗腺分泌，出汗减少）的代偿性散热反应，也可能是阿托品的直接扩血管作用。

（5）中枢神经系统：治疗量的阿托品可兴奋延髓与大脑产生轻度的迷走神经兴奋作用。阿托品5 mg时中枢兴奋作用明显加强，中毒剂量（10 mg以上）可见明显中枢兴奋症状，如烦躁、定向障碍、幻觉和谵妄等。继续增加剂量，则可由兴奋转为抑制，发生昏迷与呼吸麻痹，最后死于循环与呼吸衰竭。

2.　临床应用

（1）解除平滑肌痉挛：适用于各种内脏绞痛，对胃肠痉挛引起的绞痛和膀胱刺激症状如尿频、尿急等疗效较好；对胆绞痛或肾绞痛疗效较差，常需与阿片类镇痛药合用。

（2）抑制腺体分泌：用于麻醉前给药，可以减少麻醉过程中呼吸道腺体及唾液腺分泌，防止分泌物阻塞呼吸道及吸入性肺炎的发生。还可用于盗汗和流涎等的治疗，剂量以不产生口干为宜。

（3）眼科。

①虹膜睫状体炎：0.5%～1%阿托品溶液滴眼，可用于治疗虹膜睫状体炎和角膜炎。因为阿托品可松弛虹膜括约肌和睫状肌，使之充分休息，有助于炎症消退；同时与缩瞳药交替使用，还可预防虹膜与晶状体的粘连。

②验光、眼底检查：阿托品滴眼可使睫状肌松弛，具有调节麻痹作用，此时由于晶状体固定，可准确测定晶状体的屈光度。但由于阿托品作用持续时间较长，其扩瞳作用可维持1～2周，调节麻痹作用可维持2～3 d，视力恢复较慢，目前已被合成的短效药物如后马托品等取代。只有在儿童验光时仍需使用阿托品，因儿童的睫状肌调节功能较强，须用阿托品发挥其充分的调节麻痹作用，从而准确地检验屈光度。

（4）缓慢型心律失常：阿托品能解除迷走神经对心脏的抑制作用，因此可用于治疗迷走神经过度兴奋所致窦房阻滞、房室传导阻滞、窦性心动过缓等缓慢型心律失常。但在急性心肌梗死时，要慎用阿托品，由于其加速心率，可增加心肌耗氧量而加重心肌缺血，并有引起室颤的危险。

（5）抗休克：对暴发型流行性脑脊髓膜炎、中毒性菌痢、中毒性肺炎等所致的感染性休克患者，可用大剂量阿托品治疗，能解除血管痉挛，舒张外周血管，改善微循环。但对休克伴有高热或心率过快者，不宜用阿托品。

（6）解救有机磷酸酯类中毒（见第八章）。

3. 不良反应

阿托品对组织器官的选择性低，具有多种药理作用，临床上应用其中一种作用时，其他的作用则成为副作用，故不良反应较多。常见不良反应有口干、视力模糊、扩瞳、心悸、皮肤潮红等。剂量增大，不良反应可加重，出现呼吸加深加快、高热、谵妄、幻觉、惊厥等症状，甚至由兴奋转入抑制，出现昏迷和呼吸麻痹等。此外，误服过量的颠茄果、曼陀罗果等也可出现中毒症状。

阿托品中毒解救主要为对症治疗。如口服中毒，应立即洗胃、导泻，以促进毒物排出，并用毒扁豆碱缓慢静脉注射，可迅速对抗阿托品中毒症状。但毒扁豆碱体内代谢迅速，需反复给药。如患者有明显中枢兴奋症状，可用地西泮对抗，但剂量不宜过大，以免与阿托品所致的中枢抑制作用产生协同。不可使用吩噻嗪类药物，因这类药物具有M胆碱受体阻断作用而加重阿托品中毒症状。此外，对患者进行人工呼吸、物理降温也是必要的解救措施，尤其对儿童中毒者。

4. 禁忌证

阿托品禁用于青光眼及前列腺肥大者，可加重后者排尿困难。

（二）东莨菪碱

东莨菪碱（scopolamine）外周作用与阿托品相似，仅在作用强度上略有差异；但对中枢神经系统抑制作用明显，在治疗剂量时即可表现为困倦、遗忘、疲乏、快速动眼睡眠时相缩短等。大剂量使用有催眠作用。此外尚有致欣快作用，易造成药物滥用。

东莨菪碱主要用于麻醉前给药，不仅具有较强的抑制腺体分泌作用，还有中枢抑制作用，故优于阿托品。东莨菪碱还可用于治疗晕动病，尤其预防给药效果较好。其机制可能与其抑制前庭神经内耳功能或大脑皮质功能有关，可与苯海拉明合用以增加疗效。此外，东莨菪碱对帕金森病有一定疗效，可能与其中枢抗胆碱作用有关。

（三）山莨菪碱

山莨菪碱（anisodamine）是从茄科植物唐古特莨菪中分离的天然生物碱，为左旋体，简称654；常用人工合成的消旋体，称654-2。药理作用与阿托品相似而稍弱，选择性高，解除内脏平滑肌痉挛和微循环障碍作用较强，临床主要用于感染性休克及内脏绞痛。不良反应和禁忌证与阿托品相似，但其毒性较低。

二、阿托品的合成代用品

阿托品选择性差，不良反应较多。通过改变其化学结构，合成其代用品，包括扩瞳药、解痉药和选择性M胆碱受体阻断药。

（一）合成扩瞳药

目前临床应用的主要扩瞳药物有后马托品（homatropine）、托吡卡胺（tropicamide）、环喷托酯（cyclopentolate）和尤卡托品（eucatropine）等。与阿托品相比，这些药物的扩瞳作用及调节麻痹作用维持时间明显缩短，故适用于一般的眼底检查及验光配镜（表9-1-2）。滴眼时应压迫内眦以防药物经鼻泪管流入鼻咽部产生吸收中毒。

表9-1-2　几种合成扩瞳药滴眼作用比较

药物	浓度（%）	扩瞳作用		调节麻痹作用	
		高峰（min）	消退（d）	高峰（h）	消退（d）
硫酸阿托品	1.0	30~40	7~10	1~3	7~12
氢溴酸后马托品	1.0~2.0	40~60	1~2	0.5~1	1~2
托吡卡胺	0.5~1.0	20~40	0.25	0.5	<0.25
环喷托酯	0.5	30~50	1	1	0.25~1
尤卡托品	2.0~5.0	30	0.08~0.25	无作用	无作用

（二）合成解痉药

1. 季铵类解痉药

（1）异丙托溴铵（ipratropium bromide）：又称溴化异丙托品，为M胆碱受体阻断药，气雾吸入给药具有相对的选择性作用，松弛支气管平滑肌作用强。对心脏、血管、膀胱、眼睛几乎无影响。该药对吸入二氧化硫、臭氧、枸橼酸喷雾等引起的支气管收缩有抑制作用，但对过敏介质如组胺、缓激肽、5-羟色胺和白三烯引起的支气管收缩作用较差。主要用于慢性阻塞性肺病，也可用于支气管哮喘。该药起效慢，适用于预防支气管哮喘的发作，也可与β肾上腺素受体激动药联合使用，以控制哮喘的症状。

（2）溴丙胺太林（普鲁本辛，propantheline bromide）：为一种临床常用的合成解痉药，口服吸收差，食物可妨碍其吸收，宜在饭前0.5~1 h服用。该药对胃肠道M胆碱受体的选择性较高，治疗量即可明显抑制胃肠平滑肌，并能不同程度地减少胃液分泌。可用于胃、十二指肠溃疡、胃肠痉挛和泌尿道痉挛，也可用于遗尿症及妊娠呕吐。不良反应类似于阿托品，中毒量可因神经肌肉接头传递阻断而引起呼吸麻痹。

其他季铵类M胆碱受体阻断药见表9-1-3。

表9-1-3　其他季铵类M胆碱受体阻断药

药名	药理作用	临床应用	不良反应
甲溴东莨菪碱 scopolamine methyl bromide	不易透过血脑屏障，药效稍弱于阿托品	主要用于胃肠道疾病的治疗可口服，皮下或肌内注射	参见东莨菪碱
格隆溴铵 glycopyrronium bromide	抑制腺体分泌作用较强	麻醉前给药，与新斯的明合用纠正非去极化型肌肉松弛药过量，消化性溃疡与缓解内脏痉挛的辅助药物。口服，或与新斯的明混合后，用于麻醉前肌注或静注	参见阿托品
奥芬溴铵 oxyphenonium bromide	与阿托品相似	消化性溃疡，内脏平滑肌痉挛，口服，或注射用药	参见阿托品

续表

药名	药理作用	临床应用	不良反应
异丙碘铵 isopropamide Iodide	与阿托品相似，作用时间较长	口服治疗	参见阿托品
戊沙溴铵 valethamate bromide	与阿托品相似	平滑肌痉挛，口服，肌内注射，或直肠给药	与阿托品相似
地泊溴铵 diponium bromide	与阿托品相似	内脏平滑肌痉挛，消化性溃疡	参见阿托品
溴哌喷酯 pipenzolate bromide	与阿托品相似	胃肠道痉挛	与阿托品相似
喷噻溴铵 penthienate bromide	与阿托品相似	可缓解内脏平滑肌痉挛，为治疗消化性溃疡的辅助药	与阿托品相似
甲溴贝那替嗪 benactyzine methobromide	与阿托品相似	内脏痉挛性疼痛和消化性溃疡	与阿托品相似
甲硫酸二苯马尼 diphenmanil methylsulfate	与阿托品相似	内脏痉挛性疼痛 口服，餐前服用	与阿托品相似
羟吡溴铵 roxypyrronium bromide	与阿托品相似	用于消化性溃疡	与阿托品相似
依美溴铵 emepronium bromide	与阿托品相似	主要用于尿频、手术后排尿里急后重等泌尿道综合征	可引起口腔和食管溃疡

2. 叔铵类解痉药

该类药物主要有双环维林（dicyclomine）、黄酮哌酯（flavoxate）和氯化奥昔布宁（oxybutynin chloride），这些药物均有非选择性直接松弛平滑肌的作用，在治疗剂量下能减轻胃肠道、胆道、输尿管和子宫平滑肌痉挛。主要用于胃肠痉挛，消化性溃疡等。

其他叔铵类M胆碱受体阻断药见表9-1-4。

表9-1-4　其他叔铵类M胆碱受体阻断药

药名	药理作用	临床应用	不良反应
贝那替嗪 benactyzine	解痉药，缓解平滑肌痉挛，抑制腺体分泌，尚有中枢安定及抗心律失常的作用	适用于兼有焦虑症的溃疡病人、肠蠕动亢进及膀胱刺激征	口干、头晕、嗜睡等
双环维林 dicyclomine	叔铵类解痉药，抗M样作用比阿托品弱，本身有非特异性的直接松弛平滑肌的作用	胃肠道痉挛、与抗酸药合用于消化性溃疡	副作用较少，曾有3个月的婴儿呼吸暂停，甚至死亡的报道，故本药禁用于6个月以下的婴儿
羟苄利明 oxyphencyclimin	叔铵类解痉药	消化性溃疡、平滑肌痉挛	参见贝那替嗪
阿地芬宁 adiphenine	抗M样作用较阿托品弱，本身尚有直接松弛平滑肌及局麻作用。作用不强，现已少用	口服，因有局麻作用，本药不宜嚼碎	参见贝那替嗪
氨戊酰胺 aminopentamide	抗M样作用的强度与阿托品相仿	消化性溃疡与胃肠道痉挛等	参见贝那替嗪
甲卡拉芬 metcaraphen	除具有阿托品的作用外，尚具有镇痛及直接松弛平滑肌的作用	消化性溃疡、胃肠道痉挛等	口干、乏力等

3. 选择性M胆碱受体阻断药

阿托品及其合成代用品，绝大多数对M胆碱受体亚型缺乏选择性，临床使用时不良反应较多。选择性M胆碱受体阻断药则不良反应明显减少。

哌仑西平（pirenzepine）对M_1和M_4受体的亲和力均强，属不完全的M_1受体选择性阻断药。替仑西平（telenzepine）为哌仑西平同类物，但其对M_1受体的选择性阻断作用更强。两者均可抑制胃酸及胃蛋白酶的分泌，用于消化性溃疡的治疗。哌仑西平在治疗剂量时较少出现口干和视力模糊等反应。由于其脂溶性低而不易进入中枢，故无阿托品样中枢兴奋作用。

第二节　N胆碱受体阻断药

N胆碱受体阻断药分为N_N胆碱受体阻断药和N_M胆碱受体阻断药。N_N胆碱受体阻断药能竞争性阻断神经节的N_N胆碱受体，故又称神经节阻断药。N_M胆碱受体阻断药具有松弛骨骼肌的作用，所以又称骨骼肌松弛药。

一、神经节阻断药

神经节阻断药（ganglionic blocking drug）能选择性阻断神经节的N_N胆碱受体，抑制神经节细胞去极化，从而阻断神经冲动在神经节中的传递。

（一）药理作用

这类药物对交感神经节和副交感神经节都有阻断作用，因此其综合效应常视两类神经对该器官支配以何者占优势而定。如交感神经对血管支配占优势，则用药后对血管主要为舒张作用，尤其对小动脉，使血管床血流量增加；静脉舒张，回心血量减少及心排血量降低，结果使血压明显下降，尤其以坐位和立位血压下降显著。在胃肠道、眼、内脏平滑肌和腺体则以副交感神经占优势，因此，用药后常出现便秘、扩瞳、口干、尿潴留及胃肠道分泌减少等。

（二）临床应用

除美卡拉明（mecamylamine）和樟磺咪芬（trimetaphan camsilate）外，其他药物已基本不用。该类药物主要用于麻醉时控制血压，以减少手术区出血。也可用于主动脉瘤手术，此时应用神经节阻断药不仅能降压，而且能有效地防止因手术剥离所造成的交感神经反射，使患者血压不致明显升高。

二、骨骼肌松弛药

骨骼肌松弛药（skeletal muscular relaxant）是一类作用于神经肌肉接头突触后膜

N_M胆碱受体、并产生神经肌肉阻滞的药物，故也称为神经肌肉阻滞药（neuromuscular blocking agent）。按其作用机制不同，可分为两类，即去极化型肌松药（depolarizing muscular relaxant）和非去极化型肌松药（nondepolarizing muscular relaxant）。

（一）去极化型肌松药

又称为非竞争性肌松药（noncompetitive muscular relaxant）。这类药物与神经肌肉接头突触后膜的N_M胆碱受体结合，产生与ACh相似但较持久的去极化，使N_M胆碱受体对ACh不能产生反应，从而使骨骼肌松弛。此时神经肌肉的阻滞方式已由去极化转变为非去极化，前者为1相阻断，后者为2相阻断。该类药物的特点为：①最初出现短暂肌束颤动，与不同部位的骨骼肌在药物作用下去极化出现的时间先后不同有关；②连续用药可产生快速耐受性；③抗胆碱酯酶药可增强其骨骼肌松弛作用；④治疗剂量并无神经节阻滞作用。目前临床应用的该类药物只有琥珀胆碱（succinylcholine）。

琥珀胆碱又称司可林，由琥珀酸和两个分子的胆碱组成，在碱性溶液中容易被破坏。

1. 药理作用

静脉注射琥珀胆碱10～30 mg后，先出现短暂的肌束颤动，1 min后即转为松弛，2 min时作用达高峰。肌松作用从颈部肌肉开始，逐渐至肩胛、腹部和四肢，最后累及呼吸肌。恢复顺序相反。对呼吸肌麻痹作用不明显，但对喉头和气管肌作用强。肌松作用强度可通过滴速调节。

2. 体内过程

琥珀胆碱进入体内后迅速被血液和肝脏中的假性胆碱酯酶水解为琥珀酰单胆碱和胆碱，前者又进一步水解为琥珀酸和胆碱，肌松作用消失。仅10%～15%的给药量到达神经肌肉接头处，约2%药物以原形经肾排泄，其余以代谢产物的形式随尿液排出。

3. 临床应用

静脉注射作用快而短暂，对喉肌松弛作用较强，适用于气管内插管、气管镜、食管镜检查等短时操作。静脉滴注可达到长时间的肌松作用，便于在较浅的麻醉下进行外科手术，以减少麻醉药用量，保证手术安全。但引起强烈窒息感，清醒患者禁用。可先用硫苯妥静脉麻醉后，再给琥珀胆碱。

4. 不良反应

（1）窒息：过量可致呼吸肌麻痹，严重窒息可见于遗传性胆碱酯酶活性低下者。用时需备有人工呼吸机。

（2）肌束颤动：肌束颤动可引起肌梭损伤。部分患者术后肩胛部、胸腹部肌肉疼痛，一般3～5 d可自愈。

（3）血钾升高：由于肌细胞持久去极化而释放K^+，使血钾升高。如患者同时伴有大面积软组织损伤如烧伤、恶性肿瘤、肾功能损害及脑血管意外等疾病，则血钾可升高20%～30%，危及生命。

（4）心血管反应：可兴奋迷走神经及副交感神经节产生心动过缓和低血压，血钾升高也可加重上述症状，严重者心脏停搏。也可兴奋交感神经节使血压升高。

Note

（5）恶性高热（malignant hyperthermia）：属于常染色体异常的遗传性疾病，主要为药物引起骨骼肌细胞肌浆网膜上的雷诺丁受体通道（ryanodine receptor channel）持续开放，细胞内Ca^{2+}浓度持续增高，引起骨骼肌痉挛，高热和乳酸酸中毒，为麻醉的主要死因之一。一旦发生，须迅速降低体温，吸氧，纠正酸中毒，用丹曲林（dantrolene）抑制肌浆网Ca^{2+}的释放，并用抗组胺药对抗组胺释放作用，血压下降时可用拟交感胺处理。

（6）其他：尚有增加腺体分泌，促进组胺释放等作用。

（二）非去极化型肌松药

又称竞争性肌松药（competitive muscular relaxant）。这类药物与ACh竞争神经肌肉接头的N_M胆碱受体，阻断ACh的去极化作用，使骨骼肌松弛。因这类神经肌肉阻滞药起效慢，持续时间长，主要用于大手术麻醉的辅助药。抗胆碱酯酶药可拮抗其肌松作用。

该类药物分为苄基异喹啉类和类固醇类。筒箭毒碱为代表药物，但不良反应多，目前临床已少用。

筒箭毒碱（d-tubocurarine）为箭毒中提取的生物碱。箭毒（curare）是南美印地安人用数种植物制成的植物浸膏，涂于箭头，动物中箭后四肢肌肉松弛，便于捕捉。

1. 药理作用与机制

（1）肌松作用：静脉注射筒箭毒碱后，快速运动肌如眼部肌肉首先松弛，随后四肢、颈部和躯干肌肉松弛，继之肋间肌松弛，出现腹式呼吸，剂量加大，最终可致膈肌麻痹，患者呼吸停止。恢复顺序则相反，即膈肌麻痹恢复最快。

（2）组胺释放作用：该药尚可促进体内组胺的释放，表现为组胺样皮疹、支气管痉挛、低血压和唾液分泌等症状。

（3）神经节阻滞作用：常用量即有自主神经节阻滞作用，并可部分抑制肾上腺髓质的分泌，造成血压下降。

2. 临床应用

为麻醉辅助药，适用于胸腹部手术及气管插管等。目前，传统的筒箭毒碱已被同类其他药物所取代（表9-2-1）。

表9-2-1　其他非去极化型神经肌肉阻滞药物

药名	药理作用	不良反应
阿曲库铵 atracurium	与筒箭毒碱相似。本药消除的两种途径皆不依赖于肝肾功能，故适用于肾功能不全者	参见筒箭毒碱
多库氯铵 doxacurium	长时作用类	参见筒箭毒碱
咪库铵 mivacurium	短时作用类 通过血浆假性胆碱酯酶消除	有组胺释放作用，可出现脸红，血压降低等症状
潘库铵 pancuronium	该药为长时间作用类。小部分经肝脏降解，少量由胆汁排泄，主要经肾排泄	有轻度的心悸与血压升高。肾功能不全者须减量

Note

续表

药名	药理作用	不良反应
哌库铵 pipecuronium	该药为长时作用类。小部分由肝脏代谢，主要经肾排泄	参见筒箭毒碱
维库铵 wecuronium	该药为中时作用类。静注后体内迅速分布，经肝摄取，部分由肝脏代谢，药物原形及其代谢物主要由胆汁排泄。小部分经肾排泄	有支气管痉挛及变态反应，很少见。常用量并无明显心血管作用
罗库溴铵 rocuronium bromide	该药为中时作用类。通过肝脏代谢，代谢物保留部分肌松作用，经肾排泄	肝肾功能不良者慎用
氯二甲箭毒 dimethyltubocurarinium	大鼠膈神经膈肌标本的实验表明，本药的肌松效价约相当于筒箭毒碱的1/2	参见筒箭毒碱
加拉碘铵 gallarmine triethiadide	非去极化型肌松药，常用量神经节阻断作用不明显	有阿托品样心率加快作用
泰肌松 cissampelosine methiodide	肌松作用与筒箭毒碱相似	参见筒箭毒碱

（娄海燕）

第十章 感觉系统概述

感觉（sensation）是神经系统的基本功能之一，其产生是由感受内外刺激的感受器（sensory receptor）或感觉器官（sensory organ）将信息通过感觉传导通路传到感觉中枢的结果。机体通过感受器将外界的声音、光线、温度、碰触等刺激转换成电能传入中枢神经系统，形成感觉。

感受器是人和动物的体表或组织内部的一些专门感受机体内、外环境变化的结构或装置。感受器本质上是一种换能装置，将不同来源不同类型的刺激能量（光能、热能、机械能等）转化为神经系统的电信号。

一、感受器的分类

感受器按照刺激性质分为机械感受器、温度感受器、伤害性感受器、光感受器和化学感受器，按照分布位置分为外感受器（感受体外信号如视觉、嗅觉、听觉等）和内感受器（感受机体内环境的变化）。

二、感受器的一般生理特征

（一）感受器的适宜刺激

一种感受器对某种能量形式的刺激反应最灵敏，这种刺激被称为该感受器的适宜刺激（adequate stimulus）。适宜刺激必须具有一定强度才能引起感觉，引起感觉所需要的最小刺激强度称为感受阈。某些非适宜刺激也可引起感受器的一定反应，但所需的刺激强度通常要比适宜刺激大得多。

（二）感受器的换能作用

所有的感受器都有一个共同特征，能将作用于它们的刺激能量转换为传入神经的动作电位，这被称为感受器换能作用（transduction of receptor）。感受器可以通过直接引起离子通道开放状态的改变，或者通过G蛋白介导的信号转导影响离子运动的方式产生感受器电位（receptor potential）。

（三）感受器的适应作用

当一个恒定强度的刺激施加于感受器时，其感觉传入神经冲动频率随时间逐步下降，因而感觉强度减退，这一现象叫作感受器的适应（adaptation）。感受器的适应通常分为快适应和慢适应两类。皮肤触觉感受器如环层小体（lamellar corpuscle）、Meissner小体（Meissner corpuscle）等属于快适应感受器，受到刺激时，它们在刺激作用后的短时间内发放传入冲动，此后虽然刺激持续存在，但神经冲动的频率迅速下降，甚至消失。Merkel盘（Merkel disk）、Ruffini小体（Ruffini corpuuscle）、肌梭、颈动脉窦压力感受器等属于慢适应感受器。这类感受器在刺激持续作用时，一般仅在刺激开始后不久传入冲动的频率稍有下降，以后可在较长时间内维持在这一水平，直到刺激被撤除为止。

三、感觉信号在感觉通路中的编码和处理

（一）感觉通路对刺激类型的编码

不同类型感觉的引起，除了与不同的刺激类型及其相对应的感受器有关外，还取决于传入冲动所经过的专用通路及其最终到达的大脑皮质的特定部位。所以，当刺激发生在一个特定感觉的神经通路时，不管该通路的活动是如何引起的，或者是由该通路的哪一部分所产生的，所引起的感觉总是该通路的感受器在生理情况下兴奋所引起的感觉，遵循Müller（1835年）所提出的特异神经能量定律。

（二）感觉通路中的感受野

感受野（receptive field）是指由所有能影响某中枢感觉神经元活动的感受器所组成的空间范围。不同的感觉神经元，其感受野的大小不相等。例如，视网膜中央凹和手指尖皮肤的分辨率很高，感受器在此处的分布十分密集，因而其相应感觉神经元的感受野就很小，但视网膜周边区和躯干皮肤的分辨率较低，感受器分布较稀疏，因而其相应感觉神经元的感受野就很大。

（三）感觉通路对刺激强度的编码

在同一感觉系统或感觉类型的范围内，感觉系统对刺激强度的编码除发生在感受器水平外，也发生在传入通路和中枢水平。当刺激较弱时，阈值较低的感受器首先兴奋；当刺激强度增加时，阈值较高的感受器也参与反应，感受野将扩大。例如，当某一频率的声强增大时，不仅听神经单根纤维动作电位频率增加，而且有更多的听神经纤维兴奋，共同向听觉中枢传递这一声频的信息，使感觉得到增强。

（四）感觉通路中的侧向抑制

20世纪40年代，Hartline和Ratliff在研究鲎的复眼时发现，一个小眼的活动可因近旁小眼的活动而受到抑制，这就是普遍存在于感觉系统中的侧向抑制（lateral inhibition）现象。在感觉通路中，由于存在辐散式联系，一个局部刺激常可激活多个神经元，处于中心区的投射纤维直接兴奋下一个神经元，而处于周边区的投射纤维则通过抑制性中间神经元抑制其后续神经元。这样，与来自刺激中心区感觉神经元的信息相比，来自刺激周边区的信息则受到抑制。可见，侧向抑制能加大刺激中心区和周边区之间神经元兴奋程度的差别、增强感觉系统的分辨能力。它也是空间（两点）辨别的基础。

（于　卉）

第十一章 躯体和内脏感觉

第一节 躯 体 感 觉

躯体感觉是感官中最多样化的感觉，收集来自全身（如皮肤、肌肉、关节等）的感觉信息（触觉、压力、振动、肢体位置、热、冷、痛和痒）并将其传递到中枢神经系统。躯体感觉可以分为机械刺激引起的触压觉和本体感觉（位置觉和运动觉）、温度刺激引起的温度觉和多种刺激引起的痛觉和痒觉。

一、触压觉

虽然触摸、压力和振动刺激会引起不同的感觉，但它们都是由同一类型的感受器引起的，统称为触压觉。

（一）触压觉感受器

1. 游离的神经末梢

位于皮肤和许多组织中，感受触摸和压力。如轻触眼睛和角膜引起的触压觉就是由此类感受器传递的。

2. Meissner小体

这些小体位于无毛的皮肤，尤其是指尖、嘴唇和皮肤等部位，Aβ纤维末梢伸入其中。Meissner小体对皮肤表面移动的物体及低频振动敏感，属于快感受器，适应时间不超过1 s。

3. Merkel盘

位于皮肤区，感受野很小，只有当刺激作用于Merkel盘上的皮肤时才能感知。

4. 毛囊的机械感受器

位于毛囊内或毛囊周围的神经末梢，感受毛发的弯曲引起的毛囊和周围皮肤组织的变形。

5. Ruffini小体

位于真皮底部，感受野较大，在手部Ruffini小体能覆盖整个手指或半个手掌，对长时间的刺激产生更持久的反应。

6. 环层小体

位于真皮深处，感受野较大，对皮肤振动敏感。

（二）触压觉敏感性指标——触觉阈和两点辨别阈

用点状触压刺激皮肤，只有某些点被触及时才引起触觉，这些点称为触点（touch spot）。在触点上引起触觉的最小压陷深度，称为触觉阈（touch threshold）。测试一个人的触觉辨别能力是通过两点辨别阈来评价。两点辨别阈（threshold of two-point discrimination）是指如果将两个点状刺激同时或相继触及皮肤时，人体能分辨出这两个刺激点的最小距离。体表不同部位的两点辨别阈差别很大，如指尖大约是2 mm，而背部需要30～70 mm，这是由于不同部位触觉感受器的种类和数量不同造成的。

二、温度觉

人们可以感知不同程度的冷热，冰冷→冷→凉爽→温暖→热→滚烫，这些温度觉也起源于皮肤的感受器。温度感受器有冷感受器和热感受器，均分布于皮肤下，是游离的神经末梢。冷感受器由有髓的Aδ纤维支配，对10～40℃的冷刺激发生反应；热感受器由无髓的C纤维支配，对32～45℃的热刺激发生反应。研究发现感觉神经元对温度变化的敏感度取决于神经元表达离子通道的类型，其中一类是瞬时受体电位通道（transient receptor potential，TRP）。目前发现的TRP 28个成员中有7个可以感受热和温觉刺激，包括TRPV1～TRPV4、TRPM2、TRPM4和TRPM5；2个可以感受冷刺激，包括TRPA1和TRPM8。

三、触压觉和痛温觉传导通路

触压觉和痛温觉传导通路又称浅感觉传导通路，由3级神经元组成。

（一）躯干和四肢触压觉和痛温觉传导通路

第1级神经元为脊神经节神经元，胞体为中、小型，其周围突分布于躯干和四肢皮肤内的感受器，中枢突经后根进入脊髓。其中，传导痛温觉的纤维（细纤维）在后根的外侧部入脊髓，经背外侧束再终止于第2级神经元；传导触压觉的纤维（粗纤维）经后根内侧部进入脊髓后索，再终止于第2级神经元。第2级神经元胞体主要位于第Ⅰ、Ⅳ到Ⅶ层，它们发出纤维上升1～2个节段，经白质前连合到对侧的外侧索和前索内上行，组成脊髓丘脑侧束和脊髓丘脑前束（侧束传导痛温觉，前束传导粗触觉压觉）。脊髓丘脑束上行，经延髓下橄榄核的背外侧、脑桥和中脑内侧丘系的外侧，终止于背侧丘脑的腹后外侧核。第3级神经元的胞体位于背侧丘脑的腹后外侧核，它们发出的纤维称丘脑中央辐射，经内囊后肢投射到中央后回中、上部和中央旁小叶后部（图11-1-1）。

在脊髓内，脊髓丘脑束纤维的排列有一定的顺序：自外侧向内侧、由浅入深，依次排列着来自骶、腰、胸、颈部的纤维。因此，当脊髓内肿瘤压迫一侧脊髓丘脑束时，痛温觉障碍首先出现在身体对侧上半部（压迫来自颈、胸部的纤维），逐渐波及下半部（压迫来自腰骶部的纤维）。若受到脊髓外肿瘤压迫，则发生感觉障碍的顺序相反。

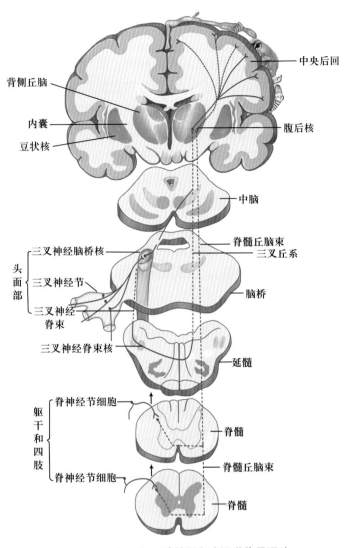

图11-1-1　躯干和四肢触压和痛温觉传导通路

（二）头面部的触压觉和痛温觉传导通路

第1级神经元为三叉神经节、舌咽神经上神经节、迷走神经上神经节和膝神经节神经元，其周围突经相应的脑神经分支分布于头面部皮肤及口鼻黏膜的相关感受器，中枢突经三叉神经根和舌咽、迷走和面神经入脑干；三叉神经中传导痛温觉的三叉神经根纤维入脑后下降为三叉神经脊束，连同舌咽、迷走和面神经的纤维一起止于三叉神经脊束核；传导触压觉的纤维终止于三叉神经脑桥核。第2级神经元的胞体在三叉神经脊束核和三叉神经脑桥核内，它们发出纤维交叉到对侧，组成三叉丘脑束，止于背侧丘脑的腹后内侧核。第3级神经元的胞体在背侧丘脑的腹后内侧核，发出纤维经内囊后肢，投射到中央后回下部（图11-1-1）。

在该通路中，若三叉丘脑束以上受损，将导致对侧头面部痛温觉和触压觉障碍；若三叉丘脑束以下受损，将导致同侧头面部痛温觉和触压觉发生障碍。

四、本体感觉及其传导通路

本体感觉是指来自躯体深部的组织结构如肌肉、肌腱和关节等，对躯体的空间位置、姿势、运动状态和运动方向的感觉，可分为静态位置感觉和运动感觉或动态本体感觉。无论是静态还是动态本体感觉的产生均依赖于机体对所有平面、所有关节的角度、速率等综合信息。本体感受器主要有肌梭、腱器官感受肌肉的长度、运动方向、运动速度和张力等变化，关节的本体感受器感受关节运动的角度、方向和速度变化，另外一些位于皮肤的感受器也可以感受关节的活动程度等。因此人们产生有意识的运动感觉是本体感觉和皮肤感受器共同作用的结果。

躯干和四肢的本体感觉传导通路有两条，一条传至大脑皮质，产生意识性感觉；另一条传至小脑，不产生意识性感觉。该传导通路还传导皮肤的精细触觉（如辨别两点距离和物体的纹理粗细等）。因头面部的本体感觉尚不十分清楚，此处不做介绍。

（一）躯干和四肢的意识性本体感觉和精细触觉传导通路

该通路由3级神经元组成。第1级为脊神经节神经元，其周围突分布于肌肉、肌腱、关节等处的本体觉感受器和皮肤的精细触觉感受器，中枢突经脊神经后根的内侧部直接进入脊髓后索，分为长的升支和短的降支。其中，来自第5胸节以下的升支走在后索的内侧部，形成薄束；来自第4胸节以上的升支行于后索的外侧部，形成楔束。两束上行，分别止于延髓的薄束核和楔束核。短的降支至后角或前角，完成脊髓牵张反射。第2级神经元的胞体在薄、楔束核内，由此二核发出的纤维向前绕过中央灰质的腹侧，在中线上与对侧的交叉，称（内侧）丘系交叉，交叉后的纤维转折向上，在锥体束的背方呈前后方向排列，行于延髓中线两侧，称内侧丘系。内侧丘系在脑桥呈横位居被盖的前缘，在中脑被盖则居红核的外侧，最后止于背侧丘脑的腹后外侧核。第3级神经元的胞体在腹后外侧核，发出纤维称丘脑中央辐射（central thalamus radiation）。经内囊后肢主要投射至中央后回的中、上部和中央旁小叶后部，部分纤维投射至中央前回（图11-1-2）。

若该通路在内侧丘系交叉的下方或上方的不同部位受损时，则患者在闭眼时将不能感知损伤同侧（交叉下方损伤）或损伤对侧（交叉上方损伤）关节的位置、运动方向及两点间距离。

（二）躯干和四肢的非意识性本体感觉传导通路

非意识性本体感觉传导通路实际上是反射通路的上行部分，为传入至小脑的本体感觉，由2级神经元组成。第1级为脊神经节神经元，其周围突分布于肌、腱、关节的本体感受器，中枢突经脊神经后根的内侧部进入脊髓，终止于$C_8 \sim L_2$节段胸核和腰骶膨大第 V～VII层外侧部。由胸核发出的2级纤维在同侧脊髓侧索组成脊髓小脑后束，向上经小脑下脚进入旧小脑皮质；由腰骶膨大第 V～VII层外侧部发出的第2级纤维组成对侧和同侧的脊髓小脑前束，经小脑上脚止于旧小脑皮质。以上第2级神经元传导

Note

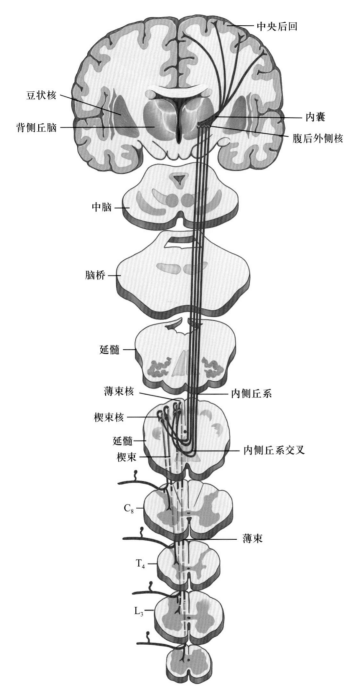

图 11-1-2　躯干和四肢意识性本体感觉和精细触觉传导通路

躯干（除颈部外）和下肢的本体感觉。传导上肢和颈部的本体感觉的第2级神经元胞体位于颈膨大部第Ⅵ、Ⅶ层和延髓的楔束副核，这两处神经元发出的第2级纤维也经小脑下脚进入小脑皮质（图11-1-3）。

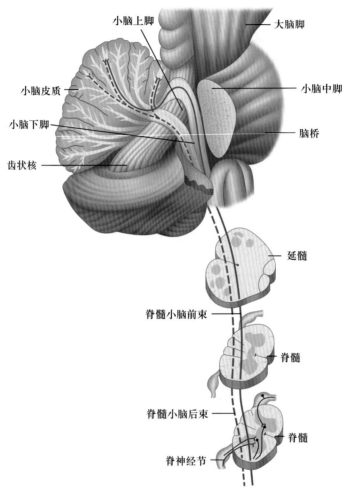

图11-1-3　躯干和四肢非意识性本体感觉传导通路

（于　卉　李振中）

第二节　痛　觉

病例11-2-1

陆先生是一名工人，在工作时衬衫袖子被机器缠住了，把他的胳膊拖进了设备里。外科医生试图修复手臂，但血液供应严重受损，最终右臂肘部以下被截肢。

Note

自从事故发生后，他经历了幻肢痛，这种感觉辐射到右臂，而且似乎来自不存在的右手。他将这种疼痛描述为放射痛、灼痛和刺痛，天气冷时感觉更明显。在视觉模拟疼痛评分量表上，他给它打了7分（满分10分）。当触碰残肢上的皮肤时，还会有痛觉过敏的现象。当他刮胡子时，会感觉到幻侧手刺痛。一开始医生给他开了温和的止痛药来缓解疼痛，但这些药基本上不起作用。他寻求替代疗法，如经皮神经电刺激（TENS）和针灸，但这些都有好坏参半的结果：TENS使疼痛加重，针灸只能缓解部分疼痛。同样，抗惊厥药和三环类抗抑郁药卡马西平和阿米替林等药物效果有限，而吗啡等更强的阿片类药物在治疗最初有效，但现在需要更高的剂量才能达到同样的效果。他被转到疼痛科，医生尝试了交感神经阻断，但效果有限。在尝试了几种新药组合均不成功后，他开出了加巴喷丁的处方。经过几个月的治疗，陆先生突然描述他的幻肢疼痛退化到他几乎察觉不到的程度（疼痛评分1/10）。这种最新治疗的唯一不良反应是第一次治疗时出现几天轻微头晕的现象。

　　请回答以下问题：正常情况下外周刺激怎样传导到大脑产生痛觉？哪些机制可以促成痛觉过敏和幻肢痛？为什么TENS和针灸无效？吗啡是如何减轻疼痛的？为什么需要更高的剂量才能达到同样的效果？其他药物的基本原理是什么？

　　疼痛是一种与引起组织损伤刺激有关的不愉快的感觉和情感体验。其中包括痛觉（pain）和痛反应。痛觉是对伤害性刺激的感知，依赖于专门的受体和通路；痛反应则是机体对伤害性刺激的反应。此外，生物体对有害刺激的反应是多方面的，还涉及情感和动机成分。痛觉信息是复杂的，涉及多个脑区如脑干、丘脑和前脑。1979年，国际疼痛协会定义痛是一种与实际上或潜在的组织损伤相关联的不愉快的感觉和情绪体验。

一、疼痛的分类

　　疼痛有不同的分类方式。按照疼痛的部位，可以分为躯体痛和内脏痛；按照疼痛的性质，可以分为刺痛、钝痛、酸痛、胀痛、绞痛等；按照疼痛持续时间，可分为急性痛和慢性痛；按照疼痛的致病原因和发病机制，通常将疼痛分为伤害性疼痛（nociceptive pain）和病理性疼痛（pathological pain）。伤害性疼痛又称生理性痛，是伤害性刺激直接兴奋伤害性感受器（nociceptor）引起的疼痛，损伤修复后，疼痛消失。病理性痛根据致病原因又可分为炎症性痛和神经病理性痛。炎症性痛是指由创伤、细菌或病毒感染、化学性物质及外科手术等引起的外周组织损伤导致的炎症引起的，伴随局部红、肿、热和（或）功能障碍，出现强烈的损伤区域原发性痛和损伤周围区的继发性痛，由此还会产生痛觉过敏（hyperalgesia），即对伤害性刺激敏感性增强和反应阈值降低的现象和非痛刺激（如触摸）引起的痛觉超敏（allodynia）现象。神经病理性痛（neuropathic pain）是指周围或中枢神经系统原发、继发性损害或功能障碍、短暂紊乱引起的疼痛，此类疼痛通常没有组织损伤，它可由外周至中枢神经系统各个水平上的病理变化引起，也可继发于进行性代谢性疾病、感染性疾病和结构紊乱。

Note

二、痛觉的传递

（一）伤害性感受器与致痛因子

1. 伤害性感受器

一般认为痛觉感受器是非特化的游离神经末梢，它们是背根神经节和三叉神经节中感受和传递伤害性冲动的初级传入神经元的外周部分，广泛分布于皮肤、肌肉、关节、血管壁和内脏等组织器官。

不同组织的伤害性感受器的形态结构基本相同，但反应特性各不相同。根据它们激活的适宜刺激分为以下3类。

（1）机械伤害性感受器（mechanical nociceptor）：又称高阈值机械感受器，对强烈的机械刺激产生反应，对针尖刺激特别敏感。

（2）机械温度伤害性感受器（mechanothermal nociceptor）：对中等程度的机械刺激产生反应，也对冷热刺激（高于45℃或低于5℃）产生反应。

（3）多觉型伤害性感受器（polymodal nociceptor）：对多种不同性质的伤害性刺激均产生反应，包括机械、温度和化学性刺激等。

2. 致痛因子

伤害性刺激引起外周组织释放和生成多种致痛化学和细胞因子，参与激活和调制伤害性感受器，称为内源性致痛因子。主要有以下几类。

（1）直接从损伤细胞中溢出的化学性物质：组胺、5-HT、ACh、ATP、H^+、K^+等。

（2）在损伤细胞释放出的酶作用下局部合成的化学性物质：前列腺素、白三烯等。

（3）伤害性感受器激活后自身合成释放的物质：P物质等。

（4）神经细胞及免疫细胞释放的细胞因子：神经营养因子、IL-1、IL-8等。

（二）痛觉传入纤维

伤害性感受器是初级感觉神经元的游离神经末梢，其传入纤维属于薄髓鞘的Aδ纤维和无髓鞘的C纤维。一般来说，疼痛的感知被描述为两类：一类是剧烈的、定位明确的，痛感觉的发生和消失都很快，一般不伴随明显的情绪反应，被称为快痛（fast pain）或第一痛（first pain），由Aδ纤维介导；另一类是弥漫性的，定位模糊，痛感觉的发生和消失都比较缓慢，常伴有明显的情绪反应，被称为慢痛（slow pain）或第二痛（second pain），由C纤维介导。

躯干、四肢和头面部的痛觉传导路和温度觉传导路同行，合称痛温觉传导路，详见前述。

（三）内脏痛

内脏中有痛觉感受器，但无本体感受器，所含温度觉和触、压觉感受器也很少。因此，内脏感觉主要是痛觉。

1. 内脏痛的特点

内脏痛是临床常见症状，常由机械性牵拉、痉挛、缺血和炎症等刺激所致。内脏

Note

痛的特点是：①定位不准确，对刺激的分辨力差；②发生缓慢，持续时间较长；③对机械性牵拉、痉挛、缺血、炎症等刺激敏感，而对切割、烧灼等刺激却不敏感；④有明显的情绪反应，并常伴有牵涉痛。

2. 牵涉痛

某些内脏疾病往往引起远隔的体表部位发生疼痛或痛觉过敏，这种现象称为牵涉痛（referred pain）。牵涉痛的部位和病变的脏器往往不在同一部位，但两者受相同脊髓节段的神经支配（图11-2-1）。例如，心肌缺血时，常感到心前区、左肩和左上臂疼痛；患胃溃疡和胰腺炎时，可出现左上腹和肩胛间疼痛；胆囊炎、胆石症发作时，可感觉右肩区疼痛；发生阑尾炎时，发病开始时常觉上腹部或脐周疼痛；肾结石时可引起腹股沟区疼痛等。由于牵涉痛的体表放射部位比较固定，因而在临床上常提示某些疾病的发生。

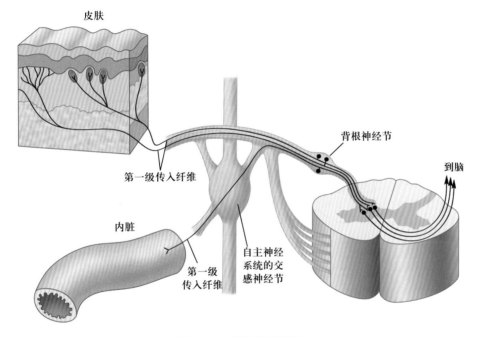

图11-2-1　牵涉痛示意图

从内脏痛觉感受器的轴突与从皮肤痛觉感受器的轴突进入脊髓的路径相同，脊髓内有大量来自两者痛觉信息的混合。这种内脏和皮肤痛觉信息的串线产生了牵涉痛，内脏痛觉感受器的活动被感知为皮肤的痛觉

（四）痛觉的调制

1. 脊髓水平的调制

大量研究表明，脊髓背角胶状质区（第Ⅱ层）是痛觉传递调制的关键部位，终止于胶状质的伤害性传入纤维与胶状质的中间神经元、投射神经元和脑干下行纤维形成局部神经网络。"闸门控制学说"（gate control theory）是在此基础上提出的。

20世纪60年代，加拿大心理学家Melzack和英国生理学家Wall根据电生理的基本实验，提出解释痛觉传递和调制机制的学说——闸门控制学说。该学说的核心是脊髓的节段性调制，脊髓背角的胶状质作为脊髓的"闸门"调制外周传入冲动向脊髓背角神经元的传递。参与此节段性调制的神经网络由A类和C类初级传入纤维、脊髓背角投射神经元（T细胞）和胶状质抑制性中间神经元（SG细胞）组成。A纤维和C纤维均可激活T细胞活动，而对SG细胞的作用相反，A传入纤维可兴奋SG细胞，C纤维可抑制SG细胞的活动。因此，当损伤引起C纤维紧张性活动，SG细胞活动受到抑制，闸门打开，C纤维传入冲动大量进入脊髓背角。当诸如轻揉皮肤等刺激兴奋A纤维，SG细胞兴奋，闸门关闭，抑制T细胞活动，减少或阻遏伤害性信息向中枢传递，使疼痛缓解（图11-2-2）。目前越来越多的证据表明，脊髓痛觉调控机制远比"闸门控制学说"描述的要复杂得多。

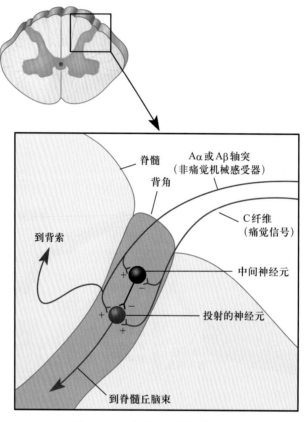

图11-2-2　痛觉闸门控制学说

脊髓背角某些投射神经元发出一轴突沿脊髓丘脑束上行，非痛觉机械感受器的轴突和无髓的痛觉轴突都可以兴奋投射神经元。投射神经元被中间神经元抑制，而中间神经元既可被非痛觉机械感受器的轴突兴奋，又可被痛觉轴突抑制

2. 高级中枢对痛觉的下行调制

20世纪60年代初研究吗啡镇痛作用机制时，我国学者邹刚和张昌绍首先发现在兔的第三脑室周围灰质注入微量吗啡能够持久地抑制光热刺激所引起的痛反应。此外，我国学者韩济生也发现针刺镇痛与中枢神经系统释放5-羟色胺、内源性阿片肽等化学物质有关。以后大量的研究表明，中枢神经系统内存在一个以脑干结构为中心，由多个脑区组成的调制痛觉的下行抑制系统。该系统主要由中脑导水管周围灰质（periaqueductal grey，PAG）、延髓头端腹内侧核群（中缝大核及邻近的网状结构）和一部分脑桥背外侧网状结构（蓝斑核群）的神经元组成，他们的轴突主要经过脊外侧束下行，对脊髓背角痛觉信息产生调制。这种调制作用是双向的，包括下行抑制和下

Note

行易化，但关于下行易化的生理意义目前尚不清楚。

除了脑干对痛觉的调制，丘脑和大脑皮质对痛觉也有调制作用，但其机制更为复杂，需要进一步研究。

（于　卉）

第三节　阿片类镇痛药

病例 11-3-1

一名19岁的男子在街上被发现反应迟钝，昏昏欲睡，不能回答问题，随后他被送往医院。查体发现他的心率为60次/min，呼吸很浅且频率为7次/min，瞳孔双侧对称呈针尖样大小，对光反应变化很不明显，同时医生发现他的双臂上有多处静脉注射的痕迹。急诊医生诊断患者为某种药物滥用所致。请问最可能的诊断是哪类药物过量滥用？此类药物除了合理应用的治疗效果以外，还会引起其他什么效应？为什么？

疼痛是因组织损伤或潜在的组织损伤产生的痛觉，是许多疾病的伴随症状，剧烈的疼痛不仅可以使患者产生痛苦和紧张不安的情绪反应，还可引起机体生理功能紊乱，甚至诱发休克。药物治疗是临床缓解疼痛的主要措施之一。镇痛药（analgesics）为一类选择性作用于中枢神经系统特定部位，能消除或减轻疼痛，同时可缓解疼痛引起的不愉快情绪的药物。

一、阿片类镇痛药的共性

阿片（opium）是罂粟科植物罂粟（papaer somniferam）未成熟蒴果浆汁的干燥物，含有20多种生物碱。根据化学结构，可将其分为菲类和异喹啉两大类。前者如吗啡，有镇痛作用；后者如罂粟碱，有松弛平滑肌扩张血管的作用。按照通常的分类法，阿片类镇痛药是指从阿片中提取的有镇痛作用的天然生物碱、部分合成的此类生物碱衍生物以及全合成的与之有类似作用的药物，如吗啡（morphine）、美沙酮（methadone）、哌替啶（mepridine）、芬太尼（fentanyl）、可待因（codeine）、纳丁啡（nalbuphin）、喷他佐辛（pentazocine，镇痛新）等。

（一）化学结构

图11-3-1列出了常见的一些阿片受体激动药、部分激动药和拮抗药的结构。其特点见表11-3-1。从表中可见，结构上很小的改变有可能造成药理作用的很大变化，甚

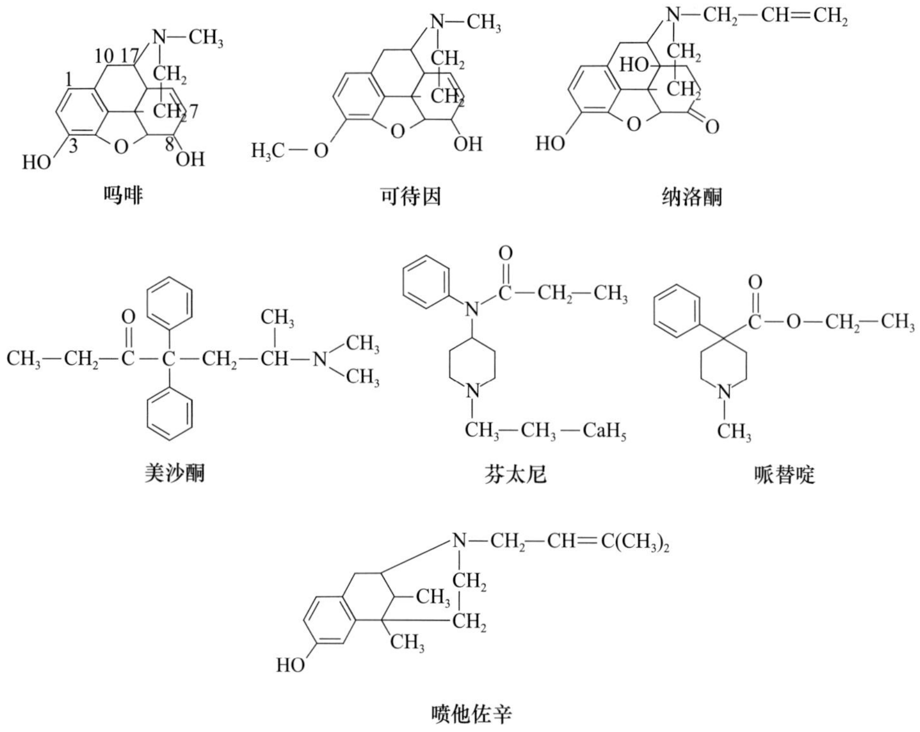

图11-3-1　阿片类镇痛药及其拮抗药的化学结构

至可能从激动剂变成拮抗剂。以甲基取代酚羟基上的氢原子，使吗啡变成可待因，其镇痛作用明显降低；而用较大的丙烯基取代N原子上的甲基，则吗啡转化为拮抗剂纳洛酮（naloxone）。除了作用强度和性质的改变之外，结构变化对药物的吸收、分布及排泄均会产生影响。例如C3位的—OH被—OCH₃取代，则药物不易被首过消除，因此口服的生物利用度提高。如果吗啡的两个羟基都被乙酰化，则生成海洛因（heroin），它通过血脑屏障的速度远大于吗啡。

表11-3-1　常用阿片类镇痛药的特点

名称	常用剂量（mg）	口服：注射药效比	镇痛时效（h）	镇痛效力	成瘾性
吗啡	10	低	4～5	高	高
美沙酮	10	高	4～6	高	高
哌替啶	60～100	中等	2～4	高	高
芬太尼	0.1	注射给药	1～1.5	高	高
可待因	30～60	高	3～4	低	中等
纳洛酮	0.5～1	注射给药	3～6	高	低
喷他佐辛	0.3	注射给药	4～8	高	低

（二）镇痛作用机制

阿片类镇痛药物与机体各部位特异性受体结合产生多种药理作用。脑内与痛觉传递有关的部位和对痛性伤害性刺激产生反应的部位都是此类药物的作用位点，并由此产生中枢镇痛作用。但镇痛并非阿片类的唯一作用，中枢和外周尚存在一些阿片类药物的其他作用位点，如肠道神经丛等。研究发现，凡是外源性阿片类药物高亲合力结合位点附近，往往存在若干种较高浓度的具有阿片类活性的内源性肽类物质，被称为阿片肽。尽管种类繁多的阿片肽在化学结构和药理性质上有许多相似之处，但无论在生化特性还是在神经通路的分布上，都有明确的区别。

1. 阿片肽

阿片肽的分子量大小相差悬殊，脑啡肽只有5个氨基酸残基（酪氨酸-甘氨酸-甘氨酸-苯丙氨酸-甲硫氨酸或亮氨酸），即甲硫脑啡肽（methionine enkephalin，ME）及亮脑啡肽（leucine-enkephalin，LE）。β-内啡肽则有31个氨基酸残基。但脑啡肽的5个氨基酸序列是所有阿片肽共有的关键性序列，这一序列是阿片肽家族的标志，也是与阿片受体结合及产生阿片样药理作用必需的序列，其他阿片肽N-末端均以此序列开始。各种阿片肽C-末端的长度和氨基酸组成决定着它们对不同阿片受体的选择性。

已知的阿片肽可分为三大类，每一类都由一种特定的巨型前体分子衍化而来。阿片肽前体蛋白合成后，被特殊的酶在毗邻的两个碱性氨基酸之间切断，降解为较小的肽。根据这种特点，可从前体蛋白的一级结构推断其水解产物。

不同的阿片肽对不同阿片受体的亲和力各异，而各种受体又介导不同的生物活性。因此，细胞可以通过调节各种前体蛋白的降解速率和比例改变各种阿片肽或其他相关肽的生成，从而调节其功能。

2. 阿片受体

人们很早就发现阿片类药物的作用有以下特点：①高效性和选择性；②严格的立体结构特异性，只有左旋体才有镇痛作用；③有特异的拮抗剂。因此认为阿片类药物很可能通过特异性的受体产生作用，并且一直在寻找这种受体，并探讨确定其分子结构。1962年，我国学者邹刚、张昌绍等证明吗啡镇痛作用部位在中枢第三脑室周围灰质。1973年，利用放射受体结合技术确定了哺乳动物脑中阿片类药物的特异性结合位点，并证明其与药物作用相关。

阿片受体存在于中枢神经系统（脑和脊髓），在脑内的分布广泛而且不均一。与痛觉传入、整合及感受有关的神经结构（脊髓胶质区、丘脑内侧、中脑导水管周围灰质等）阿片受体的密度较高；与情绪及精神活动较为密切的边缘系统及蓝斑核中阿片受体的密度最高。阿片类药物除镇痛作用之外，尚有镇静、解除恐惧和焦虑的作用。阿片受体激活可直接抑制上述区域的神经元，减少谷氨酸、P物质等神经递质的释放，间接抑制痛觉传导的中间神经元，达到抑制痛觉传导，产生镇痛等作用。此外，在中枢神经系统以外也有阿片受体存在。如激活肠黏膜下神经丛中的阿片受体，可对胃肠道平滑肌产生作用；心肌中存在的δ阿片受体与心肌缺血预适应有关。阿片受体可能有多种亚型，每种亚型受体与某些特定类型的阿片样物质有更高的亲和力，而且不同亚型的受体介导不同的效应群。对某一亚型受体的激动剂敏感性下降后，对另一亚型受体的激动剂仍然敏感，说明不同亚型之间并无交叉耐受性。

在神经和其他组织中，已经确定3种主要的阿片受体：μ受体、δ受体和κ受体。阿片类药物对这3种受体的作用见表11-3-2。这3种受体都已经通过分子克隆技术确定了其蛋白质的一级结构，并对其结构与功能的关系进行了深入的研究。研究提示可能这3种受体还有更多的亚型，例如μ_1和μ_2受体、δ_1和δ_2受体以及κ_1、κ_2、κ_3受体等。

已经克隆的受体都属于G蛋白耦联受体家族，其氨基酸序列同源性很高。某种阿片类物质对不同亚型受体可能是完全激动剂或部分激动剂，甚至可能是拮抗剂；而且对不同受体的亲和力也有所不同。因此，各种阿片类物质就表现出各不相同的药理学特性。

表11-3-2 阿片类药物和内源性阿片肽与受体作用的选择性

	受体类型		
	μ	δ	κ
阿片受体激动药			
吗啡	+++		+
美沙酮	+++	+++	+++
芬太尼	+++	+	+
部分激动药			
纳布啡	--		++
喷他佐辛	部分激动药		++
阿片受体拮抗药			
纳洛酮	--	-	--
纳曲酮	---	-	---
内源性阿片肽			
甲硫脑啡肽	++	+++	
亮脑啡肽	++	+++	
β^+内啡肽	+++	+++	
强啡肽B	+	+	+++
α^+新内啡肽	+	+	+++

注：+. 激动剂；-. 拮抗剂

镇痛、欣快感、呼吸抑制及躯体依赖性等吗啡类药物的典型作用主要是由于其对μ受体的作用，目前使用的大部分阿片类镇痛药物都属于此类。根据一系列阿片类药物镇痛作用的强弱，确定了μ受体亚型的存在。使用基因敲除技术敲除小鼠的μ受体后，δ受体激动剂仍然可以对这种小鼠发挥镇痛作用，这说明激活δ受体也能导致镇痛效应。目前已经有一些δ受体激动剂用于镇痛。典型的μ受体激动药吗啡也作用于δ和κ受体，但目前尚不清楚这与吗啡的镇痛作用相关的程度。喷他佐辛虽然主要作用于κ受体，但也对μ受体有一定的部分激动剂的作用，因此在此药的镇痛作用中，两种受体所起的作用如何评价，尚待阐明。现有临床资料表明，喷他佐辛、纳布啡（nalbuphine）和布托诺啡（butorphanol）等κ受体激动药对女性的镇痛作用强于男性，其机制尚待研究。

内源性阿片肽与δ和κ受体的亲和力明显不同于阿片类生物碱。特定的阿片肽对特定的受体有很高的选择性，主要表现为他们对特定受体的亲和力有很大差异。比如，亮氨酸脑啡肽与δ受体有很高的亲和力，而强啡肽则对κ受体有很高的亲和力。

3. 阿片类药物作用的细胞和分子机制

在分子水平上，阿片受体与G蛋白耦联，发挥对细胞膜离子通道、细胞内钙离子浓度以及蛋白磷酸化的调节作用。阿片类药物对神经细胞主要有两条直接的调节通路：①关闭突触前膜电压敏感钙离子通道，减少神经递质的释放。释放受抑制的神经递质包括乙酰胆碱、去甲肾上腺素、谷氨酸、5-羟色胺及P物质。②开放突触后膜钾离子通道，使突触后膜处于超极化状态，从而抑制冲动传导（图11-3-2）。

Note

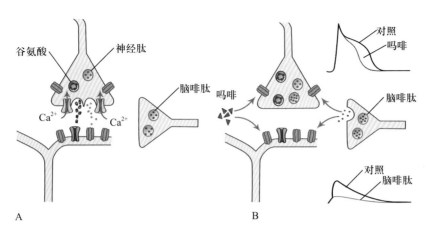

图 11-3-2 吗啡镇痛作用机制示意图

A. 脊髓背角痛觉传入。谷氨酸和神经肽是伤害性感觉传入末梢释放的主要神经递质，突触前、后膜均接受含脑啡肽的中间神经元调控，后者受中枢下行抑制通路控制；B. 内源性脑啡肽或外源性吗啡作用于突触前、后膜的阿片受体，导致Ca^{2+}内流减少，K^+外流增加，使突触前膜神经递质释放减少、突触后膜超级化，从而抑制痛觉传入。右上角插图：阿片类缩短突触前末梢动作电位时程（APD）；右下角插图：阿片类导致突触后膜超极化和减弱兴奋性突触后电位（EPSP）

所有 3 种亚型的阿片受体都大量存在于脊髓背角。这些受体不仅存在于脊髓痛觉传导神经元，也存在于初级传入神经元。阿片受体激动剂抑制初级传入神经元释放兴奋性神经递质，从而直接抑制背角痛觉传导神经元，在脊髓水平发挥有力的镇痛作用。临床可以在脊髓特定部位给予阿片受体激动剂，利用阿片在脊髓的直接作用取得局部的镇痛作用。其最明显的益处是作用局限于脊髓的特定部位，因此可以减少药物对脊髓以上水平的作用，如呼吸抑制、恶心、呕吐及镇静等全身用药时常见的不良反应。

但在大多数情况下，阿片类药物常规给药途径均产生全身作用，因此除上述对脊髓的作用外，也会影响脊髓以上水平与痛觉传导有关的部位。在脊髓以上的痛觉传导和痛觉整合下行通路各部位都广泛存在阿片受体，例如腹侧喙状髓质、蓝斑、中脑导水管周围灰质区域等。阿片类药物在这些区域的作用机制一致，通过激活阿片受体，发挥抑制痛觉传导的作用。

外源性阿片类药物的作用部分与内源性阿片肽释放相关。例如吗啡可能直接作用于 μ 受体，而这种作用可能激发释放内源性阿片肽，这些阿片肽可能激活 δ 受体和 κ 受体。因此，即使是选择性的受体激动剂也可能影响多种突触，导致复杂的作用。

通常认为阿片类药物和内源性阿片肽主要在中枢发挥镇痛作用，但实际上它们也能在中枢神经系统外介导镇痛作用。临床和动物试验研究均发现，炎性疼痛对此尤为敏感。

（三）药理作用

阿片类镇痛药对中枢神经系统及外周均具有广泛的药理作用。

1. 中枢神经系统

（1）镇痛：任何痛觉都包括两方面，即伤害性刺激的传入和机体对之发生的反应。阿片类对两方面都有影响，能有效地提高痛阈，产生强大的镇痛作用，同时可以减轻患者对疼痛的恐惧感。因此，使用阿片类镇痛药物之后，即使仍然感到疼痛，患者的恐惧和焦虑等情绪反应也可明显减轻，对疼痛的耐受明显提高。但这种基于个人感受的效果常存在个体差异。

（2）欣快感：疼痛患者或成瘾者给予阿片类药物之后，常有欣快感。但并非每个疼痛患者或正常人使用阿片类药物之后都感到欣快舒适，一些患者或正常人可能感到烦躁不安。

（3）镇静：阿片类药物常使患者嗜睡、意识模糊，一些正常的行动可能受影响，但并不造成记忆丧失。阿片类药物的催眠作用在老年人较明显，引起的睡眠易被唤醒。但如与其他镇静药物合用，则会产生协同作用。天然阿片的衍生物，如吗啡等镇静作用较为明显；而人工合成的药物，如芬太尼等镇静作用较弱。

（4）呼吸抑制：所有的阿片类药物都可能抑制脑干的呼吸中枢，造成严重的呼吸抑制，使肺泡内的CO_2分压升高。更为严重的是，阿片类药物抑制中枢对血中CO_2的敏感性。大多数研究表明，这种抑制是通过 μ 受体产生。呼吸抑制的程度与剂量相关，剂量越大，抑制作用就越显著，而且同时受传入的其他感官刺激的影响。因此，可用各种不同的刺激克服呼吸抑制，这种刺激一旦消失，呼吸抑制可能加重。例如存在严重的疼痛时，大剂量的吗啡并不引起呼吸抑制，一旦疼痛缓解，同样剂量的吗啡就可能导致严重的呼吸抑制。呼吸系统健全的患者能耐受吗啡引起的中等呼吸抑制，但呼吸功能不全的患者就会出现严重后果。此外，由于阿片类使血中CO_2分压升高，造成脑血管扩张，增加颅内压。因此，颅内压升高的患者禁用阿片类药物。禁用于哮喘、慢性呼吸道阻塞性疾病患者。

（5）镇咳：阿片类药物抑制咳嗽反射，常用于病理性咳嗽，其中可待因使用最为广泛，但可能因止咳而造成分泌物潴留，阻塞呼吸道，故可用于无痰干咳。阿片类的镇咳作用也会产生耐受性。

（6）缩瞳：阿片类药物使瞳孔缩小，针尖样瞳孔是阿片类药物中毒的特殊表现。阿片类药物吗啡可兴奋支配瞳孔的副交感神经，引起瞳孔括约肌收缩，使瞳孔变小。这一作用无耐受性，即使是严重依赖阿片的个体用药后仍然会有缩瞳表现。因此这一现象对本类药中毒均有鉴别诊断意义。

（7）增强肌张力：一些阿片类药物可造成躯体的大肌肉张力增加。这可能是药物在脊髓水平上作用的结果。有时由于肌张力增加，可使胸廓活动受限，影响呼吸。这种现象可见于大剂量静脉注射高脂溶性的阿片类药物芬太尼。

（8）恶心呕吐：阿片类药物兴奋延髓催吐化学感受区的阿片受体，可导致恶心和呕吐。

2. 外周作用

（1）对心血管的作用：大多数阿片类药物对心脏没有直接作用，一般对血压、心脏的频率及节律无明显影响。由于阿片类药物对中枢血管运动-稳定机制的抑制，以及其组胺释放作用，使外周血管扩张，在一些心血管系统处于应激状态的患者，可能发生低血压，最常见的是体位性低血压。对血容量降低的患者，使用吗啡类药物也会促使或加重血压降低。

（2）对胃肠道的作用：阿片类药物抑制胃肠道运动，造成便秘，这是药物对外周

Note

和中枢的阿片受体共同作用的结果。胃肠道黏膜下神经丛有高浓度的阿片受体，这些受体被激动使胃肠道的张力增加，蠕动减弱，可致胃肠道内容物排空减慢，尤其是在结肠内停留时间延长，水分被大量吸收，引起便秘。不同的阿片类药物用后发生便秘的程度可能不同，喷他佐辛（pentazocine）则很少引起便秘。

阿片类药物使胆道平滑肌收缩，尤其是Oddi括约肌收缩，可能引起胆绞痛。在影响胆汁和胰液分泌时，可使淀粉酶和脂肪酶升高。

（3）泌尿生殖系统：阿片类药物可抑制肾功能。这可能是由于减少肾血流量所致。此外，阿片类药物已被发现对人体有抗利尿作用。治疗剂量的阿片类药物可使膀胱和输尿管的张力增加，提高膀胱括约肌的张力，可能导致手术后患者发生尿潴留。偶可加重肾结石所致的肾绞痛。阿片类的外周和中枢作用可能降低子宫平滑肌张力，延长产程。

（4）神经内分泌：阿片类药物可使抗利尿激素、催乳素、促生长素分泌增加，使促黄体生成素分泌减少。这些结果反映出内源性阿片类物质对这一系统的调节作用。

3. 部分激动剂的作用特点

部分激动剂的特点是对某些亚型的受体可能是激动剂，而对另外的某些亚型的受体则是拮抗剂。如喷他佐辛激动κ受体和δ受体，但拮抗吗啡对μ受体的激动作用，除镇痛作用外，还有较明显的镇静作用，大剂量时，常见眩晕、恶心、呕吐等不良反应，但较少产生严重的呼吸抑制。然而一旦发生呼吸抑制，只能应用完全拮抗药（纳洛酮）来对抗，而不能使用部分拮抗药纳洛芬（nalorphine）对抗。

（四）体内过程

大部分阿片类镇痛药口服易吸收。但由于它们多在肝脏与葡萄糖醛酸结合而失效，所以口服的生物利用度较低，欲达到有效治疗浓度需加大剂量。肝脏代谢的速率存在个体差异，所以口服的剂量很难控制。皮下注射、肌内注射、鼻黏膜和口腔黏膜给药吸收较好。有的药物首过消除不明显（如可待因），故其口服的生物利用度较好。

阿片类镇痛药在体内的分布取决于其理化性质。其在血液中与血浆蛋白结合的程度有所不同，但均可迅速游离，进入组织。组织中的药物浓度往往与该组织的血流量相关，故肝、肾、肺和脾中的药物浓度最高。肌肉中药物浓度虽不很高，但肌肉总量大，故其成为体内储存此类药物的主要部位。高亲脂性的阿片类药物（如芬太尼）较多地蓄积在脂肪内。由于血-脑脊液屏障的存在，阿片类药物在脑中的浓度较其他组织低，但海洛因和可待因等在C_3位上加入甲酰基或乙酰基后的化合物较易通过血-脑脊液屏障，因而脑中浓度会较高。吗啡为两性化合物，少量通过血-脑脊液屏障。阿片类能通过胎盘进入胎儿体内，胎儿的血-脑脊液屏障发育不完全，故产科使用时应予注意，以免引起新生儿呼吸抑制。

阿片类的极性代谢产物大多经肾脏排出，少量原形药物也可以经此途径排出。胆汁可排出少量与葡萄糖醛酸结合的代谢物。

（五）临床应用

疼痛是一个非常复杂的问题。首先，必须明确诊断，确定使用何种药物，选择适当的剂量。不适当地使用镇痛药物可能影响病史的采集及体检的正确性，贻误诊断。

1. 疼痛

阿片类对各种疼痛均有效，由于易引起成瘾性和耐受性，所以一般仅用于其他镇痛药物无效的急性锐痛和严重创伤、烧伤等引起的疼痛。心肌梗死引起的剧痛如果患者的血压正常，也可用吗啡镇痛。

晚期癌症患者常伴有严重的持续性疼痛，为提高其生存质量，应常规给予止痛药物。给药方法影响缓解疼痛的效果。一些研究表明，定量定时给予药物，保持血中一定的药物浓度，产生的镇痛作用往往优于疼痛发作时给药，为此国外已有缓释剂上市。

2. 心源性哮喘

静脉注射吗啡对于左心衰竭突发急性肺水肿而引起的呼吸困难（心源性哮喘）有良好的效果。其机制可能是由于吗啡扩张外周血管，降低外周阻力，减轻心脏前、后负荷；同时，吗啡的中枢镇静作用减轻了患者的焦虑和恐惧，使心脏的负担减轻从而使症状缓解；此外，吗啡降低呼吸中枢对二氧化碳的敏感性，减弱过度的反射性呼吸兴奋，使急促浅表的呼吸得以缓解，也有利于心源性哮喘的治疗。但伴有休克、昏迷、严重肺部疾病或痰液过多时禁用。对其他原因引起的肺水肿，如尿毒症所致，也可应用吗啡。应该注意的是与支气管哮喘急性发作相鉴别，因后者为该类药物的禁忌。

3. 咳嗽

阿片类药物有强大的镇咳作用，用于镇咳时所用剂量小于镇痛。但由于目前已有许多新型镇咳药物，阿片类用于镇咳者已日渐减少。

4. 腹泻

阿片类药物可用于各种类型的腹泻。如腹泻由感染引起，则应联合使用有效的药物控制感染。此外，由于目前已有特异性作用于胃肠道的止泻药物，又无中枢作用及阿片类的其他副作用，故该类药物已少用。

5. 复合麻醉

由于阿片类药物的镇静、镇痛和抗焦虑作用，常作手术前用药。有时也在术中配合其他麻醉药物，以提高麻醉效果。

（六）不良反应与注意事项

阿片类药物的直接毒性和不良反应主要来自其本身的一些药理作用，如呼吸抑制、恶心、呕吐及便秘等。最值得注意的是其耐受性及依赖性。

1. 耐受性与依赖性

多次反复使用阿片类药物会产生耐受性，其机制可能是长期激动阿片受体，导致细胞内Ca^{2+}升高（急性给药通常使细胞内Ca^{2+}降低）、受体与G蛋白的相互作用方式发生改变，以及细胞内cAMP升高。由于细胞对阿片受体的内吞作用增强，并且受体的生成速度降低，或者受体虽然数量没有明显变化，但其敏感性降低，出现所谓脱敏伴有依赖现象。

阿片类药物的依赖有其自身的特点。突出表现为耐受性、相对特异地反映生理依赖（physiological dependence）的戒断综合征，以及十分严重的精神依赖症状。不同的阿片类药物，戒断症状出现的可能性及症状的严重程度也有所不同。强激动剂依赖者的戒断症状和体征较弱激动剂依赖者更为明显。同样，完全激动剂导致依赖性的可能性明显高于部分激动剂，而且一旦形成依赖性，其戒断症状也相当严重。

阿片类药物耐受性的形成与用药剂量、给药间隔及用药时程等因素都有密切的关系。大剂量短间隔连续给药会对所用的阿片类药物产生耐受性；小剂量长间隔给药产生耐受性的速度缓慢。一般的阿片类药物按常规剂量间隔使用，往往在2～3周之后才会产生明显的耐受性。严重的耐受能使患者用药的剂量提高数倍乃至数十倍。

阿片类药物之间存在交叉耐受性，即对某种阿片类药物产生耐受性之后，对其他的多种阿片类药物也产生耐受性。而且交叉耐受性表现在所有的药理作用中，即不仅镇痛作用下降，而且欣快作用、呼吸抑制、镇静作用等均减弱。

部分激动药也会产生耐受性，但其程度较完全激动剂轻，而且一般不与完全激动药的耐受性发生交叉。一般拮抗药并不产生耐受现象。

重复给予μ受体激动药，在导致耐受性的同时，会产生身体依赖。此时如果停止给药，就会产生一系列戒断症状，包括兴奋、失眠、流泪、流涕、出汗、震颤、呕吐、腹泻，甚至虚脱、意识丧失等，给药后上述症状立即消失。症状的多少和严重程度与药物依赖的程度相关。戒断症状出现的时间及其持续的长短与药物的种类及其生物$t_{1/2}$有关。以吗啡为例，其戒断症状往往出现于上次给药后的6～10 h，36～48 h达到高峰，随后即逐渐减弱，5 d左右大部分症状消失，但也有迁延数月者。美沙酮要几天时间才达到戒断症状的高峰，症状消退则需2周以上，但其症状明显低于其他阿片类药物。因此常用美沙酮作为辅助性戒除阿片成瘾的药物。一旦戒断症状消失，对药物的耐受性也随之消失。值得重视的是，尽管戒断症状已经消失，但成瘾者对药物的精神依赖仍然会持续数月之久。

给予成瘾者纳洛酮或其他拮抗剂，可在注射后3 min内诱导出典型的戒断症状，这些症状10～20 min达到高峰，1 h左右消失。这样诱导产生的戒断症状往往十分严重。

部分激动药同样可以造成身体依赖，但其戒断症状有所不同，常包括焦虑、食欲缺乏、体重减轻、心律失常、体温升高及腹部绞痛等。

由于阿片类药物能产生欣快感等精神方面的作用以及成瘾性，因而使其成瘾者产生不择手段的觅药行为，对社会及其家庭危害极大，故该类药物的生产、销售及使用必须遵守国家的有关法律、法规，严格进行管理。

2. 阿片类药物中毒及其治疗

阿片过量中毒的诊断难易不同。例如已知患者吸毒，或者在其身体上发现大量注射痕迹，结合临床症状，如呼吸抑制和针尖样瞳孔等，就很容易诊断。但如果面对一个病史不清的昏迷患者，其诊断就非常困难。静脉注射0.2～0.4 mg纳洛酮（naloxone）能使阿片过量的昏迷患者清醒，但对其他中枢神经系统疾病造成的昏迷无效。明确诊断的阿片过量中毒亦使用纳洛酮进行治疗，常用0.4～0.8 mg静脉注射，必要时可重复一次，同时应及时采用各种对症治疗，尤其是针对呼吸抑制的各种措施。

二、常用阿片类镇痛药

阿片类药物是目前已知最有效的镇痛药物，但由于易产生耐受性和成瘾性，使其临床应用受到很大限制。百余年来，药理学家一直致力于寻找不产生耐受性和成瘾性的镇痛药物。临床常用的阿片类药物根据其镇痛效力、结构特点及对受体产生的作用进行分类。

（一）强激动药

1. 菲类化合物

属于菲类化合物的强激动剂包括吗啡（morphine）、氢化吗啡（hydromorphine）等。有关此类药物的特点在前文作了详细的介绍。另一个属于此类的强激动药是海洛因（heroin），但一般临床上很少使用它来治疗疼痛。事实上，海洛因是一种常见的被滥用的成瘾性药物。

2. 二苯甲烷类药物

此类药物的代表是美沙酮（methadone）。美沙酮的药效学特点与吗啡非常相似，其镇痛强度和效果与吗啡几乎相同，但其作用时间较吗啡长。美沙酮可以口服，且耐受性和依赖性的发生较吗啡更为缓慢。而且，对美沙酮成瘾的患者突然停药所产生的戒断症状明显轻于吗啡，但持续的时间较长，因此美沙酮可以作为吗啡或海洛因的替代品，用来进行戒毒治疗。对海洛因成瘾的患者进行戒毒治疗时，可给予小剂量的美沙酮（5～10 mg，每日2～3次口服）2～3 d，随即停用美沙酮，虽然患者仍然有一定程度的戒断症状，但远比海洛因的戒断症状轻，一般能够耐受。

3. 苯基哌啶类药物

此类药物的代表是哌替啶（pethidine）和芬太尼（fentanyl）。哌替啶有明显的抗M胆碱受体作用，因此，心动过速的患者不宜应用，同时文献报道哌替啶对心肌有负性变力作用。此外，大剂量使用哌替啶产生的代谢产物去甲哌替啶有中枢兴奋作用，可能导致惊厥或癫痫发作，临床应用时须引起注意。

（二）中等强度的激动药

可待因（codeine）属菲类化合物，镇痛效果低于吗啡。常常将它作为镇咳药使用，与阿司匹林等非甾体类镇痛抗炎药物配伍，制成复方制剂使用。

其他属于二苯甲烷类的普洛帕吩（propoxyphene，美沙酮的类似物）、属于苯基哌啶类的地芬诺酯（diphenoxylate）及其代谢产物地芬诺辛（defenoxin）等均属中等程度的阿片受体激动药。但前者由于作用强度低，而且毒副作用较多，故在国外已很少使用。

地芬诺酯可直接作用于肠平滑肌，并抑制肠黏膜感受器，消除局部黏膜的蠕动反射，从而抑制肠的节段性收缩，使肠内容物的通过减慢，有利于肠内水分的重吸收。但大剂量服用也可能产生类似吗啡的欣快感，长期应用可成瘾。常与阿托品联合用药，可以增强其抗腹泻作用，同时能延缓其产生耐受性和成瘾性。

Note

（三）混合性激动—拮抗药和部分激动药

1. 纳布啡

纳布啡（nalbuphine）属菲类化合物，是μ受体的拮抗药、κ受体的强激动药。化学结构与烯丙吗啡相似。其成瘾性较低，精神症状较轻，产生呼吸抑制作用的可能性也较小。但一旦产生呼吸抑制作用，拮抗剂纳洛酮的作用并不显著。

2. 喷他佐辛

喷他佐辛（pentazocine，镇痛新）是苯并吗啡烷类衍生物，其哌啶环上的N-甲基被异戊烯基团取代，是κ受体和σ受体的激动药，又是μ受体的部分激动药。因此，该药能减弱吗啡的镇痛作用，而且对吗啡成瘾的患者，可促进戒断症状的产生。但它对吗啡抑制呼吸的作用无明显拮抗作用。按等效剂量计算，它的镇痛效力为吗啡的1/3，即皮下或肌内注射30 mg的镇痛效果与吗啡10 mg相当。其呼吸抑制作用低于吗啡，大约是吗啡的1/2，而且加大剂量并不按比例增加其呼吸抑制作用。大剂量（60～90 mg）产生的精神症状，可用大剂量的纳洛酮拮抗。该药可减慢胃排空，延长肠内容物在肠道中的滞留时间。但对胆道括约肌的兴奋作用较弱，胆道内压力上升不明显。对心血管系统的作用与吗啡不同，大剂量不仅不会降低血压，反而会加快心率，升高血压。对冠心病患者，静脉注射该药能提高平均主动脉压、左室舒张末压及平均肺动脉压，因而增加心脏做功。上述心血管作用可能是因为该药能提高血浆中去甲肾上腺素水平所致。由于该药对μ受体有一定的拮抗作用，因而成瘾性很小，已列入非麻醉药品，目前临床应用广泛。但有报道长期服用该药亦有成瘾者，故不可滥用。

喷他佐辛适用于各种慢性疼痛，口服及注射给药吸收均良好，肌内注射后15 min～1 h达血药浓度峰值，$t_{1/2}$约2 h。口服后在肝中的首过消除显著，进入体循环的喷他佐辛不到20%，故口服后需1～3 h达血药浓度峰值，作用可持续5 h以上。喷他佐辛用药效果的个体差异较大，这可能与该药在肝内代谢速率的个体差异有关。

喷他佐辛的主要不良反应有困倦、眩晕、恶心、出汗。剂量增大能引起呼吸抑制、血压升高、心率加快，有时可引起焦虑、恶梦、幻觉等。纳洛酮能对抗其呼吸抑制的毒性。

（四）阿片受体拮抗药

纳洛酮和纳曲酮（naltrexone）都是阿片受体的完全拮抗药。其化学结构与吗啡很相似，只是其6位—OH基被羰基取代，而且叔氮上的甲基分别被较大的烯丙基（纳洛酮）或环丙异丁烷基（纳曲酮）取代。纳洛酮对四种阿片受体亚型有拮抗作用，对μ受体的亲和力最高，对其他受体的亲和力则较低。

单独使用一定剂量的纳洛酮或纳曲酮无明显的药理作用，但对使用吗啡的患者，可以在1～2 min几乎消除吗啡所有的药理作用。对吗啡过量中毒的患者，拮抗药可以有效地消除诸如呼吸抑制、意识模糊、瞳孔缩小、肠蠕动减弱等中毒症状。对成瘾的患者，尽管其在服用阿片类药物后可表现正常，但给予拮抗药后可以迅速诱导出戒断症状。这种作用可以用来确定特定的个体是否对阿片成瘾。对拮抗药不产生耐受性和成瘾性。

纳洛酮口服无效，注射给药后药效维持时间较短，为1～4 h。主要通过肝脏的葡萄糖苷化而失活。纳曲酮口服吸收良好，但大部分在经肝脏首过消除而失效。其作用时间较长，$t_{1/2}$为10 h左右，口服100 mg纳曲酮可以在48 h内有效地对抗海洛因的作用。

纳洛酮主要用于治疗阿片类药物过量中毒。但使用时应注意，纳洛酮的作用时间很短，可能用药后很快对抗了阿片类的中毒症状，患者从昏迷中清醒，但如未及时补充维持剂量，可能1～2 h之后患者再度陷入昏迷。一般纳洛酮的剂量是0.1～0.4 mg静脉注射，必要时可重复给药。

近年来的一些结果表明纳洛酮可能对休克的治疗有一定的意义。在失血性休克、细菌内毒素性休克和脊髓损伤性休克的试验动物中，给予纳洛酮都能使血压升高，并提高生存率。其作用机制尚不清楚，但有人发现试验动物血中的阿片肽含量提高。纳洛酮也试用于脑血管疾病，以改善区域性缺血。

三、其他镇痛药

（一）曲马朵

曲马朵（tramadol）为中枢性镇痛药，镇痛效力与喷他佐辛相当，镇咳效力为可待因的1/2，呼吸抑制作用弱，对胃肠道无影响，也无明显的心血管作用。镇痛作用机制尚未明确，该药的代谢物O-去甲基曲马朵对阿片μ受体的亲和力比原形药高200倍，但其镇痛效应不被纳洛酮完全拮抗，提示其镇痛作用可能有其他机制参与。现认为，该药有较弱的μ受体激动作用，并能抑制NE和5-HT再摄取。该药适用于中度以上的急、慢性疼痛，如手术、创伤、分娩及晚期肿瘤疼痛等。不良反应和其他镇痛药相似，偶有多汗、头晕、恶心、呕吐、口干、疲劳等。静脉注射过快可有颜面潮红、一过性心动过速。长期应用也可成瘾。抗癫痫药卡马西平可降低曲马朵血药浓度，减弱其镇痛作用。地西泮可增强其镇痛作用，合用时应调整剂量。

（二）布桂嗪

布桂嗪（bcinnazine）又称强痛定（fortanodyn），其镇痛效力约为吗啡的1/3。口服10～30 min或皮下注射10 min后起效，持续3～6 h。呼吸抑制和胃肠道作用较轻。临床多用于偏头痛、三叉神经痛、炎症性及外伤性疼痛、关节痛、痛经及晚期癌痛。偶有恶心、头晕、困倦等神经系统反应，停药后即消失。有一定的成瘾性。

（三）延胡索乙素及罗通定

延胡索乙素（tetrahydropalmatine）为中药延胡所含生物碱，即消旋四氢巴马汀，有效部分为左旋体，即罗通定（rotundine）。该类药物有镇静、安定、镇痛和中枢性肌肉松弛作用。镇痛作用较哌替啶弱，但较解热镇痛药作用强。镇痛作用与脑内阿片受体及前列腺素无关，无明显的成瘾性。罗通定口服吸收后，10～30 min起效，维持

Note

2～5 h。对慢性持续性钝痛效果较好，对创伤或手术后疼痛或晚期癌症的镇痛效果较差。可用于治疗胃肠及肝胆系统等引起的钝痛、一般性头痛以及脑震荡后头痛，也可用于痛经及分娩镇痛。该类药物对产程及胎儿均无不良影响。

（王　进）

第四节　解热镇痛抗炎药

病例 11-4-1

　　17 岁的女生小王因经期疼痛来到医生的办公室。疼痛有时很痛苦，以至于她无法参加室外活动。自述曾服用过非处方的中药丸，但没有定期服药，疼痛也没有得到足够的缓解，在过去的一年里似乎越来越重。小王没有明显的既往病史，其他体格检查也都正常。医生将其诊断为原发性痛经，并给予双氯芬酸药物治疗。双氯芬酸的作用机制是什么？非甾体类抗炎药有哪些治疗作用？

　　解热镇痛抗炎药具有解热、镇痛和抗炎作用。基于抗炎作用，为区别于肾上腺皮质激素及其衍生物，称其为非甾体类抗炎药（non-steroidal anti-inflammatory drugs，NSAIDs）。阿司匹林是该类药物的代表药，所以 NSAIDs 也称为阿司匹林类药物。虽然其化学结构不同，却有相同的作用和类似的不良反应。研究认为，此类药物的主要作用机制是抑制花生四烯酸环氧酶，从而抑制二十碳烯酸衍生物的合成。

一、药物分类

根据化学结构可将解热镇痛抗炎药分为如下几类。

1. 水杨酸类

阿司匹林（aspirin，乙酰水杨酸，acetylsalicylic acid）、水杨酸钠（sodium salicylate）、三水杨酸胆碱镁（choline magnesium trisalicylate）、双水杨酸酯（salsalate）、二氟苯尼酸（diflunisal）、柳氮磺吡啶（sulfasalazine）、偶氮水杨酸（olsalazine）等。

2. 苯胺类

对乙酰氨基酚（acetaminophen）等。

3. 吲哚类和茚乙酸类

吲哚美辛（indomethacin）、舒林酸（sulindac）、依托度酸（etodolac）等。

4. 杂环芳基乙酸类

托美汀（tolmetin）、双氯酚酸（diclofenac）等。

5. 芳基丙酸类

布洛芬（ibuprofen）、萘普生（naproxen）、氟吡洛芬（flurbiprofen）、酮基布洛芬

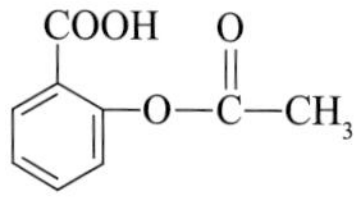

阿司匹林结构式

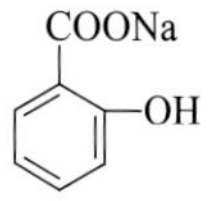

水杨酸钠结构式 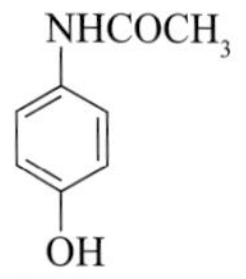   对乙酰氨基酚结构式 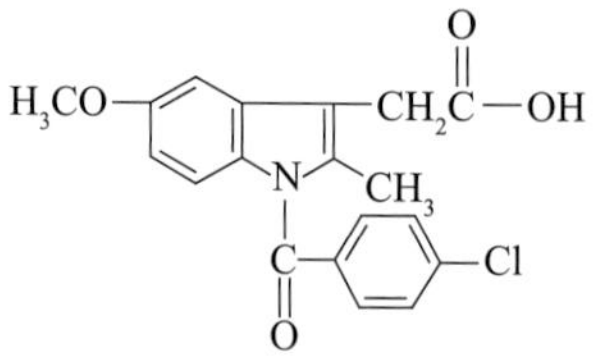   吲哚美辛结构式 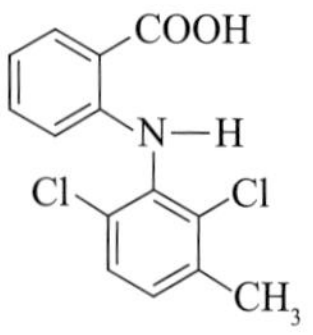   甲灭酸结构式

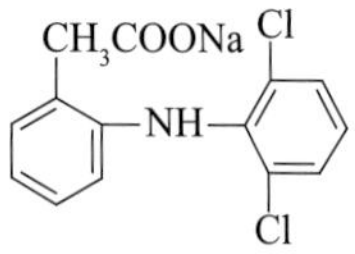

双氯芬酸钠结构式 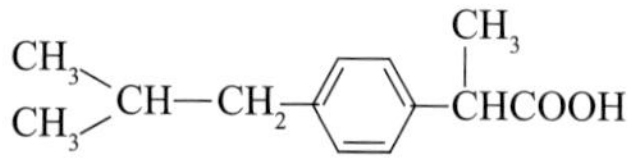   布洛芬结构式 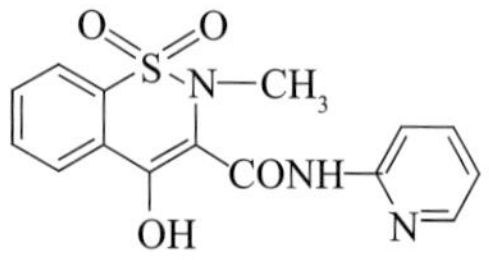   吡罗昔康结构式

图 11-4-1   常用 NSAIDs 的化学结构

（ketoprofen）、非诺洛芬（fenoprofen）等。

6. 灭酸类

甲灭酸（mefenamicacid）、甲氯灭酸（meclofenamicacid）等。

7. 烯醇酸和其他类（enolicacids）

吡罗昔康（piroxicam）、美洛昔康（meloxicam）、氯诺昔康（lornoxicam）、替诺昔康（tenoxicam）、萘丁美酮（nabumetone）等。

二、作用机制

阿司匹林在临床已使用一百多年，直到 1964 年，我国学者林可胜利用狗脾脏交叉灌流实验来鉴定镇痛药物的作用是在外周还是中枢，首次证明阿司匹林的镇痛部位主要是在外周。1971 年 Vane 及其助手以及 Smith 和 Willis 等证明阿司匹林抑制产生前列腺素（prostaglandin，PG）的环氧酶，此后的大量研究表明 NSAIDs 能抑制所有细胞产生和释放前列腺素。因此认为，抑制 PG 合成是 NSAIDs 的主要作用机制（图 11-4-2）。

环氧酶（cyclooxygenase）有两种同工酶，即环氧酶-1（cyclooxygenase-1，COX-1）和环氧酶-2（cyclooxygenase-2，COX-2）。COX-1 存在于血管、肾脏和胃，具有生理保护作用，如维持胃肠道黏膜的完整性，调节肾血流量和血小板功能；COX-2 又称诱导型环氧酶。炎症时，细胞因子和其他炎症介质诱导激活炎症部位的 COX-2，由此产生 PGG_2/PGH_2，随后的代谢取决于其所在组织细胞的种类及相关代谢酶的活性。花生四烯酸还可通过 12-脂氧合酶生成 12-羟过氧化二十碳四烯酸（12-hydroperoxyeicosatetraenoic acid，12-HPETE）和 12-羟基二十碳四烯酸（12-hydroxyeicosatetraenoic acid，12-HETE）；或者通过 5-脂氧合酶生成各种白三烯。NSAIDs 抑制环氧酶，但不抑制 5-脂氧合酶和12-脂氧合酶，因此只能阻断 PG 的生物合成，而不阻断后两种代谢通路。

与其他 NSAIDs 不同，阿司匹林使 COX-1 分子的一个丝氨酸残基（serine530）不可逆地乙酰化，从而阻止花生四烯酸与 COX-1 的活性部位结合，阻断 PG 的合成。由

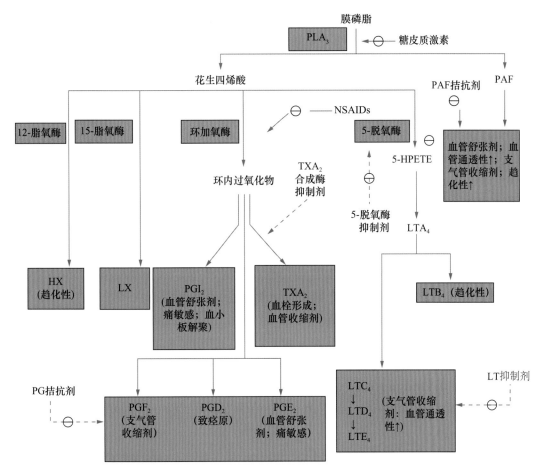

图 11-4-2 自膜磷脂生成的各种物质及其作用和药物作用环节

PLA₂. 磷脂酶 A₂；NSAIDs. 非甾体抗炎药；PAF. 血小板活化因子；5-HPETE. 5-氢过氧化二十碳四烯酸；LX. 脂氧素
（lipoxin）；HX. 羟基环氧素（hepoxilin）；PGI₂. 前列环素；PC. 前列腺素；TXA₂. 血栓素 A₂；LT. 白三烯

于阿司匹林对 COX-1 的乙酰化不可逆，所以需要有新表达的 COX-1 才能重新合成 PG。因此阿司匹林在各组织的有效作用时间与该组织的 COX-1 更新速率有关。由于血小板无法自身更新 COX-1，因此其对阿司匹林的不可逆抑制作用最为敏感。一次给予阿司匹林 40 mg 即可长时间抑制血小板的功能（8～11 d）。阿司匹林在肝脏代谢，脱去乙酰基生成水杨酸盐。虽然水杨酸盐仍可抑制环氧酶，但不能使 COX 乙酰化，因此阿司匹林抑制血小板作用的强弱与肝脏脱乙酰化的能力有关。

阿司匹林使 COX-2 的一个丝氨酸残基（serine516）不可逆地乙酰化，使 COX-2 不再催化合成 PG 的前体，转而催化花生四烯酸生成 15-羟二十碳四烯酸（15-hydroxyeicosatetraenoic acid，15-HETE）。

其他 NSAIDs 均是 COX 的可逆竞争性抑制剂，对 COX-1 和 COX-2 的选择性不高。因此，在治疗作用之外，常有阿司匹林类药物的致溃疡作用。近年来，人们努力寻找更特异的 COX-2 抑制剂，以减少不良反应。目前已有一些选择性 COX-2 抑制剂用于临床，如塞来昔布（celecoxib）、尼美舒利（nimesulide）等。这些药物的胃肠道不良反应较少，镇痛抗炎作用增强。但应注意，PG 及其代谢产物的病理生理作用极其复杂，除了与炎症和疼痛的关系之外，其对血液系统、心血管系统及其他系统的影响亦非常重要。此类药物临床应用的历史尚短，其临床作用及不良反应还有待于进一步观察。临床资料表明，长期服用一些选择性COX-2抑制剂在减少胃肠道不良反应的同时，可能带来心血管系统等更严重不良反应的发生。COX-2抑制剂的效果与实际安全性仍有待进一步确定。综合考虑每种药物给患者带来的利益和风险，权衡利弊后选择用药，以减少不良反应的发生。

由于炎症的病理过程非常复杂，抑制PG的生成显然不能涵盖NSAIDs作用的全部抗炎机制。大量研究证明，NSAIDs对参与炎症的血管内皮细胞的状态、白细胞黏附因子的表达、白细胞趋化因子（如补体因子C_{5a}、血小板激活因子、白三烯B_4等）、白介素-1（interleukin-1，IL-1）、肿瘤坏死因子（tumor necrosis factor，TNF）等，都有不同方式和不同程度的影响，其抗炎作用可能是上述各种作用的综合。

炎症或损伤造成的疼痛是由于局部刺激痛觉纤维以及机体对痛觉的敏感性增加所致，痛觉敏感性的增加与脊髓神经元激动性增加（中枢致敏）有关。NSAIDs对炎症和组织损伤引起的疼痛有较好的镇痛作用。PG也有一定的致痛作用，NSAIDs通过抑制PG的合成不但抑制PG本身的致痛作用，还能使局部感受器对缓激肽等致痛物质的敏感性降低。而对尖锐的一过性刺痛（直接刺激感觉神经末梢引起）无效。部分NSAIDs能在中枢神经系统产生镇痛作用，主要作用于脊髓，可能与其阻碍中枢神经系统PG的合成或干扰伤害感受系统的介质和调质的产生及释放有关。

感染时，IL-1、IL-6、干扰素及TNF等多种细胞因子增加，使下丘脑视前区附近细胞的PGE_2合成与释放增加，激动细胞表面受体，细胞内cAMP升高，促使下丘脑体温调定点升高，机体产热增加，散热减少，体温升高。NSAIDs抑制前列腺素合成，使升高的体温调定点回归正常，产生解热作用，而对体温调定点正常时发生的体温变化（如剧烈运动以及炎热环境造成的体温升高）无影响。

三、治疗作用

NSAIDs均具有解热镇痛抗炎作用，但各药的作用差异明显。例如，对乙酰氨基酚的解热和镇痛作用明显，但抗炎作用极弱。可能与药物对机体不同酶的敏感性差异有关。

NSAIDs适用于轻、中度疼痛，对炎症引起的疼痛尤为有效；对中空脏器的疼痛效果不佳；对手术后的慢性疼痛有效。尽管其镇痛作用弱于阿片类镇痛药物，但不产生呼吸抑制、耐受性及成瘾性等中枢不良反应。

此类药物为临床常用解热药物，可使发热者体温降至正常，对正常体温无影响。

NSAIDs也是临床治疗肌肉和骨关节的炎症性疾病的主要药物，能减轻风湿性和类风湿性关节炎等疾病的炎症和疼痛，但其对炎症造成的组织（包括心脏和其他组织）损伤并无影响。

NSAIDs还可用于治疗新生儿动脉导管未闭。由于痛经与子宫内膜PG分泌过多有关，NSAIDs也用于治疗痛经。

四、不良反应

NSAIDs的不良反应发生率较高。以阿司匹林为例，很多患者因不能耐受而中断使用。目前，许多新NSAIDs的疗效并不优于老药，但不良反应有所减少。

1. 消化系统不良反应

胃肠道刺激和组织损害是最常见的不良反应，胃肠道不良反应的发生主要有两种机制。

（1）口服后药物对胃黏膜的直接刺激：NSAIDs本身是弱酸性物质，在胃酸条件下多呈非解离状态，易穿过细胞膜进入胃黏膜细胞。细胞内液的pH较高，弱酸性药物呈解离型，不易跨越细胞膜，在细胞内积聚，使黏膜细胞受损。水杨酸阴离子在黏膜细胞内的浓度是胃内浓度的15～20倍。肠黏膜细胞内外pH梯度较小，不易引起NSAIDs在细胞内积聚，因此肠黏膜细胞很少受损。阿司匹林还侵袭黏膜细胞间的紧密连接，使胃酸从这些缺损的连接处穿透黏膜而损伤毛细血管和细静脉。

（2）抑制COX-1，引起胃黏膜损伤：胃黏膜存在的COX-1催化PGE_2形成，后者可减少胃酸分泌、促进胃黏液分泌、增加胃黏膜血管的血流量，起到保护黏膜的作用。NSAIDs抑制PG合成，因此对胃黏膜有损伤作用。

2. 神经系统不良反应

大多数NSAIDs可产生神经系统不良反应。其发生率因药而异。常见症状有头痛、头晕、耳鸣、耳聋、弱视、嗜睡、失眠、感觉异常、麻木等，偶见多动、兴奋、肌阵挛、震颤、共济失调、帕金森步态、幻觉等。中毒时可出现谵妄、惊厥、木僵、昏迷、反射消失等。

3. 泌尿系统不良反应

前列腺素对正常肾脏的血管扩张作用很小，但充血性心力衰竭、肝硬化、慢性肾脏疾病以及某些低血容量性疾病患者，对PG的血管扩张作用和肾上腺素的血管收缩作用较正常人敏感。此时，NSAIDs容易影响肾脏的血液灌流。前列腺素可减轻Cl^-潴留，减弱抗利尿激素的作用，表现一定的利尿排钠作用，NSAIDs抑制PG生成，可能造成一定程度的水肿。此外，NSAIDs促进K^+重吸收，减少肾素分泌，可能造成高血钾。

尽管长期使用单一NSAIDs产生严重肾脏损伤的病例不多见，但滥用复方药物却能产生严重的肾脏不良反应，包括肾乳头坏死、坏死性间质性肾炎等。这些不良反应往往在隐匿中加重，开始多影响肾小管功能和肾脏的浓缩功能，若未及时发现并停止使用NSAIDs，则可能造成永久的肾脏损伤。

非诺洛芬的肾毒性较高，其病变可从轻度肾小球肾炎到特征性间质性肾炎、多发性病灶，以致肾乳头坏死和肾衰竭，服用量在30 g/d以上时可导致急性肾衰竭。此外，还有非诺洛芬引起膀胱炎和排尿困难的报告。吲哚美辛、布洛芬、萘普生、保泰松、吡罗昔康等也有肾毒性的报告。

4. 血液系统不良反应

NSAIDs几乎都可以抑制血小板聚集，延长出血时间，但只有阿司匹林引起不可

Note

逆反应。粒细胞减少、再生障碍性贫血和其他血液病均有少数报道。吲哚美辛、保泰松、双氯芬酸发生再生障碍性贫血危险度较大。NSAIDs致血液系统不良反应的机制尚未阐明，可能由于变态反应所致。

五、常用的解热镇痛抗炎药

（一）水杨酸类药物

水杨酸是最早被发现的药物，由于其刺激性大，患者很难耐受，因此只能外用。其衍生物分为两类：①在其羧基上发生取代，生成水杨酰酯（esters of salicylic acid）；②羧基不变，羟基与其他有机酸形成水杨酸酯，如阿司匹林。此外，还包括一些水杨酸类药物。

水杨酸类药物的主要活性来自其水杨酸基团，羟基与羧基的邻位结构对其活性非常关键。改变水杨酸分子的羟基或羧基可改变其作用强度或毒性。

1. 药理作用

水杨酸类药物的药理作用复杂。

（1）镇痛：此类药物是应用最广泛的镇痛药物，长期使用不产生耐受性和依赖性，其他不良反应也较阿片类药物少。阿司匹林的镇痛作用主要在外周，但不排除与某些中枢作用有关。

（2）解热：阿司匹林能迅速使发热者体温降至正常。中等剂量的阿司匹林在降温的同时，使机体的耗氧量和代谢水平升高，中毒剂量的阿司匹林会造成发热者大汗乃至脱水。

（3）对风湿病、炎症、免疫及胶原代谢的影响：水杨酸类药物从发现至今，一直作为抗风湿病的主要药物。目前认为，除抑制PG合成之外，水杨酸类可能还有其他作用机制。

近年来，学界特别重视免疫机制与风湿病的关系。发现水杨酸类对一些抗原-抗体反应有抑制作用。其中包括抗体的生成过程、抗原-抗体的结合、抗原诱导的组胺释放。同时发现它能非特异性地抑制免疫反应发生时的血管通透性增加。但这些作用所需的水杨酸浓度很高，因此不能确定其是否能反映水杨酸类的抗风湿病机制。

近年来的研究发现，水杨酸类药物能影响结缔组织的代谢。黏多糖可防止感染和炎症的扩散。水杨酸对黏多糖的合成、代谢以及其在结缔组织基质中的构成等都有影响，可能通过这些机制发挥抗炎作用。

（4）对血小板功能的影响：低浓度阿司匹林能使PG合成酶（COX）活性中心的丝氨酸乙酰化失活，不可逆地抑制血小板环氧化酶，减少血小板中血栓素 A_2（thromboxane A_2，TXA_2）的生成，进而影响血小板的聚集及抗血栓形成，达到抗凝作用。高浓度阿司匹林能直接抑制血管壁中PG合成酶，减少了前列环素（prostacyclin，PGI_2）合成。PGI_2是TXA_2的生理拮抗剂，它的合成减少可能促进血栓形成。

2. 体内过程

口服水杨酸类药物吸收迅速，少部分在胃、大部分在小肠上部吸收。水杨酸能迅速经完整的皮肤吸收，尤其是油膏的吸收更好。服用临床常用剂量的水杨酸类药物后，80%～90%的水杨酸盐与血浆蛋白，尤其是清蛋白结合。水杨酸类的生物转化可发生在许多组织，但主要在肝脏网状内皮细胞的线粒体中进行。

3. 临床应用

临床最常用的水杨酸类药物是水杨酸钠（sodium salicylate）和阿司匹林，其他药物根据疾病及症状选用。

（1）发热：解热是此类药物的常见用途，但在充分考虑发热的根源和解热的必要性之后使用更妥。

（2）疼痛：一般轻、中度的头痛、关节痛、肌肉痛等均可使用。

（3）风湿及类风湿性关节炎：水杨酸类药物是治疗类风湿性关节炎的首选药物。但由于不良反应，尤其是胃肠道反应，使其应用受到限制。大多数类风湿性关节炎患者能在使用水杨酸类或其他NSAIDs后获得较好的疗效。但有些病例需要使用二线药物进行治疗，包括金制剂、氯喹、青霉胺、肾上腺皮质激素或免疫抑制剂等。

（4）预防血栓形成：由于低浓度的阿司匹林能抑制血小板聚集而起到抗凝作用，临床上使用小剂量（50～100 mg）阿司匹林治疗缺血性心脏病、脑缺血病、房颤、人工心脏瓣膜、动静脉瘘或其他手术后的血栓形成，预防心肌梗死和深静脉栓塞等疾病。

（5）防止妊娠高血压：有妊娠高血压倾向的孕妇每日口服60～100 mg阿司匹林，可以减少TXA_2的生成，减少高血压的发生。

（6）皮肤黏膜淋巴结综合征：儿科用于皮肤黏膜淋巴结综合征（川崎病）的治疗。

4. 不良反应

（1）胃肠道作用：胃肠道反应最常见。口服可直接刺激胃黏膜，引起上腹不适、恶心、呕吐，水杨酸钠尤易发生。大剂量长期服用（如抗风湿治疗）可引起胃溃疡或胃出血。水杨酸类引起的胃出血有时是无痛性的，不易察觉。

（2）变态反应：少数患者可出现荨麻疹、血管神经性水肿、过敏性休克等变态反应。某些哮喘患者服用乙酰水杨酸或其他解热镇痛药后可诱发哮喘，称为"阿司匹林哮喘"。其发病机制尚未明确，可能与白三烯类物质合成增加有关。故哮喘、鼻息肉等患者禁用阿司匹林。

（3）神经系统作用：大剂量水杨酸类药物对中枢神经系统有毒性作用。一般是先兴奋（甚至发生惊厥）后抑制。早期表现为头痛、眩晕、恶心、呕吐、耳鸣、听力减退等，总称为水杨酸反应。严重者可出现过度换气、酸碱平衡失调，甚至精神紊乱乃至昏迷。

（4）呼吸系统作用：水杨酸可直接刺激呼吸中枢，导致明显的过度通气，呼吸深度和频率都增加，患者每分钟通气量明显增加，可引起呼吸性碱中毒。

（5）心血管系统作用：使用大剂量水杨酸钠或阿司匹林治疗风湿热时，由于心排血量增加，循环血量可增加20%，对于心肌炎患者可能造成充血性心力衰竭或肺水肿，长期使用水杨酸类药物的老年患者危险性更高。

（6）肝肾作用：大剂量应用水杨酸类药物治疗的风湿病患者中，有5%左右会出现转氨酶活性升高等肝损伤表现。另外，使用水杨酸类药物治疗儿童水痘病毒感染或其他病毒（包括流感病毒）感染时，可能发生表现为严重肝损伤和脑病的Reye综合征。尽管水杨酸与Reye综合征的关系尚不清楚，但流行病学证据表明两者有相关性。因此，儿童、青春期水痘、流感病毒感染是水杨酸类药物的禁忌证。

（二）苯胺类

对乙酰氨基酚（acetaminophen，醋氨酚，扑热息痛）、非那西丁（phenacetin）均为苯胺衍生物，后者因毒性大已不单独应用。该类药物具有良好的解热镇痛作用，但抗炎作用弱，毒副作用少，较易耐受，应用广泛。

1. 药理作用

此类药物的解热镇痛作用与阿司匹林相当，但抗炎作用弱。可能是因为在中枢神经系统，对乙酰氨基酚抑制PG合成，产生解热镇痛作用，在外周组织对环氧化酶没有明显的作用。单次或反复使用此类药物对心血管和呼吸无影响，对胃肠道无刺激。

2. 体内过程

口服对乙酰氨基酚和非那西丁几乎完全在胃肠道吸收。80%的非那西丁在肝内迅速去乙基，成为对乙酰氨基酚，其余部分去乙酰基，成为对氨基苯乙醚。极少部分对乙酰氨基酚进一步经细胞色素P450代谢为对肝有毒性的羟化物。治疗剂量时，药物与肝脏谷胱甘肽的巯基反应，不产生明显的毒性；大剂量服用后，毒性代谢产物可耗竭肝脏的谷胱甘肽，进而与肝细胞中某些蛋白的巯基反应，造成肝细胞坏死。对氨基苯乙醚通过羟化，产生可使血红蛋白氧化为高铁血红蛋白及引起溶血的毒性代谢物。

3. 临床应用

对乙酰氨基酚和非那西汀的解热镇痛作用缓和持久，强度类似阿司匹林，且毒副作用小于阿司匹林，故作为解热镇痛药优于阿司匹林。对乙酰氨基酚可单独应用，非那西丁则与其他解热镇痛药配成复方应用（如APC），由于其对肾脏及血红蛋白的毒性，逐渐被对乙酰氨基酚取代。

4. 不良反应与注意事项

治疗剂量时，对乙酰氨基酚不良反应少，偶见皮疹或其他变态反应，严重者伴有药物热。对乙酰氨基酚过量急性中毒可致肝坏死。此类药物长期服用可能导致药物依赖性及肾损害。

（三）吲哚类和茚乙酸类

吲哚美辛（indomethacin，消炎痛）是有效的治疗类风湿性关节炎及相关疾病的药物，由于毒副作用多限制其应用，后来合成的舒林酸和依托度酸是其类似物，毒副作用减少。

1. 吲哚美辛

吲哚美辛是最强的PG合成酶抑制药之一，有显著的抗炎及解热作用，对炎性疼痛有明显镇痛效果。动物实验证明，对风湿性和类风湿性关节炎以及痛风性关节炎，其抗炎作用强于阿司匹林。但其不良反应明显，故仅用于其他药物不能耐受或疗效不显著的病例。通常在患者耐受的剂量范围内，疗效并不优于阿司匹林。吲哚美辛的镇痛作用与中枢和外周机制均有关。吲哚美辛治疗强直性脊椎炎和骨性关节炎的疗效高于阿司匹林。虽然不影响尿酸代谢，但其治疗急性痛风有较好疗效。

30%～50%的患者服用治疗剂量的吲哚美辛即可出现不良反应，约20%的患者因此停药。

（1）胃肠道反应：有食欲减退、恶心、腹痛、上消化道溃疡；偶可出血、穿孔；还可引起急性胰腺炎。

（2）中枢神经系统不良反应：25%～50%患者有头痛、眩晕，偶有精神失常。

（3）造血系统：可引起粒细胞减少、血小板减少、再生障碍性贫血等。

（4）变态反应：如皮疹，严重者可发生哮喘。由于该药强烈抑制花生四烯酸环氧酶，可通过增加白三烯的生成产生类似阿司匹林哮喘的作用。

孕妇、儿童、机械操作人员、精神失常、溃疡病、癫痫、帕金森病及肾病患者禁用。

2. 舒林酸

舒林酸（sulindac）的化学结构与吲哚美辛相似，是一种硫氧化合物。研究表明，舒林酸的作用强度是吲哚美辛的50%，但其硫化代谢产物抑制PG合成的能力是药物本身的500倍。口服后胃肠道黏膜仅接触对黏膜PG合成抑制较弱的原药，因而胃肠道不良反应相对较少。舒林酸不改变尿中的PG含量，不影响肾功能，可能是由于肾脏使活性较高的硫化代谢产物转化成活性较低的硫氧化合物。但用于肾功能不良的患者时，仍应引起注意。

舒林酸主要用于类风湿性关节炎、骨性关节炎、强直性脊椎炎。也可用于治疗急性痛风。不良反应低于吲哚美辛。

（四）灭酸类

灭酸类NSAIDs中常用的有甲灭酸（mefenamic acid）和甲氯灭酸（meclofenamic acid）。

早在20世纪50年代药理学家就发现了灭酸类药物。但由于其抗炎镇痛作用不优于其他NSAIDs，且毒副作用明显，因此不作为首选的治疗药物。临床主要用作类风湿性关节炎、骨性关节炎的二线药物。孕妇和儿童不宜使用。

甲灭酸的镇痛作用与外周和中枢作用都有关。除抑制PG产生，甲灭酸本身能在一定程度上对抗PG的作用。

（五）杂环芳基乙酸类

杂环芳基乙酸类NSAIDs有双氯酚酸、托美汀等。

1. 双氯酚酸

双氯酚酸（diclofenac）是强效的解热镇痛抗炎药物。其抑制环氧酶的活性较吲哚美辛、萘普生等强，且可通过抑制脂肪酸进入白细胞，降低细胞中花生四烯酸的浓度。

临床常使用其钠盐。用于长期治疗类风湿性关节炎、骨性关节炎、强直性脊椎炎等。也可短期用药用于急性肌肉及关节损伤、关节疼痛、痛经以及手术后镇痛等。可将该药与PGE_1衍生物一起制成肠溶糖衣片，保持其治疗作用，减少其副作用。儿童、哺乳期女性、孕妇不宜使用。

2. 托美汀

托美汀（tolmetin）有良好的抗炎作用和一定的解热镇痛作用。主要用于治疗骨性关节炎、类风湿性关节炎、幼年性类风湿性关节炎、强直性脊椎炎等。

（六）芳基丙酸类

芳基丙酸类药物不良反应少，临床应用广泛。它们有NSAIDs的所有药理作用，临床被应用于类风湿性关节炎、骨性关节炎、脊椎强直、急性痛风性关节炎、肌腱和腱鞘炎的对症治疗，以及痛经。常用芳基丙酸类抗炎药物见表11-4-1。

表11-4-1　常用芳基丙酸类抗炎药物

药物	常用抗炎剂量
布洛芬（ibuprofen）	每日3～4次，每次400 mg
萘普生（naproxen）	每日2次，每次250～500 mg
非诺洛芬（fenoprofen）	每日3～4次，每次300～600 mg
酮洛芬（ketoprofen）	每日3～4次，每次150～300 mg
氟比洛芬（flurbiprofen）	每日2～4次，每次50～75 mg

临床研究表明此类药物治疗类风湿性关节炎的疗效与阿司匹林相当。能使关节肿胀和疼痛减轻，晨僵时间缩短，改善肌肉力量、运动功能。不良反应比吲哚美辛和大剂量阿司匹林轻。但阿司匹林的价格比上述大多数药物低。除表中提到的药物外，还有不少属于此类的药物在国外使用，如芬布芬（fenbufen）、卡洛芬（carprofen）、吡洛芬（pirprofen）、吲哚布芬（indobufen）、噻洛芬酸（tiaprofenic acid）等。布洛芬是第一个应用到临床的丙酸类NSAIDs。

该类药物是环氧酶抑制剂，但各药作用强度不同。如萘普生抑制酶的强度是阿司匹林的20倍，而布洛芬等则与阿司匹林相当。此类药物抑制血小板功能，延长出血时间。萘普生对白细胞功能有明显的抑制作用，但临床意义不大。由于目前临床资料尚少，很难比较此类药物的优劣。但有研究表明萘普生对类风湿性关节炎的镇痛和改善晨僵作用较好，其次是布洛芬和非诺洛芬。但个体对药物的反应不同，所以很难预测药物的优劣。

布洛芬（ibuprofen）应用最普遍。有明显的抗炎、解热、镇痛作用。临床主要用于风湿性关节炎、骨关节炎、强直性关节炎、急性肌腱炎、滑液囊炎等，也可用于痛经的治疗。由于布洛芬的半衰期短，每日需用药多次，因此临床常使用其控释剂型，如芬必得等。该药禁用于孕妇和哺乳期女性。

（七）烯醇酸类

吡罗昔康（piroxicam）、美洛昔康（meloxicam）和氯诺昔康（lornoxicam，劳诺昔康）属于烯醇酸类化合物，具有抗炎、镇痛和解热等作用。治疗剂量的吡罗昔康长期治疗类风湿性关节炎和骨性关节炎的作用与阿司匹林、吲哚美辛或萘普生相当，但副作用小，易被患者接受。其半衰期长，可每日给药1次。除抑制PG合成外，吡罗昔康对白细胞有抑制作用，且能抑制软骨中的胶原酶。

吡罗昔康主要用于骨性关节炎和风湿性、类风湿性关节炎。美洛昔康对COX-2的选择性抑制作用比COX-1高10倍，半衰期为20 h，每日1次给药，在较低剂量时胃肠道不良反应少。

氯诺昔康作用与美诺昔康相似，对COX-2具有高度选择性作用和很强的镇痛抗炎作用，但解热作用弱。该药镇痛作用强大，其疗效与吗啡、曲马多相当，该药可激活中枢性镇痛系统，诱导体内强啡肽和内啡肽的释放而产生强大镇痛效应，可替代或辅助阿片类药物用于中度至剧烈疼痛时的镇痛，且不产生镇静、呼吸抑制和依赖性等阿片类药物常见的不良反应。

（王　进）

第五节　局部麻醉药

局部麻醉药（local anaesthetics）简称局麻药，是一类以适当的浓度应用与局部神经末梢或神经干周围，在意识清醒的条件下可使局部痛觉等感觉暂时消失的药物。该类药物能暂时、完全和可逆性地阻断神经冲动的产生和传导，局麻作用消失后，神经功能可完全恢复，同时对各类组织无损伤作用。

一、构效关系

常用局麻药在化学结构上由3部分组成，即芳香环、中间链和胺基团，中间链可为酯链或酰胺链，它可直接影响该类药物的作用。根据中间链的结构，可将常用局麻药分为两类：第一类为酯类，结构中具有 -COO- 基团，属于这一类的药物有普鲁卡因（procaine）、丁卡因（tetracaine）、苯佐卡因（benzocaine）等；第二类为酰胺类，结构中具有 -CONH- 基团，属于这一类的药物有利多卡因（lidocaine）、布比卡因（bupivacaine）、罗哌卡因（ropivacaine）等。

芳香环具有疏水亲脂性；胺集团属弱碱性，也具有疏水亲脂性，但与氢离子结合后具有疏脂亲水性，因此局麻药具有亲脂疏水性和亲水疏脂性的双重性。亲脂基团的亲脂性可增强局麻作用效果，有利于药物与相应位点的结合与分离，与药物发生作用直接相关。

二、药理作用及机制

（一）局麻作用

局麻药可作用于神经，使神经冲动兴奋阈电位升高、传导速度减慢、动作电位幅度降低，甚至丧失兴奋性及传导性。局麻药的作用与神经纤维的直径大小及神经组织的解剖特点有关。一般规律是神经纤维末梢、神经节及中枢神经系统的突触部位对局麻药最为敏感，细神经纤维比粗神经纤维更易被阻断。对无髓鞘的交感、副交感神经节后纤维在低浓度时即可显效，对有髓鞘的感觉和运动神经纤维则需高浓度才能产生作用。对混合神经产生作用时，首先消失的是持续性钝痛（如压痛），其次是短暂性锐痛，继之依次为冷觉、温觉、触觉、压觉消失，最后发生运动麻痹。进行蛛网膜下腔麻醉时，首先阻断自主神经，继而按上述顺序产生麻醉作用。神经冲动传导的恢复则按相反的顺序进行。

（二）作用机制

神经动作电位的产生是由于神经受刺激时引起膜通透性的改变，产生Na^+内流和K^+外流。局麻药作用机制的学说较多，目前公认的是局麻药阻滞神经细胞膜上的电压门控Na^+通道，使Na^+在其作用期间内不能进入细胞内，抑制膜兴奋性，发生传导阻滞，产生局麻作用。实验证明，用4种局麻药进行乌贼巨大神经轴索内灌流给药时，可产生传导阻滞，而轴索外灌流则不引起明显作用。进一步研究认为该类药物不是作用于细胞膜的外表面，而是以其非解离型进入神经细胞内，以解离型作用在神经细胞膜的内表面，与Na^+通道的一种或多种特异性结合位点结合，产生Na^+通道阻滞作用。因此，具有亲脂性、为非解离型是局麻药透入神经的必要条件，而透入神经后则须转变为解离型带电的阳离子才能发挥作用。局麻药属于弱碱性药物，不同局麻药的解离型/非解离型的比例各不相同，两种形式的比例取决于解离常数（pK_a）与体液pH，多数局麻药的pK_a在7.5～9.0，例如普鲁卡因的pK_a为8.9，而利多卡因则为7.9，在生理pH条件下普鲁卡因解离多，穿透性差，局麻作用也更弱。局麻药的作用又具有频率和电压依赖性。频率依赖性即使用依赖性（use dependence），在静息状态及静息膜电位增大的情况下，局麻药的作用较弱，增加电刺激频率则使其局麻作用明显加强，这可能是由于在细胞内解离型的局麻药只有在Na^+通道处于开放状态才能进入其结合位点而产生Na^+通道阻滞作用，开放的Na^+通道数目越多，其受阻滞作用越大，因此，处于兴奋状态的神经较静息状态的神经对局麻药敏感。除阻滞Na^+通道外，局麻药还能与细胞膜蛋白结合阻滞K^+通道，产生这种作用常需高浓度，对静息膜电位无明显和持续性的影响。

三、临床应用

（一）表面麻醉

表面麻醉（topical anaesthesia）是将穿透性强的局麻药根据需要涂于黏膜表面，

Note

使黏膜下神经末梢麻醉。用于眼、鼻、口腔、咽喉、气管、食管和泌尿生殖道黏膜的浅表手术。如耳鼻咽喉科手术前咽喉喷雾法麻醉，常选用丁卡因或利多卡因。苯佐卡因也常用于创伤、痔疮及溃疡面等镇痛或皮肤瘙痒。

（二）浸润麻醉

浸润麻醉（infiltration anaesthesia）是将局麻药溶液注入皮下或手术视野附近的组织，使局部神经末梢麻醉。根据需要可在溶液中加少量肾上腺素，可减缓局麻药的吸收，延长作用时间。浸润麻醉的优点是麻醉效果好，对机体的正常功能无影响。缺点是用量较大，麻醉区域较小，在做较大的手术时，因所需药量较大而易产生全身毒性反应。可选用利多卡因、普鲁卡因、布比卡因等。

（三）神经阻滞麻醉

神经阻滞麻醉（nerve block anesthesia）是将局麻药注射到外周神经干附近，阻断神经冲动传导，使该神经所分布的区域麻醉，常用于口腔科和四肢手术。阻断神经干所需的局麻药浓度较麻醉神经末梢所需的浓度高，但用量较小，麻醉区域较大。可选用利多卡因、普鲁卡因和布比卡因等。为延长麻醉时间，也可将布比卡因和利多卡因合用。

（四）蛛网膜下腔麻醉

蛛网膜下腔麻醉（subarachnoid anaesthesia）又称脊髓麻醉或腰麻（spinal anaesthesia），是将麻醉药注入腰椎蛛网膜下腔。首先被阻断的是交感神经纤维，其次是感觉纤维，最后是运动纤维。常用于下腹部和下肢手术。常用药物为布比卡因、罗哌卡因、丁卡因、普鲁卡因等。药物在脑脊液内的扩散受患者体位、药量、注射速度和溶液比重等的影响。普鲁卡因溶液通常比脑脊液的比重高，为了控制药物扩散，通常将其配成高比重或低比重溶液。如用放出的脑脊液溶解或在局麻药中加10%葡萄糖溶液，其比重高于脑脊液，用蒸馏水配制的溶液比重可低于脑脊液。患者取坐位或头高位时，高比重溶液可扩散到硬脊膜腔的最低部位；相反，如采用低比重溶液有扩散入颅腔的危险。蛛网膜下腔麻醉的主要危险是呼吸麻痹和血压下降，后者主要是由于静脉和小静脉失去神经支配后显著扩张所致，其扩张的程度由管腔的静脉压决定。静脉血容量增大时会引起心输出量和血压的显著下降，因此维持足够的静脉血回流心脏至关重要。可增加输液量或预先应用麻黄碱预防。

（五）硬膜外麻醉

硬膜外麻醉（epidural anaesthesia）是将药液注入硬膜外腔，麻醉药沿着神经鞘扩散，穿过椎间孔阻断神经根。硬膜外腔终止于枕骨大孔，不与颅腔相通，药液不扩散至脑组织，无腰麻时头痛或脑脊膜刺激现象。但硬膜外麻醉用药量较腰麻大5～10倍，如误入蛛网膜下腔可引起全脊髓麻醉。硬膜外麻醉也可引起外周血管扩张、血压下降及心脏抑制，可应用麻黄碱防治。常用药物为利多卡因、布比卡因及罗哌卡因等。

（六）区域镇痛

近年来，外周神经阻滞技术及局麻药的发展为患者提供了更理想的围术期镇痛的有效方法，通常与阿片类药物联合应用，可减少阿片类药物的用量。酰胺类局麻药如布比卡因、左布比卡因及罗哌卡因在区域镇痛（regional analgesia）中运用最为广泛，尤其是罗哌卡因，具有感觉和运动阻滞分离的特点，使其成为区域镇痛的首选药。

四、不良反应及防治

（一）毒性反应

局麻药的剂量或浓度过高或误将药物注入血管时可引起全身作用，主要表现为中枢神经和心血管系统的毒性。

1. 中枢神经系统

局麻药对中枢神经系统的作用是先兴奋后抑制。这是由于中枢抑制性神经元对局麻药比兴奋性神经元更为敏感，首先被阻滞，中枢神经系统脱抑制而出现兴奋症状。初期表现为眩晕、惊恐不安、多言、震颤和焦虑，甚至发生神志错乱和阵挛性惊厥。之后中枢过度兴奋可转为抑制，患者可进入昏迷和呼吸衰竭状态。局麻药引起的惊厥是边缘系统兴奋灶向外周扩散所致，静脉注射地西泮可加强边缘系统GABA能神经元的抑制作用，可防止惊厥发作。中毒晚期维持呼吸是很重要的。普鲁卡因易影响中枢神经系统，因此常被利多卡因取代。可卡因可产生欣快和一定程度的情绪及行为影响。

2. 心血管系统

局麻药对心肌细胞膜具有膜稳定作用，吸收后可降低心肌兴奋性，使心肌收缩力减弱，传导减慢，不应期延长。多数局麻药可使小动脉扩张，因此在血药浓度过高时可引起血压下降，甚至休克等心血管反应，特别是药物误入血管内更易发生，高浓度局麻药对心血管的作用常滞后于中枢神经系统的作用，偶有少数人应用小剂量突发心室纤颤导致死亡。布比卡因较易发生室性心动过速和心室纤颤，而利多卡因则具有抗室性心律失常作用。

防治：应以预防为主，掌握药物浓度和一次允许的极量，采用分次小剂量注射的方法。小儿、孕妇、肾功能不全患者应适当减量。目前，对布比卡因等长效局麻药中毒的复苏，临床使用静脉推注脂肪乳剂起到了良好的抢救效果，而且这种治疗措施有可能推广到过量应用其他脂溶性药物导致的中枢或者心脏毒性的抢救。

（二）变态反应

变态反应较为少见，在少量用药后立即发生类似过量中毒的症状，出现荨麻疹、支气管痉挛及喉头水肿等症状。酯类比酰胺类变态反应发生率高，对酯类过敏者，可改用酰胺类。

防治：询问变态反应史和家庭史，普鲁卡因麻醉前应做皮试，用药时可先给予小剂量，若患者无特殊主诉和异常再给予适当剂量。另外，局麻前给予适当巴比妥类药物，使局麻药分解加快，一旦发生变态反应应立即停药，并适当应用肾上腺皮质激素、肾上腺素、抗组胺药。

（三）其他

局麻药用于椎管内阻滞时浓度过高或时间过长可能诱发神经损害，原有神经系统疾病、脊髓外伤或炎症等可能会加重。

五、常用局麻药

（一）普鲁卡因

普鲁卡因（procaine）又名奴佛卡因（novocaine），毒性较小，是常用的局麻药之一。该药属短效酯类局麻药，亲脂性低，对黏膜的穿透力弱。一般不用于表面麻醉，主要局部注射用于浸润麻醉。注射给药后1～3 min起效，可维持30～45 min，加用肾上腺素后维持时间可延长20%。普鲁卡因在血浆中能被酯酶水解，转变为对氨苯甲酸和二乙氨基乙醇，前者能对抗磺胺类药物的抗菌作用，故应避免与磺胺类药物同时应用。普鲁卡因也可用于损伤部位的局部封闭。过量应用可引起中枢神经系统和心血管反应。有时可引起过敏反应，故用药前应做皮肤过敏试验，但皮试阴性者仍可发生过敏反应。个别患者用药后可出现高铁血红蛋白血症。

（二）利多卡因

利多卡因（lidocaine），又名赛罗卡因（xylocaine），是目前应用最多的局麻药。相同浓度下与普鲁卡因相比，具有起效快、作用强而持久、穿透力强及安全范围较大等特点，同时无扩张血管作用且对组织几乎没有刺激性。可用于多种形式的局部麻醉，有全能麻醉药之称。但进行蛛网膜下腔麻醉时因其扩散性强，麻醉平面难以掌握。而且利多卡因用于蛛网膜下腔麻醉时比其他药物更容易引起神经损害，可能与其在蛛网膜下腔分布不均，局部药液浓度过高有关。因此，蛛网膜下腔麻醉慎用。利多卡因属酰胺类，在肝脏被肝微粒体酶水解失活，但代谢较慢，$t_{1/2}$为90 min，作用持续1～2 h。此药反复应用后可产生快速耐受性。利多卡因的毒性大小与用药浓度有关，增加浓度可相应增加毒性反应。中毒反应来势凶猛，应注意合理用药。该药也可用于心律失常的治疗。

（三）丁卡因

丁卡因（tetracaine），又称地卡因（dicaine）。化学结构与普鲁卡因相似，属于酯类局麻药。其麻醉强度和毒性均比普鲁卡因强。该药对黏膜的穿透力强，常用于表面麻醉。以0.5%～1%溶液滴眼，无角膜损伤等不良反应。作用迅速，1～3 min显效，作用持续为2～3 h。因毒性大，一般不用于浸润麻醉。丁卡因主要在肝脏代谢，但转化、降解速度缓慢，加之吸收迅速，易发生毒性反应。

（四）布比卡因

布比卡因（bupivacaine），又称麻卡因（marcaine），属酰胺类局麻药，化学结构与利多卡因相似，局麻作用持续时间长，可达5～10 h。本药主要用于浸润麻醉、神经阻滞麻醉和硬膜外麻醉。与等效剂量利多卡因相比，可产生严重的心脏毒性，并难以治疗，特别在酸中毒、低氧血症时尤为严重。左布比卡因（levobupivacaine）为新型长效局麻药，作为布比卡因的异构体，相对毒性较低。在现代小剂量应用局麻药的观点下，局麻药毒性反应的发生率已经很大程度上减少了，临床需要较大剂量局麻药及局麻药持续应用时，左布比卡因的优越性就显得尤为重要。

（五）罗哌卡因

罗哌卡因（ropivacaine）化学结构类似布比卡因，其阻断痛觉的作用较强而对运动的作用较弱，作用时间短，使患者能够尽早离床活动并缩短住院时间，对心肌的毒性比布比卡因小，有明显的收缩血管作用，使用时无须加入肾上腺素。适用于硬膜外、臂丛阻滞和局部浸润麻醉。它对子宫和胎盘血流几乎无影响，故适用于产科手术麻醉。利多卡因与布比卡因广泛应用于临床，罗哌卡因和左布比卡因作为新型的长效局麻药，临床与基础研究资料均证实其临床应用的安全性和有效性。左布比卡因和罗哌卡因具有毒性低、时效长、有良好耐受性等特性，使其成为目前麻醉用药的重要选择，也是布比卡因较为理想的替代药物。

（六）依替卡因

依替卡因（etidocaine）为长效局麻药。起效快，麻醉作用为利多卡因的2～3倍，对感觉和运动神经阻滞都较好，因此主要用于需要肌松的手术麻醉，而在分娩镇痛或术后镇痛方面应用有限。局部和全身的毒性均较大。

（七）甲哌卡因

甲哌卡因（mepivacaine）又名卡波卡因（carbocaine）。麻醉作用、毒性与利多卡因相似，但维持时间较长（2 h以上），有微弱的直接收缩血管作用。主要在肝脏代谢，以葡萄糖醛酸结合的形式由肾脏排出，仅有1%～6%以原形出现于尿液。与利多卡因相比，其血中浓度要高50%，母体内浓度高势必通过胎盘向胎儿转移，故不适用于产科手术。用于局部浸润、神经阻滞、硬膜外阻滞和蛛网膜下腔阻滞。

（八）丙胺卡因

丙胺卡因（prilocaine）起效较快，约10 min。时效与利多卡因相似，为2.5～3 h。代谢快，降解产物α-甲苯胺可使低铁血红蛋白氧化成高铁血红蛋白，临床表现为青紫、血氧饱和度下降以及血红蛋白尿等。该药可透过胎盘。主要用于浸润麻醉、神经阻滞、硬膜外阻滞等，也可用于静脉内局麻。

（娄海燕）

第十二章 眼球的结构与功能

病例 12-0-1

55岁的王先生是近视眼，且不能分辨红色和绿色。年轻时，配戴眼镜后可清晰视物。现今，王先生戴上眼镜仍无法看清。他觉得是时候配一副新的眼镜了，于是到医院做视力检查。眼科医生用眼底镜检查了王先生的视敏度和内眼压，发现王先生的内眼压正常，也没有任何视野缺损，只是近视更加严重了。因此，医生给王先生配了一副新的眼镜。请回答以下几个问题。

1．如何划分眼的结构？视觉信息的传导通路是什么？

2．视野受损能否用来指示视觉通路上特定位置的损伤？

3．眼睛是如何对光线做出反应的？

4．视力是什么，为什么随着年龄的增长，裸眼视力会下降，有什么方法可以补救？

5．视觉系统是如何识别颜色的？色盲产生的原因是什么？

6．大脑的哪个部分负责处理视觉信息？视觉信息是如何被编码的？

视器（visual organ）由眼球和眼副器共同构成。眼球包括眼球内容物和眼球壁，功能是接受光波的刺激，将感受的光波刺激转变为神经冲动，经视觉传导通路至大脑视觉中枢，产生视觉。眼副器位于眼球的周围或附近，包括眼睑、结膜、泪器、眼球外肌、眶脂体和眶筋膜等，对眼球起支持、保护和运动作用。

眼球（eyeball）是视器的主要部分，近似球形，位于眶内，后部借视神经连于间脑的视交叉。两眼眶呈四棱锥形，内侧壁几乎平行，外侧壁在平面向后相交成90°。眼眶内侧壁与外侧壁的夹角为45°（图12-0-1和图12-0-2）。

当眼平视前方时，眼球前面正中点称前极，后面正中点称后极。通过前、后极的直线称眼轴。在眼球的表面，距前、后极等距离的各点连接起来的环形连线称为赤道（中纬线）。经瞳孔中央至视网膜黄斑中央凹的连线称视轴。眼轴与视轴呈锐角交叉。

眼球由眼球壁和眼球的内容物构成（图12-0-3）。

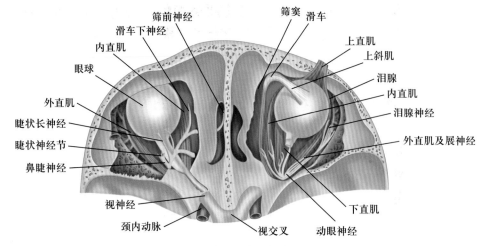

图 12-0-1 眶壁、眼球、视神经及视交叉

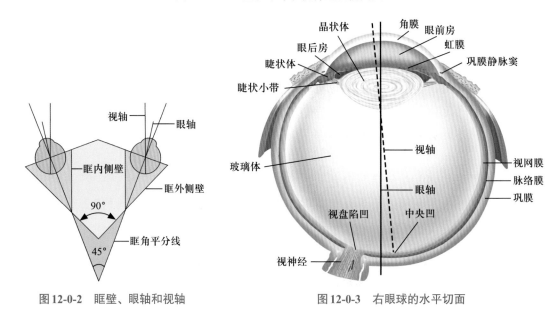

图 12-0-2 眶壁、眼轴和视轴

图 12-0-3 右眼球的水平切面

第一节 眼球的发生

Note

人胚第3周，神经管前端尚未闭合前，其两侧发生一对视沟（optic groove）。人胚第4周，当神经管前端闭合成前脑时，视沟向外膨出形成左、右一对视泡（optic vesicle）。表面外胚层在视泡的诱导下增厚，形成晶状体板（lens placode）（图12-1-1）。

视泡腔与脑室相通，视泡远端膨大，贴近表面外胚层（surface ectoderm），并内陷形成双层杯状结构，称视杯（optic cup）。视泡近端变细，称视柄（optic stalk），与前脑分化成的间脑相连。晶状体板内陷入视杯内，形成晶状体凹（lens pits），且渐与表面外胚层脱离，形成晶状体泡（lens vesicle）（图12-1-2）。眼的各部分即由视杯、视柄、晶状体泡及它们周围的间充质进一步分化发育形成。

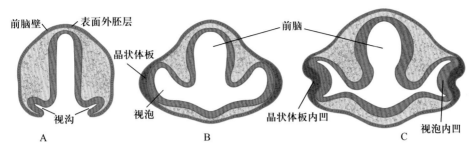

图 12-1-1　前脑横切面示视沟、视泡和晶状体板的发生

A. 胚胎发育第 22 天示视沟；B. 胚胎发育第 24 天胚胎示视泡；C. 胚胎发育第 28 天胚胎示晶状体板内凹

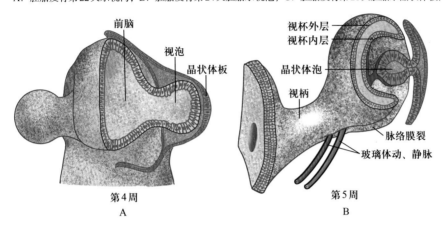

图 12-1-2　晶状体与视杯的发生

A. 胚胎发育第 4 周；B. 胚胎发育第 5 周

（一）视网膜的发生

视网膜由视杯内、外两层共同分化而成。视杯外层分化为视网膜色素上皮层。视杯内层增厚，为神经上皮层，自第 6 周起，先后分化出节细胞、视锥细胞、无长突细胞、水平细胞、视杆细胞和双极细胞（图 12-1-3）。视杯两层之间的腔变窄，最后消失，于是两层直接相贴，构成视网膜视部。

（二）视神经的发生

视柄与视杯相连，也分内、外两层，两层之间夹一腔隙。随着视网膜的分化发育，逐渐增多的节细胞轴突向视柄内层聚集，视柄内层逐渐增厚，并与外层融合，两层之间的腔隙消失。视柄内、外层细胞演变为星形胶质细胞和少突胶质细胞，并与节细胞轴突混杂在一起，于是视柄演变为视神经（图 12-1-3 和图 12-1-4）。

（三）晶状体的发生

晶状体由晶状体泡演变而成。最初，晶状体泡由单层上皮组成（图 12-1-5）。泡的前壁细胞呈立方形，分化为晶状体上皮；后壁细胞呈高柱状，逐渐向前壁方向伸长，形成初级晶状体纤维（primary lens fiber），泡腔逐渐缩小，直到消失，晶状体变为实体的结构（图 12-1-5）。此后，晶状体赤道区的上皮细胞不断增生、变长并形成新的次级晶状体纤维（secondary lens fiber），原有的初级晶状体纤维及其胞核逐渐退化形成晶状体核。新的晶状体纤维逐层添加到晶状体核的周围，晶状体及晶状体核逐渐增大。

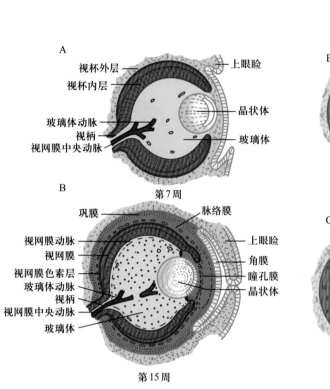

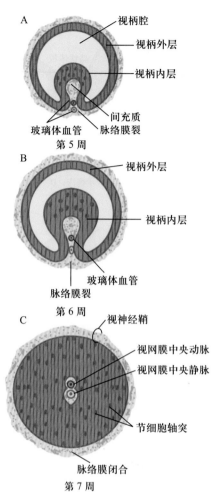

图 12-1-3　眼球与眼睑的发生

A. 胚胎发育第7周；B. 胚胎发育第15周

图 12-1-4　视柄横切示视神经的发生

A. 胚胎发育第5周；B. 胚胎发育第6周；
C. 胚胎发育第7周

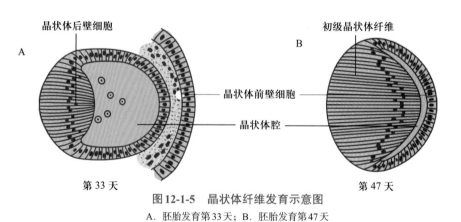

图 12-1-5　晶状体纤维发育示意图

A. 胚胎发育第33天；B. 胚胎发育第47天

（四）角膜、睫状体、虹膜和眼房的发生

在晶状体泡的诱导下，与其相对的表面外胚层分化为角膜上皮，角膜上皮后面的间充质分化为角膜其余各层。靠近视杯前缘处的两层上皮增殖，连同进入其间的毛细

血管和结缔组织共同形成睫状突，其后侧逐渐变成平坦的睫状环。睫状突和睫状环合称睫状体。晶状体前面的间充质与迁移的神经嵴细胞一起形成一层膜，周边部厚，以后形成虹膜的基质；中央部薄，封闭视杯口，称为瞳孔膜（pupillary membrane）。视杯两层上皮的前缘部分形成虹膜上皮层，与虹膜的基质共同发育成虹膜。在晶状体泡与角膜上皮之间充填的间充质内出现一个腔隙，即前房。虹膜与睫状体形成后，虹膜、睫状体与晶状体之间形成后房。出生前瞳孔膜被吸收，前、后房经瞳孔相连通。

（五）血管膜和巩膜的发生

胚胎发育第6～7周，视杯周围的间充质分为内、外两层。内层富含血管和色素细胞，分化成眼球壁的血管膜。血管膜的大部分贴在视网膜外面，即为脉络膜；贴在视杯口边缘部的间充质则分化为虹膜基质和睫状体的主体。视杯周围间充质的外层较致密，分化为巩膜（图12-1-3）。

（六）眼睑和泪腺的发生

胚胎发育第7周时，眼球前方与角膜上皮毗邻的表面外胚层形成上、下两个皱褶，为眼睑原基（primordium of eye lids），分别发育成上、下眼睑。反折到眼睑内表面的体表外胚层分化为复层柱状的结膜上皮，与角膜上皮相延续。眼睑外面的表面外胚层则分化为表皮。皱褶内的间充质分化为眼睑的其他结构。胚胎发育第10周时，上、下眼睑的边缘互相融合，至第7或第8个月时才重新张开。

上眼睑外侧部表面外胚层上皮下陷形成实心细胞索。第3个月，细胞索中央出现腔隙，形成由腺泡和导管构成的泪腺（lacrimal gland）。

（七）眼的常见先天畸形

1. 先天性无虹膜（congenital aniridia）
可能是视杯前缘生长和分化障碍，虹膜不能发育所致。

2. 瞳孔膜残留（persistent pupillary membrane）
是因为瞳孔膜吸收不全，在瞳孔处有薄膜或蛛网状细丝遮盖在晶状体前面所致。

3. 先天性白内障（congenital cataract）
发生原因有内源性、外源性两种。内源性为染色体基因异常，有遗传性；外源性为母体或胎儿的全身性病变对晶状体的损害，如母体在妊娠前2个月内感染风疹病毒、母体甲状腺功能低下、营养不良和维生素缺乏等均可造成胎儿先天性白内障。

4. 先天性青光眼（congenital glaucoma）
属常染色体隐性遗传性疾病，在胎儿发育过程中，由于巩膜静脉窦或小梁网系统发育障碍不能发挥有效的房水引流功能所致。患儿房水排出受阻，眼内压增高，眼球胀大，角膜突出，故又称"牛眼"。

（张晓丽）

第二节 眼球的内容物及折光功能

一、眼球内容物的组成与结构

眼球的内容物包括房水、晶状体和玻璃体（图12-0-3和图12-2-1）。

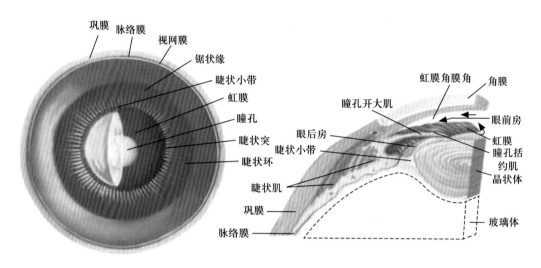

图 12-2-1 眼球的前半部后面观及虹膜角膜角

（一）房水

房水（aqueous humor）为无色透明的液体，充填于眼房内，由睫状体产生，进入眼后房，经瞳孔至眼前房，经虹膜角膜角隙进入巩膜静脉窦，借睫前静脉汇入眼上、下静脉。房水不断生成，又不断回流入静脉，保持动态平衡，称为房水循环。

房水具有营养角膜、晶状体及玻璃体的功能，并维持一定的眼内压（intra-ocular pressure），简称眼压。由于房水量的恒定及前、后房容积的相对恒定，因而眼压也保持相对稳定。眼压在24 h有波动，正常值是 10～21 mmHg。正常情况下，双眼的眼压差异不大于5 mmHg，24 h眼压波动范围不超过8 mmHg。眼压的相对稳定对保持眼球特别是角膜的正常形状与折光能力具有重要意义。若眼球被刺破，会导致房水流失、眼压下降、眼球变形，引起角膜曲度改变。房水循环障碍时（如房水排出受阻）会造成眼压增高，眼压的病理性增高称为青光眼（glaucoma），这时，除眼的折光系统出现异常外，还可引起头痛、恶心等全身症状，严重时可导致角膜混浊、视力丧失。监测24 h动态眼压，有利于了解基线眼压水平和动态眼压曲线，对于青光眼的确诊和治疗具有重要的意义。

（二）晶状体

晶状体（lens）位于虹膜的后方、玻璃体的前方，呈双凸透镜状；前面曲度较小，后面曲度较大，无色透明，富有弹性，不含血管和神经，营养由房水供给。晶状体主要由纤维状的上皮细胞构成。晶状体外面包裹一层均质的薄膜，称晶状体囊（lens capsule），由增厚的基膜及胶原原纤维组成。晶状体的前表面至赤道表面有一层立方形的晶状体上皮（lens epithelium）（图12-2-2），其中，赤道部的上皮细胞仍保持分裂能力，并向晶状体中央移行，分化演变为长柱状的晶状体纤维（lens fiber）。晶状体中心部位的纤维构成晶状体核，纤维内充满均质状的晶体蛋白，细胞核消失（图12-2-2和图12-2-3）。老年人晶状体的弹性减弱，透明度降低甚至混浊，称老年性白内障。晶状体若因疾病或创伤而变混浊，称为白内障。

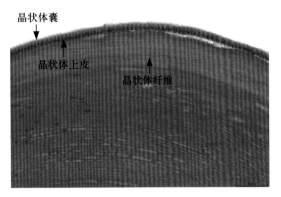

图12-2-2　晶状体光镜图（HE染色）

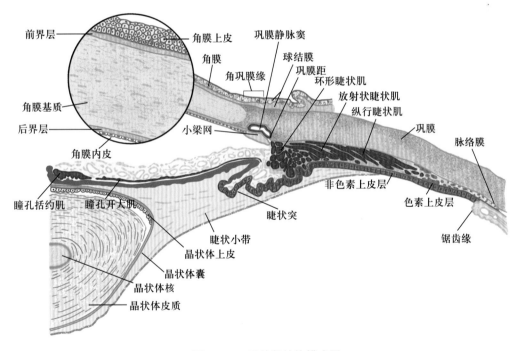

图12-2-3　眼前段结构模式图

（三）玻璃体

玻璃体（vitreous body）（图12-0-3）是无色透明的胶状物质，表面被覆着玻璃体膜。玻璃体填充于晶状体与视网膜之间，约占眼球内腔的后4/5。玻璃体前面以晶状体及其悬韧带（睫状小带）为界，故呈凹面状，称玻璃体凹；玻璃体的其他部分与睫状体和视网膜相邻，对视网膜起支撑作用，使视网膜与色素上皮紧贴。若支撑作用减弱，易导致视网膜剥离；若玻璃体混浊，可影响视力。

二、眼的折光功能与视力

（一）眼的折光功能

视觉的感光细胞在眼球视网膜上，外界物体在视网膜上形成物像是通过眼的折光系统完成的。人眼的折光系统是一个复杂的光学系统。入眼光线在到达视网膜之前，须先后通过角膜、房水、晶状体和玻璃体4种折射率不同的折光体（媒质），以及各折光体（主要是角膜和晶状体）的前、后表面所构成的多个屈光度不等的折射界面。依据光学原理，光线从一种媒质进入另一种媒质会发生折射，折射程度取决于两种媒质的折射率之比及界面曲率的大小。鉴于角膜的折射率明显高于空气的折射率，加上眼内4种媒质的折射率之间及各折射界面的曲率之间均相差不大，故入眼光线的折射主要发生在角膜前表面。

因人眼各媒质的光学参数不同，虽然可应用光学一般原理画出光线在眼内的行进途径和成像情况，但十分复杂。为此，通常用正常眼折光系统等效的简单模型，即简化眼（reduced eye）来模拟光线在眼内的成像情况。简化眼模型是一个前后径为20 mm的单球面折光体，入射光线仅在由空气进入球形界面时折射一次，折射率为1.333；折射界面的曲率半径为5 mm，即节点在折射界面后方5 mm处，后主焦点恰好位于该折光体的后极，相当于人眼视网膜的位置。图12-2-4展示了简化眼的成像示意图，和处于安静状态、不作任何调节情况下的正常人眼一样，简化眼折光系统的后主焦点也落在视网膜上，能使平行光线聚焦于视网膜上。

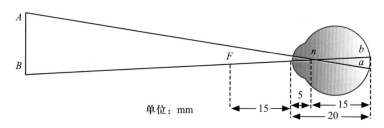

图12-2-4　简化眼成像示意图

F为前焦点，△AnB和△anb为相似直角三角形。物距为Bn，物体大小为AB。由此可根据三角形对应边的比例关系计算出视网膜上物像的大小ab，也可计算出视角的大小（两三角形对顶角）

利用简化眼模型可计算出不同远近的物体在视网膜上成像的大小。公式如下：

$$\frac{AB}{Bn} = \frac{ab}{nb}$$

（二）视力

正常人眼在光照良好的情况下，当物体在视网膜上的成像<4.5 μm时，一般不能产生清晰的视觉，这是正常人视力的限度。这个限度需用人眼所能看清的最小视网膜像的大小来表示，不能用所能看清楚的物体的大小来表示。因为物像的大小不仅与物体本身的大小有关，也与物体与眼之间的距离有关。人眼所能看清楚的最小视网膜像的大小大致相当于视网膜中央凹处的一个视锥细胞的平均直径。

视力又称视敏度（visual acuity），是眼能分辨物体两点间最小距离的能力，即眼对物体细微结构的分辨能力。视力通常用视角的倒数来表示。视角（visual angle）是指物体上两点的光线投射入眼内，通过节点相交时所形成的夹角。视角的大小与视网膜物像的大小成正比。例如，在眼前方5 m处，两个相距1.5 mm的光点所发出的光线入眼后，形成的视角为1分角，此时的视网膜像约4.5 μm，正相当于一个视锥细胞的平均直径。国际标准视力表上视力为1.0（1/1分角），正是表达了这种情况。受试者能分辨的视角越小（视力>1.0），表示其视力越好；相反，视角越大（视力<1.0）则表明视力越差。但国际标准视力表各行的增率并不相等，故不能很好地比较视力的增减程度。我国眼科医师缪天荣于1959年设计了一种对数视力表，这种视力表是在上述国际标准视力表的基础上，将任何相邻两行视标大小之比恒定为$10^{0.1}$（$10^{0.1}=1.2589$），即视标每增大1.2589倍，视力记录就减少0.1（$\lg10^{0.1}$）。如此，视力表上各行间的增减程度都相等。

视敏度还用来表示视觉系统空间分辨率的大小。视敏度与视锥细胞在视网膜中的分布密度及其在视锥系统中的会聚程度有关。在视网膜中央凹部位视锥细胞密度最高，而视杆细胞则主要分布在视网膜的周边部分，导致视网膜中央凹与周边部的视敏度有明显差异。我们平时测量的视力，是指中央凹处的视敏度。

三、眼的视近物调节

眼看远处物体（6 m以外）时，从物体上发出或反射的光线达到眼时，基本已是平行光线，这些平行光线经过正常眼的折光系统后，不需作任何调节即可在视网膜上形成清晰的图像。通常将人眼不作任何调节时所能看清物体的最远距离称为远点（far point）。远点在理论上可在无限远处。但由于离眼太远的物体发出的光线过弱，这些光线在空间和眼内传播时被散射或被吸收，它们在到达视网膜时已不足以兴奋感光细胞；或由于被视物体太远而使它们在视网膜上形成的物像过小，以至于超出感光细胞分辨能力的下限，因此，眼不能看清楚这些离眼太远的物体。

当眼看近物（6 m以内）时，从物体上发出或反射的光线达到眼时，则呈现某种程度的辐散，光线通过眼的折光系统将成像在视网膜后。由于光线到达视网膜时尚未聚焦，因而只能产生一个模糊的视觉形象。但是，正常眼在看近物时也非常清楚，这是因为眼在看近物时已进行了调节的缘故。

眼在注视6 m以内的近物或被视物体由远移近时，眼将进行一系列调节，其中最主要的是晶状体变凸，同时还有瞳孔缩小和视轴会聚，这一系列调节称为眼的近反射（near reflex）。

（一）晶状体变凸

当眼视近物时，反射性地引起睫状肌收缩，导致连接于晶状体囊的睫状小带松弛，晶状体因其自身的弹性而向前和向后凸出，尤以前凸更显著，使其前表面的曲率增加，折光能力增强，使物像前移而成像于视网膜上。当眼视远物时，睫状肌处于松弛状态，此时睫状小带保持一定的紧张度，晶状体受睫状小带的牵引，其形状

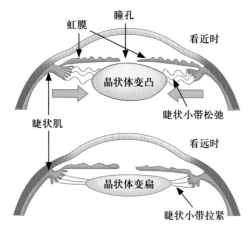

图 12-2-5　晶状体在调节中的形态变化

相对扁平（图 12-2-5）。

眼视近物时晶状体形状的改变是通过反射实现的，反射过程如下：当模糊的视觉图像信息到达视觉皮层时，该信息在视觉中枢进行分析整合，形成指令性信息并下行至中脑正中核，之后传至动眼神经缩瞳核，再经动眼神经传到睫状神经节，最后经睫状神经抵达睫状肌，使该肌收缩，睫状小带松弛，晶状体变凸。物体距眼睛越近，入眼光线的辐散程度越大，需要晶状体更大程度的变凸，物像才能成于视网膜上。临床上进行眼科检查时，常用扩瞳药后马托品滴眼，由于睫状肌与虹膜环行肌都受副交感神经支配，后马托品在阻断虹膜环行肌收缩的同时也阻断睫状肌收缩，因此使晶状体变凹，视网膜成像变模糊。

眼视近物的调节能力受晶状体的弹性变形限度影响，有一定的范围。晶状体的最大调节能力可用眼能看清物体的最近距离来表示，这个距离称为近点（near point）。近点距眼越近，说明晶状体的弹性越好，即眼的调节能力越强。随着年龄的增长，晶状体的弹性逐渐减弱，导致眼的调节能力降低，近点逐渐远移。例如，1 岁儿童的近点平均为 9 cm，20 岁左右的成人约为 11 cm，而 60 岁时可增大至 83 cm。

（二）瞳孔缩小

正常情况下瞳孔左右对称。当视近物时，反射性地引起双眼瞳孔缩小，称为瞳孔近反射（near reflex of the pupil）或瞳孔调节反射（pupillary accommodation reflex）。年轻人的瞳孔反射较大，可从明亮光线时的 1.5 mm 至完全黑暗时的 8 mm；老年人瞳孔的变化范围小一些。该过程由交感神经及副交感神经支配虹膜的两组平滑肌完成的，即瞳孔开大肌和瞳孔括约肌收缩（和舒张）。瞳孔缩小的意义是减少折光系统的球面像差（像呈边缘模糊的现象）和色像差（像的边缘呈色彩模糊的现象），使视网膜成像更为清晰。

瞳孔不对称提示可能存在交感神经或副交感神经损伤。下丘脑刺激交感神经系统可引起瞳孔开大（图 12-2-6），副交感神经激活可引起瞳孔缩小。在暗处出现瞳孔不对称表明交感神经系统功能异常；而在亮处出现瞳孔不对称则表明副交感神经系统功能异常。临床上，可通过眼球的运动和瞳孔的大小诊断部分疾病。

（三）视轴会聚

当双眼注视某一近物或被视物由远移近时，两眼视轴向鼻侧会聚的现象，称为视轴会聚或辐辏反射（convergence reflex），其意义在于两眼同时看一近物时，物像仍可落在两眼视网膜的对称点上，避免形成复视。视轴会聚的反射途径是在晶状体变凸的

Note

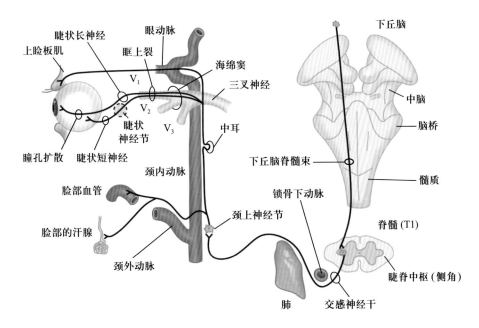

图 12-2-6　瞳孔扩张通路（眼交感通路）

反射中，当冲动到达动眼神经核后，经动眼神经的活动能使两眼内直肌收缩，引起视轴会聚。

四、眼的折光异常

正常人眼无须作任何调节就可使平行光线聚焦于视网膜上，因而可看清远处的物体；经过调节的眼，只要物体离眼的距离不小于近点，也能看清 6 m 以内的物体，这种眼称为正视眼（emmetropia）；若眼的折光能力异常或眼球的形态异常，平行光线不能聚焦于未调节眼的视网膜上，则称为非正视眼（ametropia），也称屈光不正（error of refraction），包括近视、远视、老视和散光。

（一）近视

近视（myopia）是指当物体距眼较近时才能被看清，看不清远物。其发生是由于眼球前后径过长（轴性近视）或折光系统的折光能力过强（屈光性近视）所致。近视眼看远物时，因远物发出的平行光线被聚焦在视网膜的前方，所以在视网膜上形成的像是模糊的。但在看近物时，由于近物发出的是辐散光线，故不需调节或只需做较小程度的调节，就能使光线聚焦在视网膜上成像。因此，近视眼的近点和远点都移近。近视眼可用凹透镜加以矫正（图 12-2-7）。

（二）远视

远视（hyperopia）的发生是由于眼球的前后径过短（轴性远视）或折光系统的折光能力过弱（屈光性远视）。来自远物的平行光线聚焦在视网膜的后方，因而不能在视网膜上形成清晰的像。因此，远视眼的近点比正视眼远，在看远物时，需要经过眼的调节以增加折光能力才能看清物体。在看近物时，则需作更大程度的调节才能看清物体。由于远视眼不论看近物还是远物都需要进行调节，故易发生调节疲劳，尤其是进行近距离作业或长时间阅读时可因调节疲劳而产生头痛。远视眼可用凸透镜矫正（图 12-2-7）。

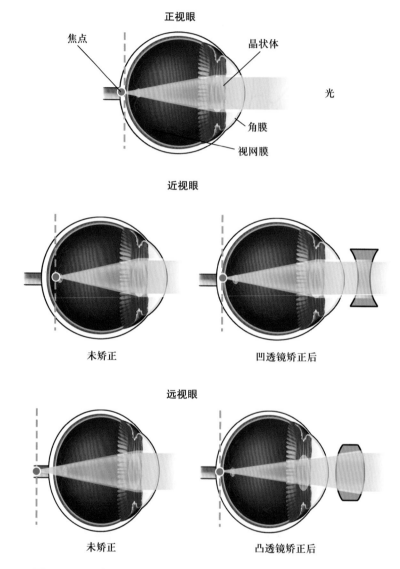

正视眼

焦点　　晶状体

光

角膜

视网膜

近视眼

未矫正　　　　　　凹透镜矫正后

远视眼

未矫正　　　　　　凸透镜矫正后

图 12-2-7　正视眼、近视眼和远视眼以及近视眼和远视眼的矫正示意图

（三）老视

老年人由于晶状体弹性减小，硬度增加，导致眼的调节能力降低，这种现象称为老视（presbyopia）。老视眼看远物可以与正常眼无异，但看近物时需要用适当焦度的凸透镜矫正，替代正常时晶状体的变凸调节才能使近物在视网膜形成清晰的成像。这是老视眼与远视眼都用凸透镜矫正的不同之处（图 12-2-8）。

Note

（四）散光

正常人眼的角膜表面呈正球面，球面各经线上的曲率都相等，因而到达角膜表面各个点上的平行光线经折射后均能聚焦于视网膜上。散光（astigmatism）主要是角膜表面不同经线上的曲率不等所致。入射光线中，部分经曲率较大的角膜表面折射而聚焦于视网膜之前；部分经曲率正常的角膜表面折射而聚焦于视网膜上；还有部分经曲率较小的角膜表面折射而聚焦于视网膜之后。因此，平行光线经过角膜表面的不同经线入眼后不能聚焦于同一焦平面上，造成视物不清或物像变形。此外，散光也可因晶状体表面各经线的曲率不等，或者在外力作用下晶状体被挤出其正常位置而产生。眼外伤造成的角膜表面畸形可产生不规则散光。规则散光通常可用柱面镜加以矫正（图 12-2-9 ）。

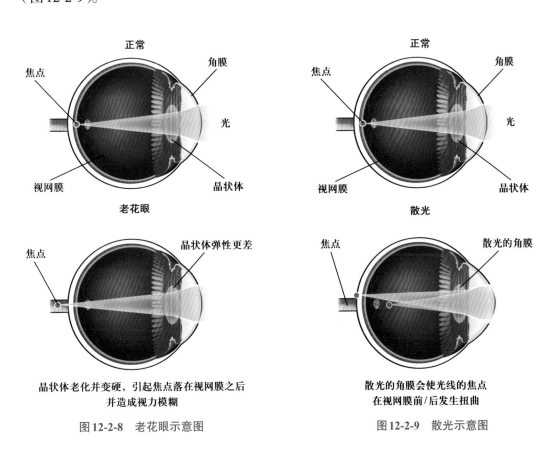

正常　角膜　焦点　光　视网膜　晶状体

正常　角膜　焦点　光　视网膜　晶状体

老花眼　焦点　晶状体弹性更差

散光　焦点　散光的角膜

晶状体老化并变硬，引起焦点落在视网膜之后
并造成视力模糊

图12-2-8　老花眼示意图

散光的角膜会使光线的焦点
在视网膜前/后发生扭曲

图12-2-9　散光示意图

五、眼球运动的调控

为了将视觉图像保持在视野的中心，眼球必须随着头部和感兴趣的物体的移动而移动，前者是凝视稳定，后者是凝视转移。三组肌肉在三个轴线上控制眼球的运动，眼外肌由动眼神经、滑车神经和展神经支配。临床上，可通过眼球的运动和瞳孔的大小诊断部分疾病（图 12-2-10、图 12-2-11 ）。

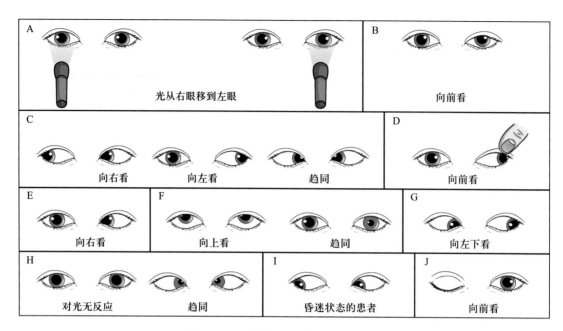

图 12-2-10　眼球运动麻痹和瞳孔综合征

A．相对性传入性瞳孔障碍（Marcus Gunn 瞳孔），左眼。B．Horner综合征，左眼。C．核间性眼肌麻痹，右眼。D．动眼神经麻痹，左眼。E．外展神经麻痹，右眼。F．帕里诺综合征（Parinaud综合征），上仰视麻痹综合征。G．滑车神经麻痹，右眼。H．Argyll Robertson瞳孔。I．额叶眼动区受损。J．动眼神经麻痹伴上睑下垂，右眼

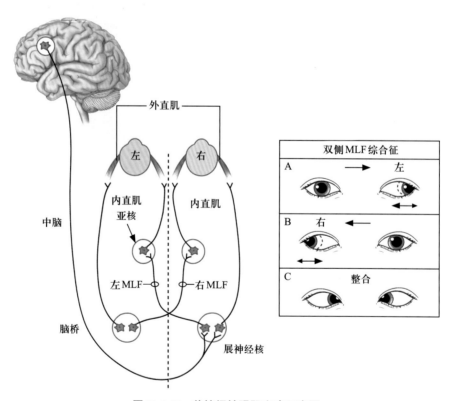

图 12-2-11　前核间性眼肌麻痹示意图

病变位于连接动眼神经内直肌核与外展神经核之间的内侧纵束。常见于脑血管病和多发性硬化。患者向患侧注视时，患侧眼不能内收，对侧眼外展正常，集合技能正常。瞳孔正常，眼球上下运动正常

（王艳青　刘　真　张晓丽）

第三节　眼球壁的纤维膜和血管膜

眼球壁由外向内依次分为眼球纤维膜、血管膜和视网膜3层。

一、眼球纤维膜

眼球纤维膜由强韧的致密结缔组织构成，具有支持和保护作用。由前向后可分为角膜和巩膜两部分。

（一）角膜

角膜（cornea）占眼球纤维膜的前1/6，是无色透明的圆盘状结构，边缘较厚，中央较薄，自外向内可分为5层（图12-3-1）。①角膜上皮：为未角化的复层扁平上皮，由5~7层排列整齐的细胞组成。②前界层：为一层透明的均质层。③角膜基质：又称固有层，约占整个角膜厚度的90%，主要由大量胶原原纤维排列成板状，保证角膜的透明性。同一板层内的胶原原纤维相互平行排列，相邻板层的胶原原纤维相互垂直排列（图12-3-2），角膜成纤维细胞（corneal fibroblast）又称角膜细胞（keratocyte），分布于胶原板层之间。④后界层：为一层透明的均质膜，由角膜内皮分泌形成。⑤角膜内皮：为单层扁平上皮，参与后界层的形成与更新。

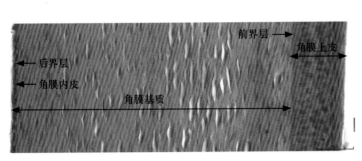

图12-3-1　角膜光镜图（HE染色）

图12-3-2　角膜基质透射电镜像 16700×（CF：角膜成纤维细胞）

角膜富有弹性，无血管但富有感觉神经末梢，由三叉神经的眼神经支配。角膜曲度较大，外凸内凹，具有屈光作用。角膜的营养物质一般认为有3个来源，分别是角膜周围的毛细血管、泪液和房水。

（二）巩膜

巩膜（sclera）占眼球纤维膜的后5/6，为乳白色不透明的纤维膜，厚而坚韧，有保护眼球内容物和维持眼球形态的作用。巩膜瓷白色，不透明，主要由致密结缔组织构成，含大量粗大的胶原纤维和弹性纤维，其间有少量血管、神经、成纤维细胞及色素细胞等（图 12-0-3、图 12-1-3 和图 12-3-3）。

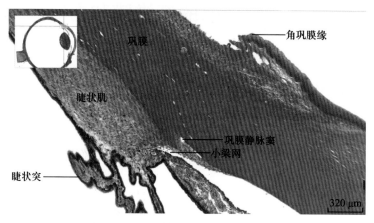

图 12-3-3　眼前段光镜图（HE 染色）

巩膜前缘接角膜缘，后方与视神经的硬膜鞘相延续。在巩膜与角膜交界处外面稍内陷，称巩膜沟。在靠近角膜缘处内侧的巩膜实质内，有环形的巩膜静脉窦（sclerae venous sinus）和小梁网（图 12-0-3、图 12-1-3 和图 12-3-3），是房水循环的重要结构，与眼内压的稳定密切相关，巩膜静脉窦和小梁网内充满房水。小梁网位于巩膜静脉窦的内侧，呈筛网状，小梁之间的间隙称小梁间隙。小梁网由角膜基质纤维、后界膜和角膜内皮向后扩展而成，其轴心为胶原纤维，表面覆以内皮细胞。巩膜在视神经穿出的附近最厚，向前逐渐变薄，在赤道附近最薄；在眼外肌附着处再度增厚。巩膜前部露于眼裂的部分，正常呈乳白色，黄色常是黄疸的重要体征。老年人的巩膜可因脂肪组织沉积略呈黄色；先天性薄巩膜呈蔚蓝色。

二、眼球血管膜

眼球血管膜富有血管、神经和色素，呈棕黑色。具有营养眼球内组织及遮光的作用。血管膜由前向后分为虹膜、睫状体和脉络膜 3 部分。

（一）虹膜

虹膜（iris）呈冠状位，位于血管膜最前部，呈圆盘形（图 12-0-3 和图 12-2-1）。虹膜中央有圆形的瞳孔（pupil）。角膜与晶状体之间的间隙称为眼房（chambers of eyeball）。虹膜将眼房分为较大的前房和较小的后房，前、后房借瞳孔相互交通。在眼前房的周边，虹膜与角膜交界处的环形区域，称虹膜角膜角，又称前房角。虹膜由虹膜基质和虹膜上皮组成。虹膜基质（iris stroma）由含有大量色素细胞和血管的疏松结缔组织组成。虹膜上皮属于视网膜盲部，由两层色素上皮细胞组成。前层色素上皮细胞特化为肌上皮细胞，形成瞳孔括约肌（sphincter pupillae）和瞳孔开大肌（dilator pupillae）（图 12-2-1 和图 12-2-3）。前者位于近瞳孔缘，呈环行排列，受副交感神经支配，收缩时使瞳孔缩小；后者在括约肌外侧呈放射状排列，受交感神经支配，收缩时使瞳孔开大。因此，肌上皮细胞可通过调节瞳孔大小来调节进入眼球的光线。后层色素上皮细胞呈立方形或矮柱状，胞质内富含较大的黑素颗粒。在弱光下或视远物时，瞳孔开大；在强光下或看近物时，瞳孔缩小以调节光线的进入量。在活体上，透过角膜可见虹膜及瞳孔。

虹膜的颜色取决于色素的多少，有种族差异。白色人种，因缺乏色素，虹膜呈浅黄色或浅蓝色；有色人种因色素多，虹膜色深，呈棕褐色；黄种人的虹膜多呈棕色。

（二）睫状体

睫状体（ciliary body）（图12-0-3、图12-1-3和图12-3-3）是血管膜中部最肥厚的部分，位于巩膜与角膜移行部的内面。其后部较为平坦，为睫状环，前部有许多向内突出呈放射状排列的皱襞，称睫状突（ciliary processes）。由睫状突发出的睫状小带与晶状体相连。在眼球水平切面上，睫状体呈三角形。睫状体由睫状肌（ciliary muscle）、基质与上皮组成。睫状肌为平滑肌；睫状体基质为富含血管和色素细胞的结缔组织；睫状体上皮也属视网膜盲部，由两层上皮细胞组成，外层为立方形的色素细胞，内层为立方形或矮柱状的非色素细胞。睫状突与晶状体之间通过细丝状的睫状小带（ciliary zonule）连接到睫状肌，睫状肌由副交感神经支配。睫状体有调节晶状体的曲度和产生房水的作用。

（三）脉络膜

脉络膜（choroid）（图12-2-1和图12-2-3）占血管膜的后2/3，由富含血管及色素的疏松结缔组织构成。外面与巩膜相连，内面与视网膜之间有一均质透明薄膜，称玻璃膜，由纤细的胶原纤维、弹性纤维和基质组成。后方有视神经穿过。脉络膜的作用是供应眼球内组织的营养和吸收眼内分散光线以免扰乱视觉。

（张晓丽 刘 真）

第四节 视 网 膜

一、视网膜的基本结构

视网膜（retina）在眼球血管膜内面，在光镜下观察视网膜，自外向内可细分为10个层次（图12-4-1和图12-4-2）：①色素上皮层，由单层色素上皮细胞构成；②视杆视锥层，由视杆细胞和视锥细胞的外侧突起组成；③外界膜，由Müller细胞外侧突末端相互连接而成；④外核层，由两种视细胞的胞体组成；⑤外网层，由视细胞内侧突、双极细胞树突及其他联络神经元突起组成；⑥内核层，由联络神经元的胞体共同组成；⑦内网层，由双极细胞轴突、节细胞树突及其他联络神经元的突起组成；⑧节细胞层，由节细胞的胞体组成；⑨视神经纤维层，由节细胞的轴突组成；⑩内界膜，由Müller细胞内侧突末端互相连接而成。

视网膜自前向后分为3部分：视网膜虹膜部、视网膜睫状体部和视网膜脉络膜部（图12-4-1）。视网膜虹膜部和睫状体部分别贴附于虹膜和睫状体的内面，仅由两层上皮构成，薄而无感光作用，故称为视网膜盲部。视网膜脉络膜部的范围最大，贴附于脉络膜的内面，是视器接受光波刺激并将其转变为神经冲动的部分，故又称为视网膜视部。视部的后部最厚，越向前越薄，在视神经起始处即视神经穿出眼球的部分，有圆形白色隆起，称视神经乳头（papilla optic nerve），又称视神经盘（optic disc），直径约1.5 mm，位于黄斑的鼻侧约3 mm处（图12-4-3和图12-4-4），因此处没有视细胞，故无感光功能，为生理性盲点（blind spot）。视神经盘的边缘隆起，中央有视神经、视网膜中央动、静脉穿过。

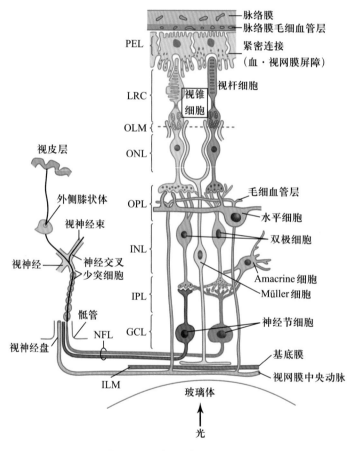

图12-4-1　视网膜结构模式图

视网膜视部分为色素上皮层和神经层。

（一）色素上皮层

色素上皮层位于视网膜最外层，它不属于神经组织，由单层矮柱状上皮构成（图12-4-5和图12-4-6），细胞之间有紧密连接等，起屏障作用。细胞基底面紧附于玻璃膜，游离面与视细胞相接，并有大量胞质突起伸入视细胞之间，但之间并无牢固的连接结构（图12-4-5），视网膜剥离常发生于此两层之间。

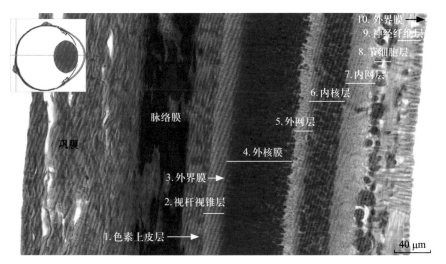

图 12-4-2　视网膜光镜图（HE 染色）

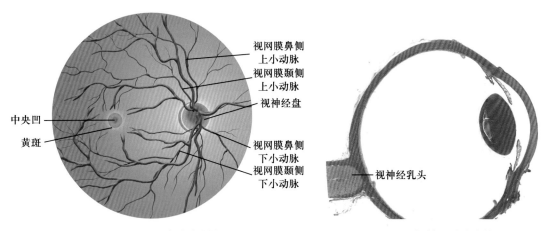

图 12-4-3　眼底（右侧）

图 12-4-4　视神经乳头光镜图
（HE 染色）

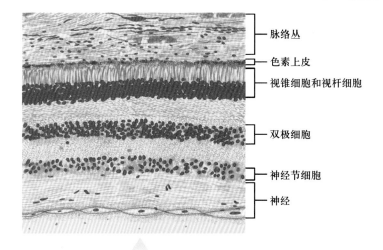

光

图 12-4-5　视网膜视部分光镜

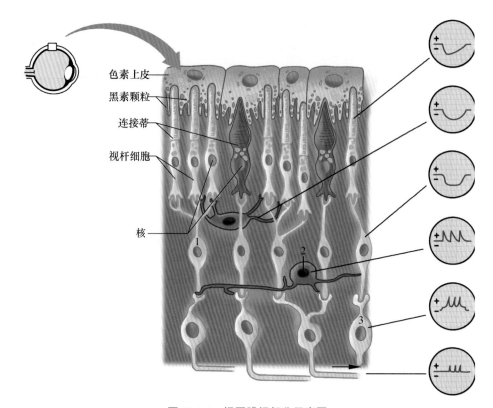

图 12-4-6　视网膜视部分示意图
（1. 双极细胞，2. 水平细胞，3. 神经节细胞）

色素上皮细胞含有黑色素颗粒，具有防止强光对视觉影响和保护感光细胞的功能。当强光照射视网膜时，色素上皮细胞伸出伪足样突起，包被视杆细胞外段，使其相互隔离；当入射光线较弱时，伪足样突起缩回到胞体，使视杆细胞外段暴露，从而能充分接受光刺激。色素上皮细胞在视网膜感光细胞的代谢中起重要作用，许多视网膜疾病都与色素上皮功能失调有关。此外，色素上皮还能为视网膜外层输送来自脉络膜的营养并吞噬感光细胞外段脱落的膜盘和代谢产物；吞噬脱落的视细胞膜盘，贮存维生素 A，参与视紫红质的合成。

（二）神经层

视网膜神经层的构成类似大脑皮质的层状结构，神经元可分为 3 类：第一类为感觉神经元，即感光细胞；第二类为联络神经元，包括双极细胞、水平细胞、无长突细胞和网间细胞；第三类为投射神经元，即节细胞。神经元之间有大量特殊形态的神经胶质细胞即放射状胶质细胞（图 12-4-6）。

二、视网膜感光细胞及其功能

（一）两种不同的感光细胞

感光细胞（photoreceptor cell）又称视细胞（visual cell），其胞体向外侧和内侧各伸出一个突起。根据外侧突起的形状差异，分为视杆细胞（rod cell）和视锥细胞

（cone cell），前者的呈杆状，后者的呈锥状
（图12-4-1，图12-4-6），均垂直伸向色素上皮。

感光细胞外侧突起又分为内段（inner
segment）和外段（outer segment），两者之间
以连接纤毛相连。内段是合成蛋白质的部位，
外段为感光部位，内部充满成叠的扁平膜盘
（membranous disk）。膜盘由外段基部靠近连接
纤毛一侧的细胞膜不断内陷而成（图12-4-7）。

视杆细胞与视锥细胞的膜盘有明显的区
别，即视杆细胞的膜盘完全内陷而独立存在，
不与细胞外相通，而视锥的膜盘未与胞膜脱
离，仍与细胞外相通。

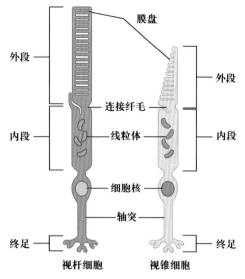

图12-4-7　感光细胞示意图

两种感光细胞在视网膜中的分布很不均
匀。视锥细胞集中在中央凹，且密度最高，向周边视锥细胞的分布逐渐减少，在视网
膜的周边部主要是视杆细胞。已知视杆细胞与双极细胞和神经节细胞之间的联系存在
汇聚现象。多个视杆细胞的输入会汇聚到一个双极细胞上，而多个双极细胞的输入又
会进一步汇聚到一个神经节细胞上。而视锥细胞与双极细胞和神经节细胞之间的汇聚
程度却少得多。在中央凹处常可见到一个视锥细胞仅与一个双极细胞联系，而该双极
细胞也只同一个神经节细胞联系，呈现一对一的"单线联系"方式，这是视网膜中央
凹具有高度视敏度的结构基础。视杆细胞对光线非常敏感，可以在很低的水平感受到
光线。它们在暗光下有作用，但只能"看见"灰色的阴影，即暗视觉。夜行动物的感
受器大多数或完全是视杆细胞。视锥细胞对光线的敏感性比视杆细胞低，只能在相对
较亮的光线下工作，即明视觉。

在人和大多数脊椎动物的视网膜中存在两种感光换能系统，即视杆系统和视锥系
统。视杆系统又称晚光觉或暗视觉（scotopic vision）系统，由视杆细胞和与它们相联
系的双极细胞及神经节细胞等组成。它们对光的敏感度较高，能在昏暗环境中感受弱
光刺激而引起暗视觉，但无色觉，对被视物细节的分辨能力较低。视锥系统又称昼光
觉或明视觉（photopic vision）系统，由视锥细胞和与它们相联系的双极细胞及神经
节细胞等组成。它们对光的敏感性较低，只有在强光下才能被激活，但视物时可辨别
颜色，且对被视物体的细节具有较高的分辨能力。某些只在白昼活动的动物，如鸡、
鸽、松鼠等，其光感受器以视锥细胞为主，故为"夜盲"；而另一些在夜间活动的动
物，如猫头鹰等，其视网膜中只有视杆细胞，故夜光觉敏锐。

（二）视杆细胞的感光换能机制

视细胞的外节膜盘的膜上均镶嵌有感光色素，由11-顺视黄醛（11-cis-retinal）和
视蛋白（opsin）组成，其差别在于视蛋白的分子结构。视杆细胞镶嵌的是视紫红质
（rhodopsin），能感受弱光的刺激；视锥细胞镶嵌的视紫蓝质（iodopsin），能感受强光
和色觉。

视紫红质是G蛋白耦联受体（GPCR）。每个受体都含有一份子的视黄醛（来源于视黄醇-维生素A），在黑暗中是11-顺式结构，但可以被光线转化为全反式异构体，从而转导蛋白-G蛋白-被视蛋白激活，并与GTP结合而与GDP解离。然后，转导蛋白的α基与ß、γ亚基分离，激活环鸟苷磷酸二酯酶（图12-4-8）。因此，光的作用是使光感受器的cGMP浓度降低。这些过程出现障碍会导致视觉缺陷。

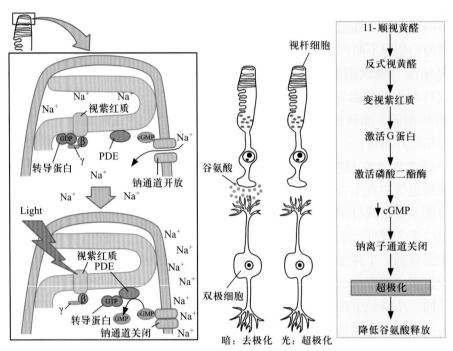

图12-4-8　信号转导通路示意图

在暗处，光感受器细胞膜是"漏电的"，通过电流的运动使细胞膜电位去极化在-40 mV左右，该电流从光感受器内段主动泵出，再经过外段上开放的阳离子通道进入，这样形成了持续的少量Na⁺流，成为暗电流，细胞膜的去极化造成谷氨酸被持续释放，进而激活双极细胞。但是，由于这些通道是由cGMP活化开放的，当有光线时，11-顺视黄醛变为全反型视黄醛，视黄醛与视蛋白分离，G蛋白失活，cGMP的浓度下降，这些通道关闭，光感受器超极化，谷氨酸释放减少。由于GPCR系统固有的放大特性，一个光子就可以使电压产生1 mV左右的变化。因此，光感受器最终的反应程度还取决于光强度。在暗处，视紫红质可以再生，使光感受器的敏感性增加。在视紫红质分解和再合成的过程中，有一部分视黄醛被消耗，需要通过由食物进入血液循环（相当部分储存于肝脏）中的维生素A来补充。因此，如果长期维生素A摄入不足，会影响人的暗视觉，引起夜盲症（nyctalopia）。

（三）明适应和暗适应

当人长时间在明亮环境中突然进入暗处时，最初看不清任何东西，经过一定时间后，视觉敏感度逐渐增高后才能看清在暗处的物体，这种现象称为暗适应（dark adaptation）（图12-4-9）。相反，当人长时间在暗处突然进入明亮处时，最初感到一片耀眼的光亮，不能看清物体，稍待片刻后才能恢复视觉，这种现象称为明适应（light adaptation）。

暗适应是人眼在暗处对光的敏感度逐渐提高的过程。在亮处视杆细胞中的视紫红质大量分解，剩余量很少，所以刚进入暗处时对光的敏感度下降，不能视物。经过一定时间后，随着视紫红质的合成逐渐增多，对暗光的敏感度逐渐提高，恢复在暗处的视觉。研究表明，人眼感知光线的视觉阈在进入暗处后的最初5～8 min有一个明显下降期；之后出现更为明显的第二次下降，在进入暗处25～30 min时，视觉

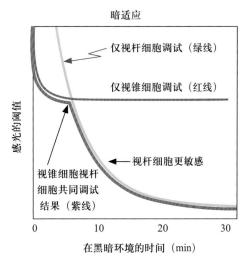

图12-4-9 暗适应时视色素细胞的变化

阈下降到最低点，并稳定于这一水平。视觉阈的第一次下降主要与视锥细胞视色素的合成增加有关；第二次下降即暗适应的主要阶段，则与视杆细胞中视紫红质的合成增强有关。

明适应的进程很快，在几秒钟内即可完成。这是由于视杆细胞在暗处积累了大量的视紫红质，当进入亮处时迅速分解，因而产生耀眼的光感。只有在较多的视杆色素迅速分解之后，对光相对不敏感的视锥色素才能在亮处感光而恢复视觉。

（四）视锥系统的感光换能和颜色视觉

在视神经盘的颞侧稍偏下方约3.5 mm处，有一由密集的视锥细胞构成的黄色小区，称黄斑（macula lutea），其中央有一小凹陷称中央凹（central fovea）。中央凹的视网膜最薄，无血管，除色素上皮外，只有视锥细胞，与之相连的双极细胞和节细胞均斜向外周排列，使光线可直接落在视锥细胞上，且由于该处视锥细胞与双级细胞和节细胞形成一对一的传导通路，因此成为视觉最敏锐的区域（图12-4-10和图12-4-11）。这些结构在活体上呈褐色或红褐色，可用检眼镜窥见（图12-4-3）。

视锥细胞的视紫蓝质也由视蛋白和视黄醛结合而成，只是视蛋白的分子结构略有不同。正是由于视蛋白分子结构的微小差异，决定了与它结合在一起的视黄醛分子对某种波长的色光最为敏感。视紫蓝质分子分为3种，分别对红、绿、蓝3种色光敏感。不同的视锥细胞含有不同的视锥色素。当光线作用于视锥细胞时，其外段膜也发生与视杆细胞类似的超极化型感受器电位。感受器电位可影响细胞终足的递质释放，最终在相应的神经节细胞上产生动作电位。

视锥细胞重要的功能特点是它具有辨别颜色的能力。颜色视觉简称色觉（color vision），是一种复杂的物理-心理现象，它是指不同波长的可见光刺激人眼后在脑内产生的一种主观感觉。正常人眼可分辨波长380～760 nm的150种左右不同的颜色，每种颜色都与一定波长的光线相对应。在可见光谱的范围内，波长只要有3～5 nm的增减，就可被人视觉系统分辨为不同的颜色。但是，在视网膜中并没有上百种视锥细胞或视色素，分别对不同波长的光线起反应。关于颜色视觉的形成，主要有三色学说

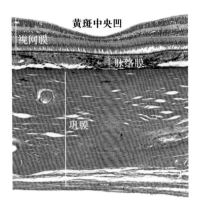

图 12-4-10 黄斑光镜图
（HE 染色）

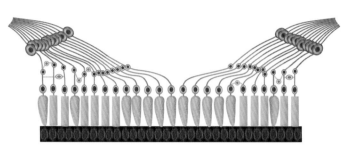

图 12-4-11 黄斑模式图

（trichromatic theory）和对比色学说（opponent color theory）两种理论解释。

由 Young 和 Helmholtz 在 19 世纪初期提出的三色学说认为，在视网膜上存在 3 种不同的视锥细胞，分别含有对红、绿、蓝 3 种波长色光敏感的视色素（图 12-4-12）。当某一种波长的光线作用于视网膜时，可以一定的比例使 3 种不同的视锥细胞发生兴奋，这样的信息传至中枢，就产生某一种颜色的感受。如果红、绿、蓝 3 种色光按各种不同的比例作适当混合，就会产生任何颜色的感觉。

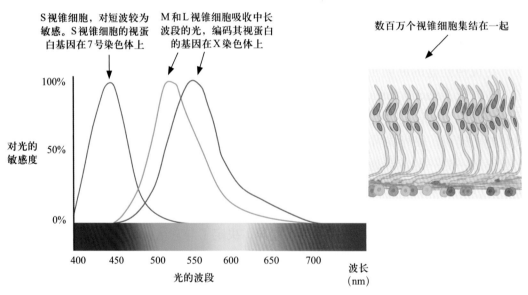

图 12-4-12 3 种视锥细胞对不同波长光的敏感性
（S-cone：S 型视锥细胞，M-cone：M 型视锥细胞，L-cone：L 型视锥细胞）

对比色学说：三色学说虽能较圆满地说明许多色觉现象和色盲产生的原因，但不能解释颜色对比现象。例如，将蓝色块置在黄色背景上，人们感觉到这个蓝色块显得特别蓝，而黄色背景也特别黄，这种现象称为颜色对比，而黄色和蓝色则互为对比色或互补色。Hering 于 1892 年提出了对比色学说，也称为四色学说。该学说认为，在红、绿、蓝、黄 4 种颜色中，红色与绿色，蓝色与黄色分别形成对比色。任何颜色都是由红、绿、蓝、黄 4 种颜色按不同比例混合而成。可见，色觉的形成十分复杂，三色学

Note

说所描述的是颜色信息在感光细胞水平的编码机制，而对比色学说则阐述了颜色信息在光感受器之后神经通路中的编码机制。

（五）色觉障碍

色觉障碍主要有色盲和色弱两种形式。色盲（color blindness）是一种对全部颜色或某些颜色缺乏分辨能力的色觉障碍，可分为全色盲和部分色盲。全色盲极为少见，表现为只能分辨光线的明暗，呈单色视觉。部分色盲又可分为红色盲、绿色盲及蓝色盲，其中以红色盲和绿色盲最为多见（图12-4-13和图12-4-14）。

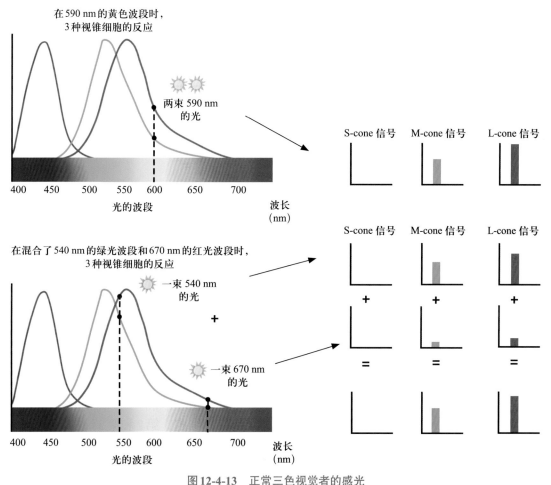

图12-4-13 正常三色视觉者的感光

S-cone：S型视锥细胞，M-cone：M型视锥细胞，L-cone：L型视锥细胞

色盲属遗传缺陷疾病，男性居多，女性少见。这是因为编码红敏色素和绿敏色素的基因均位于X染色体（性染色体）上，而编码蓝敏色素的基因位于第7对常染色体上。因此，当男性后代从母亲那里得到的一条X染色体有缺陷时，就会导致不正常的红绿色觉；而女性后代只有在双亲的X染色体均有缺陷时才会发生红绿色觉异常。大多数绿色盲者是由于绿敏色素基因丢失，或者是该基因为一杂合基因所取代，即其起始区是绿敏色素基因，而其余部分则来自红敏色素基因；大多数红色盲者，其红敏色素基因被相应的杂合基因所取代。

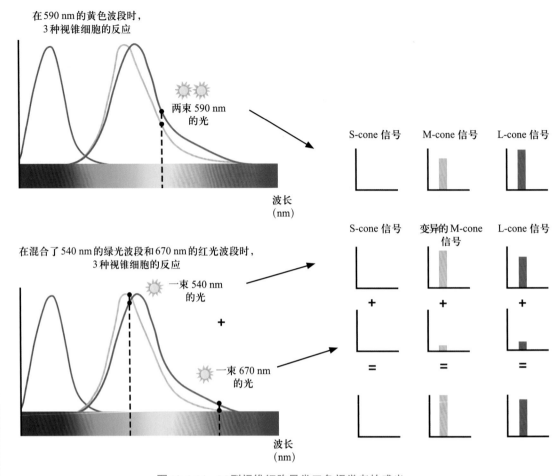

图 12-4-14　M 型视锥细胞异常三色视觉者的感光

色弱（color amblyopia）是另一种常见的色觉障碍，与色盲不同，通常由后天因素引起。患者并不缺乏某种视锥细胞，而是由于某种视锥细胞的反应能力较弱，使患者对某种颜色的识别能力较正常人稍差，即辨色能力不足。

三、视网膜信号处理

在视网膜中，视觉通路的第 1 级感觉神经元是感光细胞，第 2 和第 3 级神经元分别为双极细胞和神经节细胞。感光细胞-双极细胞-神经节细胞构成了视觉信息传递的直接通路。在这些细胞之间还有水平细胞和无长突细胞，主要作用是调节感光细胞-双极细胞和双极细胞-神经节细胞之间的突触传递。这样使视网膜的神经细胞形成复杂的网络联系，也使视网膜有对视觉信息的初步处理功能。

（一）联络神经元

视网膜上的联络神经元包括双极细胞（bipolar cell）、水平细胞、无长突细胞和网间细胞。

1. 双极细胞

双极细胞（bipolar cell）是连接视细胞和节细胞的纵向联络神经元，其树突与视细胞的内侧突形成突触，轴突与节细胞的树突形成突触（图 12-4-15）。双极细胞又可

Note

分两类，即侏儒双极细胞（midget bipolar cell）和扁平/杆状双极细胞（flat/rod bipolar cell），前者的树突和轴突分别只与单一的视锥细胞和节细胞形成突触，后者的树突则分别与多个视锥细胞或视杆细胞形成突触。

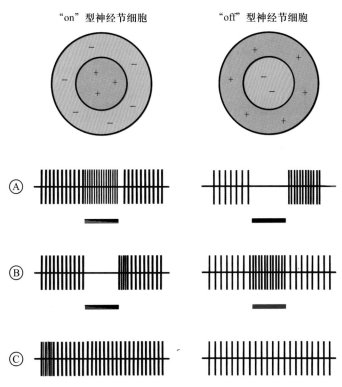

图12-4-15　神经节细胞的中央-周围感受野

视网膜中的信息传递主要通过化学性突触来完成，有些可以通过电突触（即缝隙连接）的方式直接传递电信号。目前认为，谷氨酸介导视杆细胞和视锥细胞与双极细胞间的信息传递。根据双极细胞膜上受体的类型，谷氨酸可以使一些双极细胞产生去极化反应，使另一些双极细胞产生超级化反应。两种相反生物电反应为视网膜内的神经元网络提供了一种比较机制，有利于视觉信号到达视皮层时在不失真的情况下增加对比度。

双极细胞的感受野呈现中心-周围相拮抗的同心圆结构（图12-4-1，图12-4-15）。依据中心区对光反应的形式，可将双极细胞分为给光-中心细胞（on-center cell）和撤光-中心细胞（off-center cell）。光照给光-中心细胞中心区，引起细胞去极化；光照给光-中心细胞周围区，引起细胞超极化。用弥散光同时照射中心区和周围区，它们的反应基本彼此抵消，表现以给光反应为主。撤光-中心细胞对光反应正好相反。因此在弥散光照时，以撤光反应为主。双极细胞同心圆状感受野的形成与其和感光细胞的连接方式有关。中心区的感光细胞直接与双极细胞形成连接，而周边区的感光细胞则需通过水平细胞与双极细胞形成间接连接。

2. 内核层中间神经元

水平细胞、无长突细胞和网间细胞均为位于内核层的中间神经元，参与局部环路

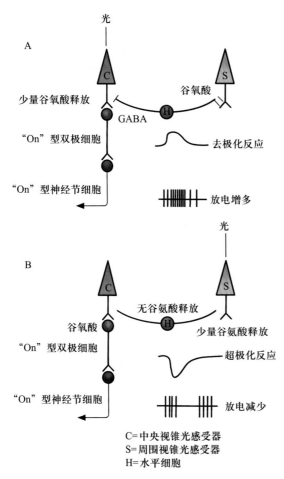

图 12-4-16　水平细胞使邻近的光感受器减少
谷氨酸的释放

A. 中央性光照：水平细胞的 GABA 能一致使双极细胞
核视神经节细胞的反应增强；B. 周围性光照：水平
胞未释放 GABA，因此"On"通道被抑制

C = 中央视锥光感受器
S = 周围视锥光感受器
H = 水平细胞

的组成（图 12-4-16）。

水平细胞是抑制性中间神经元，通过释放抑制性神经递质 γ-氨基丁酸对感光细胞的活动构成侧向抑制，这是视网膜对比增强的一个重要机制。也有观点认为，水平细胞可以通过其表达的半通道（hemichannels）来影响感光细胞的活动。此外，水平细胞突起上还存在电压敏感性离子转运蛋白，其活动可改变微环境中的 pH，从而影响感光细胞的活动。

多数无长突细胞是抑制型的，含有抑制性递质 GABA 或甘氨酸，也有少数是兴奋性的，含有兴奋性递质乙酰胆碱或谷氨酸。除少数细胞外，大部分无长突细胞不产生动作电位。有些无长突细胞直接参与视网膜信息的传递，有些只参与信息的调控。

（二）节细胞

节细胞（ganglion cell）是长轴突的多极神经元，也是视网膜内唯一的传入神经元，多排列成单行。其胞体较大，树突与联络神经元形成突触，轴突向眼球后极汇集形成视神经穿出眼球。节细胞也可分为两类，即侏儒节细胞（midget ganglion cell）和弥散节细胞（diffuse ganglion cell），前者胞体较小，只接受单一的视锥细胞和双极细胞的信息，这种一对一的通路能精确地传导视觉，后者胞体较大，与多个双极细胞形成突触联系。

神经节细胞是视网膜唯一的输出细胞，它们的轴突组成视神经，从眼球背后发出，进入间脑。与双极细胞一样，多数神经节细胞也具有同心圆式的中心-周边感受野结构。给光-中心神经节细胞和撤光-中心神经节细胞接受来自同类双极细胞的输入。因此，对于给光-中心神经节细胞，当它的感受野中心接受一个小光点刺激时，会产生去极化反应，并诱发一串动作电位。

在视网膜中，只有神经节细胞和少数无长突细胞可以产生动作电位，而感光细胞、双极细胞和水平细胞只能产生超极化或去极化反应，不产生动作电位。因此，视觉信息在到达神经节细胞之前，是以等级电位（即慢电位）的形式表达或编码的。当感光细胞受到光照刺激时，通过光化学反应产生超极化型感受器电位，这种局部性慢电位以电紧张性扩布的方式达到终足并影响其递质释放量的改变，从而依次影响下一级细胞产生超极化或去极化型慢电位。这两种形式的慢电位传递到神经节细胞的电位总和，使神经节细胞的静息膜电位去极化达到阈电位水平，产生"全或无"式的动作电位，这种动作电位作为视网膜的最后输出信号，这个信号进一步传向视觉中枢。

（三）放射状胶质细胞

放射状胶质细胞（radial neuroglia cell）是视网膜特有的一种神经胶质细胞，又称Müller细胞，呈细长不规则形状，几乎贯穿整个视网膜神经部，其胞体与双极细胞胞体同居一层。外侧端穿插在感光细胞之间，并与内节形成连接复合体，构成视网膜的外界膜（outer limiting membrane）；内侧突末端常膨大、分叉，在神经纤维层内表面相互连接成内界膜（inner limiting membrane）（图12-4-2）。放射状胶质细胞对神经元起营养、支持、绝缘和保护作用。

（王艳青　刘　真　张晓丽）

第五节　视觉传导通路与中枢视觉形成

一、视觉传导通路

视觉传导通路（visual pathway）包括3级神经元。眼球视网膜神经部最外层的视锥细胞和视杆细胞为光感受器细胞，中层的双极细胞为第1级神经元，最内层的节细胞为第2级神经元，其轴突在视神经盘处集合成视神经（optic nerve）。视神经起于眼球后极内侧约3 mm，行向后内，经视神经管入颅中窝，形成视交叉后，延为视束。在视交叉中，来自两眼视网膜鼻侧半的纤维交叉，交叉后加入对侧视束；来自视网膜颞侧半的纤维不交叉，进入同侧视束。因此，左侧视束内含有来自两眼视网膜左侧半的纤维，右侧视束内含有来自两眼视网膜右侧半的纤维。视束绕过大脑脚向后，主要终止于外侧膝状体。第3级神经元胞体在外侧膝状体内，由外侧膝状体核发出纤维组成视辐射（optic radiation）经内囊后肢投射到端脑距状沟上、下的视区皮质（visual cortex），产生视觉（图12-5-1）。

视束中尚有少数纤维经上丘臂终止于上丘和顶盖前区。上丘发出的纤维组成顶盖脊髓束，下行至脊髓，完成视觉反射。顶盖前区是瞳孔对光反射通路的一部分。

二、视野

单眼注视正前方一点不动时，该眼所能看到的最大空间范围，称为视野。由于眼球屈光装置对光线的折射作用，鼻侧半视野的物象投射到颞侧半视网膜，颞侧半视野的物象投射到鼻侧半视网膜，上半视野的物象投射到下半视网膜，下半视野的物象投射到上半视网膜。

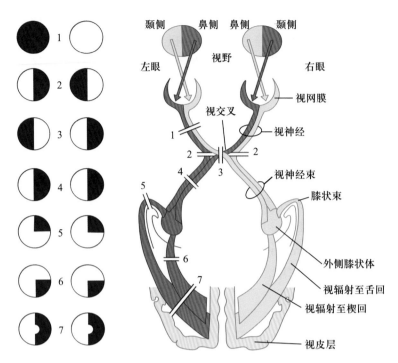

图 12-5-1　视觉传导通路

　　视野的最大界限用该眼所能看到的最大范围与视轴所成夹角的大小来表示。视轴是指用单眼固定地注视外界某一点，连接该点与视网膜黄斑中央凹处的假想线。视野的大小可受所视物体颜色的影响。在同一光照条件下，用不同颜色的目标物测得的视野大小不一，白色视野最大，其次是黄色、蓝色、红色，绿色视野最小。此外，面部结构（鼻和额）也影响视野的大小和形状。如正常人颞侧视野大于鼻侧视野，下方视野大于上方视野。视野的大小可能与各类感光细胞在视网膜中的分布范围有关。视网膜或视觉传导通路的病变常伴有视野缺损，因此，临床上检查视野有助于此类疾病的诊断。

　　当视觉传导通路的不同部位受损时，可引起不同的视野缺损：①视网膜损伤引起的视野缺损与损伤的位置和范围有关，若损伤在视神经盘则视野中出现较大暗点，若黄斑部受损则中央视野有暗点，其他部位损伤则对应部位有暗点；②一侧视神经损伤可致该侧眼视野全盲；③视交叉中交叉纤维损伤可致双眼视野颞侧半偏盲；④一侧视交叉外侧部的不交叉纤维损伤，则患侧眼视野的鼻侧半偏盲；⑤一侧视束及以上的视觉传导路（视辐射、视区皮质）受损，可致双眼病灶对侧半视野同向性偏盲（如右侧受损则右眼视野鼻侧半和左眼视野颞侧半偏盲）（图 12-5-1）。

三、瞳孔对光反射及其通路

　　瞳孔对光反射（pupillary light reflex）是指瞳孔在强光照射时缩小而在光线变弱时散大的反射。这是眼的一种适应功能，其意义在于调节进入眼内的光量，使视网膜不至于因光量过强而受到损害，也不会因光线过弱而影响视觉。瞳孔对光反射的效应是双侧性的，故又称互感性对光反射（consensual light reflex）。光照一侧眼的瞳孔，引起两眼瞳孔缩小，光照侧的反应称直接对光反射，对侧的反应称间接对光反射。瞳孔对光反射的通路如下：视网膜→视神经→视交叉→两侧视束→上丘臂→顶盖前区→两侧动眼神经副核→动眼神经→睫状神经节→节后纤维→瞳孔括约肌收缩→两侧瞳孔缩小（图12-5-2）。

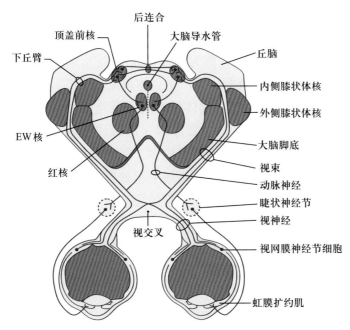

图12-5-2　瞳孔对光反射示意图

光线照进一只眼睛会使两个瞳孔收缩。受刺激的眼睛的反应被称为直接对光反射；对侧眼睛的反应被称为间接对光反射

瞳孔对光反射的中枢位于中脑，因此临床上常将它用作判断麻醉深度和病情危重程度的一个指标。但视神经或动眼神经受损，也能引起瞳孔对光反射的变化。例如，一侧视神经受损时，信息传入中断，光照患侧眼的瞳孔，两侧瞳孔均不反应；但光照健侧眼的瞳孔，则两眼对光反射均存在（即患侧眼的瞳孔直接对光反射消失，间接对光反射存在）。又如，一侧动眼神经受损时，由于信息传出中断，无论光照哪一侧眼，患侧眼的瞳孔对光反射都消失（患侧眼的瞳孔直接及间接对光反射消失），但健侧眼的瞳孔直接和间接对光反射存在。

四、中枢的视觉形成

视网膜神经节细胞轴突和外侧膝状体以及初级视皮层之间具有点对点的投射关系。视皮层也有6层结构，浅表4C层的细胞产生移动的、位置的和立体的视觉；深部4C层的细胞产生颜色、形状、质地和细微结构的视觉；第2、3层内的多簇状细胞也与色觉有关。此外，视皮层与躯体感觉皮层一样，也以相同的功能纵向排列成柱状。视皮层的感觉柱称为方位柱，且视皮层上每跨越一个方位柱，最佳感受方向相差5°～10°。因此，如果将视皮层上相隔很小距离的所有方位柱集合起来，可以构成一个具有360°方向上都能感受的完整的感受野。

牛、马、羊等某些哺乳动物的两眼长在头的两侧，因此其两眼的视野不完全重叠，左眼和右眼各自感觉不同侧面的光刺激，这些动物仅有单眼视觉（monocular

Note

vision）。人和灵长类动物的双眼都在头部的前方，两眼的鼻侧视野相互重叠，因此，凡落在此范围内的任何物体都能同时被两眼所见。两眼同时看某一物体时产生的视觉称为双眼视觉（binocular vision）。双眼视物时，两眼视网膜上各形成一个完整的像。在眼外肌的精细协调运动的基础上，可使来自物体同一部分的光线成像于两眼视网膜的对称点上，进而在主观上产生单一物体的视觉，称为单视。在眼外肌瘫痪或眼球内肿瘤压迫等情况下，可使物像落在两眼视网膜的非对称点上，因而在主观上产生有一定程度互相重叠的两个物体的感觉，称为复视（diplopia）。双眼视觉的优点是可以弥补单眼视野中的盲区缺损，扩大视野，并产生立体视觉。

双眼视物时，主观上可产生被视物体的厚度以及空间的深度或距离等感觉，称为立体视觉（stereoscopic vision）。其主要原因是两眼注视同一物体时，左眼看到物体的左侧面较多，而右眼看到物体的右侧面较多，使两眼视网膜上所形成的物像并不完全相同，来自两眼的图像信息经过视觉高级中枢处理后，产生一个有立体感的物体形象。由此可见，立体视觉实际上是由于两眼的视差所造成的。有时我们用单眼视物也能产生一定程度的立体感，这主要是通过物像的大小、眼球运动、远近调节等获得的。另外，这种立体感觉的产生与生活经验，物体表面的阴影等也有关。但良好的立体视觉只有在双眼观察时才有可能获得。

五、视后像和融合现象

注视一个光源或较亮的物体后，然后闭上眼睛后，可感觉到一个光斑，其形状和大小均与该光源或物体相似，这种主观的视觉后效应称为视后像（afterimage）。如果给以闪光刺激，则主观上光亮感觉的持续时间比实际的闪光时间长，这是由于光的后效应所致。后效应的持续时间与光刺激的强度有关，如果光刺激很强，则视后像的持续时间较长。如果用重复的闪光刺激人眼，当闪光频率较低时，主观上常能分辨出一次又一次的闪光。当闪光频率增加到一定程度时，可引起主观上的连续光感，这一现象称为融合现象（fusion phenomenon）。融合现象是由于闪光的间歇时间比视后像的时间更短而产生的。能引起闪光融合的最低频率，称为临界融合频率（critical fusion frequency，CFF）。临界融合频率与闪光刺激的亮度、闪光光斑的大小以及被刺激的视网膜部位均有关。在较弱的闪光照射时，闪光频率低至3～4周/s即可产生融合现象；在中等强度的闪光照射下，临界融合频率约为25周/s；闪光光线较强时，临界融合频率可高达100周/s。在测定视网膜不同部位的临界融合频率时发现，越靠近中央凹，其临界融合频率越高。另外，闪光的颜色、视角的大小、受试者的年龄及某些药物等均可影响临界融合频率，尤其是中枢神经系统疲劳可使临界融合频率下降。因此，在劳动生理中常将临界融合频率作为中枢疲劳的指标。

（王艳青　李振中　刘　真）

第十三章 眼副器和血管

第一节 眼副器

眼副器（accessory organs of eye）包括眼睑、结膜、泪器、眼球外肌、眶脂体和眶筋膜等结构，有保护、运动和支持眼球的作用。

一、眼睑

眼睑（palpebrae）（图13-1-1）位于眼球的前方，分上睑和下睑，是保护眼球的屏障。上、下睑之间的裂隙称睑裂。睑裂两侧上、下睑结合处分别称为内眦和外眦。睑的游离缘称为睑缘。

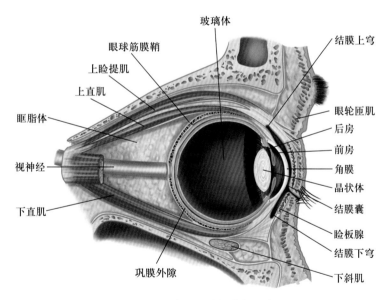

图13-1-1　右眼眶（矢状切面）

睑缘有睫毛2～3行，上睑睫毛硬而长，下睑睫毛短而少。上、下睑睫毛均弯曲向前，有防止灰尘进入眼内和减弱强光照射的作用。如果睫毛长向角膜，称为倒睫，可引起角膜炎和溃疡等。

眼睑由浅至深可分为5层（图13-1-2）：皮肤、皮下组织、肌层、睑板和睑结膜。

眼睑的皮肤薄而柔软，睫毛根部的皮脂腺称睑缘腺，又称Zeis腺；睫毛根部还有大汗腺称睫毛腺，又称Moll腺。睫毛毛囊或睫毛腺急性炎症，称麦粒肿。

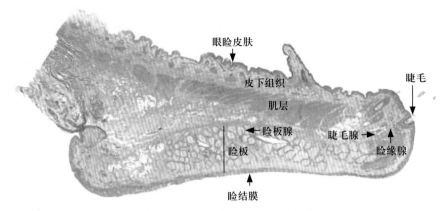

图 13-1-2　眼睑光镜图（HE染色）

皮下组织为薄层疏松结缔组织，缺乏脂肪组织，可因积液或出血而发生肿胀。

肌层主要为骨骼肌，包括眼轮匝肌睑部和上睑提肌。眼轮匝肌睑部收缩可闭合睑裂。眼睑部手术时，切口应与眼轮匝肌纤维方向平行，以利于愈合。上睑提肌的腱膜止于上睑的上部，可上提上睑。

睑板（tarsus）为一半月形的由致密结缔组织组成的质如软骨的支架，支撑眼睑，上、下各一（图13-1-3）。上、下睑板的内、外两端借横位的睑内、外侧韧带与眶缘相连结。睑内侧韧带较强韧，其前面有内眦动、静脉越过，后面有泪囊，是施行泪囊手术时寻找泪囊的标志。

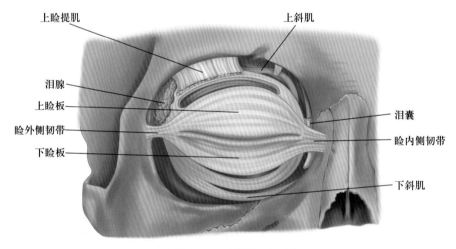

图 13-1-3　睑板（右侧）

睑板内有许多麦穗状的睑板腺，为平行排列的分支管泡状皮脂腺（图13-1-2），与睑缘垂直，其导管开口于睑缘。睑板腺是特化的皮脂腺，分泌油脂样液体，富含脂肪、脂酸及胆固醇，有润滑睑缘和防止泪液外溢的作用。若睑板腺导管阻塞，形成睑板腺囊肿，也称霰粒肿。

二、结膜

结膜（conjunctiva）是一层薄而光滑透明、富含血管的黏膜，覆盖在眼球的前面和眼睑的内面（图13-1-1）。按所在部位可分为睑结膜、球结膜和结膜穹窿3部分。

（一）睑结膜

睑结膜（palpebral conjunctiva）衬覆于上、下睑的内面，与睑板结合紧密。睑结膜为薄层黏膜，表面为复层柱状上皮（图13-1-2）。在睑结膜内表面，可透视深层的小血管和平行排列并垂直于睑缘的睑板腺。

（二）球结膜

球结膜（bulbar conjunctiva）覆盖在眼球的前面，由睑结膜反折覆盖于巩膜表面形成。在近角膜缘处，移行为角膜上皮。在角膜缘处与巩膜结合紧密，其余部分结合疏松而易移动。

（三）结膜穹窿

结膜穹窿（conjunctival fornix）位于睑结膜与球结膜互相移行处，其反折处分别构成结膜上穹和结膜下穹（图13-1-4）。结膜上穹较结膜下穹更深。当上、下睑闭合时，整个结膜形成的囊状腔隙称结膜囊（conjunctival sac）（图13-1-1），通过睑裂与外界相通。

三、泪器

泪器（lacrimal apparatus）由泪腺和泪道组成（图13-1-4）。

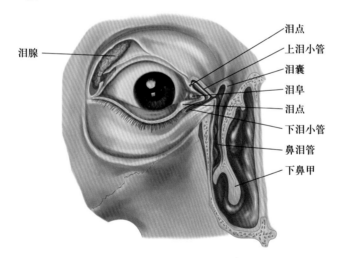

图13-1-4　泪器

（一）泪腺

泪腺（lacrimal gland）位于眶上壁前外侧部的泪腺窝内，有10～20条排泄管开口于结膜上穹的外侧部。泪腺是浆液性复管状腺，被结缔组织分隔成小叶。腺上皮为单层立方上皮或单层柱状上皮，胞质内有分泌颗粒。腺上皮外有基膜和肌上皮细胞（图13-1-5）。泪腺的分泌由面神经的副交感神经纤维支配，分泌的泪液经导管排至结膜上穹，借眨眼活动涂抹于眼球表面，有润滑、清洁角膜、防止角膜干燥和冲洗微尘的作用。此外，泪液含溶菌酶，具有灭菌作用。多余的泪液流向内眦处的泪湖

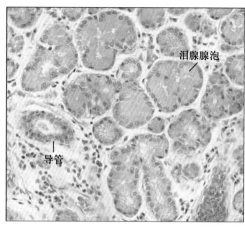

图13-1-5 泪腺光镜图（HE染色）

（lacrimal lake），经泪点、泪小管进入泪囊，再经鼻泪管至鼻腔。

（二）泪道

泪道包括泪点、泪小管、泪囊和鼻泪管。

1. 泪点

在上、下睑缘近内侧端处各有一小隆起称泪乳头（lacrimal papilla），其顶部有一小孔称泪点（lacrimal punctum），是泪小管的开口。

2. 泪小管

泪小管（lacrimal ductule）为连结泪点与泪囊的小管，分上泪小管和下泪小管，分别垂直向上、下行，继而几乎呈直角转向内侧汇合在一起，开口于泪囊上部。

3. 泪囊

泪囊（lacrimal sac）位于眶内侧壁前下部的泪囊窝中，为一个膜性囊。上端为盲端，高于内眦，下部移行为鼻泪管。泪囊和鼻泪管贴附于泪囊窝和骨性鼻泪管的骨膜。泪囊的前面有睑内侧韧带和眼轮匝肌泪囊部的纤维横过。眼轮匝肌还有少量肌束跨过泪囊深面。眼轮匝肌收缩时牵引睑内侧韧带可扩大泪囊，使囊内产生负压，促使泪液流入泪囊。

4. 鼻泪管

鼻泪管（nasolacrimal duct）为一个膜性管道。鼻泪管的上部包埋在骨性鼻泪管中，与骨膜紧密结合；下部在鼻腔外侧壁黏膜的深面，开口于下鼻道外侧壁的前部。鼻泪管开口处的黏膜内有丰富的静脉丛，感冒时，黏膜充血和肿胀，导致鼻泪管下口闭塞，泪液向鼻腔引流不畅，故感冒时常有流泪的现象。

四、眼球外肌

眼球外肌（extraocular muscles）（图13-1-6）为视器的运动装置，包括运动眼球的4块直肌、2块斜肌和运动眼睑的上睑提肌，均为骨骼肌。

（一）上睑提肌

上睑提肌（levator palpebrae superioris）起自视神经管前上方的眶壁，在上直肌上方向前走行。前端移行为腱膜，止于上睑的皮肤和上睑板。此肌收缩可上提上睑，开大眼裂，由动眼神经支配。上睑提肌瘫痪可导致上睑下垂。Müller肌是一块薄而小的平滑肌，起于上睑提肌下面的肌纤维之间，在上睑提肌与上直肌、结膜穹窿之间向前下方走行，止于睑板上缘。Müller肌助提上睑，对维持上睑的正常位置起到一定的作用。Müller肌受颈交感神经支配，该神经麻痹导致霍纳综合征（Horner征），可出现瞳孔缩小、眼球内陷、上睑下垂等症状。

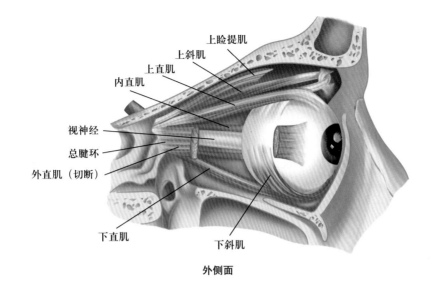

外侧面

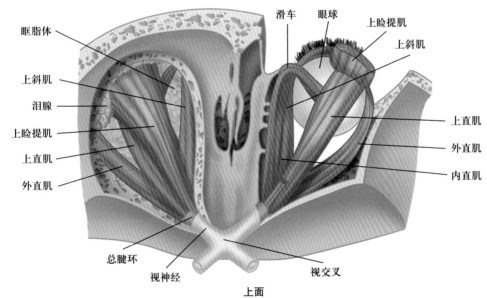

上面

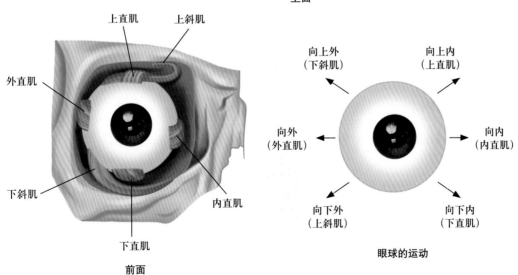

前面

眼球的运动

图 13-1-6　眼球外肌

（二）上、下、内、外直肌

运动眼球的各直肌共同起自视神经管周围和眶上裂内侧的总腱环，在赤道的前方，分别止于巩膜的上、下、内侧和外侧。上直肌（rectus superior）位于上睑提肌下方，眼球上方，该肌收缩使瞳孔转向上内方；下直肌（rectus inferior）位于眼球下方，该肌收缩使瞳孔转向下内方；内直肌（rectus medialis）位于眼球的内侧，该肌收缩使瞳孔转向内侧；外直肌（rectus lateralis）位于眼球外侧，该肌收缩使瞳孔转向外侧。

（三）上斜肌和下斜肌

上斜肌（obliquus superior）位于上直肌与内直肌之间，起于总腱环，以纤细的肌腱通过附于眶内侧壁前上方的滑车，经上直肌下方转向后外，在上直肌与外直肌之间止于眼球后外侧赤道后方的巩膜。该肌收缩使瞳孔转向下外方。

下斜肌（obliquus inferior）位于眶下壁与下直肌之间，起自眶下壁的内侧份近前缘处，斜向后外，止于眼球下面赤道后方的巩膜。该肌收缩可使瞳孔转向上外方。

眼球的正常运动，并非单块肌的收缩，而是两眼数块肌协同作用的结果。如眼向下俯视时，两眼的下直肌和上斜肌同时收缩；仰视时，两眼上直肌和下斜肌同时收缩；侧视时，一侧眼的外直肌和另一侧眼的内直肌共同作用；聚视中线时，则是两眼内直肌共同作用的结果。当某一肌麻痹时，可出现斜视和复视现象。

眼球外肌的神经支配是动眼神经支配上睑提肌、上直肌、内直肌、下直肌和下斜肌；滑车神经支配上斜肌；展神经支配外直肌。

五、眶脂体与眶筋膜

（一）眶脂体

眶脂体（adipose body of orbit）是填充于眼球、眼球外肌与眶骨膜之间的脂肪组织（图13-1-1）。在眼球后方，视神经与眼球各肌之间含量较多，前部较少。眶脂体的功能是固定眶内各种软组织，对眼球、视神经、血管和泪器起弹性软垫样的保护作用，尤其是使眼球运动自如，眼球后方的脂肪组织与眼球之间，犹如球窝关节的关节窝与关节头的关系，允许眼球做多轴的运动，还可减少外来震动对眼球的影响。

（二）眶筋膜

眶筋膜（orbital fasciae）包括眶骨膜、眼球筋膜鞘、眼肌筋膜和眶隔。

1. 眶骨膜

眶骨膜（periorbita）疏松地衬于眶壁的内面，在面前部与周围骨膜相续连。在视神经管处硬脑膜分为两层，内层成为视神经的外鞘，外层续为眶骨膜。在眶的后部，眶骨膜增厚形成总腱环，为眼球外肌的附着处。

2. 眼球筋膜鞘

眼球筋膜鞘（fascial sheath of eyeball）是眶脂体与眼球之间的薄而致密的纤维膜，

Note

又称Tenon囊。此鞘包绕眼球大部，向前在角膜缘稍后方与巩膜融合在一起，向后与视神经硬膜鞘结合。眼球筋膜鞘内面光滑，与眼球之间的间隙称巩膜外隙，此间隙内有一些松软而纤细的结缔组织，眼球在鞘内较灵活地运动。

3. 眼肌筋膜

眼肌筋膜（fascia of ocular muscles）呈鞘状包绕各眼球外肌。

4. 眶隔

眶隔（orbital septum）在上睑板的上缘和下睑板的下缘各有一薄层结缔组织连于眶上缘和眶下缘，这层结缔组织称为眶隔。它与眶骨膜相互续连。

（刘　真　张晓丽）

第二节　眼 的 血 管

一、眼的动脉

眼球和眶内结构血液供应主要来自眼动脉（ophthalmic artery）（图13-2-1）。当颈内动脉穿出海绵窦后，在前床突内侧发出眼动脉。眼动脉在视神经下方经视神经管入眶，先居视神经下外侧，再经视神经上方与上直肌之间至眶内侧，向前行于上斜肌和上直肌之间，终支出眶，终于额动脉。在行程中发出分支供应眼球、眼球外肌、泪腺和眼睑等。其主要的分支如下。

（一）视网膜中央动脉

视网膜中央动脉（central artery of retina）（图13-2-1）是供应视网膜内层的唯一动脉。发自眼动脉，行于视神经的下方，在距眼球10～15 mm处，穿入视神经鞘内，走行长度为0.9～2.5 mm，继而行于神经内直至巩膜后，在视神经盘处先分为上、下2支，再分成视网膜鼻侧上、下和视网膜颞侧上、下4支小动脉（图12-4-3），分布至视网膜鼻侧上、鼻侧下、颞侧上和颞侧下4个扇形区。临床上，用检眼镜可直接观察这些结构，它对某些疾病的诊断和预后的判断有重要意义。黄斑中央凹0.5 mm范围内无血管分布。

视网膜中央动脉是终动脉，在视网膜内的分支之间不吻合，也不与脉络膜内的血管吻合，但行于视神经鞘内和视神经内这两段的视网膜中央动脉分支间有吻合。视网膜中央动脉阻塞时可导致眼全盲。

（二）睫后短动脉

睫后短动脉（short posterior ciliary artery）又称脉络膜动脉，有很多支，在视神经周围垂直穿入巩膜，分布于脉络膜。

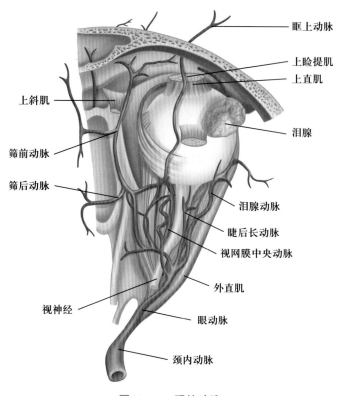

眶上动脉

上睑提肌
上直肌

上斜肌

泪腺

筛前动脉

筛后动脉

泪腺动脉

睫后长动脉

视网膜中央动脉

外直肌

视神经

眼动脉

颈内动脉

图13-2-1　眼的动脉

（三）睫后长动脉

睫后长动脉（long posterior ciliary artery）又称虹膜动脉，有2支，在视神经的内、外侧穿入巩膜，在巩膜与脉络膜间前行直达睫状体。发3个分支：①回归动脉支，进入脉络膜与睫后短动脉吻合；②睫状肌支，至睫状肌；③虹膜动脉大环支，与睫状前动脉吻合。

（四）睫前动脉

睫前动脉（anterior ciliary artery）由眼动脉的各肌支发出，共7支，在眼球前部距离角膜缘5~8 mm处穿入巩膜，在巩膜静脉窦的后面穿入睫状肌，发分支与虹膜动脉大环吻合，营养巩膜前部、虹膜和睫状体。睫前动脉在进入巩膜前，分出小支至球结膜。

另外，眼动脉还发出泪腺动脉、筛前动脉、筛后动脉及眶上动脉等分支至相应部位。

二、眼的静脉

（一）眼球内的静脉

1. 视网膜中央静脉

视网膜中央静脉（central vein of retina）与同名动脉伴行，收纳视网膜的静脉血。

Note

2. 涡静脉

涡静脉（vorticose vein）（图13-2-2）是眼球血管膜的主要静脉，多数为4条，即2条上涡静脉和2条下涡静脉，分散在眼球赤道后方4条直肌之间，收集虹膜、睫状体和脉络膜的静脉血。此静脉不与动脉伴行，在眼球赤道附近穿出巩膜，2条上涡静脉汇入眼上静脉，2条下涡静脉汇入眼下静脉。

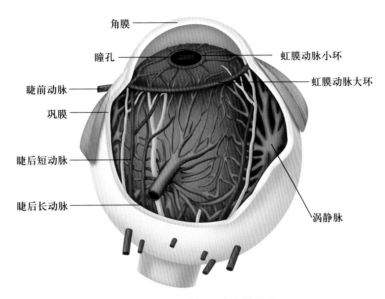

图13-2-2 虹膜的动脉和涡静脉

3. 睫前静脉

睫前静脉（anterior ciliary vein）收集眼球前部虹膜等处的静脉血。这些静脉及眶内其他静脉，最后汇入均眼上、下静脉。

（二）眼球外的静脉

1. 眼上静脉

眼上静脉（superior ophthalmic vein）起自眶内上角，向后经眶上裂注入海绵窦。

2. 眼下静脉

眼下静脉（inferior ophthalmic vein）起自眶下壁和内侧壁的静脉网，收集附近眼肌、泪囊和眼睑的静脉血，行向后分为2支，一支经眶上裂注入眼上静脉，另一支经眶下裂汇入翼静脉丛。

眼静脉无瓣膜，向前在内眦处与面静脉的内眦静脉有吻合，向后面注入海绵窦，面部感染可经眼静脉侵入海绵窦引起颅内感染。因两侧的海绵窦借海绵间前、后窦相通连，一侧的眶内感染可经海绵间窦引起对侧的眶内感染。

（刘 真）

第十四章 听觉器官

病例 14-0-1

63岁的公路建筑退休工人李先生在过去的几年内有进行性加重的耳鸣和耳阶段性不适,他说有几次感觉房间像旋转木马一样在转。在过去的6个月里,他走路时会向左偏移,且不能很协调地使用左手。1个月前,他发现自己左脸的肌肉无力。医生检查时发现他的左脸肌肉不能收缩。李先生的左侧角膜反射消失,无法协调使用左手。在指鼻试验、足跟到胫试验中,李先生的左侧上下肢有意向性震颤。医生建议李先生立即到耳鼻喉科做进一步测试。听力测试显示,李先生左侧有20 dB的高音调听力丧失。李先生呈现宽基步态,无法进行足尖足跟衔接行走(tandem walk)。对李先生左耳进行冷热刺激时,并未出现眼球震颤。耳鼻喉专家让李先生进一步做MRI扫描,发现其小脑脑桥角的左后窝有一个肿瘤。

请回答以下几个问题。

1. 导致耳聋的可能原因是什么?
2. 导致李先生的症状的原因是什么?
3. 针对耳聋的不同检查方法的基本原理是什么?
4. 听力和平衡障碍之间的关联是什么?

听觉是人耳的主要功能之一,对人类的认知、交流有着重要的意义。听觉的产生依靠外耳、中耳和内耳的耳蜗组成的听觉器官。声源震动引起空气产生的疏密波,即声波通过外耳和中耳的传递到达耳蜗,经耳蜗的感音换能作用,将声波的机械能转变为听神经纤维上的神经冲动,后者上传到大脑皮质的听觉中枢,产生听觉。

人耳能够感受的声压范围是0.0002~1000 dyn/cm^2,声波频率范围是20~20000 Hz。对于每一种频率的声波,人耳都有一个刚能引起听觉的最小强度,称为听阈(hearing threshold)。在听阈以上继续增加强度,听觉的感受也相应增强,当强度增加到某一限度时,将引起鼓膜的疼痛感,这一限度称为最大可听阈(maximal hearing threshold)。人耳最敏感的声波频率为1000~3000 Hz,人的语言频率主要分布在300~3000 Hz范围内。

第一节　外耳与中耳

一、外耳

（一）外耳的发生

外耳道由第1鳃沟演变形成。胚胎第2个月末，第1鳃沟向内深陷，形成漏斗状管道，以后演变成外耳道外侧段。管道的底部外胚层细胞增生形成一上皮细胞索，称外耳道栓（external acoustic meatus plug）。胚胎第7个月时，外耳道栓中央的细胞退化吸收，形成管腔，成为外耳道的内侧段（图14-1-1）。胚胎第6周时，第1鳃沟周围的间充质增生，形成6个结节状隆起，称耳丘（auricular hillock）。这些耳丘围绕外耳道口，逐渐融合演变成耳郭（图14-1-2）。

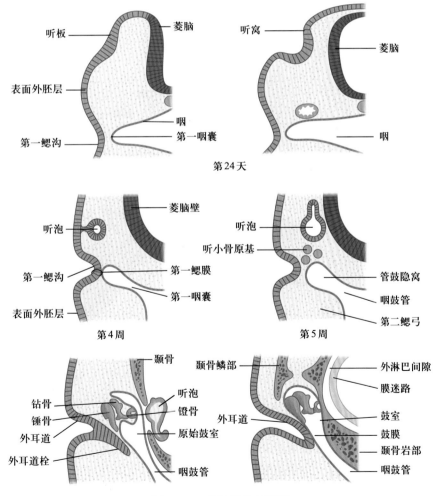

图14-1-1　耳的发生示意图

（二）外耳的结构

外耳（external ear）包括耳郭、外耳道和鼓膜3部分。

1. 耳郭

耳郭（auricle）位于头部的两侧，凸面向后，凹面朝向前外（图14-1-2和图14-1-3）。弹性软骨和结缔组织构成耳郭上部的支架，表面覆盖着皮肤，皮下组织少但神经血管丰富；耳郭下方为耳垂（auricular lobule），耳垂内无软骨，仅含结缔组织和脂肪，有丰富的血管，是临床常用采血的部位。

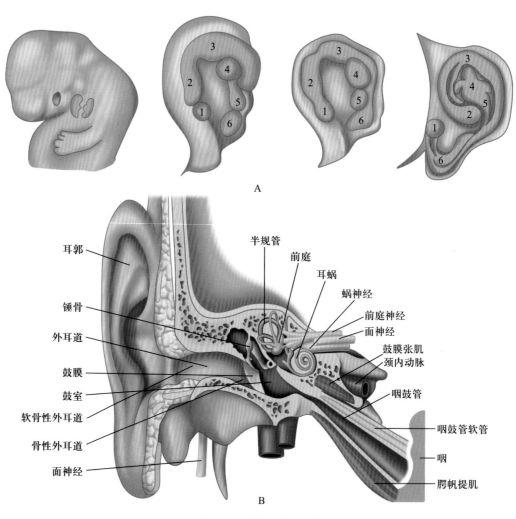

图 14-1-2　前庭蜗器全貌

耳郭前外侧面的周缘卷曲，称耳轮。耳轮前起自外耳门上方的耳轮脚，耳轮构成耳郭的上缘和后缘，向下连于耳垂。耳轮的前方有一与其平行的弧形隆起，称对耳轮。对耳轮的上端分叉形成对耳轮上脚和对耳轮下脚。两脚之间的三角形浅窝，称三角窝。耳轮和对耳轮之间的狭长的凹陷，称耳舟。对耳轮前方的深窝称耳甲，耳甲被耳轮脚分为上、下两个窝，上部的窝为耳甲艇，下部的窝为耳甲腔。耳甲腔通入外耳门（external acoustic pore）。耳甲腔的前方有一突起称耳屏，后方的对耳轮下部有一突起，称对耳屏，耳屏与对耳屏之间有一凹陷，称为耳屏间切迹。

耳郭后内侧面，朝向后内方。后内侧面的凸凹与前外侧面的凹凸相对应。

耳郭借软骨、韧带、肌和皮肤连于头部两侧，耳郭的软骨向内续为外耳道软骨，人类耳郭的肌多已退化。分布于耳郭的神经来源较多，有来自脊神经颈丛的耳大神经和枕小神经，有来自脑神经的三叉神经分支的耳颞神经以及面神经、迷走神经、舌咽神经的分支。

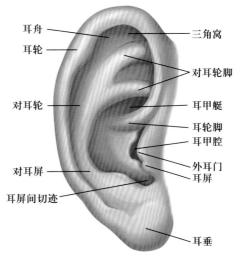

图14-1-3　耳郭

2. 外耳道

外耳道（external acoustic meatus）是从外耳门至鼓膜的管道（图14-1-2）。成人长2.0～2.5 cm。外耳道外侧1/3为软骨部，与耳郭的软骨相延续；内侧2/3为骨性部，是由颞骨鳞部和鼓部围成的椭圆形短管。两部交界处较为狭窄。外耳道约呈"S"形弯曲，由外向内，先趋向前上，继转向后，最后向前下方。因鼓膜向前下外方向倾斜45°，故外耳道的前壁和下壁较后壁和上壁为长。由于外耳道软骨部可被牵动，故将耳郭向后上方牵拉，即可使外耳道变直，从而可观察到鼓膜。在婴儿因颞骨尚未骨化，其外耳道几乎全由软骨支持，短而直，鼓膜近于水平位，检查时须拉耳郭向后下方。

外耳道表面覆盖一薄层皮肤，皮肤内含有丰富的感觉神经末梢、毛囊、皮脂腺及耵聍腺。皮肤与软骨膜和骨膜结合紧密，不易移动，当发生外耳道皮肤疖肿时（如毛囊感染生疖）疼痛难以忍受。耵聍腺分泌一种黏稠的液体，称为耵聍。当耵聍干燥凝结成大块可阻塞外耳道，影响听觉。外耳道前方邻接颞下颌关节和腮腺，将手指放入外耳道，可感觉到关节的活动。

3. 鼓膜

鼓膜（tympanic membrane）位于外耳道与鼓室之间，呈椭圆形半透明的薄膜，与外耳道底成45°～50°倾斜角。小儿鼓膜更为倾斜，几乎呈水平位。

鼓膜周缘大部附着于颞骨鼓部和鳞部的鼓膜沟。鼓膜周缘较厚，中心向内凹陷，为锤骨柄末端附着处，称鼓膜脐（umbo of tympanic membrane）。由鼓膜脐沿锤骨柄向上，可见鼓膜向前向后形成两个襞，分别称为锤骨前襞和锤骨后襞。两个襞之间，鼓膜上1/8～1/6的三角形区为松弛部，此部薄而松弛，在活体呈淡红色。鼓膜下7/8～5/6为紧张部，坚实而紧张，固定于鼓膜沟内，在活体呈灰白色。此部前下方有一个三角形的反光区，称光锥（cone of light）（图14-1-4）。中耳的一些疾患可引起光锥改变或消失。

鼓膜分3层，外层为复层扁平上皮，与外耳道的皮肤相续连；中层为结缔组织，鼓膜的松弛部无此层；内层为

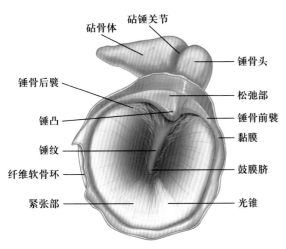

图14-1-4　鼓膜（右侧）

Note

黏膜，与鼓室黏膜相连续，表面上皮为单层扁平上皮。

鼓膜呈椭圆形，面积为50～90 mm²，厚约0.1 mm，呈顶点朝向中耳的浅漏斗状。鼓膜是一个压力承受装置，其本身没有固有振动，但具有较好频率响应和较小失真度。当频率在2400 Hz以下的声波作用于鼓膜时，鼓膜可复制外加振动的频率，其振动与声波振动同始同终，几乎没有残余振动。

（三）外耳的功能

耳郭具有集音作用，外耳道则是声波传导的通道。

猫可以通过转动耳郭探测声源的方向。人的耳郭运动能力已经退化，但可通过转动颈部来判断声源的方向。外耳道一端开口于耳郭，另一端为鼓膜所封闭。根据物理学共振原理，一端封闭的充气管道对波长为其管长4倍的声波产生最大的共振，使声压增强。人的外耳道长约2.5 cm，其最佳共振频率约为3800 Hz。在外耳道口与鼓膜附近分别测量不同频率（3000～5000 Hz）声波的声压，结果表明鼓膜附近的声压级要比外耳道口的声压级强12 dB左右。

（四）外耳的发育畸形

临床常见先天性耳前瘘管、外耳道闭锁、副耳郭、无耳、鼓膜缺损等发育畸形。

1. 先天性耳前瘘管（congenital preauricular fistula）

先天性耳前瘘管又称耳瘘（auricular fistula），为一种常见的先天性耳畸形，由于6个耳丘融合不良或第1鳃沟封闭不全所致。常发生于耳屏前方，为皮肤性盲管，继续向下延伸与鼓室相通。管壁衬以复层扁平上皮，腔内有脱落上皮及角化物，挤压时有白色乳酪状液体流出，易感染发炎。若有脓性分泌物，则应手术切除。

2. 外耳道闭锁（atresia of external acoustic meatus）

外耳道闭锁是由于第1鳃沟和第1、2鳃弓发育异常所致，外耳道局部或全部闭锁，闭锁常发生在外耳道近表面部分，被骨或纤维结缔组织阻塞。可伴有鼓室、咽鼓管或乳突畸形。

3. 副耳郭（accessory auricle）

副耳郭又称耳郭附件（auricular appendages），由于耳丘发生过多所致，常见于耳屏前方或颈部。

4. 无耳（anotia）

无耳指无耳郭，可发生于单侧或双侧，由于耳丘没有发生或停滞于早期阶段。完全无耳郭少见，多为具有一些发育不良的耳结节。常伴有外耳道或中耳畸形。

5. 鼓膜缺损（defect of tympanic membrane）

鼓膜缺损为鼓膜没有发生或局部缺损所致。

二、中耳

中耳（middle ear）由鼓室、咽鼓管、乳突窦和乳突小房组成，为含气的不规则的小腔道，大部分在颞骨岩部内。中耳向外借鼓膜与外耳道相隔，向内与内耳相毗邻，

Note

向前借咽鼓管通向鼻咽部。中耳的主要功能是将声波振动能量高效地传给内耳，其中鼓膜和听骨链在声音传递过程中还起增压作用。

（一）中耳的发生

胚胎第9周时，第1咽囊向背外侧扩伸，远侧盲端膨大成咽鼓管鼓室隐窝（tubotympanic recess），简称管鼓隐窝，近端细窄形成咽鼓管。管鼓隐窝上方的间充质密集形成3块听小骨原基。第6个月时，3块听小骨原基先后经软骨内成骨，形成3块听小骨。与此同时，管鼓隐窝的末端扩大形成原始鼓室（primary tympanic cavity），3块听小骨周围的结缔组织被吸收而形成腔隙并向上部扩展，与原始鼓室共同形成鼓室，3块听小骨逐渐位于鼓室内（图14-1-1）。管鼓隐窝顶部的内胚层与第1鳃沟底部的外胚层相对，分别形成鼓膜内、外上皮，两者之间的中胚层间充质形成鼓膜内的结缔组织，于是形成了3个胚层来源的具有3层结构的鼓膜，位于鼓室和外耳道底之间。

（二）鼓室

鼓室（tympanic cavity）是位于颞骨岩部内的含气的不规则小腔。鼓室有6个壁，鼓室内有听小骨、韧带、肌、血管和神经等。鼓室的各壁及上述各结构的表面均覆盖有黏膜，此黏膜与咽鼓管和乳突窦、乳突小房的黏膜相连续，其黏膜上皮有多种类型。

1. 鼓室的壁

（1）外侧壁：大部分由鼓膜构成，故又名鼓膜壁（图14-1-5）。鼓室鼓膜以上的空间为鼓室上隐窝（图14-1-6），此部的外侧壁为骨性部。

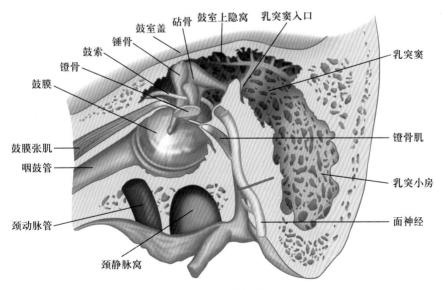

图14-1-5　鼓室外侧壁

（2）上壁：又称盖壁，由颞骨岩部前外侧面的鼓室盖构成，分隔鼓室与颅中窝。盖壁向后延伸形成乳突窦的上壁（图14-1-5和图14-1-7）。中耳疾患侵犯此壁，可引起耳源性颅内并发症。

（3）下壁：也称颈静脉壁，仅为一薄层骨板，将鼓室与颈静脉窝内的颈静脉球分

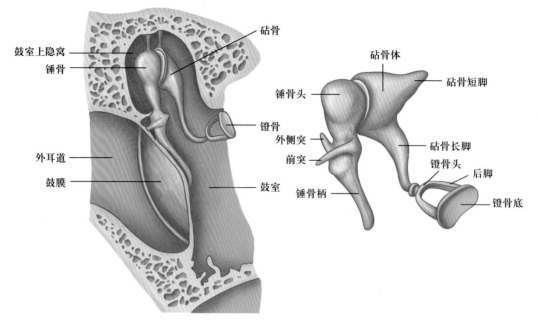

图 14-1-6 鼓室上隐窝和听小骨

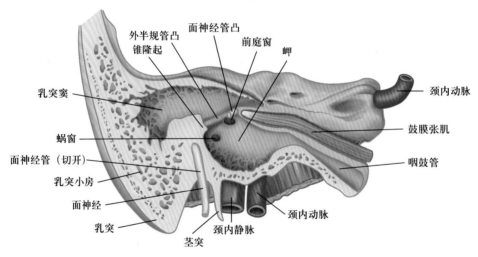

图 14-1-7 鼓室内侧壁

隔（图14-1-5）。部分人的鼓室下壁可能未骨化形成骨壁，此种情形则仅借黏膜和纤维结缔组织分隔鼓室和颈静脉球。这种情况施行鼓膜或鼓室手术时，极易伤及颈静脉球而发生严重出血。

（4）前壁：也称颈动脉壁，即颈动脉管的后壁（图14-1-5）。此壁甚薄，借骨板分隔鼓室与颈内动脉。此壁上部有两个小管的开口，上方的是鼓膜张肌半管口，有鼓膜张肌的肌腱通过；下方为咽鼓管鼓室口。

（5）内侧壁：又称迷路壁。其中部有圆形隆起，称岬（promontory），由耳蜗第一圈的隆凸形成。岬的后上方有一卵圆形小孔，称前庭窗（fenestra vestibuli）或卵圆窗（oval window），通向前庭。在活体，由镫骨底及其周缘的韧带将前庭窗封闭。岬的后下方有一圆形小孔，称蜗窗（fenestra cochleae）或圆窗（round window），在活体由第二鼓膜封闭。在前庭窗后上方有一弓形隆起，称面神经管凸，内藏面神经

Note

（图14-1-6）。面神经经内耳门入内耳道，在内耳道底前上部入面神经管。此管壁骨质甚薄，甚至缺如，中耳的炎症或手术易伤及面神经。

（6）后壁：为乳突壁，上部有乳突窦入口，鼓室借乳突窦向后通入乳突内的乳突小房（图14-1-1和图14-1-6）。中耳炎易侵入乳突小房而引起乳突炎。乳突窦入口的下方有一骨性突起，称为锥隆起，内藏镫骨肌。该肌的肌腱从锥隆起尖端的小孔伸出，止于镫骨颈。面神经管由鼓室内侧壁经锥隆起上方转至后壁，然后垂直下行，出茎乳孔。在茎乳孔上方约6 mm处有鼓索自面神经分出，进入鼓室。

2. 鼓室内的结构

（1）听小骨（auditory ossicles）：有3块，即锤骨、砧骨和镫骨（图14-1-6）。

① 锤骨（malleus）：形如鼓锤，分为头、柄、外侧突和前突。锤骨头与砧骨体形成砧锤关节，位于鼓室上隐窝，并借韧带连于上壁。锤骨柄附于鼓膜脐的内面，柄的上端有鼓膜张肌附着。前突有韧带连于鼓室前壁；外侧突为鼓膜紧张部与松弛部分界标志。

② 砧骨（incus）：形如砧，分为体和长、短两脚。体与锤骨头形成砧锤关节，长脚与镫骨头形成砧镫关节，短脚以韧带连于鼓室后壁。

③ 镫骨（stapes）：形似马镫，分为头、颈、前后两脚和一底。底借韧带连于前庭窗的周边，封闭前庭窗。

（2）听小骨链：锤骨借柄连于鼓膜，镫骨底封闭前庭窗，它们在鼓膜与前庭窗之间以关节和韧带连结成听小骨链，组成杠杆系统。听小骨链以锤骨前突和砧骨短脚为固定点和运动轴，锤骨柄与砧骨长脚几乎平行，当声波冲击鼓膜时，听小骨链相继运动，使镫骨底在前庭窗做向内或向外的运动，将声波的振动转换成机械能传入内耳。

3块听小骨形成一个固定角度的杠杆，锤骨柄为长臂，砧骨长突为短臂，杠杆的支点刚好在听骨链的重心上，因而在能量传递过程中惰性最小，效率最高。鼓膜振动时，如果锤骨柄内移，则砧骨长突和镫骨底板也做相同方向的内移。

声波由鼓膜经听骨链到达卵圆窗膜时，其声压增强，而振幅会略有减小。原因如下：①鼓膜的有效振动面积较大，为55 mm²，而卵圆窗膜的面积只有3.2 mm²，两者之比为17.2∶1。如果听骨链传递声波时的总压力不变，则作用于卵圆窗膜上的压强为鼓膜上压强的17.2倍。②听骨链杠杆长臂与短臂之比为1.3∶1，故通过杠杆作用，在短臂一侧的压力将增大1.3倍。综合以上两方面的作用，声波在整个中耳传递过程中将增压22.4倍（17.2×1.3），而振幅约减小1/4。

中耳具有增压效应。声阻抗（acoustic impedance）是声波在传播过程中振动能量引起介质分子位移时所遇到的抵抗，它与声压成正比，与介质位移的容积速度成反比。因为水的声阻抗大大高于空气的声阻抗，这种阻抗的不匹配意味着声波直接由空气传入水中时不足以使分子密度较高的水发生位移和振动。如果没有中耳的增压效应，那么当声波从空气传入耳蜗内淋巴液的液面时，约有99.9%的声能将被反射回空气中，仅约0.1%的声能可透射到淋巴液，造成声能的巨大损失。中耳的增压效应可使透射入内耳淋巴液的声能从0.1%增加到46%，从而使声波足以引起耳蜗内淋巴液发生位移和振动。所以，中耳的作用就像是一个阻抗匹配器，但其作用尚不完善。

炎症引起听小骨粘连、韧带硬化时，听小骨链的活动受到限制，可使听觉减弱。

（3）运动听小骨的肌有鼓膜张肌和镫骨肌。

① 鼓膜张肌（tensor tympani）：起自咽鼓管软骨部上壁的内面、蝶骨大翼，肌腹位于鼓膜张肌半管内，肌腱至鼓室内，直角折向外下，止于锤骨柄上端（图14-1-4）。该肌由三叉神经的下颌神经支配，收缩时可将锤骨柄牵引拉向内侧，使鼓膜内陷以紧张鼓膜。

② 镫骨肌（stapedius）：位于锥隆起内，肌腱经锥隆起尖端的小孔穿出进入鼓室，止于镫骨颈（图14-1-4）。该肌由面神经支配，收缩时将镫骨头拉向后方，使镫骨底前部离开前庭窗，以减低迷路的压力，该肌收缩还可以解除鼓膜的紧张状态，是鼓膜张肌的拮抗肌。

当声压过大时（＞70 dB），可反射性引起鼓膜张肌和镫骨肌收缩，使鼓膜紧张，各听小骨之间的连接更为紧密，中耳传音效能降低，阻止较强的振动传到耳蜗，从而对内耳的感音装置起到保护作用。但是，完成上述反射需要40～160 ms，故对突发性爆炸声的保护作用不大。

（4）鼓索和鼓室丛：见面神经和舌咽神经。

（5）鼓室的黏膜：鼓室各壁表面和听小骨、韧带、肌腱、神经等结构的表面覆盖有黏膜，与咽鼓管、乳突窦、乳突小房等处的黏膜相延续。鼓室的黏膜无腺体，固有膜很薄，紧附于骨膜上。

（三）咽鼓管

咽鼓管（pharyngotympanic tube）（图14-1-4）为连通鼻咽部与鼓室的通道，长3.5～4.0 cm。咽鼓管可分前内侧份的软骨部和后外侧份的骨部。两部交界处称咽鼓管峡，是咽鼓管管腔的最窄处，内径仅1～2 mm。

1. 咽鼓管软骨部

约占咽鼓管长度的2/3，为一向外下开放的槽，开放处由结缔组织膜封闭形成管，其上皮为假复层纤毛柱状上皮，纤毛可向咽部摆动，固有层的结缔组织内含有混合腺。此部向前内侧开口于鼻咽侧壁的咽鼓管咽口。

2. 咽鼓管骨部

约占咽鼓管长度的1/3，以颞骨的咽鼓管半管为基础，黏膜上皮为单层柱状上皮，此部向后外侧开口于鼓室前壁的咽鼓管鼓室口。

咽鼓管咽口和软骨部平时处于关闭状态，当吞咽、打哈欠或尽力张口时暂时开放，空气经咽鼓管进入鼓室，使鼓室内气压与外界大气压相同，以维持鼓膜的正常位置与功能。小儿咽鼓管短而宽，接近水平位，故咽部感染易经咽鼓管侵入鼓室。咽鼓管因炎症而被阻塞后，外界空气不能进入鼓室，鼓室内原有空气被吸收，使鼓室内压力下降，引起鼓膜内陷，患者出现鼓膜疼痛、听力下降、耳闷等症状。咽鼓管闭塞会影响中耳的正常功能。乘坐飞机或潜水时，若咽鼓管不及时开放，同样可因鼓室两侧出现巨大的压力差而产生鼓膜剧烈疼痛，严重者可导致鼓膜破裂。

Note

（四）乳突窦和乳突小房

乳突窦（mastoid antrum）（图14-1-5和图14-1-7）位于鼓室上隐窝的后方，向前开口于鼓室后壁的上部，向后下与乳突小房相通连，为鼓室和乳突小房之间的通道。

乳突小房（mastoid cells）（图14-1-5和图14-1-7）为颞骨乳突部内的许多含气小腔隙，大小不等，形态不一，互相连通，腔内覆盖黏膜，并与乳突窦和鼓室的黏膜相延续。中耳炎可经乳突窦侵犯乳突小房，引起乳突炎。

（李振中　王富武　王艳青）

第二节　内　耳

一、内耳的发生与畸形

内耳主要来源于菱脑水平的表面外胚层，胚胎第4周初，菱脑两侧的表面外胚层在菱脑的诱导下增厚，形成听板（otic placode），继之向下方间充质内陷，形成听窝（otic pit），最后听窝闭合并与表面外胚层分离，形成一个囊状的听泡（otic vesicle）（图14-1-1）。听泡开始呈梨形，之后向背、腹方向延伸增大，形成背侧的前庭部和腹侧的耳蜗部，并在背端内侧长出一小囊管，为内淋巴管。前庭部形成3个半规管和椭圆囊的上皮，耳蜗部形成球囊和耳蜗管的上皮。于是，听泡及其周围的间充质便演变为内耳膜迷路。在听泡的诱导下，大约在胚胎第3个月时，膜迷路周围的间充质分化成一个软骨性听囊，包绕膜迷路。随着膜迷路的增大，软骨性听囊内出现空泡，空泡相互融合形成外淋巴间隙。约在胚胎第5个月时，软骨性听囊骨化成骨迷路。于是膜迷路完全被套在骨迷路内，两者间隔以狭窄的外淋巴间隙（图14-2-1）。

先天性耳聋（congenital deafness）分为遗传性和非遗传性两类。遗传性耳聋属常染色体隐性遗传，主要由不同类型和程度不同的内耳发育不全、耳蜗神经发育不良、听小骨发育缺陷和外耳道闭锁所致。非遗传性耳聋与药物中毒、新生儿溶血性黄疸、感染等因素有关，这些因素可损伤胎儿的内耳、螺旋神经节（又称蜗神经节）、蜗神经和听觉中枢。先天性耳聋者由于听不到语言，不能进行语言学习与锻炼，常表现为又聋又哑，即聋哑症（deafmutism）。

二、内耳的结构与功能

（一）内耳的结构

内耳（internal ear）又称迷路，是前庭蜗器的主要部分。内耳全部位于颞骨岩部的骨质内，在鼓室内侧壁和内耳道底之间（图14-1-2和图14-2-2），其形状不规则，构

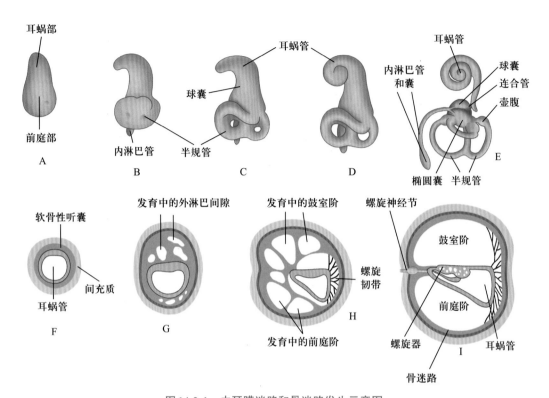

图 14-2-1　内耳膜迷路和骨迷路发生示意图

A～E. 胚胎第5周至第8周听泡发育为膜迷路的连续过程；F～I. 胚胎第8周至第20周膜蜗管和骨蜗管发育的连续过程

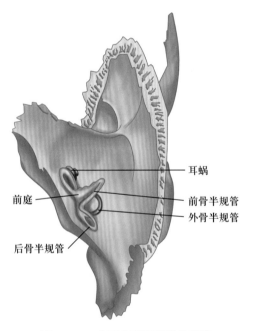

图 14-2-2　内耳在颞骨岩部的投影

造复杂，由骨迷路和膜迷路两部分组成。骨迷路是颞骨岩部骨密质所围成的不规则腔隙，膜迷路套于骨迷路内，是密闭的膜性管腔或囊。膜迷路内充满内淋巴，膜迷路与骨迷路之间充满外淋巴，内、外淋巴互不相通。

1. 骨迷路

骨迷路（bony labyrinth）是由颞骨岩部的骨密质围成的不规则腔与管，从前内侧向后外侧沿颞骨岩部的长轴排列，长约18.6 mm，分为耳蜗、前庭和骨半规管3部分（图14-2-2和图14-2-3），它们互相通连。

（1）前庭（vestibule）：是骨迷路的中间部分，为一不规则的近似椭圆形腔隙，内藏膜迷路的椭圆囊和球囊（图14-2-5）。前部较窄，有一孔通连耳蜗；后上部较宽，有5个小

孔与3个半规管相通。前庭的外侧壁即鼓室的内侧壁部分，有前庭窗，此处与镫骨底相连接。前庭的内侧壁是内耳道的底，有面神经和前庭蜗神经通过。在内侧壁上有一自前上向后下的前庭嵴。在前庭嵴的后上方有椭圆囊隐窝，在前庭嵴的前下方有球囊隐窝，分别容纳膜迷路的椭圆囊和球囊。前庭嵴下部分开，在分叉处内有一小的凹面

为蜗管隐窝，容纳蜗管的前庭盲端。在椭圆囊隐窝的下份，总骨脚开口处的前方有一前庭水管内口，前庭水管由此向后下至内耳门后外侧的前庭水管外口。

（2）骨半规管（bony semicircular canals）：为3个半环形的骨管，分别位于3个相互垂直的面内，彼此几乎成直角排列（图14-2-3）。前骨半规管弓向上前外方，埋于弓状隆起深面，与颞骨岩部的长轴垂直。外骨半规管弓向后外侧，当头前倾30°时，呈水平位，是3个半规管中最短的一个，形成乳突窦入口内侧的隆起，即外半规管凸。后骨半规管弓向后上外方，是3个半规管中最长的一个，与颞骨岩部的长轴平行。每个骨半规管皆有两个骨脚连于前庭，其中一个骨脚膨大称壶腹骨脚，膨大部称骨壶腹；另一个骨脚细小称单骨脚。因前、后半规管单骨脚合成一个总骨脚，故3个骨半规管共有5个口开放于前庭的后上壁。

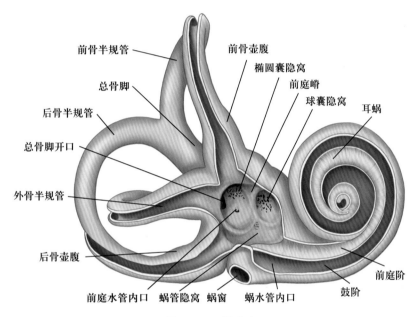

图14-2-3　骨迷路

（3）耳蜗（cochlea）：位于前庭前方，形如蜗牛壳。尖向前外侧，称为蜗顶；底朝向后内侧，称为蜗底，对向内耳道底。耳蜗由蜗轴和蜗螺旋管构成（图14-2-3）。

蜗轴为耳蜗的中央骨质，由蜗顶至蜗底，呈圆锥形，由蜗轴伸出骨螺旋板。螺旋板的基部有蜗轴螺旋管，内藏蜗神经节，蜗轴的骨松质内有蜗神经穿过（图14-2-4）。

蜗螺旋管是由骨密质围成的骨管，围绕蜗轴盘曲约两圈半，管腔底处较大，通向前庭，向蜗顶管腔逐渐细小，以盲端终于蜗顶。骨螺旋板由蜗轴突向蜗螺旋管内，此板未达蜗螺旋管的外侧壁，其缺空处由蜗管填补封闭。故蜗螺旋管可为3个部分：近蜗顶侧的管腔为前庭阶，起自前庭；中间是膜性的蜗管（又称膜蜗管）；近蜗底侧者为鼓室阶，简称鼓阶。鼓阶在蜗螺旋管起始处的外侧壁上有蜗窗，为第二鼓膜所封闭，与鼓室相隔。前庭阶和鼓阶内均含外淋巴，在蜗顶处借蜗孔彼此相通。蜗孔在蜗顶处，由骨螺旋板和膜螺旋板与蜗轴围成，是前庭阶和鼓阶的唯一通道。

2. 膜迷路

膜迷路（membranous labyrinth）是套在骨迷路内封闭的膜性管或囊（图14-2-5），

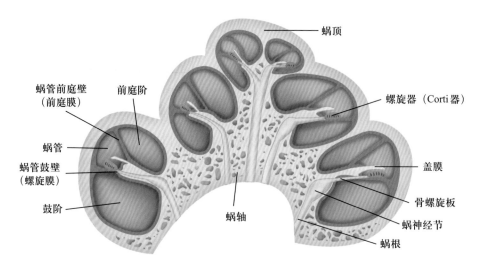

图 14-2-4　耳蜗轴切面

借纤维束固定于骨迷路的壁上。由椭圆囊和球囊、膜半规管、蜗管3部分组成。它们之间相连通，其内充满内淋巴。

（1）椭圆囊和球囊：椭圆囊（utricle）和球囊（saccule）位于骨迷路的前庭部。椭圆囊位于椭圆囊隐窝处，呈椭圆形。在椭圆囊的后壁上有5个开口，与3个膜半规管连通（图14-2-5）。前壁借椭圆球囊管（utriculosaccular duct）与球囊相连，由此管中部发出内淋巴管，穿前庭水管至颞骨岩部后面硬脑膜内的内淋巴囊。内淋巴囊位于颞骨岩部后面的前庭水管外口处的硬脑膜内。球囊较椭圆囊小，位于椭圆囊前下方的球囊隐窝处，向下借连合管与蜗管相连。

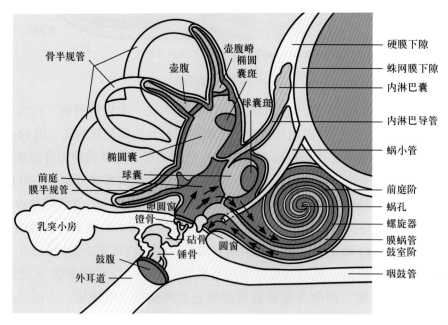

图 14-2-5　内耳模式图（示声波传到方向）

在椭圆囊上端的底部和前壁上有感觉上皮，称椭圆囊斑（macula utriculi）。在球囊内的前上壁有感觉上皮，称球囊斑（macula sacculi）。椭圆囊斑和球囊斑统称为位觉斑（macula acustica）。位觉斑表面平坦，上皮为高柱状，由支持细胞和毛细胞构成（图14-2-6和图14-2-7）。支持细胞分泌胶状的糖蛋白，在位觉斑表面形成胶质膜，称位砂膜（otolithic membrane），内有细小的碳酸钙结晶体，称位砂或耳石。毛细胞位于支持细胞之间，细胞顶部有40~80根静纤毛和1根动纤毛，插入位砂膜中，细胞基底面与传入神经末梢形成突触联系。位觉斑为位觉感受器，分别位于相互成直角的两个平面上，感受头部静止的位置及直线变速运动引起的刺激。其神经冲动分别沿前庭神经的椭圆囊支和球囊支传入。

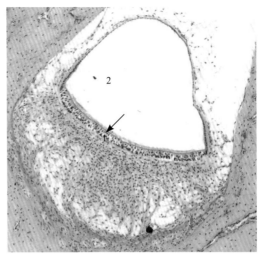

图14-2-6 豚鼠内耳位觉斑光镜图（HE染色）
1. 球囊斑；2. 球囊；箭头示位砂膜

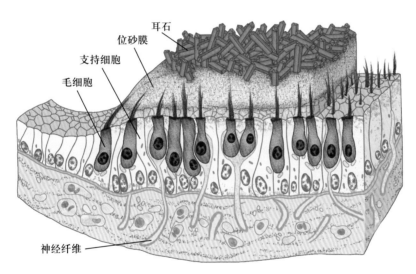

图14-2-7 位觉斑模式图

（2）膜半规管（semicircular ducts）：其形态与骨半规管相似，位于同名骨半规管内，靠近骨半规管的外侧壁，其管径为骨半规管的1/4~1/3（图14-2-2）。在各骨壶腹内的各膜半规管也有相应呈球形膨大的膜壶腹，膜壶腹壁上黏膜增厚呈嵴状隆起，称壶腹嵴（crista ampullaris）（图14-2-8）。壶腹嵴黏膜上皮为高柱状，也由支持细胞和毛细胞组成（图14-2-9）。支持细胞呈高柱状，坐落在基膜上，细胞游离面有微绒毛，胞质内有类脂颗粒和黏多糖颗粒。支持细胞分泌的酸性黏多糖等形成胶样物质，呈圆锥形，覆盖在壶腹嵴上，称壶腹帽（cupula）。毛细胞呈烧瓶状，位于嵴顶的支持细胞间，顶部有许多静纤毛，在静纤毛一侧有一根较长的动纤毛。静纤毛的长度从动纤毛侧向另一侧依次变短，纤毛伸入壶腹帽中。毛细胞基部与前庭神经末梢形成突触。壶腹嵴也是位觉感受器，能感受头部变速旋转运动的刺激。3个膜半规管内的壶腹嵴相互垂直，可分别将人体在三维空间中的运动变化转变成神经冲动，经前庭神经的壶腹

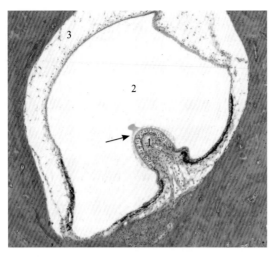

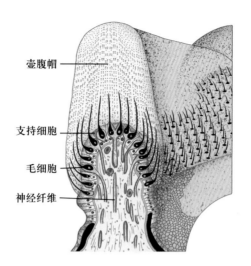

图14-2-8　豚鼠内耳壶腹嵴光镜图（HE染色）

1. 壶腹嵴；2. 膜半规管壶腹部；3. 骨半规管；箭头示壶腹帽

图14-2-9　壶腹嵴模式图

支传入。

（3）蜗管（cochlear duct）位于蜗螺旋管内，蜗管也盘绕蜗轴两圈半，其前庭端借连合管与球囊相连通，顶端细小，终于蜗顶，为盲端，故蜗管为盲管（图14-2-4和图14-2-5）。蜗管的横断面呈三角形，有上壁、外侧壁和下壁（图14-2-10）。其上壁为蜗管前庭壁（前庭膜），将前庭阶和蜗管分开。前庭膜两侧均为单层扁平上皮，中间为薄层结缔组织。其外侧壁为蜗螺旋管内表面骨膜的增厚部分，有丰富的血管和结缔组织，该处上皮为含毛细血管的复层柱状上皮，称血管纹（stria vascularis），一般认为与内淋巴的产生有关。上皮深部为增厚的骨膜，称螺旋韧带（spiral ligament）。其下壁由骨螺旋板和蜗管鼓壁（螺旋膜，又称膜螺旋板、基底膜）组成，分隔蜗管和鼓阶。骨螺旋板是蜗轴骨组织向外延伸出的一螺旋形薄骨片，其起始部表面的骨膜增厚

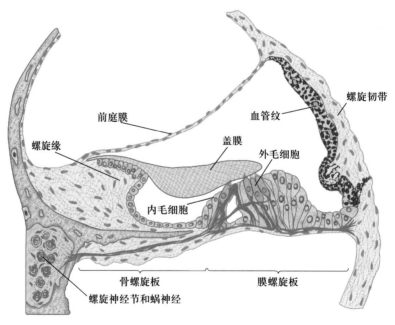

图14-2-10　蜗管结构模式图

并突入膜蜗管形成螺旋缘（spiral limbus）。螺旋缘表面的上皮分泌糖蛋白和细纤维等成分，形成薄板状的胶质性结构，称盖膜（tectorial membrane），覆盖在螺旋器的上方。膜螺旋板内侧与骨螺旋板相连，外侧与螺旋韧带相连。膜的两面均覆盖上皮，中间有薄的纤维，为胶原样细丝束，又称听弦（auditory string）。基底膜上的上皮增厚并特化形成螺旋器（spiral organ），为听觉感受器。

螺旋器又称Corti器，由支持细胞和毛细胞组成（图14-2-11和图14-2-12）。

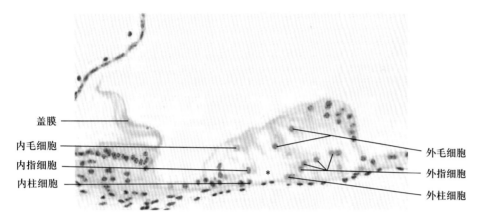

图14-2-11　豚鼠内耳螺旋器光镜图（HE染色）
*. 内隧道

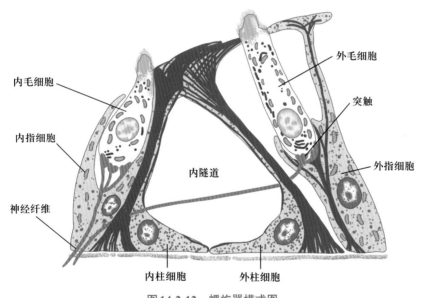

图14-2-12　螺旋器模式图

① 支持细胞：种类较多，根据细胞形态和位置的不同，主要有柱细胞和指细胞。柱细胞（pillar cell）排列成内、外两行，分别称内柱细胞与外柱细胞。柱细胞基部较宽，并列于基底膜上，胞体中部细而长，彼此分离形成一个三角形的内隧道（inner tunnel），细胞顶部呈狭长方形，内、外柱细胞顶部有紧密连接。细胞质内富含张力原纤维，起支持作用。指细胞（phalangeal cell）分内、外指细胞。内指细胞排列成一行，外指细胞有3～5行，分别位于内、外柱细胞的内侧和外侧。指细胞呈高柱状，下宽上窄，底部位于基底膜上，顶部伸出的指状突起与胞体间形成凹陷，凹陷中间坐落

着毛细胞。胞质内含有张力原纤维及少量粗面内质网和线粒体。

② 毛细胞：毛细胞是感受听觉的细胞，分内、外毛细胞，两者数量之比为1：4，分别坐落在内指细胞和外指细胞的上方。内毛细胞排列成一行，外毛细胞排列成3～5行，下方有外指细胞支持。毛细胞呈柱状，细胞顶部有许多静纤毛呈"V"或"W"形排列。毛细胞的基部与双极神经元的周围突形成突触，其中枢突穿出蜗轴形成耳蜗神经。

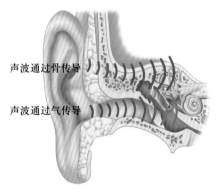

声波通过骨传导

声波通过气传导

图 14-2-13　气传导和骨传导示意图

（二）内耳的感音功能

1. 声波传入内耳的途径

声波可通过气传导和骨传导两条途径传入内耳，正常情况下以气传导为主（图14-2-13）。

（1）气传导：声波经外耳道引起鼓膜振动，再经听骨链和卵圆窗膜传入耳蜗，此途径为气传导（air conduction），是声波传导的主要途径。鼓膜的振动也可引起鼓室内空气的振动，再经圆窗膜传入耳蜗，这一途径也属气传导，但在正常情况下这一途径并不重要，仅在听骨链运动障碍时才发挥一定作用，此时的听力较正常时大为降低。

（2）骨传导：声波直接作用于颅骨，经颅骨和耳蜗骨壁传入耳蜗，此途径称为骨传导（bone conduction）。骨传导的效能远低于气传导，因此在引起正常听觉中的作用极小。当鼓膜或中耳病变引起传音性耳聋时，气传导明显受损，而骨传导却不受影响，甚至相对增强。当耳蜗病变引起感音性耳聋时，音叉试验的结果表现为气传导和骨传导均异常。临床上通过检查患者的气传导和骨传导是否正常来判断听觉异常的产生部位和原因（图14-2-14）。

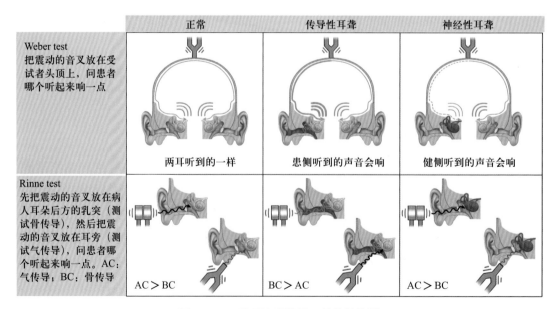

	正常	传导性耳聋	神经性耳聋
Weber test 把震动的音叉放在受试者头顶上，问患者哪个听起来响一点	两耳听到的一样	患侧听到的声音会响	健侧听到的声音会响
Rinne test 先把震动的音叉放在病人耳朵后方的乳突（测试骨传导），然后把震动的音叉放在耳旁（测试气传导），问患者哪个听起来响一点。AC：气传导；BC：骨传导	AC > BC	BC > AC	AC > BC

图14-2-14　临床上气传导、骨传导检测

Note

2. 耳蜗的感音换能作用

（1）基底膜的振动和行波理论：当声波振动通过听骨链到达卵圆窗膜时，压力变化立即传给耳蜗内的淋巴液和膜性结构。当卵圆窗膜内移时，由于液体的不可压缩性质，导致前庭膜和基底膜下移，最后鼓阶的外淋巴压迫圆窗膜，使圆窗膜外移；而当卵圆窗膜外移时，整个耳蜗内的淋巴液和膜性结构又做相反方向的移动，如此反复，形成振动。振动从基底膜的底部（靠近卵圆窗膜处）开始，按照物理学中的行波（travelling wave）原理沿基底膜向蜗顶方向传播。不同频率的声波引起的行波都是从基底膜的底部开始，但声波频率不同，行波传播的距离和最大振幅出现的部位有所不同。声波频率越高，行波传播越近，最大振幅出现的部位越靠近蜗底；相反，声波频率越低，行波传播越远，最大振幅出现的部位越靠近蜗顶（图14-2-15）。因此，每一种声波频率在基底膜上都有一个特定的行波传播范围和最大振幅区，位于该区的毛细胞受到的刺激最强，与这部分毛细胞相联系的听神经纤维的传入冲动也就最多。因此来自基底膜不同部位的听神经纤维冲动传到听觉中枢的不同部位，产生不同音调的感觉。耳蜗底部受损时主要影响高频听力，而耳蜗顶部受损时则主要影响低频听力。

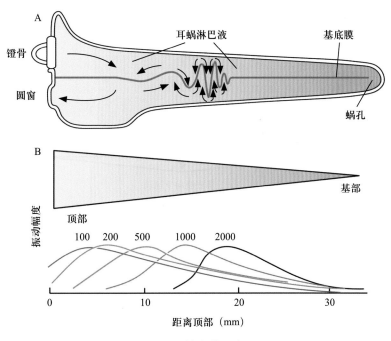

图14-2-15　基底膜震动机制

（2）耳蜗的感音换能机制：盖膜与基底膜的附着点不在同一个轴上，当声波刺激引起基底膜振动时，盖膜与基底膜便沿着各自的轴上、下移动，于是在盖膜和基底膜之间产生剪切运动（shearing motion）。外毛细胞顶部一些较长的纤毛埋植在盖膜的胶冻状物质中，因此受到剪切力作用后发生弯曲和偏转。内毛细胞顶部的纤毛较短，不与盖膜接触，因此内毛细胞的纤毛随着盖膜与基底膜之间的内淋巴流动而发生弯曲或偏转。毛细胞纤毛的弯曲或偏转是引起毛细胞兴奋并将机械能转变为生物电的开始。

毛细胞纤毛之间存在铰链结构，包括侧连（side link）和顶连（tip link）。侧连将全部纤毛连接在一起形成纤毛束，可使纤毛同时发生弯曲。顶连位于较短的纤毛顶部，此处有机械门控通道，属非选择性阳离子通道，生理状态下，K$^+$内流是其最主要的离子流。当基底膜上移时，短纤毛向长纤毛侧弯曲，通道开放，大量K$^+$内流，产生去极化感受器电位；当基底膜下移时，长纤毛向短纤毛侧弯曲，通道关闭，K$^+$内流终止，产生超极化感受器电位（图14-2-16）。

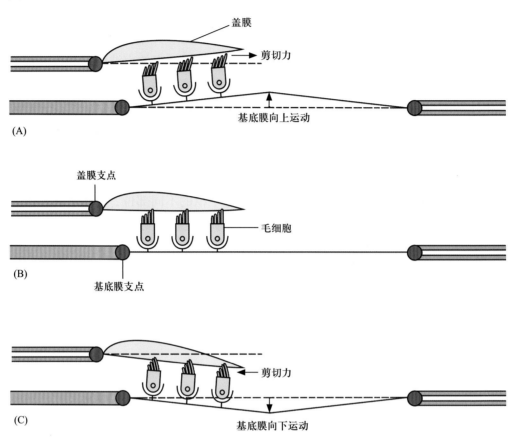

图14-2-16　盖膜和基底膜之间的剪切运动示意图

关于毛细胞产生感受器电位后将信息传递给听神经的机制，在内、外毛细胞存在明显差异。内毛细胞（也包括前庭器官中的毛细胞）产生去极化感受器电位后，细胞基底侧膜上的电压门控钙通道被激活开放，引起Ca^{2+}内流，细胞内Ca^{2+}浓度升高，触发递质释放，进而引起听神经纤维产生动作电位，并向听觉中枢传递（图14-2-17）。外毛细胞则不同。外毛细胞去极化时胞体缩短，超极化时胞体伸长。外毛细胞的这种电-机械换能特性称为电能动性，是由膜上的快蛋白（prestin）所驱动的。快蛋白是一种马达蛋白（motor protein），能感受细胞膜电位的变化，继而发生构象改变，导致外毛细胞缩短或伸长，从而增强基底膜的上移或下移。由此可见，内毛细胞和外毛细胞具有不同的作用。内毛细胞的作用是将不同频率的声波振动转变为听神经纤维动作电位，向中枢传送听觉信息。外毛细胞则起到耳蜗放大器作用，可感知并迅速加强基底膜的振动，从而有助于盖膜下内淋巴的流动，使内毛细胞更易受到刺激，提高了对相应振动频率的敏感性。如果快蛋白失活，外毛细胞则失去耳蜗放大器作用，可引起动物耳聋。此外，听神经传入纤维90%～95%分布到内毛细胞，仅有5%～10%分布到外毛细胞，也支持这两种毛细胞在功能上的差异。

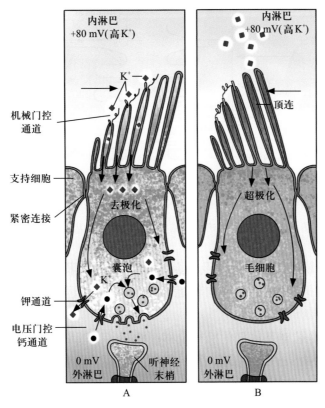

图14-2-17 机械门控通道在信号转导中的作用

A. 当基底膜振动使短纤毛向长纤毛侧弯曲时，细胞顶部的机械门控通道开放，引起K⁺内流，使膜发生去极化，进而激活基底部的电压门控钙通道，引起Ca²⁺内流，触发递质释放，将听觉信号传递给听神经；也激活基底侧膜上的钾通道，引起K⁺外流，使膜发生复极化；B. 当基底膜振动使长纤毛向短纤毛侧弯曲时，细胞顶部的机械门控通道关闭，使膜发生超极化，无递质释放。以上机制也是前庭器官所有毛细胞产生感受器电位后将信息传向中枢的机制

3. 耳蜗的生物电现象

（1）耳蜗内电位：前庭阶和鼓阶内充满外淋巴，蜗管内充满内淋巴。外淋巴中含有较高浓度的Na⁺和较低浓度的K⁺，内淋巴则正好相反。由于细胞间存在紧密连接，故蜗管中的内淋巴不能到达毛细胞的基底部。当耳蜗未受刺激时，如果以鼓阶外淋巴的电位为参考零电位，则可测得蜗管内淋巴的电位为+80 mV左右，这一电位称为耳蜗内电位（endocochlear potential，EP）或内淋巴电位（endolymphatic potential），此时毛细胞的静息电位为-80～-70 mV。由于毛细胞顶部浸浴在内淋巴中，周围和底部浸浴在外淋巴中，故毛细胞顶端膜内、外的电位差可达150～160 mV，周围和底部膜内、外的电位差仅约80 mV，这是毛细胞电位与一般细胞电位的不同之处。内淋巴中正电位的产生和维持与蜗管外侧壁血管纹（stria vascularis）的活动密切相关。血管纹由边缘细胞、中间细胞和基底细胞所构成。血管纹可将K⁺转运入内淋巴（图14-2-18），过程大致如下：①螺旋韧带中的纤维细胞通过钠泵和钠-钾-氯同向转运体（Na⁺-K⁺-Cl⁻ cotransporter，NKCC1）将K⁺转入细胞内，然后通过纤维细胞、基底细胞及中间细胞三种细胞之间的缝隙连接，将K⁺转入中间细胞内，使中间细胞内K⁺浓度增高；②经中间细胞膜上的钾通道，将K⁺转运到血管纹间液；③边缘细胞通过钠泵和NKCC1同向转运体，将血管纹间液中的K⁺转运到边缘细胞内，再经边缘细胞膜上的钾通道，将K⁺转入内淋巴。血管纹对缺氧或钠泵抑制剂哇

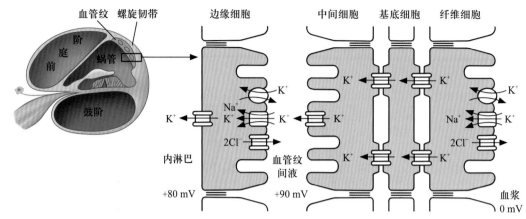

图14-2-18　血管纹产生和维持耳蜗内高K⁺的机制示意图

巴因非常敏感，缺氧可使ATP生成及钠泵活动受阻；临床上常用的依他尼酸和呋塞米等利尿药可通过抑制NKCC1同向转运体，使内淋巴正电位不能维持，导致听力障碍。

此外，耳蜗内电位对基底膜的机械位移很敏感，当基底膜向鼓阶方向位移时，耳蜗内电位可增高10～15 mV；而向前庭阶方向位移时，耳蜗内电位可降低10 mV左右。当基底膜持续位移时，耳蜗内电位也保持相应的变化。

（2）耳蜗微音器电位：当耳蜗受到声音刺激时，在耳蜗及其附近结构可记录到一种与声波的频率和幅度完全一致的电位变化，称为耳蜗微音器电位（cochlear microphonic potential，CM）。耳蜗微音器电位呈等级式反应，即其电位随着刺激强度的增加而增大。耳蜗微音器电位无真正的阈值，没有潜伏期和不应期，不易疲劳，不发生适应现象，并在人和动物的听域范围内能重复声波的频率。在低频范围内，耳蜗微音器电位的振幅与声压呈线性关系，当声压超过一定范围时则产生非线性失真。耳蜗微音器电位是多个毛细胞在接受声音刺激时所产生的感受器电位的复合表现。与听神经干动作电位不同，耳蜗微音器电位具有一定的位相性，即当声音的位相倒转时，耳蜗微音器电位的位相也发生倒转，而听神经干动作电位则不能（图14-2-19）。

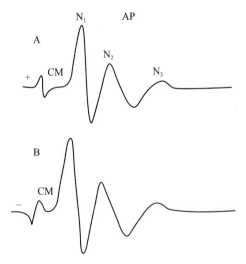

图14-2-19　耳蜗微音器电位及听神经干动作电位
CM：耳蜗微音器电位；AP：听神经干动作电位，包括N₁、N₂、N₃ 3个负电位。A与B对比表明，当声音的位相倒转时，耳蜗微音器电位的位相也倒转，但听神经干动作电位的位相不变

三、内耳道

内耳道（internal acoustic meatus）位于颞骨岩部后面中部，从内耳门至内耳道底，长约10 mm。内耳道底邻接骨迷路的内侧壁，有很多孔，前庭蜗神经、面神经和迷路动脉由此穿行。

内耳道底有一横位的骨嵴称横嵴，将

内耳道底分隔为上、下两部（图14-2-20）。上部的前份有一圆形的孔，有面神经通过。下部的前份为蜗区，可见螺旋孔，有蜗神经通过。上、下部的后分有前庭上区、前庭下区和单孔，有前庭神经的3个分支通过。

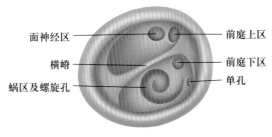

图14-2-20　内耳道底（右侧）

四、内耳的血管、淋巴引流和神经

（一）内耳的血管

1. 动脉

动脉来自迷路动脉，多发自小脑下前动脉或基底动脉，少数发自小脑下后动脉和椎动脉颅内段。迷路动脉穿内耳门后分为前庭支和蜗支，前庭支分布于椭圆囊、球囊和半规管；蜗支分为10多支，经蜗轴内的小管分布于蜗螺旋管。此外，由耳后动脉发出的茎乳动脉尚分布到部分半规管。这3支动脉皆为终动脉，不能相互代偿。颈椎肥大，椎动脉血运受阻，基底动脉供血不足，可以影响内耳的血液供应，从而产生眩晕。

2. 静脉

内耳的静脉合成迷路静脉汇入岩上、下窦或横窦。

（二）内耳的淋巴引流

内耳是否存在有固定的淋巴管尚无定论。一般认为外淋巴所含成分与脑脊液相似，但两者略有不同。外淋巴的来源、产生率、循环和吸收尚不清楚。一般认为前庭内的外淋巴向后与半规管的外淋巴相通连，向前与耳蜗前庭阶内的外淋巴通连，继经蜗孔进入鼓阶。前庭内的外淋巴通过蜗水管向蛛网膜下腔引流。蜗水管位于颞骨岩部内，蜗水管内口位于蜗窗膜的内侧，蜗水管外口位于颈静脉窝的内侧、内耳道的下方。

关于内淋巴的生成，过去认为是蜗管外侧壁的血管纹分泌所产生，现在则认为是由外淋巴的滤过液所生成。内淋巴的成分与外淋巴的成分有明显的差异，内淋巴类似细胞内液，外淋巴成分与脑脊液相近。内淋巴所含电解质分子的大小及浓度受内淋巴管上皮泵系统的调节，特别是血管纹内钠泵的调节。内淋巴经内淋巴管引流至内淋巴囊，再经内淋巴囊进入周围的静脉丛内。内淋巴管和部分内淋巴囊位于前庭水管内。前庭水管外口位于颞骨岩部后面，距内耳门后外约11 mm，呈裂缝状，常被一骨嵴遮盖，该骨嵴对内淋巴囊有保护作用。

（三）内耳的神经

内耳的神经即前庭蜗神经，由前庭神经和蜗神经组成，皆为特殊躯体感觉神经。前庭神经由前庭神经节的中枢突组成，其周围突有3支：①上支称椭圆囊壶腹神经，穿前庭上区小孔，分布于椭圆囊斑和前膜半规管、外膜半规管的壶腹嵴；②下支称球囊神经，穿前庭下区小孔，分布至球囊斑；③后支称后壶腹神经，穿内耳道底后下部的单孔，分布至后膜半规管的壶腹嵴。

（四）蜗神经动作电位

听神经动作电位是耳蜗对声波刺激所产生的一系列反应中最后出现的电变化，是耳蜗对声波刺激进行换能和编码的总结果。根据引导方法不同，可分为听神经复合动作电位和单一听神经纤维动作电位。

1. 听神经复合动作电位

听神经复合动作电位（又称听神经干复合电位）是所有听神经纤维产生的动作电位的总和，反映了整个听神经的兴奋状态，其振幅取决于声波的强度、兴奋的听纤维的数目及放电的同步化程度，但不能反映声波的频率特性（图14-2-18）。

2. 单一听神经纤维动作电位

如果将微电极刺入听神经纤维中，可记录到单一听神经纤维动作电位，为一种"全或无"式反应，安静时有自发放电，声波刺激时放电频率增加。在记录单一听神经纤维动作电位时，某一特定频率的纯音只需很小的刺激强度就可使该听神经纤维产生动作电位，这个频率即为该听神经纤维的特征频率（characteristic frequency，CF）或最佳频率。每一听神经纤维的特征频率取决于该纤维末梢在基底膜上的分布位置，而这一位置正好是该频率的声音所引起的最大振幅行波的所在位置。不同频率的声波可兴奋基底膜上不同部位的毛细胞，并引起相应听神经纤维产生动作电位。随着声波强度的增加，单一听神经纤维放电的频率增加，同时有更多的听神经纤维被募集参与相同频率的声波信息传导。这样，传向听觉中枢的动作电位就包含了不同声波频率及其强度的信息。当然，对不同声波频率和强度的分析，还需要中枢神经系统活动的参与。

五、听觉传入通路和听皮层的听觉分析功能

听觉传导通路（auditory pathway）的第1级神经元为蜗神经节内的双极细胞，其周围突分布于内耳的螺旋器（Corti器）；中枢突组成蜗神经，与前庭神经一起组成前庭蜗神经，在延髓和脑桥交界处入脑，止于蜗腹侧核和蜗背侧核（图14-2-21）。第2级神经元胞体在蜗腹侧核和蜗背侧核，发出纤维大部分在脑桥内形成斜方体并交叉至对侧，至上橄榄核外侧折向上行，称外侧丘系。外侧丘系的纤维经中脑被盖的背外侧部，大多数止于下丘。第3级神经元胞体在下丘，其纤维经下丘臂止于内侧膝状体。第4级神经元胞体在内侧膝状体，发出纤维组成听辐射（acoustic radiation），经内囊后肢，止于大脑皮质颞横回的听觉区。

少数蜗腹侧核和蜗背侧核的纤维不交叉，进入同侧外侧丘系；也有少数外侧丘系的纤维直接止于内侧膝状体；还有一些蜗神经核发出的纤维在上橄榄核换神经元后加入同侧的外侧丘系。因此，听觉冲动为双侧传导。鉴于外侧丘系内含有双侧传入纤

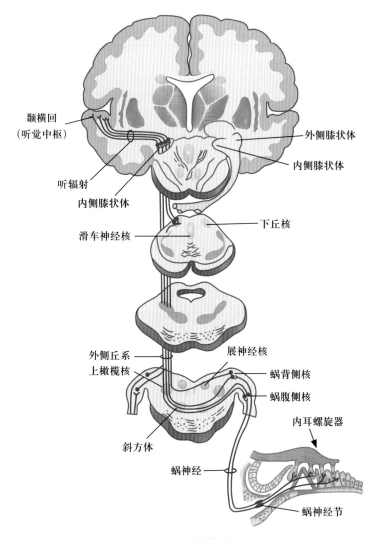

图 14-2-21 听觉传导通路

维，故一侧通路在外侧丘系以上受损，不会产生明显的听觉障碍，但若损伤了中耳、内耳或听神经，则会导致听觉障碍。

听觉的反射中枢在下丘。下丘神经元发出纤维到上丘，再由上丘神经元发出纤维，经顶盖脊髓束下行至脊髓的前角运动细胞，完成听觉反射。

此外，大脑皮质听觉区还可发出下行纤维，经听觉通路上的各级神经元中继，影响内耳螺旋器的感受功能，形成听觉通路上的负反馈调节。

哺乳动物的初级听皮层位于颞叶上部（41区），人的初级听皮层位于颞横回和颞上回（41、42区），对低音组发生反应的神经元分布于听皮层的前外侧，对高音组发生反应的神经元分布于后内侧。与视皮层神经元的某些特性相似，听皮层的各个神经元能对听觉刺激的激发、持续时间、重复频率等参数，尤其是对传来的方向做出反应（图 14-2-22）。

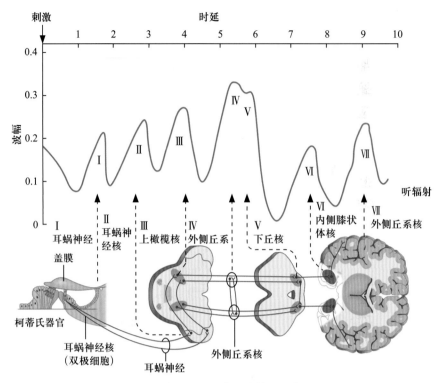

图14-2-22 脑干听觉诱发反应的图形表示

（李振中 王艳青 王富武）

第十五章　其他感觉器官的功能

第一节　平衡觉

内耳的前庭系统由半规管、椭圆囊和球囊组成。前庭系统的功能包括感受机体姿势和运动状态（运动觉）以及头部在空间的位置（位置觉），这些感觉合称为平衡感觉。

一、前庭器官的感受装置和适宜刺激

（一）前庭器官的感受细胞

前庭器官的感受细胞为毛细胞，它们与耳蜗毛细胞有类似的结构和功能。毛细胞顶部有两种纤毛，一种是动纤毛，为最长的一条，位于一侧边缘处；另一种是静纤毛，相对较短，呈阶梯状排列。毛细胞的底部分布感觉神经末梢。各类毛细胞的适宜刺激都是与纤毛的生长面呈平行方向的机械力的作用。

当纤毛都处于自然状态时，细胞的静息电位为-80 mV，同时毛细胞底部的传入神经纤维有一定频率的持续放电。此时如果用外力使静纤毛向动纤毛一侧弯曲或偏转时，细胞膜发生去极化，当去极化达到阈电位（-60 mV）水平时，传入神经纤维放电频率增高，兴奋毛细胞；相反，如果用外力使动纤毛向静纤毛一侧弯曲或偏转，则细胞膜发生超极化（-120 mV），传入神经纤维放电频率降低，抑制毛细胞。这是前庭器官中所有毛细胞感受外界刺激的一般规律。当机体的运动状态和头部的空间位置发生改变时，前庭毛细胞的纤毛摆向随之发生改变，使相应的传入神经纤维放电频率发生改变，这些信息传入中枢后，引起特殊的运动觉和位置觉，并出现相应的躯体和内脏功能的反射性变化。

（二）前庭器官的适宜刺激和生理功能

1. 半规管

半规管（semicircular canal）由圆周运动激活，其内充满内淋巴液，内淋巴液的流动告诉大脑个体是否在运动。半规管、视觉和骨骼系统决定个体的空间定位。前庭靠近耳蜗，是半规管汇入内耳的地方。人两侧内耳中各有上（前）、外、后3个半规管，分别代表空间的3个平面。当头前倾30°时，外半规管与地面平行，故又称水平半规管，其余两个半规管则与地面垂直。每个半规管在与椭圆囊连接处均有一个膨大

的部分，称为壶腹（ampulla），壶腹内有一镰状隆起，称为壶腹嵴。壶腹嵴上有高度分化的感觉上皮，由毛细胞和支持细胞所组成。毛细胞顶部的纤毛埋植在一种胶质性的圆顶形壶腹嵴帽之中。毛细胞上动纤毛与静纤毛的相对位置是固定的。在水平半规管内，当内淋巴由管腔流向壶腹时，能使静纤毛向动纤毛一侧弯曲，兴奋毛细胞；当内淋巴离开壶腹时，静纤毛向相反方向弯曲，抑制毛细胞。因此，头部两侧的管道是按"推拉"的方式运行。与转动方向一致的一侧兴奋时，另一侧抑制。如果两侧同时被推动，则乏力、眩晕和恶心接踵而至。这也是内淋巴感染或内耳损伤会导致眩晕的原因。对一些难治性眩晕，可以通过切断一侧前庭神经得到缓解。一侧前庭神经切断后，大脑逐渐适应只接收另一侧的神经输入。在上半规管和后半规管，由于毛细胞排列方向不同，内淋巴流动的方向与毛细胞反应的方式刚好相反，即内淋巴离开壶腹的流动引起毛细胞兴奋，而朝向壶腹的流动则引起毛细胞抑制（图15-1-1）。

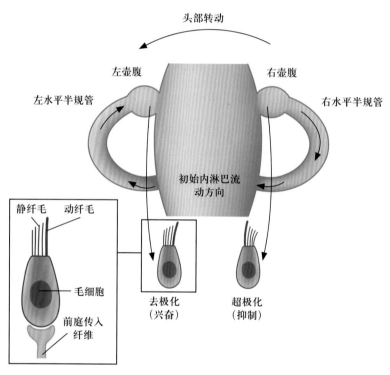

图15-1-1　逆时针旋转时半规管和前庭的信号转导

半规管的壶腹嵴的适宜刺激是正、负角加速度运动。人体的3对半规管所在的平面互相垂直，以此感受空间任何方向的角加速度运动。当人体直立并绕身体纵轴旋转时，水平半规管受到的刺激最大。当头部以冠状轴为轴心进行旋转时，上半规管和后半规管受到的刺激最大。旋转开始时，半规管中的内淋巴因惯性作用，其启动将晚于人体和半规管本身的运动。当人体直立并绕身体纵轴向左旋转时，左侧水平半规管中的内淋巴将向壶腹方向流动，使左侧毛细胞兴奋而产生较多的神经冲动；而此时右侧水平半规管中的内淋巴的流动方向则是离开壶腹，故右侧毛细胞产生的传入冲动减少。当旋转进行到匀速状态时，两侧壶腹中的毛细胞都处于不受刺激的状态，中枢获得的信息与不进行旋转时是相同的。当旋转突然停止时，由于内淋巴的惯性作用，两侧壶腹中毛细胞纤毛的弯曲方向和冲动发放情况正好与旋转开始时相反。其他两对半规管也接受与它们所处平面方向相一致的旋转变速运动的刺激。

2. 椭圆囊和球囊

椭圆囊和球囊感知线加速和重力的拉力。每个器官均有一排毛细胞和囊斑。毛细胞位于囊斑上，其纤毛埋植在胶质状物质位砂中。这些胶状物质里含有一些被称为耳石的小的碳酸钙晶体。耳石提供惯性，当向一侧运动时，耳石-胶状物质导致毛细胞弯曲。与半规管里的毛细胞一样，当静纤毛向动纤毛弯曲时，毛细胞被兴奋；当静纤毛向背离动纤毛方向弯曲时，毛细胞被抑制。当运动达到匀速水平、耳石处于平衡状态时，则运动不能被感知到。

椭圆囊和球囊内的毛细胞被中央的浅沟（纹带）分为中央区和侧区两个部分。动纤毛在纹带两侧的排列方式不同，因此单排毛细胞就可以感知向前、向后及向两侧方向的运动。在椭圆囊内，动纤毛向纹带的方向弯曲，毛细胞兴奋。在球囊内，动纤毛向偏离纹带的方向弯曲，毛细胞兴奋。因此，每个囊斑可感知到两个方向的运动。椭圆囊在耳内呈水平排列，因此，椭圆囊感知水平面的运动。球囊呈垂直排列，感知矢状面的运动（上下和前后）。头部两侧的椭圆囊斑和球囊斑在功能上时相互拮抗的。头部向一侧倾斜对两侧椭圆囊斑的毛细胞的作用是完全相反的。

在椭圆囊和球囊的囊斑上，几乎每个毛细胞的排列方式都不同。毛细胞纤毛的这种排列有助于分辨人体在囊斑平面上所进行的变速运动的方向。例如，当人体在水平方向作直线变速运动时，总有一些毛细胞的纤毛排列方向与运动方向一致，使静纤毛向动纤毛一侧作最大的弯曲，由此产生的传入信息为辨别运动方向提供依据。另外，由于不同毛细胞纤毛排列的方向不同，当头的位置发生改变或囊斑受到不同方向的重力及变速运动刺激时，有的毛细胞兴奋，有的则抑制。不同毛细胞综合活动的结果可反射性地引起躯干和四肢不同肌肉的紧张度发生改变，从而使机体在各种姿势和运动情况下保持身体的平衡。

二、平衡觉传导通路

平衡觉传导通路（equilibrium pathway）的第1级神经元是前庭神经节内的双极细胞，其周围突分布于内耳半规管的壶腹嵴及前庭内的球囊斑和椭圆囊班；中枢突组成前庭神经，与蜗神经一起经延髓和脑桥交界处入脑，止于前庭神经核群（图15-1-2）。由前庭神经核群发出的第2级纤维向大脑皮质的投射径路尚不明确，可能是在背侧丘脑的腹后核换神经元，再投射到颞上回前方的大脑皮质。由前庭神经核群发出纤维至中线两侧组成内侧纵束，其中上升的纤维止于动眼、滑车和展神经核，完成眼肌前庭反射（如眼球震颤）；下降的纤维至副神经脊髓核和上段颈髓前角运动细胞，完成转眼、转头的协调运动。此外，由前庭神经外侧核发出纤维组成前庭脊髓束，完成躯干、四肢的姿势反射（伸肌兴奋、屈肌抑制）。前庭神经核群还发出纤维与部分前庭神经直接来的纤维，共同经小脑下脚（绳状体）进入小脑，参与平衡调节。前庭神经核群还发出纤维与脑干网状结构、迷走神经背核及疑核联系，故当平衡觉传导通路或前庭器受刺激时，可引起眩晕、呕吐、恶心等症状。

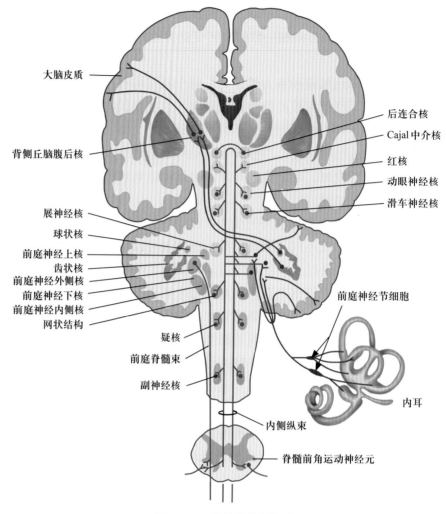

图15-1-2　平衡觉传导通路

三、前庭眼反射

（一）前庭姿势调节反射

前庭的毛细胞通过前庭神经投射到延髓的前庭神经核及小脑的绒球小结叶（图15-1-3和图15-1-4）。来自前庭器官的传入冲动除能引起运动觉和位置觉外，还可引起各种姿势调节反射。例如，人在行进的车中，当车突然向前开动或加速时，由于惯性作用，身体将向后仰。在出现后仰之前，椭圆囊中的位砂由于惯性使毛细胞的纤毛向后弯曲，反射性地引起躯干部屈肌和下肢伸肌紧张增强，从而使身体前倾以保持身体平衡；又如，人乘坐电梯上升时，球囊中的位砂使毛细胞的纤毛向下方弯曲，反射性地抑制伸肌而发生下肢屈曲；当乘电梯下降时，则反射性地兴奋伸肌而发生下肢伸直。同样地，当人绕身体纵轴向左旋转时，可反射性地引起右侧颈部肌紧张增强，左侧减弱，头向右偏移；右侧上、下肢屈肌紧张增强，肢体屈曲，同时左侧伸肌紧张增强，肢体伸直，使躯干向右偏移，以防摔倒。这些姿势反射与引起反射的刺激相对抗，使机体尽可能保持在原有空间位置上，以维持一定的姿势和身体平衡。

Note

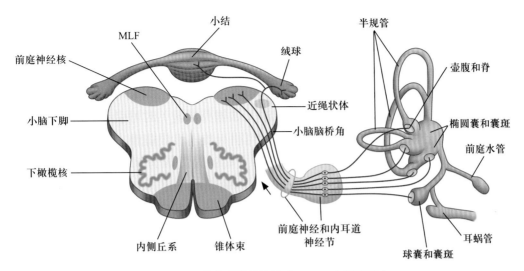

图15-1-3 前庭系统的连接（MLF：内侧纵束）

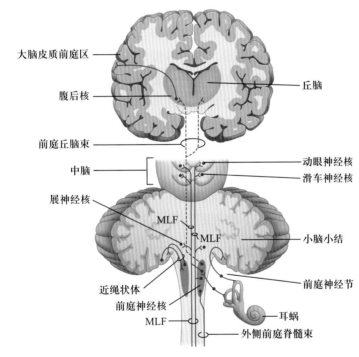

图15-1-4 中央的前庭系统通路：前庭-眼球反射和前庭介导的姿势反射通路

前庭神经核通过MLFs投射到眼球运动核，为前庭-眼球反射服务，前庭核还通过MLF和前庭脊髓外侧束来投射到脊髓前角运动神经元，介导姿势反射

（二）前庭自主神经反应

当前庭器官受到过强或过久的刺激时，可通过前庭神经核与网状结构的联系而引起自主神经功能失调，导致皮肤苍白、恶心、呕吐、出汗、心率加快、血压下降、呼吸加快及唾液分泌增多等现象，称为前庭自主神经反应（vestibular autonomic reaction）。在实验室和临床上都能观察到上述这些现象，但临床上的反应比实验室中观察到的要更加复杂。前庭感受器过分敏感的人，即使一般的前庭刺激也会引起自主神经反应。晕船反应就是由于船身上下颠簸及左右摇摆使上、后半规管的感受器受到过度刺激而造成的。

（三）眼震颤

身体做正、负角加速度运动时出现的眼球不自主的节律性运动称为眼震颤（nystagmus）。在生理情况下，两侧水平半规管受到刺激（如绕身体纵轴旋转）时可引起水平方向的眼震颤，上半规管受到刺激（如侧身翻转）时可引起垂直方向的眼震颤，后半规管受到刺激（如前、后翻滚）时可引起旋转性眼震颤。我们在地平面上的活动较多，如转身、头部向后等，故以水平方向的眼震颤为例加以说明。当头前倾30°、身体绕纵轴开始向左旋转时，由于内淋巴的惯性作用，使左侧半规管壶腹嵴上的毛细胞受刺激增强，而右侧半规管正好相反，这样的刺激反射性地引起某些眼外肌的兴奋和另一些眼外肌的抑制，于是出现两侧眼球缓慢向右移动，这称为眼震颤的慢动相（slow component）；当眼球移动到两眼裂右侧端而不能再移动时，又突然快速返回到眼裂正中，这称为眼震颤的快动相（quick component）；以后再出现新的慢动相和快动相，如此反复不已。当旋转变为匀速转动时，旋转虽仍在继续，但眼震颤停止。当旋转突然停止时，内淋巴因惯性而不能立刻停止运动，于是出现与旋转开始时方向相反的慢动相和快动相组成的眼震颤。眼震颤慢动相的方向与旋转方向相反，是由于前庭器官受刺激而引起的，而快动相的方向与旋转方向一致，则是中枢进行矫正的运动。因快动相便于观察，故临床通常将快动相所指方向作为眼震颤的方向。进行眼震颤试验时，通常是在20 s内旋转10次后突然停止旋转，检查旋转后的眼震颤情况。眼震颤的正常持续时间为20～40 s，频率为5～10次。如果眼震颤的持续时间过长，说明前庭功能过敏；如果眼震颤的持续时间过短，则说明前庭功能减弱。某些前庭器官有病变的患者可出现眼震颤消失的情况。此外，临床上可见脑干损伤的患者在未进行正、负角加速度运动的静息状态下出现眼震颤，这是病理性的眼震颤。

四、平衡感觉的中枢分析

人体的平衡感觉主要与头部的空间方位有关。传入信息分别来自前庭感受器、视器、关节囊本体感受器和皮肤的外感受器。其中大部分取决于前庭感受器的传入信息。关节囊本体感受器的躯体传入冲动主要为躯体不同部分相对应位置的信息传入。皮肤的外感受器传入冲动主要是触压觉感受器的传入冲动。以上4种传入信息在皮层水平进行综合，成为整个躯体的连续的空间方位感觉。

第二节　嗅觉和味觉

一、嗅觉感受器和嗅觉的一般性质

（一）嗅觉感受器及其适宜刺激

嗅觉（olfaction）是人和高等动物对有气味物质的一种感觉。嗅觉感受器位于上鼻道及鼻中隔后上部的嗅上皮中，两侧总面积约为5 cm²。嗅上皮由嗅细胞、支持细胞、基底细胞和Bowman腺组成。嗅细胞是双极神经元，其树突伸向鼻腔，末端有4～25条纤毛，称为嗅毛，埋于Bowman腺所分泌的黏液之中；其中枢突是由无髓纤维组成的嗅丝，穿过筛骨直接进入嗅球。

嗅觉感受器的适宜刺激是空气中有气味的化学物质，即嗅质。吸气时，嗅质被嗅上皮中的黏液吸收，扩散到嗅毛，与嗅毛表面膜上的特异性嗅受体（odorant receptor）结合，通过G蛋白引起第二信使（如cAMP）产生，化学门控通道开放，Na^+、Ca^{2+}内流，使嗅细胞去极化，并以电紧张方式扩布至嗅细胞中枢突的轴突起始段产生动作电位，动作电位沿轴突传向嗅球，继而传向更高级的嗅觉中枢，引起嗅觉。

（二）嗅觉的一般性质

自然界中的嗅质约2万余种，其中约1万种可被人类分辨和记忆。人有近1000个基因（约占人类基因总数的3%）用来编码嗅细胞膜上的不同嗅受体。每个嗅细胞几乎只表达这 1000种嗅受体基因中的一种，所以人的嗅上皮中大约有1000种嗅细胞。嗅觉具有群体编码的特性，即一个嗅细胞可对多种嗅质发生反应，而一种嗅质又可激活多种嗅细胞。因此，虽然嗅细胞只有1000种，但它们可以通过不同的组合方式形成大量的嗅质模式，这是人类能分辨和记忆1万种不同嗅质的基础。值得注意的是，虽然嗅细胞可对多种嗅质发生反应，但其反应程度有所不同。例如，某种嗅细胞可对嗅质A有强烈反应，而对嗅质B仅有微弱反应。嗅觉系统与其他感觉系统相似的是，不同性质的基本气味刺激有其专用的感受位点和传输通路，非基本气味则由于它们在不同通路上引起不同数量的神经冲动的组合，在中枢引起特有的主观嗅觉。

人与动物对嗅质的敏感程度，称为嗅敏度（olfactory acuity）。人类对不同嗅质具有不同的嗅觉阈值，如粪臭素为4×10^{-10} mg/L，人工麝香为5×10^{-9}～5×10^{-6} mg/L，乙醚为6 mg/L。同一个人在不同状态下，其嗅敏度也有较大的变动范围。有些疾病如感冒、鼻炎等，可明显影响人的嗅敏度。有些动物的嗅觉十分灵敏，如狗对醋酸的敏感度比人高1000万倍。

嗅觉的另一个显著特点是适应较快，当某种嗅质突然出现时，可引起明显的嗅觉，但如果这种嗅质持续存在，则感觉便很快减弱甚至消失，这就是嗅觉适应。

二、味觉感受器和味觉的一般性质

（一）味觉感受器及其适宜刺激

味觉（gustation）是人和动物对有味道物质的一种感觉。味觉感受器是味蕾（taste bud），主要分布在舌背部的表面和舌缘，少数散在于口腔和咽部黏膜表面。味蕾由味细胞、支持细胞和基底细胞组成。味细胞顶端有纤毛，称为味毛，从味蕾表面的味孔伸出，暴露于口腔，是味觉感受的关键部位。味细胞周围被感觉神经末梢所包绕。

味觉感受器的适宜刺激是食物中有味道的物质，即味质（tastant）。味细胞的静息膜电位是-60～-40 mV，当给予味质刺激时，不同离子的膜电导发生变化，使味细胞去极化。

（二）味觉的一般性质

人类能区分4000～10000种味质，虽然这些味质的味道千差万别，但都是由咸、酸、甜、苦和鲜5种基本的味觉组合形成。咸味通常由NaCl所引起，酸味由H^+所引起，甜味主要由糖引起，苦味通常由毒物或有害物质引起，鲜味（umami）一词来自日语，是由谷氨酸钠所产生的味觉。

研究表明，这5种基本味觉的换能或跨膜信号转导机制不完全相同。引起咸味的Na^+可通过味毛膜上特殊的上皮钠通道进入细胞内，使膜发生去极化而产生感受器电位。这种钠通道可被利尿剂阿米洛利（amiloride）所阻断而使咸味感觉消失。引起酸味的H^+也能通过这种钠通道进入细胞而抑制咸味感觉，因此将酸（如柠檬汁）加在咸的食物上会使人对咸味的感觉变淡。H^+还可通过味毛膜上TRPP3（TRP家族成员之一）进入细胞内，使膜发生去极化而产生感受器电位。甜味、苦味和鲜味分别由味觉受体蛋白家族的两个受体（T1R和T2R）所介导，它们都是G蛋白耦联受体。引起甜味的糖分子结合于由T1R2和T1R3蛋白组成的二聚体味受体后，依次激活G蛋白和磷脂酶C，使细胞内IP_3水平增高，然后由IP_3触发细胞内钙库释放Ca^{2+}，使胞质内Ca^{2+}浓度升高，最后激活味细胞上特异的TRPM5（TRP家族成员之一），引起细胞膜发生去极化，继而触发味细胞释放神经递质，作用于味觉初级传入纤维，后将味觉信息传入中枢神经系统。引起苦味的毒物结合于由T2R蛋白家族组成的G蛋白耦联受体，其信号转导过程与上述甜味觉的完全相同，但作用的味细胞不同，最终经不同的初级传入纤维传入中枢不同的部位，所以苦味和甜味之间不会发生混淆。引起鲜味的G蛋白耦联受体是由T1R1和T1R3蛋白组成的二聚体。所以，鲜味和甜味共享的受体是T1R3蛋白。T1R1蛋白是鲜味独有的受体，因此对引起鲜味特别重要，缺乏T1R1的小鼠失去了分辨谷氨酸和其他氨基酸即鲜味的能力，但仍能感受甜味。鲜味觉的信号转导过程与甜味觉和苦味觉的过程相同。中枢神经系统能根据不同的传入通路来区分不同的味觉。

人舌不同部位的味蕾对不同味质的敏感程度存在差异。一般来说，舌尖对甜味比较敏感，舌两侧对酸味比较敏感，舌两侧的前部对咸味比较敏感，而软腭和舌根部则对苦味比较敏感。味觉的敏感度往往受食物或刺激物本身温度的影响，在20～30 ℃，味觉的敏感度最高。味觉的分辨力和对某些食物的偏爱，也受血液中化学成分的影响，例如肾上腺皮质功能低下的患者，因其血液中Na^+减少，故喜食咸味食物。动物实验证实，摘除肾上腺的大鼠辨别NaCl溶液的敏感性显著提高。

味觉强度与味质的浓度有关，浓度越高，所产生的味觉越强。此外，味觉强度也与唾液的分泌有关，唾液可稀释味蕾处的味质浓度，从而改变味觉强度。

味觉的敏感度随年龄的增长而下降。60岁以上的人对食盐、蔗糖和硫酸奎宁的检知阈比20～40岁的人高1.5～2.2倍。和嗅觉相同，味觉感受器也是一种快适应感受器，当某种味质长时间刺激时，味觉的敏感度便迅速下降。如果通过舌的运动不断移动味质，则可使适应变慢。

三、嗅觉和味觉的中枢分析

在生物进化过程中，嗅皮层逐渐趋于缩小，高等动物的嗅皮层仅存在于边缘叶前底部，包括梨状区皮层的前部和杏仁的一部分。嗅觉信号可通过前连合从一侧脑传向另一侧脑。由于前底部皮层的活动右侧较左侧强，所以两侧嗅皮层代表区并不对称。此外，通过与杏仁核、海马的纤维联系可引起嗅觉记忆和情绪活动。

味觉信息的处理可能在孤束核、丘脑和味皮层等不同区域进行。味皮层位于中央后回底部（43区），其中有些神经元仅对单一味质发生反应，有些神经元还对别的味质或其他刺激发生反应，表现为一定程度的信息整合。

（王艳青　李振中）

第十六章 脑电活动及睡眠和觉醒

第一节 脑电活动及其形成机制

本节所述的脑电活动是指大脑皮质许多神经元的群集电活动，而非单个神经元的电活动。脑电活动包括自发脑电活动和皮层诱发电位两种不同形式。

（一）自发脑电活动和脑电图

在无明显刺激情况下，大脑皮质经常自发的产生节律性电位变化，这种电位变化称为自发脑电活动（spontaneous electrical activity of brain）。用脑电图仪在头皮表面记录到的自发脑电活动，称为脑电图（electroencephalogram，EEG）。脑电波的发现和脑电图记录的实际应用实现了人们对睡眠状态的准确判断和定量分析，是研究睡眠的必备手段，对脑部疾病也有一定的诊断价值。

1. 脑电图的波形

根据自发脑电活动的频率，可将脑电波分为α、β、θ、δ 4种基本波形（图16-1-1）。脑电波在不同脑区和不同条件下可有显著的不同。

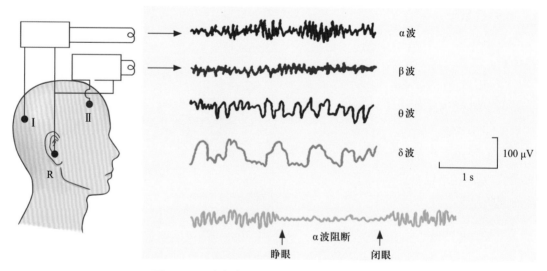

图16-1-1 脑电波的记录方法与正常脑电图波形

引导电极分别放置在位置Ⅰ（枕叶）和位置Ⅱ（额叶）；R为参考电极放置位置（耳郭）

α波在成年人清醒、安静并闭眼时出现，是安静时最主要的脑电波，以枕叶皮层最为显著，其频率为8～13 Hz，幅度为20～100 μV，常表现为波幅由小变大，再由大变小，反复变化的α波梭形，每一个梭形持续1~2 s。睁眼或接受其他刺激时立即消失而转变成快波（β波），这一现象称为α波阻断（alpha block）。β波在额叶和顶叶较显著，是新皮层处于紧张活动状态的标志波，其频率为14~30 Hz，幅度为5~20 μV。θ波是成年人困倦时的主要脑电活动表现，可在颞叶和顶叶记录到，其频率为4~7 Hz，幅度为100~150 μV。δ波常出现在成人入睡后，或处于极度疲劳或麻醉时，在颞叶和枕叶比较明显，其频率为0.5~3 Hz，幅度为20~200 μV（表16-1-1）。在睡眠时还可出现一些波形较为特殊的正常脑电波，如驼峰波、σ波、λ波、κ-复合波、μ波等。

表16-1-1　正常脑电图波形特征、常见部位和出现条件

波形	频率（Hz）	波幅（μV）	常见部位	出现条件
α	8~13	20~100	枕叶	成人安静、闭眼、清醒时
β	14~30	5~20	额、顶叶	成人活动时
θ	4~7	100~150	颞、顶叶	少年正常时，成人困倦时
δ	0.5~3	20~200	颞、枕叶	婴幼儿正常时，成人熟睡时

脑电图的主要波形可随年龄而发生改变。在婴儿期，在枕叶常记录到0.5~2 Hz的慢波，在儿童期，枕叶的慢波逐渐加快，在幼儿期一般常可见到θ样波形，到青春期开始时才出现成人型α波。另外，在不同生理情况下脑电波也可发生改变，如在血糖、体温和糖皮质激素处于低水平，以及当动脉血氧分压处于高水平时，α波的频率减慢。

在临床上，癫痫患者或皮层有占位性病变（如脑瘤等）的患者，其脑电波可出现棘波（频率高于12.5 Hz，幅度50~150 μV，升支和降支均极陡峭）、尖波（频率为5~12.5 Hz，幅度为100~200 μV，升支极陡，波顶较钝，降支较缓）、棘慢综合波（在棘波后紧随一个慢波或次序相反，慢波频率为2~5 Hz，波幅为100~200 μV）等变化。因此，可根据脑电波的特点，结合临床资料，用于肿瘤发生部位或癫痫等疾病的诊断。

2. 脑电波形成机制

由于锥体细胞在皮层排列整齐，其顶树突相互平行，并垂直于皮层表面，因此较易发生同步活动，易形成强大的电场，从而改变皮层表面电位。而脑电波就是由大量椎体细胞同步发生的突触后电位经总和后形成的。进一步研究表明，大量皮层神经元的同步电活动与丘脑的功能活动有关，是丘脑非特异投射核的同步化EPSP和IPSP交替出现的结果。

（二）皮层诱发电位

皮层诱发电位（evoked cortical potential）是指刺激感觉传入系统或脑的某一部位时，在大脑皮质一定部位引出的电位变化。皮层诱发电位可由刺激感受器、感觉神经或感觉传入通路的任何一个部位引出。临床常用的有躯体感觉诱发电位（somatosensory evoked potential，SEP）、听觉诱发电位（auditory evoked potential，AEP）和视觉诱发电位

（visual evoked potential，VEP）。诱发电位一般包括主反应（primary response）、次反应（secondary response）、后发放（after discharge）3种成分（图16-1-2）。主反应为一先正后负的电位变化，在大脑皮质的投射有特定的中心区，主反应出现在一定的潜伏期后，即与刺激有锁时关系，潜伏期的长短取决于刺激部位与皮层间的距离、神经纤维的传导速度和所经过的突触数目等因素。主反应与感觉的特异投射系统活动有关。次反应是尾随主反应之后的扩散性续发反应，可见于皮层的广泛区域，与刺激无锁时关系。次反应与感觉的非特异投射系统活动有关。后发放则为在主反应和次反应之后的一系列扩散性续发反应，是非特异感觉传入和中间神经元引起的皮层顶树突去极化和超极化交替作用的结果。

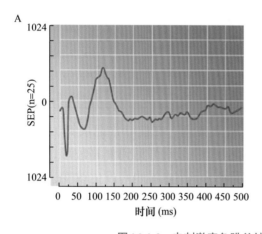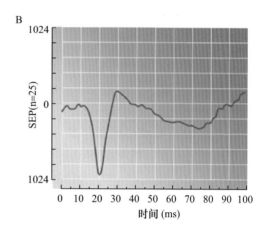

图16-1-2　电刺激家兔腓总神经引发的体感诱发电位（SEP）

A. 刺激后0～500 ms内的SEP描记，刺激后约12 ms出现先正（向下）后负（向上）的主反应，随后出现次反应，约300 ms后出现后发放；B. 为A图前100 ms的展宽

　　诱发电位的波幅较小，又发生在自发脑电的背景上，常被自发脑电淹没而难以辨认。应用计算机将诱发电位叠加和平均处理，能使诱发电位突显出来，经叠加和平均处理后的电位称为平均诱发电位（averaged evoked potential）。平均诱发电位目前已成为研究人类感觉功能、神经系统疾病、行为和心理活动的方法之一。

（马雪莲）

第二节　睡眠与觉醒

　　睡眠（sleep）与觉醒（wakefulness）具有明显的昼夜节律性，是人体所处的两种不同功能状态。觉醒与睡眠的昼夜交替是人类生存的必要条件，觉醒状态下人们能进行各种体力和脑力活动，睡眠则能使人的精力和体力得到恢复，因此，充足的睡眠对促进人体身心健康、保证机体正常生命活动至关重要。

一、睡眠的两种状态及生理意义

人在睡眠时会出现周期性快速眼球运动，根据睡眠过程中眼电图、肌电图和脑电图的变化特点，可将睡眠分为非快速眼动（non-rapid eye movement，NREM）睡眠和快速眼动（rapid eye movement，REM）睡眠。非快速眼动睡眠的脑电图呈现高幅慢波，又称为慢波睡眠（slow wave sleep，SWS），而快速眼球运动期间的脑电波与觉醒期的脑电波类似，表现为低幅快波，又称为快波睡眠（fast wave sleep，FWS）或异相睡眠（paradoxical sleep，PS）。

（一）非快速眼动睡眠

根据脑电图的特点，可将NREM睡眠分为四期：①Ⅰ期，又称入睡期，脑电波趋于平坦表现为低幅 θ 波和 β 波，频率比觉醒时稍低；②Ⅱ期，又称浅睡期，脑电波呈持续0.5～1 s的睡眠梭形波（即σ波，是α波的变异，频率稍快，幅度稍低）及若干κ-复合波（是δ波和σ波的复合）；③Ⅲ期，又称中度睡眠期，脑电波中出现高幅（＞75 μV）δ波，占20%～50%；④Ⅳ期，即深度睡眠期，呈连续的高幅δ波，数量超过50%。

在NREM睡眠中，各种感觉及骨骼肌反射、循环、呼吸和交感神经活动等均随睡眠的加深而降低，且相当稳定，大脑皮质神经元活动趋向步调一致，脑电频率逐渐减慢、幅度逐渐增高、δ波所占比例逐渐增多，表现出同步化趋势（图16-2-1），故NREM睡眠又称同步化睡眠。NREM睡眠期间，机体耗氧量下降，但脑的耗氧量不变；同时，腺垂体分泌生长激素明显增多，有利于促进生长发育和体力恢复。

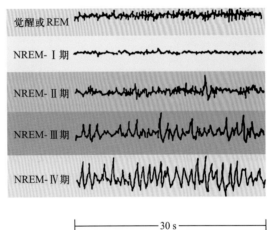

图16-2-1　正常成年人非快速眼动睡眠各期脑电波

（二）快速眼动睡眠

REM睡眠呈现与觉醒相似的不规则β波，表现为皮层活动的去同步化，但在行为上表现为睡眠状态，因此也称异相睡眠。在REM睡眠期，机体的各种感觉进一步减退，肌紧张减弱；交感神经活动进一步降低；下丘脑体温调节功能明显减退，其睡眠深度要比慢波睡眠更深。此外，REM睡眠阶段尚有眼球快速运动及血压升高、心率加快、呼吸快而不规则、部分躯体抽动等间断的阵发性表现，这些阵发性表现可能与某些疾病易于在夜间发作有关，如哮喘、心绞痛、阻塞性肺气肿缺氧发作等常发生于夜间。若在REM睡眠期间被唤醒，74%～95%的人会诉说正在做梦，做梦是REM睡眠的特征之一。

REM睡眠期间，脑的耗氧量和血流量增多，脑内蛋白质合成加快，但生长激素分泌减少。REM 睡眠与幼儿神经系统的成熟和建立新的突触联系密切相关，因而能促进学习与记忆以及精力的恢复。

睡眠过程中，NREM睡眠和REM睡眠两个不同时相互相交替。入睡后，一般先进入NREM睡眠，持续80～120 min后转入REM睡眠，REM睡眠持续20～30 min后又转入NREM睡眠，NREM睡眠和REM睡眠两个时相在整个睡眠过程中有4～5次交替，越到睡眠后期，REM睡眠持续时间越长（图16-2-2）。两个时相的睡眠均可直接转为觉醒状态，但由觉醒转为睡眠则通常先进入NREM睡眠，而不是直接进入REM睡眠。

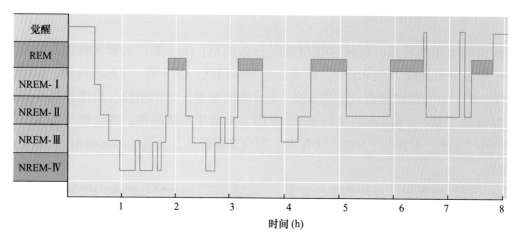

图16-2-2　正常成年人整夜睡眠中两个时相交替的示意图

无论是NREM睡眠还是REM睡眠均为正常人所必需的。如果受试者持续处于觉醒状态15～16 h，便可称为睡眠剥夺。当睡眠长期被剥夺后，若任其自然睡眠，则睡眠时间将明显增加以补偿睡眠的不足。进一步研究表明，分别在NREM睡眠和REM睡眠中被唤醒，导致NREM睡眠或REM睡眠剥夺，再任其自然睡眠，则两种睡眠均将出现补偿性延时。在REM睡眠被剥夺后，由觉醒状态可直接进入REM睡眠，而不需要经过NREM睡眠的过渡。

二、睡眠与觉醒的发生机制

觉醒和睡眠都是主动过程。人和动物脑内有许多部位和投射纤维参与觉醒和睡眠的调控，形成促觉醒和促睡眠两个系统，两者相互作用、相互制约，形成复杂的神经网络，调节睡眠–觉醒周期和睡眠不同状态的互相转化。

（一）与觉醒有关的脑区

感觉的非特异投射系统接受脑干网状结构的纤维投射，由于网状结构是个多突触系统，神经元的联系在此高度聚合，形成复杂的神经网络，各种特异感觉的传入在此失去专一性，因而非特异投射系统的主要功能是维持和改变大脑皮质的兴奋状态，具有上行唤醒作用。刺激猫的中脑网状结构可将其从睡眠中唤醒，脑电波呈去同步化快波；如果在中脑头端切断网状结构或选择性破坏中脑被盖中央区的网状结构，动物便进入持久的昏睡状态，脑电图呈同步化慢波（图16-2-3）。可见，觉醒的产生与脑干网状结构的活动有关，故称为脑干网状结构上行激活系统（brain stem ascending activating reticular system）。脑干网状结构上行激活系统是一个多突触接替的系统，易受药物的影响，一些催眠药和麻醉药正是通过暂时阻断上行激活系统的活动发挥作用的。另外，大脑皮层感觉运动区、额叶、眶回、扣带回、颞上回、海马、杏仁核和下丘脑等部位也有下行纤维到达网状结构并使之兴奋。网状结构是个多递质系统，已知网状结构中大多数神经元上行和下行纤维的递质是谷氨酸。许多麻醉药（如巴比妥类）都是通过阻断谷氨酸能系统而发挥作用的。

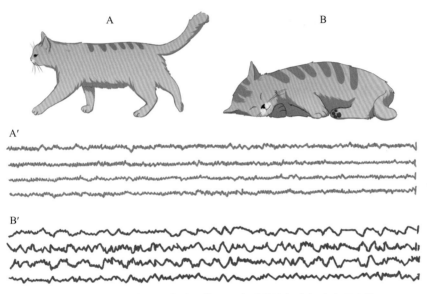

图16-2-3　切断特异和非特异传导通路后猫的行为与脑电图变化

A. 切断特异性传导通路而不切断非特异性传导通路的猫处于觉醒状态，A′为其脑电图；

B. 切断非特异性传导通路的猫处于昏睡状态，B′为其脑电图

目前认为，脑干网状结构上行激活系统是通过丘脑非特异性投射系统发挥作用的，后者与大脑皮层具有广泛的突触联系。脑干网状结构上行激活系统保持一定的活动以及丘脑非特异性投射系统向皮层的投射是机体维持觉醒的基础。机体大多数感觉的特异性传入通路在经过脑干时都有侧枝与脑干网状结构发生联系，从而激活网状结构和非特异投射系统。因此，增加各种特异性传入刺激可提高机体的觉醒程度。临床上，由于脑外伤、脑出血、脑肿瘤等影响到脑干网状结构上行激活系统和丘脑非特异投射功能时，便会使大脑皮层兴奋性极度低下，进入昏迷状态。

觉醒状态下的行为与脑电变化在某些特殊情况下可能不一致，因此有行为觉醒和脑电觉醒之分。前者表现为对新异刺激发生探究行为，后者表现为脑电波呈现去同步化快波。动物实验发现，静脉注射阿托品阻断脑干网状结构胆碱能系统的活动后，脑电呈现同步化睡眠慢波，动物在行为上却不表现为睡眠；破坏脑桥蓝斑去甲肾上腺素能系统后，动物脑电快波明显减少，因此，脑电觉醒的维持与脑干网状结构胆碱能系统和蓝斑上部去甲肾上腺素能系统的活动有关。破坏中脑黑质多巴胺能系统后，动物

对新异刺激不再表现为探究行为，但脑电仍有类似觉醒的快波出现，可见行为觉醒的维持与黑质多巴胺能系统的功能有关。

（二）与睡眠有关的脑区

1. 促进非快速眼动睡眠的脑区

脑内存在多个促进NREM睡眠的部位，其中最重要的是腹外侧视前区（ventrolateral preoptic area，VLPO）。VLPO内存在大量促睡眠神经元，它们发出的纤维投射到脑内多个与觉醒有关的部位，如蓝斑去甲肾上腺素能神经元、中缝背核5-羟色胺能神经元、脑桥头端被盖胆碱能神经元、下丘脑结节乳头体核组胺能神经元等，VLPO通过抑制促觉醒脑区的活动，促进觉醒向睡眠转化，产生NREM睡眠。此外，促进NREM睡眠的脑区还包括位于延髓网状结构的脑干促眠区，（也称上行抑制系统，ascending inhibitory system）；位于下丘脑后部、丘脑髓板内核群邻旁区和丘脑前核的间脑促眠区；以及位于下丘脑或前脑视前区和Broca斜带区的前脑基底部促眠区。

2. 促进快速眼动睡眠的脑区

产生REM睡眠的关键部位在脑桥网状结构及其邻近区。觉醒时，位于脑桥头端被盖外侧区的胆碱能神经元放电活动停止，在REM睡眠期间，其放电活动则明显增加；它们除了引起脑电发生去同步化快波外，还能诱导脑桥网状结构、外侧膝状体和枕叶皮层出现一种棘波，称为脑桥-外侧膝状体-枕叶锋电位（ponto-geniculo-occipital spike），简称PGO锋电位（PGO spike），PGO锋电位是REM睡眠的启动因素，与快速眼球运动几乎同时出现。因此，这些胆碱能神经元被称为REM睡眠启动（REM-on）神经元。

3. 调节觉醒与睡眠的内源性物质

（1）腺苷：脑内腺苷的含量随脑组织代谢水平的不同而发生变化，在觉醒时腺苷的含量随觉醒时间的延长而升高，高水平的腺苷可促进NREM睡眠，而在睡眠期其含量随睡眠时间的延长而降低，由此引发觉醒。咖啡因能增强觉醒就是通过阻断腺苷受体而实现的。

（2）前列腺素D_2：前列腺素D_2（PGD_2）是目前已知的重要内源性促眠物质，它可通过影响腺苷的释放而促进睡眠。PGD_2在脑脊液中的浓度呈日节律变化，与睡眠-觉醒周期一致，并可随剥夺睡眠时间的延长而增高。

（3）生长激素：NREM睡眠期间生长激素释放增多，而生长激素的释放又能增强脑电的慢波活动，促进NREM睡眠。

（4）褪黑素：褪黑素是由松果体合成并分泌的一种激素，它通过调节脑干相关神经元的活动，影响睡眠-觉醒周期，具有促进睡眠的作用。褪黑激素通常在夜间合成，在凌晨2点到4点之间达到高峰，褪黑素分泌减少可能是老年人睡眠减少、容易失眠的原因之一。

此外，一些细胞因子也参与睡眠的调节，如白细胞介素-1、干扰素和肿瘤坏死因子等均可增加NREM睡眠。

（马雪莲）

第三节 镇静催眠药

失眠症（insomnia）是指患者对睡眠时间和（或）质量不满足并影响日间社会功能的一种主观体验。主要表现为入睡困难、睡眠维持障碍，早醒、睡眠质量下降和总睡眠时间减少，同时伴有日间功能障碍。

镇静催眠药（sedative-hypnotics）是一类通过抑制中枢神经系统功能而引起镇静和近似生理睡眠的药物。大多数镇静催眠药对中枢神经系统的抑制作用具有剂量依赖性的特点。但不同的药物在剂量与中枢神经系统抑制程度之间的关系不同，因此安全性亦有较大差别。

常用的镇静催眠药可分为四类：苯二氮䓬类、巴比妥类、新型非苯二氮䓬类及其他类，主要用于失眠症、抗焦虑、抗惊厥等。早期应用的催眠药如巴比妥类和水合氯醛等目前已被苯二氮䓬类和一些安全性更高的新型药物所取代。

镇静催眠药能诱导入睡和延长睡眠时间，使失眠患者的精力、体力得以恢复，但药物性睡眠不能完全等同于生理性睡眠。不同药物对睡眠时相的影响各不相同，如巴比妥类显著缩短REM睡眠，长期用药骤停可引起REM睡眠反跳，出现焦虑不安、失眠和多梦；苯二氮䓬类则延长NREM睡眠第2期。

失眠症分为慢性失眠症、短期失眠症及其他类型的失眠症。对慢性失眠者应进行综合治疗、规范治疗。久用镇静催眠药机体可产生耐受性和依赖性，停药后会出现戒断症状，其严重程度取决于药物的种类及停药前用量，例如巴比妥类的戒断症状严重，苯二氮䓬类程度较轻，而新型非苯二氮䓬类依赖性及戒断症状非常轻微。

病例16-3-1

一位53岁的中学老师诉说她一直难以入睡，即使入睡后，也在夜间醒来好几次。这种状况几乎每晚都会发生，影响了她的工作。她尝试了各种非处方睡眠疗法，但效果甚微。她的总体健康状况良好，不超重，也不服用处方药。她喝不含咖啡因的咖啡，但只是早上喝一杯，不过她每天喝多达6罐健怡可乐。她在晚餐时常喝一杯葡萄酒，但不喜欢烈性酒。您还想了解患者病史的其他哪些方面？什么治疗措施适合这位患者？你会开什么药（如果有的话）？

一、苯二氮䓬类

苯二氮䓬类（benzodiazepines，BZ）是一类具有1,4-苯并二氮䓬基本结构（图16-3-1），其侧链被不同的基团取代所生成的一系列药物。根据各个药物（及其活性代谢物）消除半衰期的长短可分为3类：长效类如地西泮（diazepam，安

图16-3-1　苯二氮䓬类药物的
母核结构

定），中效类如硝西泮（nitrazepam）；短效类如三唑仑（triazolam）等（表16-3-1）。各药的药理作用相似，但各有所侧重，某些药物镇静催眠作用较强，其他一些药物则有较强的抗焦虑作用；药动学方面也各有差异，部分药物经肝脏代谢后产生活性代谢产物，作用时间显著延长，因此有些药物的血浆 $t_{1/2}$ 与其作用持续时间并不平行。地西泮为苯二氮䓬类的代表药物，也是目前临床常用的镇静、催眠、抗焦虑药。

表16-3-1　苯二氮䓬类药物的作用时间及分类

作用时间	药物	达峰浓度时间（h）	$t_{1/2}$（h）	代谢物（　）
短效类（3～8 h）	三唑仑（triazolam）	1	2～3	有活性（7）
	奥沙西泮（oxazepam）	2～4	10～20	无活性
中效类（10～20 h）	阿普唑仑（alprazolam）	1～2	12～15	无活性
	艾司唑仑（estazolam）	2	10～24	无活性
	劳拉西泮（lorazepam）	2	10～20	无活性
	替马西泮（temazepam）	2～3	10～40	无活性
	氯硝西泮（clonazepam）	1	24～48	无活性
长效类（24～72 h）	地西泮（diazepam）	1～2	20～80	有活性（80）
	氟西泮（flurazepam）	1～2	40～100	有活性（81）
	氯氮䓬（chlordiazepoxide）	2～4	15～40	有活性（82）
	夸西泮（quazepam）	2	30～100	有活性（73）

（一）药理作用与临床应用

1. 抗焦虑

焦虑是多种精神疾病的常见症状，患者多有恐惧、紧张、忧虑、失眠并伴有心悸、出汗、震颤等。焦虑症是一种以焦虑为特征的神经官能症。地西泮的抗焦虑作用选择性高，小剂量即可显著改善上述症状，并对各种原因引起的焦虑均有显著疗效。

2. 镇静催眠

随着剂量增大，BZ可产生镇静及催眠作用，可显著缩短入睡时间，延长睡眠持续时间，减少觉醒次数。主要延长NREM的第2期，显著缩短NREM第3、4期，减少发生于此期的夜惊和夜游症；而对REM的影响不显著，因此停药后出现反跳性REM睡眠延长较巴比妥类轻，其依赖性和戒断症状也较轻微。并且BZ治疗指数高，对呼吸影响小，进一步加大剂量也不致引起全身麻醉。因此，目前此类药物已取代了巴比妥类药物成为临床最常用的镇静催眠药。

3. 抗惊厥、抗癫痫

BZ能抑制癫痫病灶异常放电扩散，具有抗惊厥和抗癫痫作用。目前认为其抗惊厥、抗癫痫作用与其增强中枢抑制性递质GABA的突触传递功能有关。临床用于辅助治疗子痫、破伤风、小儿高热惊厥及药物中毒性惊厥。地西泮对癫痫持续状态疗效显著，因此，静脉注射地西泮是治疗癫痫持续状态的首选方法。

4. 中枢性肌松弛

BZ有较强的肌肉松弛作用，可缓解动物的去大脑僵直，也可减轻人类大脑损伤（如脑外伤）所致的肌肉僵直。BZ在小剂量时抑制脑干网状结构下行系统对γ-神经元的易化作用，较大剂量时增强脊髓神经元的突触前抑制，抑制多突触反射，引起肌肉松弛。临床用于治疗脑血管意外、脊髓损伤等引起的中枢性肌强直，缓解局部关节病变、腰肌劳损及内镜检查所致的肌肉痉挛。

5. 其他

（1）记忆缺失：较大剂量可致短暂性记忆缺失。

（2）呼吸功能：一般剂量对正常人呼吸功能无影响，较大剂量会轻度抑制肺泡通气功能，有时可致呼吸性酸中毒，对慢性阻塞性肺部疾病患者以上作用加剧。

（3）心血管作用：小剂量作用不明显，较大剂量可降低血压、减慢心率。

（4）麻醉前给药：可减轻患者的恐惧感，消除不良记忆，减少麻醉药用量，增加其安全性。临床上常作心脏电复律或内镜检查前用药。

（二）作用机制

目前认为苯二氮䓬类抑制中枢的作用可能与其作用于脑内不同部位$GABA_A$受体密切相关。在$GABA_A$受体的Cl⁻通道周围含有多个结合位点（γ-氨基丁酸、苯二氮䓬类、巴比妥类、印防己毒素和乙醇等，图16-3-2）。苯二氮䓬类与$GABA_A$受体上的BZ位点结合，可促进GABA与$GABA_A$受体结合，通过增加Cl⁻通道开放的频率而增强$GABA_A$受体的作用，呈现中枢抑制效应。BZ受体的亚型可分为ω_1、ω_2和ω_3受体。ω_1和ω_2受体存在于中枢神经系统的不同区域，ω_3受体主要存在于外周器官。现认为，ω_1受体与$GABA_A$受体的α_1亚基对应，ω_2受体与α_2、α_3、α_5亚基对应。地西泮对ω_1和ω_2受体具有同等亲和性，因此同时具有镇静催眠、抗惊厥、抗焦虑、松弛肌肉等作用。这些亚型分

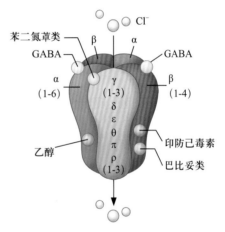

图16-3-2 $GABA_A$受体氯离子通道复合物模式图

$GABA_A$受体是通常由2个α亚基、2个β亚基和1个γ亚基（或另一个亚基如δ）组成的一个五聚体。在$GABA_A$受体的Cl⁻通道周围含有多个结合位点（γ-氨基丁酸、苯二氮䓬类、巴比妥类、印防己毒素和乙醇等）

布不同，发挥着不同的功能。一般认为苯二氮䓬类抗焦虑作用主要与边缘系统中杏仁核和海马内的$GABA_A$受体有关，而镇静催眠作用的部位则是在脑干。

（三）体内过程

苯二氮䓬类口服后吸收良好，肌内注射吸收缓慢而不规则。欲快速显效，应静脉注射给药。苯二氮䓬类血浆蛋白结合率高。由于脂溶性高，易透过血-脑脊液屏障和胎盘屏障。此类药物主要在肝内代谢，多数药物的代谢产物仍具有活性，使其在人体内的消除半衰期及作用的时间延长。如地西泮的消除$t_{1/2}$为1～2 d，其代谢物去甲西泮

消除缓慢，可长达2～5 d，这延长了地西泮在体内的作用时间，对新生儿、老年人和肝病患者尤其需要注意可能造成累积效应。苯二氮䓬类及其代谢产物最终与葡萄糖醛酸结合，经肾排出。地西泮可通过胎盘屏障及乳汁排出，故产前及哺乳期女性忌用。苯二氮䓬类药物的代谢过程及活性代谢产物见图16-3-3。

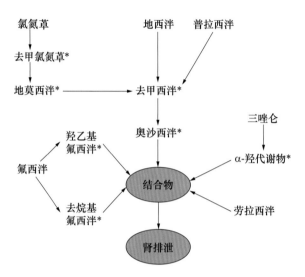

图16-3-3　苯二氮䓬类药物代谢过程及活性代谢产物

＊. 活性代谢产物

（四）不良反应与注意事项

苯二氮䓬类毒性小，安全范围大。最常见的不良反应是头昏、乏力和嗜睡等，大剂量时偶见共济失调，可影响技巧动作和驾驶安全。过量中毒可引起呼吸和循环功能抑制，严重者可致呼吸及心脏停搏，饮酒或同时应用其他中枢抑制药尤易发生。过量中毒除采取洗胃、对症治疗外，还可用特效拮抗药氟马西尼。

长期应用可产生耐受性，导致治疗效果下降。长期应用还可产生精神和躯体依赖性，停药后出现戒断症状，如失眠、焦虑、心动过速、呕吐、出汗及震颤等，甚至惊厥。该药宜按需、间断用药，尽可能应用控制症状的最低剂量，停药时逐渐减量，以免出现明显的戒断症状。

老年患者、肝肾功能不全、呼吸功能不全、重症肌无力、青光眼以及驾驶员、高空作业和机械操作者、孕妇和哺乳期女性慎用。

（五）药物相互作用

与其他中枢抑制药、乙醇合用时增强中枢抑制作用，加重嗜睡、呼吸抑制、昏迷，严重者可致死。如临床需合用时宜降低剂量，并密切监护患者。应用肝药酶诱导剂利福平、卡马西平、苯妥英钠或苯巴比妥等药物可显著缩短地西泮的消除半衰期，清除率增加；应用肝药酶抑制药如西咪替丁等药物可抑制地西泮在肝脏的代谢，导致清除率降低，半衰期延长。

[附] 苯二氮䓬受体拮抗剂——氟马西尼

氟马西尼（flurnazenil，安易醒）为咪唑并苯二氮䓬化合物，能与GABA$_A$受体上BZ特异位点结合。临床试验中已证明静注或口服氟马西尼能拮抗地西泮、氟硝西泮等的多种药理作用。但对巴比妥类和三环类药物过量引起的中枢抑制作用无效。

氟马西尼口服后20～90 min血药浓度达峰值，存在明显的首过消除效应，生物利用度平均为16%。静注后5～8 min脑脊液浓度达峰值，血浆蛋白结合率为40%～50%，主要在肝内代谢为无活性产物，$t_{1/2}$平均为1 h。

氟马西尼主要用于苯二氮䓬类药物过量的诊断和治疗，能有效地催醒患者及改善中毒所致的呼吸、循环抑制。如累积剂量已达5 mg而对患者不起作用，则提示患者并非苯二氮䓬类药物过量中毒。该药还用于改善酒精性肝硬化患者的记忆缺失等症状。

一般患者对氟马西尼耐受良好，常见的不良反应有烦躁、焦虑不安、恶心、呕吐、不适感等。有癫痫病史者可能诱发癫痫，长期应用BZ者应用氟马西尼可能诱发戒断症状。

二、巴比妥类

巴比妥类（barbiturates）是巴比妥酸的衍生物。巴比妥酸本身并无中枢抑制作用，C5上的两个氢原子被不同基团取代后获得一系列中枢抑制药，具有强弱不等的镇静催眠作用。取代基长而有分支（如异戊苯巴比妥）或双键（如司可苯巴比妥），则作用强而短；若其中一个氢原子被苯基取代（如苯巴比妥），则具有较强的抗惊厥、抗癫痫作用，如C$_2$的O被S取代（如硫喷妥钠），则脂溶性更高，作用更快，但维持时间很短。

根据作用维持时间，将巴比妥类药物分为四类：长效类（苯巴比妥、巴比妥）、中效类（戊巴比妥、异戊巴比妥）、短效类（司可巴比妥、海索比妥）和超短效类（硫喷妥）。这种分类是相对的，作用时间长短与药物的理化性质、剂量及患者的身体状况有关。常用巴比妥类药物的作用与用途的比较见表16-3-2。

表16-3-2　常用巴比妥类药物的作用与用途的比较

分类	药物	显效时间（h）	作用维持时间（h）	主要用途
长效	苯巴比妥（phenobarbital）	0.5～1	6～8	抗惊厥
	巴比妥（barbital）	0.5～1	6～8	镇静催眠
中效	戊巴比妥（pentobarbital）	0.25～0.5	3～6	抗惊厥
	异戊巴比妥（amobarbital）	0.25～0.5	3～6	镇静催眠
短效	司可巴比妥（secobarbital）	0.25	2～3	抗惊厥、镇静催眠
超短效	硫喷妥钠（pentothal sodium）	静脉注射，立即	0.25	静脉麻醉

（一）药理作用与临床应用

巴比妥类对中枢神经系统具有普遍性抑制作用，随着剂量的增加，中枢抑制作用也由弱到强，依次出现镇静、催眠、抗惊厥及抗癫痫、麻醉等作用，大剂量对心血管系统有明显的抑制作用，过量可因呼吸中枢麻痹而致死。由于安全范围小，巴比妥类目前已基本不用于镇静催眠，而主要用于抗惊厥、抗癫痫以及麻醉前用药。

Note

1. 镇静催眠

小剂量巴比妥类药物致安静，缓解焦虑、烦躁不安的状态；中等剂量可催眠，即缩短入睡时间，减少觉醒次数及延长睡眠时间。不同巴比妥类药物起效时间和持续时间不同。

巴比妥类药物明显缩短REM睡眠，改变正常睡眠的模式，引起非生理性睡眠。久用停药后，REM睡眠时相"反跳性"显著延长，伴有多梦，引起睡眠障碍，导致患者不愿停药，这可能是该类药物产生精神依赖和躯体依赖的重要因素之一。巴比妥类作为催眠药应用时应注意以下3点：①易产生耐受性和依赖性，引起严重的戒断症状；②诱导肝药酶的活性，影响其他药物的肝脏代谢；③不良反应较多，过量可产生严重毒性。因此，苯巴比妥类已不作镇静催眠药常规使用。

2. 抗惊厥

苯巴比妥有较强的抗癫痫抗惊厥作用。临床用于癫痫大发作、癫痫大发作持续状态等的治疗。也可用于小儿高热、破伤风、子痫、脑膜炎、脑炎及中枢兴奋药引起的惊厥。

3. 麻醉及麻醉前给药

一些短效及超短效巴比妥类，如硫喷妥钠等静脉注射可产生短暂的麻醉作用，可用于全麻诱导或短时手术的麻醉。长效及中效巴比妥类可作麻醉前给药，以消除患者手术前紧张情绪，但效果不及地西泮。

4. 增强中枢抑制药作用

镇静剂量的巴比妥类与解热镇痛药合用，则能加强后者的镇痛作用，故各种复方止痛片中常含有巴比妥类。此外，也能增强其他药物的中枢抑制作用。

（二）作用机制

巴比妥类药物的中枢作用与其增强 $GABA_A$ 受体功能有关。与苯二氮䓬类药物增加 Cl^- 通道的开放频率不同，巴比妥类主要延长 Cl^- 通道的开放时间。在无GABA时，高浓度的巴比妥类也能模拟GABA的作用，增加 Cl^- 的通透性，使细胞膜超极化。此外，巴比妥类还通过与AMPA受体结合来抑制兴奋性神经递质谷氨酸的作用。

（三）体内过程

巴比妥类药物口服或肌内注射均易吸收，并迅速分布于全身组织、体液，也易通过胎盘进入胎儿循环。各药进入脑组织的速度与药物的脂溶性成正比，如硫喷妥钠脂溶性极高，极易通过血-脑脊液屏障，故静脉注射后立即奏效；脂溶性低的苯巴比妥即使静脉注射，也需30 min起效。巴比妥类药物的血浆蛋白结合率也与其脂溶性密切相关，脂溶性高者结合率高，反之则低。此外，脂溶性高的药物如司可巴比妥等主要在肝脏中代谢而失效，故作用持续时间短；而脂溶性小的药物如苯巴比妥主要以原形自肾脏排泄而消除，故作用持续时间长。

尿液pH对苯巴比妥的排泄影响较大，在苯巴比妥中毒时，可用碳酸氢钠碱化尿液以促进药物的排泄。

Note

（四）不良反应与注意事项

1. 后遗作用

服用催眠剂量的巴比妥类后，次晨可出现头晕、困倦、思睡、精神不振及定向障碍等，也称"宿醉（hangover）"。驾驶员或从事高空作业人员服用巴比妥类后应警惕后遗作用。

2. 耐受性

短期内反复服用巴比妥类可产生耐受性。耐受性产生的主要原因可能是由于神经组织对巴比妥类产生适应性和诱导肝药酶加速自身代谢有关。

3. 依赖性

长期连续服用巴比妥类易产生精神依赖和躯体依赖，一旦突然停药，会出现严重的戒断症状，表现为兴奋、失眠、焦虑、震颤、肌肉痉挛甚至惊厥。因此，对巴比妥类药物必须严格控制，避免长期使用。

4. 对呼吸系统影响

大剂量巴比妥类对呼吸中枢有明显抑制作用，抑制程度与剂量成正比。呼吸深度抑制是巴比妥类药物中毒致死的主要原因。巴比妥类可透过胎盘和乳汁，故分娩期和哺乳期女性慎用。

5. 其他

少数患者服用后出现荨麻疹等变态反应，偶致剥脱性皮炎。

（五）中毒与解救

一次吞服大量巴比妥类、静脉注射用量过大或注射速度过快，均可引起急性中毒。急性中毒主要表现为深度昏迷、高度呼吸抑制、血压下降、体温降低、休克及肾衰竭等。深度呼吸抑制是急性中毒的直接死因。

对急性中毒者应积极采取抢救措施，维持呼吸与循环功能，保持呼吸道通畅，吸氧，必要时进行人工呼吸，甚至气管切开，并应用中枢兴奋药。用碳酸氢钠等碱化尿液，为加速巴比妥类药物的排泄，减少肾小管的再吸收，严重中毒病例采用透析疗法。

（六）药物相互作用

苯巴比妥是肝药酶诱导剂，不但加速自身代谢，还可加速其他药物的经肝代谢，如中短效巴比妥类、双香豆素、皮质激素类、性激素、口服避孕药、强心苷、苯妥英钠、氯霉素及四环素等。苯巴比妥与上述药物合用加速这些药物的代谢速度，往往需加大剂量才能奏效。而当停用苯巴比妥之前，必须适当减少这些药物的剂量，以防发生中毒反应。

三、新型非苯二氮䓬类镇静催眠药

新型非苯二氮䓬类镇静催眠药（non-benzodiazepine drugs，NBZDs）包括唑吡坦、佐匹克隆、扎来普隆等。该类药物半衰期短，催眠效应类似BZ，但对正常睡眠结构破坏较少，不良反应较少。

唑吡坦（zolpidem）能选择性激动$GABA_A$受体上的ω_1位点，调节氯离子通道，作用类似苯二氮䓬类，但抗焦虑、中枢性骨骼肌松弛和抗惊厥作用很弱，仅用于镇静和催眠。唑吡坦对正常睡眠时相干扰少，可缩短睡眠潜伏期，减少觉醒次数和延长睡眠时间。后遗效应、耐受性、药物依赖性和停药戒断症状轻微。安全范围大，但与其他中枢抑制药（如乙醇）合用可引起严重的呼吸抑制。唑吡坦中毒时可用氟马西尼解救。

佐匹克隆（zopiclone）具有镇静、抗焦虑、抗惊厥和肌肉松弛作用。作用迅速并且能有效达6 h，使患者入睡快且能保持充足的睡眠深度，比苯二氮䓬类药物更轻的后遗效应和宿醉现象。长期使用无明显的耐药和停药反跳现象。最新药物右佐匹克隆为佐匹克隆的右旋异构体，药效是母体的2倍，但毒性小于母体一半。

扎来普隆（zaleplon）具有镇静催眠、抗焦虑、抗惊厥和肌肉松弛作用。通过选择性激动$GABA_A$受体复合物的ω_1位点而产生中枢抑制作用。适用于成人入睡困难的短期治疗，能够有效缩短入睡时间。后遗作用小，且长期使用几乎无依赖性。成瘾性比较：苯二氮䓬类＞佐匹克隆＞唑吡坦＞扎来普隆。

四、其他镇静催眠药

水合氯醛（chloral hydrate）性质较稳定，口服后吸收快，催眠作用较强，入睡快（约15 min），持续6~8 h。催眠作用温和，不缩短REM，无宿醉效应，用于顽固性失眠或对其他催眠药效果不佳的患者。大剂量有抗惊厥作用，可用于子痫、破伤风及小儿高热惊厥等。但安全范围较小，应慎用。具有较强的黏膜刺激性，易引起恶心、呕吐及上腹部不适等，不宜用于胃炎及消化性溃疡患者。大剂量抑制心肌收缩，缩短心肌不应期。过量对心、肝、肾实质脏器有损害，有严重心、肝、肾疾病的患者禁用。一般以10%溶液口服，直肠给药可减少刺激性。久用可产生耐受性和成瘾性，戒断症状较严重，应防止滥用。

雷美尔通（ramelteon）是一种高选择性的褪黑素受体MT_1和MT_2激动药，可缩短睡眠潜伏期、提高睡眠效率、增加总睡眠时间，可用于治疗以入睡困难为主诉的失眠及昼夜节律失调性睡眠障碍。对生物节律紊乱性失眠和倒时差，作用尤为明显。尚未发现类似苯二氮䓬类催眠药物常见的宿醉效应、戒断现象和反跳性失眠等副作用，偶有头痛、疲劳、嗜睡等不良反应。

丁螺环酮（buspirone）属非苯二氮䓬类药物，具有选择性的抗焦虑作用，不引起明显的镇静、抗惊厥及肌肉松弛的作用。其作用机制与$GABA_A$受体无关。丁螺环酮为脑$5\text{-}HT_{1A}$受体的部分激动剂，反馈性抑制5-HT释放而发挥抗焦虑作用。对脑内多巴胺D_2受体也有亲和力。其抗焦虑作用需要1~2周才能显效，4周达到最大效应。适用于焦虑性激动、内心不安、紧张等急慢性焦虑状态及焦虑性失眠等。无明显耐受性和依赖性。

（安　杰）

第四节　抗癫痫药和抗惊厥药

一、抗癫痫药

（一）概述

癫痫（epilepsy）是一种反复发作的神经系统疾病，是多种原因导致的脑局部神经元高度同步化异常放电并向周围脑组织扩散而出现大脑功能短暂失调的综合征。临床上每次发作或每种发作的过程称为癫痫发作（seizure）。由于异常放电的产生位置及波及范围的差异，导致患者的发作形式不一，可表现为感觉、运动、意识、精神、行为、自主神经功能障碍或兼有之。临床以强直-阵挛性发作（大发作）最为常见，部分患者可同时存在两种类型的混合型发作，表现为突然发作、短暂的运动感觉功能或精神异常等，伴有异常的脑电图（图16-4-1）。

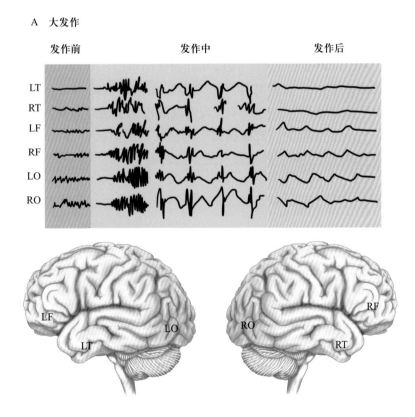

图16-4-1　典型癫痫发作的脑电图

A. 癫痫大发作：特征是波及大脑所有区域的神经元异常高频放电，持续时间从几秒到3～4 min
B. 癫痫小发作：特征是3 Hz/s高幅左右相称的同步化棘波。表现为3～30 s的无意识或意识减弱，其间有几次抽搐样的肌肉收缩
（LF：left frontal lobe，左侧额叶；LT：left temporal lobe，左侧颞叶；LO：left occipital lobe，左侧枕叶；RF：right frontal lobe，右侧额叶；RT：right temporal lobe，右侧颞叶；RO：right occipital lobe，右侧枕叶）

B　小发作

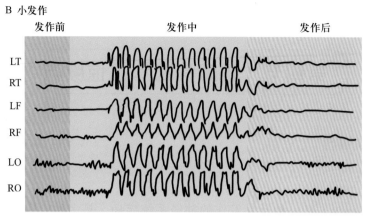

图16-4-1　（续）

药物治疗是目前控制癫痫发作的主要手段，目的在于控制发作或最大限度地减少发作次数，使患者保持或恢复其原有的生理、心理和社会功能。因此，对癫痫的治疗是长期甚至是终身的。

抗癫痫药（antiepileptic drugs，AED）可抑制病灶神经元异常过度放电或阻止病灶异常放电向周围正常神经组织扩散。其作用机制主要有两方面：①改变细胞膜对各种离子的通透性（如Na^+、Ca^{2+}）；②增强抑制性神经递质（如GABA）的功能，或减弱兴奋性神经递质（如谷氨酸）的功能。

目前尚无能够治疗癫痫的药物。1912年开始使用苯巴比妥治疗癫痫，能有效控制对溴化物耐受患者的症状。直到1938年发现苯妥英钠，其结构与巴比妥类有共同之处，这两个药物一直应用至今。1964年发现丙戊酸可用于治疗癫痫。近年来，相继合成了一些疗效好、不良反应少、抗癫痫谱广的药物。虽然已有多种治疗癫痫的药物，但人们仍在致力寻求疗效更好、不良反应更少的药物。

（二）常用抗癫痫药

1. 苯妥英钠

苯妥英钠（sodium phenytoin，dilantin，大仑丁）为二苯乙内酰脲的钠盐。

（1）药理作用及机制：苯妥英钠抗癫痫作用机制较复杂，研究表明它不能抑制癫痫病灶异常放电，但可阻止异常放电向病灶周围的正常脑组织扩散，这可能与其抑制突触传递的强直后增强（post tetanic potentiation，PTP）有关。PTP是指反复高频电刺激突触前神经纤维，引起突触传递易化，使突触后纤维反应增强的现象。PTP在癫痫病灶异常放电的扩散过程中起易化作用。苯妥英钠对PTP的抑制作用与其膜稳定作用有关。

该作用是苯妥英钠发挥抗癫痫作用的基础，也是其治疗三叉神经痛等多种疼痛及治疗心律失常的基础。苯妥英钠膜稳定作用的机制如下。

① 阻断电压依赖性钠通道：苯妥英钠对Na^+通道具有选择性阻断作用。主要与失活状态的Na^+通道结合，延长通道失活时间，抑制动作电位的产生。此作用具有"使用依赖性"的特点。这也是苯妥英钠抗惊厥作用的主要机制。

② 阻断电压依赖性钙通道：治疗浓度的苯妥英钠能选择阻断L-型和N-型Ca^{2+}通

Note

道，但对哺乳动物丘脑神经元的T-型Ca^{2+}通道无阻断作用，这可能是其治疗失神发作无效的原因。

③ 抑制钙调素激酶系统：Ca^{2+}的第二信使作用是通过Ca^{2+}-受体蛋白-钙调素及其耦联的激酶介导的。苯妥英钠能显著抑制钙调素激酶的活性，影响突触传递功能。通过抑制突触前膜靶蛋白的磷酸化，使Ca^{2+}依赖性递质释放减弱，减少了如谷氨酸等兴奋性神经递质的释放；通过对突触后膜靶蛋白磷酸化的抑制，减弱突触后膜的去极化反应，加之对Ca^{2+}通道的阻断作用，产生稳定细胞膜的作用。

（2）体内过程：苯妥英钠呈强碱性，有刺激性，不宜作肌内注射。口服吸收不规则，连续服药（0.3～0.6 g/d）须经6～10 d达到有效血药浓度（10～20 μg/mL）。血浆蛋白结合率为85%～90%，全身分布。主要由肝药酶代谢为羟基苯妥英钠，再与葡萄糖醛酸结合经肾排出。消除速度与血药浓度有关，血药浓度低于10 μg/mL时，消除方式属一级动力学，$t_{1/2}$约20 h；血药浓度增高时，则按零级动力学消除，$t_{1/2}$也随之延长。该药血药浓度的个体差异较大，故临床应注意剂量个体化，苯妥英钠血药浓度＞10 μg/mL可控制癫痫发作，苯妥英钠血药浓度＞20 μg/mL则出现毒性反应。

（3）临床应用

① 抗癫痫：苯妥英钠是治疗大发作癫痫和部分性癫痫发作的首选药。由于起效慢，故常先用苯巴比妥等作用较快的药物控制发作，在改用该药前，应逐步停用苯巴比妥，不宜长期合用。对精神运动性发作也有效，但对小发作无效。

② 治疗外周神经痛：三叉神经、舌咽神经和坐骨神经等疼痛。这种作用可能与其稳定神经细胞膜有关。

③ 抗心律失常：用于室性心律失常。

（4）不良反应与注意事项

① 局部刺激：苯妥英钠碱性较强，对胃肠道有刺激性，口服易引起食欲减退、恶心、呕吐、腹痛等症状，宜饭后服用。静脉注射可发生静脉炎。

② 齿龈增生：长期应用可引起，多见于儿童及青少年，发生率约20%，这与药物从唾液排出刺激胶原组织增生有关，轻者不影响继续用药，注意口腔卫生，防止齿龈炎，经常按摩齿龈可以减轻，一般停药3～6个月可自行消退。

③ 神经系统反应：药量过大引起急性中毒，导致小脑-前庭系统功能失调，表现为眼球震颤、复视、共济失调等。严重者可出现语言障碍、精神错乱，甚至昏迷等。

④ 造血系统反应：长期应用可导致叶酸缺乏，发生巨幼红细胞性贫血，可能与抑制叶酸吸收以及抑制二氢叶酸还原酶活性有关，可用甲酰四氢叶酸防治。

⑤ 变态反应：少数患者发生皮疹、粒细胞缺乏、血小板减少、再生障碍性贫血、肝坏死。长期用药者应定期检查血常规和肝功能。

⑥ 骨骼系统：该药诱导肝药酶，加速维生素D代谢，长期应用可致低钙血症，儿童患者可发生佝偻病样改变，少数成年患者出现骨软化症，必要时应用维生素D预防。

⑦ 其他：偶见男性乳房增大、女性多毛症、淋巴结肿大等。偶致畸胎，故孕妇禁用。久服骤停可使癫痫发作加剧，甚至诱发癫痫持续状态。

（5）药物相互作用：磺胺类、水杨酸类、苯二氮䓬类和口服抗凝药等与苯妥英钠竞争血浆蛋白结合部位，使后者游离型血药浓度增加；氯霉素、异烟肼等通过抑制肝药酶可提高苯妥英钠的血药浓度；而苯巴比妥和卡马西平等通过肝药酶诱导作用加速苯妥英钠的代谢，从而降低其血药浓度。

2. 卡马西平

卡马西平（carbamazepine，CBZ，酰胺咪嗪）于20世纪60年代开始用于治疗三叉神经痛，20世纪70年代开始用于治疗癫痫。

（1）药理作用与应用：卡马西平是一种高效的抗癫痫药，对复杂部分发作（精神运动型发作）、单纯部分性发作和大发作疗效较好。尤其对精神运动性发作疗效最好，常作为首选药物。对小发作和肌阵挛性发作无效。

卡马西平对三叉神经痛疗效优于苯妥英钠，对舌咽神经痛也有效。卡马西平还有抗躁狂作用，可用于锂盐无效的躁狂症患者，其不良反应比锂盐少而疗效好。此外它还能刺激抗利尿激素的合成与分泌，治疗尿崩症有效。

（2）作用机制：该药与苯妥英钠有相似的膜稳定作用，降低神经细胞膜对Na^+和Ca^{2+}的通透性、降低神经元的兴奋性；另外，它能增强GABA神经元的突触传递功能。卡马西平可抑制癫痫灶异常放电，并阻止其扩散。

（3）体内过程：卡马西平口服吸收缓慢而不规则，个体差异大。2～6 h达血浆峰浓度，有效血药浓度为4～10 μg/mL。分布缓慢，血浆蛋白结合率约70%，脑中浓度可达血药浓度的50%。单次给药$t_{1/2}$约36 h，因卡马西平能诱导肝药酶，加速自身代谢，故连续用药后$t_{1/2}$可缩短。

（4）不良反应：常见的不良反应有眩晕、视力模糊、恶心、呕吐，少数患者可出现共济失调、手指震颤、皮疹、低钠血症和水中毒等。卡马西平严重的特异质反应为骨髓抑制，包括再生障碍性贫血、粒细胞缺乏、血小板减少等，偶可发生肝损害。需要密切监测。

（5）药物相互作用：卡马西平为肝药酶诱导剂，不仅可降低自身水平，还可增强其他药物的代谢速率，如去氧苯比妥、苯妥英钠、乙琥胺、丙戊酸钠和氯硝西泮等。

3. 苯巴比妥

苯巴比妥（phenobarbital，luminal，鲁米那）是巴比妥类中最有效的一种抗癫痫药物。苯巴比妥既能提高病灶周围正常组织的兴奋阈值、限制异常放电扩散，又能降低病灶内细胞的兴奋性，从而抑制病灶的异常放电。抗癫痫作用机制目前尚未完全阐明，可能与以下作用有关：①作用于突触后膜上的$GABA_A$受体，增加Cl^-的电导，导致膜超极化，降低其兴奋性；②作用于突触前膜，降低前膜对Ca^{2+}的通透性，减少Ca^{2+}依赖性神经递质（NE、ACh和谷氨酸等）的释放。此外，在较高浓度也阻滞电压依赖性Ca^{2+}通道（L-型和N-型）。

苯巴比妥以其起效快，对癫痫大发作及癫痫持续状态疗效好，对单纯部分性发作及复杂部分性发作作也有效，但对小发作、婴儿痉挛效果差。大剂量对中枢抑制作用明显，一般不作为首选药。

苯巴比妥较大剂量可出现嗜睡、精神萎靡、共济失调等不良反应，用药初期较明显，长期使用则产生耐受性。偶见巨幼红细胞性贫血、白细胞减少和血小板减少。此外，此药为肝药酶诱导剂，与其他药物联合应用时应注意调整剂量。

4. 扑米酮（primidone，去氧苯比妥，扑痫酮）

扑米酮化学结构与苯巴比妥类似。在体内转化为苯巴比妥和苯乙基丙二酰胺，原药及代谢产物均有抗癫痫作用。消除较慢，长期服用在体内蓄积。

扑米酮对大发作及部分性发作疗效较好。与苯妥英钠和卡马西平有协同作用。扑米酮与苯巴比妥相比并无特殊优点，且价格较贵，故只用于其他药物不能控制的患者。不宜与苯巴比妥合用。

扑米酮可引起镇静、嗜睡、眩晕、共济失调、复视、眼震颤，偶见粒细胞减少、巨幼红细胞性贫血、血小板减少。因此，用药期间应定期检查血象。严重肝、肾功能不全者禁用。

5. 乙琥胺

（1）药理作用与机制：乙琥胺（ethosuximide）的作用机制可能是：①选择性抑制丘脑神经元 T- 型 Ca^{2+} 通道，降低阈值。T- 型钙电流被认为是丘脑神经元的起搏电流，导致失神发作中产生有节律的皮层放电，因此，抑制此电流可以用来解释乙琥胺特殊的治疗作用。②乙琥胺能抑制 Na^+-K^+-ATP 酶。③抑制大脑代谢率和 GABA 转氨酶。

（2）体内过程：口服可完全吸收，3 h 后血中浓度达高峰。血浆蛋白结合率低，很快分布到各组织。长期用药时脑脊液内的药物浓度与血浆浓度近似。儿童需 4～6 d 血浆浓度才达稳态水平，成人需时更久。控制失神发作的有效血浆浓度约为 40～100 μg/mL。成人 $t_{1/2}$ 为 40～50 h，儿童约 30 h。大约 25% 以原形随尿排出，其余被肝药酶代谢为羟乙基衍化物，与葡萄糖醛酸结合后由尿排出。

（3）临床应用：乙琥胺仅对小发作有效，其疗效虽不及氯硝西泮，但副作用及耐受性的产生也较后者少，故为防治小发作的首选药。对其他类型癫痫无效。

（4）不良反应：最常见的剂量相关性的不良反应首先是胃部不适，其次为中枢神经系统，有精神病史的患者可引起精神行为异常，表现为焦虑、抑郁、短暂的意识丧失、攻击行为、多动、精神不集中和幻听等。偶见嗜酸性粒细胞增多症或粒细胞缺乏症，严重者发生再生障碍性贫血。

6. 丙戊酸钠

丙戊酸钠（sodium valproate）化学名为二丙基醋酸钠，1964 年在法国首先用于治疗癫痫获得成功，目前已在世界各国广泛应用，成为治疗癫痫的常用药物之一。

（1）药理作用与机制：丙戊酸钠不抑制癫痫病灶放电，但能阻止病灶异常放电的扩散。丙戊酸钠的抗癫痫作用机制主要表现如下：①增强 GABA 能神经元的突触传递功能。提高谷氨酸脱羧酶的活性，使 GABA 形成增多；抑制脑内 GABA 转氨酶，减慢GABA 的代谢；抑制 GABA 转运体，减少 GABA 的摄取，使脑内 GABA 含量增高；提高突触后膜对于 GABA 的反应性，从而增强 GABA 能神经突触后抑制。②抑制 Na^+ 通道和 T- 型 Ca^{2+} 通道。

（2）临床应用：广谱抗癫痫药，对各类型癫痫有效，对大发作的疗效虽不及苯妥英钠和苯巴比妥，但当后两药无效时，用该药仍有效。对小发作疗效优于乙琥胺，因其肝脏毒性，一般不作首选用药。对精神运动性发作疗效与卡马西平相似。临床上用于各型癫痫，是大发作合并小发作的首选药。

（3）体内过程：丙戊酸钠口服吸收迅速而完全，生物利用度在80%以上，1～4 h血药浓度达高峰，有效血药浓度为30～100 μg/mL，约有90%与血浆蛋白结合，$t_{1/2}$为8～15 h。大部分以原形排出，小部分在肝内代谢为丙戊二酸并与葡糖醛酸结合由肾排泄。

（4）不良反应：常见恶心、呕吐、食欲减退，宜饭后服用。中枢神经系统方面的反应少见，可表现为嗜睡、平衡失调、乏力、精神不集中、不安和震颤等。严重毒性为肝功能损害，约有25%的患者服药数日后出现肝功能异常，故在用药期间应定期检查肝功能。孕妇慎用。

7. 苯二氮䓬类

苯二氮䓬类具有抗惊厥及抗癫痫作用，临床常用于癫痫治疗的药物有地西泮、硝西泮、氯硝西泮和劳拉西泮。

（1）地西泮：是治疗癫痫持续状态的首选药，起效快，且较其他药物安全。静脉注射速度过快可引起呼吸抑制，宜缓慢注射（1 mg/min）。

（2）硝西泮：主要用于癫痫小发作，特别是肌阵挛性发作及婴儿痉挛等。

（3）氯硝西泮：抗癫痫谱较广，对癫痫小发作疗效较地西泮强，静脉注射也可治疗癫痫持续状态。对肌阵挛性发作、婴儿痉挛也有效。

8. 奥卡西平

奥卡西平（oxcarbazepine）是一种卡马西平的10-酮衍生物，治疗癫痫发作的适应证与卡马西平相同，主要用于部分性发作及继发全面性发作的治疗。奥卡西平本身$t_{1/2}$仅为1～2 h，在体内迅速转变为10-羟基代谢产物，此代谢产物也具有抗癫痫作用，其$t_{1/2}$为8～12 h。该药物主要是以10-羟基代谢产物葡萄糖苷酸形式排泄。奥卡西平的作用弱于卡马西平，若达到相同的癫痫治疗效果，奥卡西平的临床剂量应较卡马西平高50%。但奥卡西平的变态反应少，并且与卡马西平的交叉性反应不多见。此外，该药诱导肝药酶的程度也低于卡马西平。

9. 拉莫三嗪

拉莫三嗪（lamotrigine）为苯三嗪类衍生物，是新型广谱抗癫痫药。

（1）药理作用及机制：阻断电压依赖性Na^+通道，通过减少Na^+内流而增加神经元的稳定性。也可作用于电压依赖性Ca^{2+}通道，减少谷氨酸的释放而抑制神经元过度兴奋。拉莫三嗪阻止病灶异常高频放电，但不影响正常神经兴奋传导。

（2）临床应用：对各型癫痫均有效，动物实验发现该药可对抗超强电刺激引起的强直性惊厥。可作为成人局限性发作的辅助治疗药，约有25%患者的发作频率降低50%。单独使用可治疗全身性发作，疗效类似卡马西平，对失神发作也有效。临床上多与其他抗癫痫药合用治疗一些难治性癫痫。

（3）不良反应：常见不良反应为中枢神经系统反应及胃肠道反应，包括头痛、头晕、嗜睡、视物模糊、复视、共济失调、皮疹、恶心、呕吐等；较少见的不良反应有变态反应、弥散性血管内凝血、面部皮肤水肿及光敏性皮炎等。

10. 托吡酯

托吡酯（topiramate）为磺酸基取代的单糖衍生物，是1995年上市的新型广谱

Note

抗癫痫药。该药主要抑制电压依赖性Na^+通道；提高 GABA 水平，且增强 GABA 激活 $GABA_A$ 受体的功能，增加 GABA 诱导的 Cl^- 内流；减少谷氨酸释放，并通过抑制 AMPA 受体而抑制谷氨酸介导的兴奋作用。主要用于局限性发作和大发作，尤其可作为辅助药物用于难治性癫痫。也可用于偏头痛的预防性治疗。口服易吸收，主要以原形由肾脏排出。常见的不良反应为中枢神经系统症状，如共济失调、嗜睡、精神错乱、头晕等。孕妇慎用。

11. 左乙拉西坦

左乙拉西坦（levetiracetam，LEV）是近几年上市的一种广谱抗癫痫药，具有安全性高，不良反应少的特点。作用机制未完全明确，目前认为左乙拉西坦选择性结合突触囊泡蛋白SV2A，这是一种普遍存在的突触囊泡膜上的糖蛋白，调节突触囊泡的胞外分泌功能和突触前神经递质的释放。药物与囊泡内的SV2A结合可以减少兴奋性神经递质的释放。主要用于成人及4岁以上儿童癫痫患者部分性发作的辅助治疗，也可单用于成人部分性癫痫发作及全身性发作，对青少年肌阵挛癫痫、难治性癫痫发作、儿童失神癫痫及癫痫持续状态也有一定的疗效。口服吸收迅速，半衰期6～8 h。耐受性好，常见的不良反应为嗜睡、头晕、乏力等，无严重不良反应。

12. 氟桂利嗪

氟桂利嗪（flunarizine）为双氟化哌啶衍化物，为强 Ca^{2+} 通道阻断药，选择性阻断 T- 型和 L- 型 Ca^{2+} 通道。氟桂利嗪还能选择性阻断电压依赖性 Na^+ 通道。多年来主要用于治疗偏头痛和眩晕症，近几年发现该药具有较强的抗癫痫、抗惊厥作用，对各型癫痫均有效，尤其对部分性发作、大发作效果好。氟桂利嗪是一种安全有效的抗癫痫药，毒性小，严重不良反应少，常见不良反应为困倦，其次为镇静和体重增加。

（三）抗癫痫药应用的注意事项

癫痫是一种慢性疾病，需长期用药，甚至终生用药。理想的治疗药物应具备疗效高、毒性低、抗癫痫谱广、价格便宜等优点。在应用时须注意如下几点。

1. 对症选药

根据发作类型合理选药。

2. 能单不联

单药能够控制的尽量不要联合用药，会增加不良反应。如不能控制，再联合用药。

3. 剂量渐增

由于个体差异大，一般从小剂量开始，逐渐增量，直至获得理想疗效时，维持治疗。

4. 久用慢停

需长期用药，待症状完全控制后维持2～3年再逐渐停药，不宜突然停药以免复发。

5. 先加后撤

需更换药物时，应采取逐渐过度换药。即在原药的基础上加用新药，待新药发挥疗效后再逐渐停用原药。

6. 肝功血象

癫痫需长期甚至终生用药，因此需注意药物的不良反应。定期进行有关检查。

7. 孕妇慎用

孕妇服用抗癫痫药引起畸胎及死胎率较高，应慎用。

二、抗惊厥药

惊厥是由于中枢神经系统过度兴奋而引起的全身骨骼肌强烈地、不自主地收缩，呈强直性或阵挛性抽搐，常见于高热、子痫、破伤风、癫痫大发作及某些药物中毒等。常用巴比妥类、地西泮或水合氯醛治疗，也可注射硫酸镁抗惊厥。

在这里，主要介绍硫酸镁（magnesium sulfate）。

1. 药理作用及应用

给药途径不同，硫酸镁可产生完全不同的药理作用，口服硫酸镁有泻下及利胆作用，外敷可消炎去肿，注射给药则产生全身作用，引起中枢抑制和骨骼肌松弛。

在体内，Mg^{2+}主要存在于细胞内，细胞外液占5%，血液中Mg^{2+}为2～3.5 mg/100 mL，低于此浓度时，神经及肌肉组织的兴奋性升高。Mg^{2+}是维持体内多种生物酶活性不可缺少的一种阳离子，对神经冲动的传递和神经肌肉接头兴奋性传递的维持发挥重要作用。Mg^{2+}能阻滞神经肌肉接头的传递，产生箭毒样的肌松作用，主要是由于运动神经末梢ACh的释放过程需要Ca^{2+}参与，而Mg^{2+}与Ca^{2+}化学性质相似，相互竞争致运动神经末梢ACh释放减少，当Mg^{2+}过量中毒时用Ca^{2+}来解救也出于相同原理。

此外，硫酸镁可引起血管扩张，导致血压下降。由于硫酸镁具有中枢抑制、骨骼肌松弛和降压作用，因此，硫酸镁在临床上主要用于缓解子痫、破伤风等惊厥，也常用于高血压危象的救治。临床常以肌内注射或静脉滴注给药。

2. 不良反应与防治

血镁过高可引起呼吸抑制、血压剧降和心脏停搏而致死。肌腱反射消失是呼吸抑制的先兆，因此在连续用药期间应经常检查腱反射。中毒时应立即进行人工呼吸，并缓慢静脉注射氯化钙或葡萄糖酸钙予以紧急抢救。

（安 杰）

第十七章 脑的高级神经活动及其疾病

病例17-0-1

陈太太陪78岁的陈先生去神经内科就医。陈太太描述，在过去1～2年的时间里，陈先生逐渐变得很健忘。他最近外出购物时迷路了，但他们已经十几年没有搬家了。然而最近的一次同学聚会中，陈先生还能准确地记得很多同学的名字和工作。以前是陈先生掌握家里的财政大权，负责采买购物，但最近他的妻子接管了。他抱怨"事情变得太复杂了"。他还常抱怨在家里很多东西找不到，认为他的妻子一直在乱放这些东西，但陈太太否认了，说每次都是放回原来的位置。陈先生每年的查体结果也很正常。他看起来很健康并且不接受药物治疗。他虽然说话流利，但频繁出错，经常使用不恰当的词语或自己创造一些新词。医生对陈先生进行测试，他能说出三个物体的名字，但是问诊结束后陈先生不记得测试过三个物体及其名字。陈太太很着急，问医生她的丈夫是否也患上了阿尔茨海默病，因为她的婆婆20年前"老死"了。她想知道有什么治疗能改善陈先生的记忆和精神状况。这个病例引发了以下问题：此患者患有阿尔茨海默病吗？记忆是如何形成和维持的？陈先生表现为哪些类型的记忆障碍？什么是阿尔茨海默病？它的病因是什么？目前痴呆的治疗方法是什么？效果如何？

第一节 学习与记忆

学习与记忆是大脑最重要的功能之一，人类如果没有学习与记忆，就会失去对过去的了解和对未来的想象。对于非人类的动物来说，行为的变化是其具有学习记忆活动的证据，动物越高等其学习记忆活动越复杂。

一、学习与记忆的概念及分类

学习（learning）是指神经系统获取新信息和新知识的过程。记忆（memory）是对所获取信息的编码、巩固、保存和读取的神经过程。学习是记忆的前提和基础，记忆是学习的结果，两者是紧密联系的神经生理活动，很多时候对学习与记忆不做严格区分。

二、学习与记忆的分类

（一）学习的分类

学习可以分为两类，非联合型学习（nonassociative learning）与联合型学习（associative learning）。

1. 非联合型学习

非联合型学习是指对单一刺激做出行为反应的神经过程，机体在刺激和反应之间不能形成某种明确联系。非联合型学习包括习惯化（habituation）和敏感化（sensitization）两种类型。

（1）习惯化：非伤害性刺激重复作用时，机体对该刺激的反应逐渐减弱。假设你在宿舍上网，经常有消息提示音，最初你对这些消息提示音会有反应，渐渐地你的反应越来越弱，最后甚至充耳不闻，你对信息提示音的反应已经习惯化了。习惯化就是学会忽略无意义、重复出现的刺激。

（2）敏感化：强刺激或伤害性刺激存在的情况下，机体对弱刺激的反应有可能增大。假设你晚上在灯火通明的路上散步，突然停电一片漆黑，这时听到一声口哨，虽然正常情况下口哨声不会骚扰到你，但此刻你有可能受到惊吓。强烈的感觉刺激（一片漆黑）强化了对其他弱刺激（口哨声）的反应。

2. 联合型学习

联合型学习是指个体能够在事件与事件之间建立起某种形式的联系或预示关系。联合型学习包括经典条件反射（classical conditioning）和操作式条件反射（operant conditioning or instrumental conditioning）两种类型。

（1）经典条件反射：动物学会将一种诱发可测量生理反应的刺激与另一种通常情况下不产生这种生理反应的刺激联系起来。19世纪末、20世纪初，俄国著名生理学家Ivan Pavlov在对狗和其他动物的实验中对这种条件反射进行了研究，并进行了详尽的描述。狗的先天反射是看到和（或）闻到食物（非条件刺激）时分泌唾液（非条件反应）。通过反复将食物所引起的视觉和嗅觉与铃铛的声音（铃声）（条件刺激）进行配对关联，当条件刺激（铃声）本身引起唾液分泌（条件反应）时，认为条件反射成功建立。

（2）操作式条件反射：动物学会将一种行为反应与一种有意义的刺激（如典型的食物奖励或惩罚）联系起来。20世纪初，哥伦比亚大学的心理学家Edward Thorndike发现并研究了这一类型的联合型学习。几十年后，Frederick Skinner在哈佛大学进行了一项更为完整和知名的实验——鸽子或老鼠学会了将按压杠杆与接受食物联系起来，使用的实验设备被称为斯金纳箱。

（二）记忆的分类

1. 记忆根据时间分类

尽管在细节上存有争议，心理学家和神经生物学家普遍认为根据时间可将记忆分为3类。

Note

（1）即时记忆（immediate memory）：是指将正在进行的经历记在脑子里的一种常规能力，只需要几分之一秒。即时记忆的存储容量非常大，每一种感觉形式（视觉、语言、触觉等）似乎都有其自身的内存存储器，都能形成即时记忆。

（2）短时记忆（short-term memory）：是大脑暂时储存和处理信息的过程，几秒到几分钟。传统的衡量一个人短时记忆的方法是数字广度，正常的数字广度是7±2个数字。短时记忆也与注意力密切相关。

（3）长时记忆（long-term memory）：是指需要保留更持久形式的信息，可以储存几天、几周甚至一生，存储容量也非常大。即时记忆可以通过短时记忆进入长时记忆，也可能不通过短时记忆直接进入长时记忆。

2. 记忆根据信息的类型分类

心理学家将有关技能的记忆称为非陈述性记忆（nondeclarative memory or implicit memory），而将有关知识的记忆称为陈述性记忆（declarative memory or explicit memory）。

（1）非陈述性记忆：也称为内隐记忆（implicit memory）或反射性记忆（reflexive memory）。非陈述性记忆是无意识成分参与的情况下建立的，只涉及刺激顺序的相互关系，是有关如何操作某件事情的能力。这种记忆需要重复逐渐形成，一般很难用语言表达出来，具有自主性和反射性。非陈述性记忆分为4类：①程序性记忆（procedural memory），如弹钢琴、打篮球、骑自行车等运动技巧的学习，以及对程序和规则学习的记忆；②启动效应或初始效应（priming），即在看到某一事物或听到某一事情有过感知后，该刺激再次出现时能较快认出（记起）；③联合型学习（经典条件反射、操作式条件反射）所形成的记忆；④非联合型学习（习惯化、敏感化）所形成的记忆。

（2）陈述性记忆：也称为外显记忆（explicit memory），是指进入意识系统、比较具体、能够用语言清楚描述的记忆。这类记忆是对与特定时间、地点有关的事实、情节和资料的回忆。陈述性记忆分为两种：①情景记忆（episodic memory），指与时间、地点关联的事件和个人经验的记忆，如昨天早饭吃了油条，去年暑假游览了上海东方明珠广播电视塔等；②语义记忆（semantic memory），指对各种有组织的知识的记忆，如文字、公式、语言、各种规则及法律条文等。

三、学习记忆的解剖学基础

从20世纪50年代临床报道一例癫痫患者因双侧部分脑区切除造成严重记忆障碍起，神经科学家们就认识到，脑内存在与记忆有关的特殊脑区。随着脑功能成像技术的发展，科学家们日益认识到，记忆是由脑内多个脑区共同完成的，这些脑区之间有复杂的神经网络联系，包括内侧颞叶、海马、间脑、前额叶、杏仁核、丘脑、基底神经节、脑干网状结构等部位。

（一）内侧颞叶

颞叶位于颞骨下面，内侧颞叶包括海马、内嗅皮层、嗅周皮层和旁海马皮层。内嗅皮层与嗅周皮层总称为嗅皮层。多项研究表明，内侧颞叶对陈述性记忆特别重要。

对患者进行脑部外科手术时，电刺激颞叶，可以诱发患者对过去经历的回忆或幻觉。临床关于失忆病例的报道进一步明确了颞叶在陈述性记忆中的作用。其中最典型的病例是一位癫痫患者H.M.，该患者接受了切除双侧内侧颞叶的治疗，切除部位包括内侧颞叶、杏仁核及海马前部2/3。手术缓解了癫痫发作，但患者完全丧失了形成陈述性记忆的能力。关于海马在记忆中的作用，人们首先是从大鼠放射迷宫实验中证实的。正常大鼠经过训练可以不走重复放射臂而获得放射臂末端的食物。海马损伤的大鼠在放射迷宫中仍然可以学会找到放射臂末端的食物，但是寻找食物的效率会大大降低，它们可能不止一次进入同一放射臂，需要多次尝试，花更多的时间才能获得食物。在水迷宫实验中也得到了类似的结果。

（二）间脑

间脑是与记忆和遗忘症最相关的脑区之一。丘脑前核、丘脑背侧核和下丘脑乳头体三个间脑脑区与陈述性记忆密切相关。其中患者N.A.病例是间脑损伤导致遗忘的一个典型病例。N.A.是一名美国空军雷达技师，一天他正坐在自己兵营内组装一个模型，同屋的人在他后面玩一个微型钝头剑。N.A.不小心转了一下身体，被刺到了。剑头穿过他的右鼻孔进入他左侧大脑。多年后计算机成像表明，尽管可能还有其他部位的损伤，最明显的损伤在他的左侧丘脑背内侧核。N.A.康复后，虽然其遗忘比H.M.轻，但其本质是相似的。

脑的其他部位如前额叶皮层被认为与情景记忆密切相关，杏仁核与经典条件反射及情绪有关的内容记忆相关，纹状体与习惯化和程序性记忆相关，基底神经节、小脑、大脑皮质运动区与非陈述性记忆相关。

四、学习记忆的细胞和分子机制

学习记忆的神经基础是神经回路中连接神经元之间的突触形态及功能上的改变，这些突触在整个生活过程中都是可修饰的，这种改变和修饰称为突触的可塑性（synaptic plasticity）。

（一）习惯化和敏感化的机制——突触修饰理论

海兔（aplysia californica）是一种海洋软体动物，长达30 cm，重达1 kg。海兔的鳃是存在于外套腔的呼吸器官，正常情况下，鳃部分被其外套膜覆盖，其末端形成一个喷管，即虹管。轻轻刺激虹管，鳃会回缩入外套腔，接受外套膜保护，这就是海兔的缩鳃反射，一种简单的防御性反射。缩鳃反射是一种较为理想的研究行为变化的模型。缩鳃反射回路由6个运动神经元、24个感觉神经元和若干中间神经元组成。感觉神经元能接受来自虹管的刺激，并和鳃内的6个运动神经元形成单突触连接，另外，与虹管连接的24个感觉神经元与中间神经元也形成突触连接，这些中间神经元可参与缩鳃反射的调节。

1. 缩鳃反射的习惯化

如果一股水流喷射到海兔的虹管上，海兔的鳃就会回缩。如果反复喷水，缩鳃的幅度会逐渐变小，这就是缩鳃反射的习惯化。人们研究发现缩鳃反射习惯化的机制是感觉神经元和运动神经元之间的突触联系反生改变。电生理研究发现，虹管受到反复刺激时，感觉神经元持续地产生相同的动作电位；刺激运动神经元，引起相同程度的肌肉收缩；因此，习惯化的发生只能是感觉神经元和运动神经元之间的突触传递效能发生了改变。电生理研究发现，刺激一次感觉神经元，在运动神经元上可以记录到比较大的 EPSP，如果重复刺激10次，EPSP 的幅度逐渐变小，同时 EPSP 引起的峰电位数目也减少。因此，电生理研究结果表明，重复刺激感觉神经元后，运动神经元的 EPSP 逐渐减小，突触修饰是习惯化的机制（图 17-1-1）。

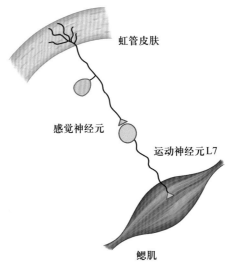

图 17-1-1　缩鳃反射的简单模式图
感觉神经元感受来自虹管皮肤的刺激并直接与运动
神经元形成突触，产生缩鳃反射

突触传递是通过突触前释放神经递质，作用于突触后膜上相应的受体实现的。关于造成习惯化突触修饰的改变发生在突触前还是突触后，Kandel 等通过量子分析发现，缩鳃反射习惯化后每个动作电位引起递质释放的量减少了，而突触后膜对递质的反应性并未改变。因此，海兔缩鳃反射的习惯化与突触前膜递质释放减少有关，而 Ca^{2+} 内流进入突触前是递质释放调节的关键因素。在正常情况下，动作电位到达神经末梢，突触前膜上的 Ca^{2+} 通道开放，Ca^{2+} 内流，使囊泡靠近突触前膜从而释放神经递质。在突触习惯化时，依次而来的动作电位到达感觉神经末梢，膜上的 N 型 Ca^{2+} 通道通透性下降，甚至关闭，Ca^{2+} 内流减少，以致囊泡释放神经递质减少。

2. 缩鳃反射的敏感化

如果在海兔的头部或尾部给予伤害性刺激（如电击），对后续作用于虹管的刺激缩鳃反射明显增强，这就是缩鳃反射的敏感化。尾部受到电击刺激可以激活调节性中间神经元，从而影响感觉神经元或兴奋性中间神经元的活动。能被电击尾部激活的调节性中间神经元有多种，涉及多种神经递质与调质，其中 5-HT 的调节作用最为重要。如果阻断这些通路，就阻断了缩鳃反射的敏感化。

在敏感化过程中，Ca^{2+} 内流发挥重要的调节作用。敏感化时，伤害性刺激通过 5-HT 能中间神经元传入，中间神经元与感觉神经元之间形成突触联系。中间神经元释放 5-HT 神经递质，作用于感觉神经元上的受体，由 G 蛋白介导激活腺苷环化酶，使 cAMP 生成增加，cAMP 又可以激活 PKA，PKA 使膜上 K^+ 通道磷酸化，通道构象发生改变而关闭，K^+ 电导降低，减少感觉神经元兴奋时复极化的 K^+ 外流，延长动作电位的时程，从而延长 Ca^{2+} 通道开放时间，Ca^{2+} 内流增加，突触末梢释放神经递质增加。另外，5-HT 还可以通过受体-G 蛋白介导，激活磷脂酶 C，生成 DAG，从而激活 PKC，PKC 与 PKA 协同作用，增加感觉神经元兴奋时递质的释放，使运动神经元活动加强，表现为缩鳃反射增强（图 17-1-2）。

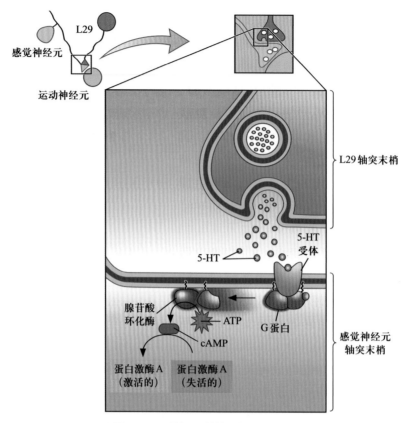

感觉神经元

L29

运动神经元

L29轴突末梢

5-HT
受体

5-HT

腺苷酸
环化酶

ATP

G蛋白

cAMP

感觉神经元
轴突末梢

蛋白激酶A
（激活的）

蛋白激酶A
（失活的）

图 17-1-2 缩鳃反射敏感化机制之一

电击海兔引起 L29 释放 5-HT，激活虹管感觉神经末梢 G 蛋白耦联的腺苷酸环化酶，从而导致 cAMP 的产生，
cAMP 可以激活蛋白激酶 A

（二）强直后增强

通过突触前修饰产生短期记忆的另一个机制是强直后增强（posttetanic potentiation, PTP）。当两个或多个动作电位在很短的时间内相继传导到突触前神经末梢时，能够引起短时程突触易化，导致突触强度短时程增强。如果给予突触前神经元一短串高频刺激（也称强直刺激），突触强度的增强可持续更长时间，称为强直后增强，通常可持续数分钟甚至到 1 h 或更长时间。短时程易化和增强的产生通常是由突触前末梢轴浆内 Ca^{2+} 浓度增加，神经递质释放增加引起的。高频刺激引起大量的 Ca^{2+} 进入突触前末梢，动作电位传导到末梢时，在 1～2 ms 内 Ca^{2+} 就流入到突触前神经末梢，但是 Ca^{2+} 从轴浆中进入细胞内钙库相对缓慢，因此，大量细胞外钙的进入，导致轴浆内游离 Ca^{2+} 暂时蓄积，出现暂时性饱和，导致递质释放量增加，引起突触后电位增强。而产生压抑的机制可能是突触前末梢膜上部分电压门控钙通道处于关闭状态。

突触传递长时程易化和增强的产生主要是通过突触后机制，与陈述性记忆有关，详见后述。

（三）陈述性记忆的突触机制

1. 海马的长时程增强现象

在海马脑区的传入神经纤维——穿通纤维上给予短暂的高频电刺激（频率10～

Note

20 Hz，时长10～15 s或频率100 Hz，时长3～4 s）后，单个测试刺激诱发的场兴奋性突触后电位（field excited post synaptic potential，fEPSP）的幅度明显增大，潜伏期明显缩短，这一增强效应可持续数小时甚至数周。这种单突触激活诱发的长时程突触传递效能持续增强的现象称为长时程增强（long term potentiation，LTP）。海马是哺乳动物长时程陈述性记忆形成的主要部位。海马由两部分神经元组成，一部分在齿状回，由颗粒细胞组成；另一部分在阿蒙（Ammon）角，由锥体细胞组成。阿蒙角又分为CA1区、CA2区、CA3区、CA4区4个区。海马的传入纤维和海马的内部回路主要形成3个兴奋性单突触通路：①来自内嗅皮层细胞的穿通纤维与齿状回颗粒细胞形成突触连接；②齿状回颗粒细胞的轴突形成苔藓纤维与CA3区锥体细胞形成突触连接；③CA3区锥体细胞的轴突形成Schaffer侧支与CA1区锥体细胞形成突触连接。多数关于海马LTP的研究集中在Schaffer侧支到CA1区锥体细胞的突触部位。离体的海马脑片及在体清醒动物实验表明，海马所有兴奋性传导通路都能诱发LTP。

2. 海马长时程增强的分子机制

以海马CA1区LTP为例，LTP全过程包括诱导期和维持期。诱导期指高频刺激诱发反应逐渐增大至最大值的时期，维持期指诱发反应到达最大值后持续的时期。

LTP诱导期的两个主要影响因素是条件刺激的频率和强度，这两者都会影响突触后膜的去极化程度，从而关系到NMDA受体通道的开放。NMDA受体是一类电压依赖性配体门控通道，它既受递质的调控也受跨膜电压的调控。在正常低频突触传递时，突触前膜释放的谷氨酸同时作用于NMDA受体和非NMDA受体（AMPA受体），此时非NMDA受体通道开放，Na^+内流，膜去极化，但是此时突触后膜的膜电位水平不能解除Mg^{2+}对NMDA受体通道的堵塞，胞外Ca^{2+}不能进入细胞内，无法诱导LTP。当强直刺激作用于传入纤维时，有3条途径：①谷氨酸大量释放，非NMDA受体（AMPA受体）激活，突触后膜去极化达到移出NMDA受体耦联通道内Mg^{2+}的程度，胞外Ca^{2+}进入细胞内；②Ca^{2+}内流使膜进一步去极化，使电压依赖性钙通道开放；③谷氨酸还能激活突触后膜上的代谢性谷氨酸受体，通过G蛋白激活磷脂酶C，生成IP_3，激活IP_3受体，导致胞内钙库释放Ca^{2+}。3条途径协同作用，提高LTP诱导期内Ca^{2+}浓度。

海马LTP的维持期与诱导期不同，既有突触后机制又有突触前机制。

（1）突触后机制。

① PKC持续活化：在LTP诱导过程中，强直刺激通过激活NDMA受体，使突触后神经元胞内Ca^{2+}浓度大幅升高，激活钙调蛋白酶，该酶切断PKC分子的铰链，使PKC在胞质中持久活化。

② AMPA受体功能增强：在LTP维持期，AMPA受体功能上调。AMPA受体功能上调可能通过增加突触后膜AMPA受体的密度、受体的敏感性或亲和力等方式来实现。

③ 相关酶活性的改变：LTP中涉及突触后膜的酶活性改变除了PKC，还有钙/钙调蛋白激酶Ⅱ的激活，磷脂酶C、磷脂酶A2等酶活性的提高，参与蛋白质的磷酸化或膜磷脂的降解等过程。

④ 启动基因的转录：伴随短时间内大量Ca^{2+}进入细胞内，腺苷酸环化酶等一系列

酶激活，cAMP大量生成，调控基因的转录和蛋白质的合成。

（2）突触前机制：LTP维持期的突触前机制可能通过突触前PKC的激活或逆向信使作用，使突触前递质释放增加（图17-1-3）。

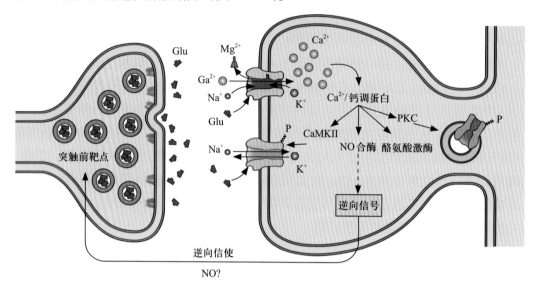

图17-1-3　LTP简单机制图

在高频强直刺激期间，突触后膜AMPA受体介导的去极化解除了Mg^{2+}对NMDA受体的阻滞，允许Ca^{2+}、Na^+进入突触后膜。从而激活Ca^{2+}/钙调蛋白依赖性激酶（CaMKII）和蛋白激酶C（PKC）、酪氨酸激酶Fyn，导致LTP的诱导

3. 长时程记忆的机制

（1）神经元胞质中PKC的持续活化：LTP诱导过程中，PKC激活，使突触传递效能增加。研究表明，Ca^{2+}进入神经元后，其浓度很快回落，但PKC能持续处于活化状态，并能维持一段时间，使记忆保持一段时间。

（2）蛋白质的合成和新突触的形成：长时记忆的形成需要启动基因转录和新蛋白质的合成。研究表明，蛋白质合成抑制剂可以干扰长时程记忆的形成。另外通过启动基因转录和新蛋白质的合成，使现有的突触连接得到加强，或者形成新的突触联系，可使突触传递的暂时性变化转变为突触结构的持久变化，形成长时程记忆。

五、长时程压抑

长时程压抑（long-term depression, LTD）是指突触传递效能的长时程减弱。LTD也广泛见于中枢神经系统，如海马、小脑皮层和新皮层等脑区。在海马，LTD可在产生LTP的同一突触被诱导产生，但所需刺激的频率是不同的。LTP的诱导需要对Schaffer侧支进行短暂的高频刺激，而LTD的诱导则需要较长时间（10～15 min）的低频刺激（大约1 Hz）。低频刺激可使突触后胞质内Ca^{2+}浓度轻度升高。Ca^{2+}浓度轻度升高不能激活CaMKII，转而优先激活蛋白磷酸酶，结果使AMPA受体去磷酸化而电导降低，突触后膜上AMPA受体的数量也减少，从而产生LTD。抑制LTD有多种形式，且不同部位不同形式的LTD具有不同的发生机制，有的依赖谷氨酸促代谢型受体（mGluR），而多数则需要大麻素（cannabinoid）受体的激活。理论研究表明，突触可塑性参与了学习记忆的形成，LTD与LTP是突触的两种修饰作用，因此LTD是否参与学习记忆也引起了许多人的兴趣。药理学和遗传学研究发现干预参与LTD的分子，动物在LTD、LTP和水迷宫实验中均表现出明显缺陷，表明突触修饰作用（LTP、LTD）在学习记忆中均发挥重要作用。

（于　卉　马雪莲）

第二节　语言和其他认知功能

语言是一种交流系统，是人脑的高级神经活动，对我们的生活有巨大的影响。灵活地使用语言是人类所特有的能力，是人类区别于其他动物的关键特征之一。

一、大脑皮质的语言中枢

一个多世纪以来，人们已经知道左侧大脑半球前额叶和颞叶两个区域对语言非常重要。对大脑与语言关系的了解，大部分源于对失语症的研究。失语症是脑损伤后部分或完全丧失语言能力，通常不伴有认知能力或与语言有关的肌肉运动能力的丧失。

1861年，法国神经学家Broca遇到一个几乎完全不能说话的患者。对患者的尸体解剖，Broca发现其额叶有病变。1863年，Broca发表了一篇论文，描述了8个语言障碍病例是由于左侧大脑额叶受损造成的。结合其他类似病例，Broca提出语言表达只由一侧大脑半球控制，几乎都是左半球。Broca所确定的对语言表达具有重要作用的左侧大脑半球额下回近外侧裂处的一个狭窄区域，被称为Broca区，也是最初发现的语言中枢，位于左侧大脑半球的额叶。1874年，德国神经学家Wernicke发现左侧大脑半球颞叶后部与Broca区不同的区域，也会参与语言功能，这个区域被称为Wernicke区。除了上面两个脑区，顶叶皮质、岛叶皮质、丘脑等脑区与语言均有一定的联系。关于语言，神经科学研究得出以下共识：大脑的不同部位在语言中发挥不同的功能，大脑的整体语言功能由多个脑区协同完成；不同脑区损伤产生不同的语言障碍；左侧大脑半球是大多数人的语言优势半球。

二、大脑皮质语言功能的一侧优势

语言功能的一侧化优势是指人类脑的语言功能向一侧半球集中的现象。大脑语言一侧化优势的发现，大多数来自对裂脑患者的研究，即患者两侧大脑半球之间的联系被切断了。如果一个图像只在裂脑患者的左侧视野显示或只让其左手触摸某个物体，裂脑患者不能对其描述，还通常会说什么都没有。裂脑患者会对右侧视野中的图像说出其名称，证明语言活动中枢在左侧半球。虽然正常人左侧半球是语言优势半球，但右侧半球在语言活动中也发挥一定的作用。正常的大脑两侧半球通过胼胝体相互作用，共同执行语言和脑的其他功能。随着fMRI、PET等影像技术的应用，语言一侧化的内在认知与神经机制取得了一定的进展，但仍有很多问题有待进一步研究。

三、大脑皮质的其他认知功能

大脑皮质除语言功能外，还有许多其他认知功能。如前额叶皮层参与短时程情景式记忆和情绪活动，颞叶联络皮层可能参与听、视觉的记忆，而顶叶联络皮层则可能参与精细躯体感觉和空间深感觉的学习等。例如，右侧顶叶损伤的患者常表现为穿衣失用症，患者虽然没有肌肉麻痹，但穿衣困难。右侧大脑皮质顶叶、枕叶及颞叶结合部损伤的患者常分不清左右侧，穿衣困难，不能绘制图表。额顶部损伤的患者常有计算能力缺陷，出现失算症。右侧颞中叶损伤常引起患者视觉认知障碍，患者不能分辨他人面貌，甚至不认识镜子中自己的面容，只能根据语音来辨认熟人，称为面容失认症。

（于　卉）

第三节　阿尔茨海默病

阿尔茨海默病（Alzheimer disease，AD），是一种以进行性认知功能障碍和行为损害为特征的中枢神经系统退行性疾病，以记忆障碍、失语、失用、失认、视空间技能损害、执行功能障碍及人格和行为改变等全面性痴呆表现为临床特征。AD是老年期最常见的痴呆类型，占老年期痴呆的50%～70%。

一、流行病学

流行病学调查显示，65岁以上老年人AD患者发病率在发达国家为4%～8%，我国为3%～7%，女性多于男性。随着年龄增长，AD发病率逐渐上升，85岁以后，每3～4位老年人中就有1位罹患AD，95岁人群则高达90%以上。该病总病程在3～20年，确诊后平均存活年龄为10年左右。随着人类平均寿命的延长和人口老龄化，AD患者的数量和比例将持续升高。

AD多为散发病例，好发于65岁以上人群，家族性AD的临床表现较早。导致AD发病的危险因素包括：低教育程度、膳食因素、吸烟、酗酒、缺乏运动等。

二、病因及发病机制

AD可分为家族性AD和散发性AD。家族性AD呈常染色体显性遗传，通常在65

Note

岁以前发病，最为常见的是21号染色体的淀粉样前体蛋白（amyloid precursor protein，APP）基因、位于14号染色体的早老素1（presenilin 1，PSEN1）基因及位于1号染色体的早老素2（presenilin 2，PSEN2）基因突变。散发性AD的主要风险基因为载脂蛋白E（apolipoprotein E，APOE）基因。

有关AD的发病机制尚未阐明，目前研究认为，可能的学说主要有β淀粉样蛋白毒性学说、Tau蛋白过度磷酸化学说、胆碱能学说、神经兴奋性毒性假说等。

（一）β淀粉样蛋白毒性学说

AD患者脑内常见β淀粉样蛋白（β amyloid protein，Aβ）沉积，此沉积是淀粉样蛋白前体（APP）异常降解所致。APP是神经细胞表面具有受体结构的跨膜糖蛋白，由于该蛋白正常代谢受到干扰，产生不能溶解的片段Aβ；Aβ对神经元具有毒性作用，是构成脑内神经毡中老年斑（senile plaque，SP）的主要成分。基于此，科学家希望通过抑制β淀粉样蛋白的产生和沉积来预防和治疗AD，但β淀粉样蛋白毒性学说仍需进一步探讨和证实。

（二）Tau蛋白过度磷酸化学说

Tau蛋白是微管相关蛋白，正常状态下，Tau蛋白正常磷酸化/去磷酸化水平保持平衡，具有调节和维持微管稳定性的作用，因此对于维持细胞骨架的正常结构和功能非常重要。而Tau蛋白的过度磷酸化，使神经微丝和微管异常聚集，出现神经元内神经原纤维缠结（neurofibrillary tangle，NFT），聚集的NFT沉积于脑内导致神经元变性，引起神经元细胞凋亡。

（三）泛素蛋白

泛素蛋白（ubiquitin）是细胞应激反应蛋白之一，是ATP依赖的溶酶体蛋白（泛素-蛋白酶）分解系统（the ubiquitin-proteasome system，UPS）的重要辅助因子。在AD的Aβ和Tau蛋白相关的老年斑和神经原纤维缠结中均存在泛素蛋白不同程度的表达。研究表明，泛素蛋白在AD发生过程中的作用可能与UPS功能异常相关。

（四）胆碱能学说

AD患者的大脑中发现胆碱能神经元明显减少，胆碱能活性和乙酰胆碱含量降低，原因为脑内隔区、Meynert基底核神经元的大量缺失导致其投射到新皮质、海马、杏仁核等区域的乙酰胆碱能纤维减少。这些被认为与AD的认知相关。

（五）神经兴奋性毒性假说

谷氨酸释放增多所致的NMDA受体过度激活，产生兴奋性毒性（excitability），引起神经元死亡，导致AD。

此外，氧化应激学说和神经炎症学说也受到重视。

三、病理变化

肉眼观，大脑普遍性萎缩，脑回变窄，脑沟增宽，主要位于颞叶内侧面，尤其是海马、海马旁回，也可见于双侧额叶、顶叶。光镜下，AD主要病理改变可见β淀粉样蛋白沉积形成的老年斑（senile plaque，SP），以及细胞内异常磷酸化的Tau蛋白聚集形成的神经原纤维缠结（neurofibrillary tangle，NFT）。

四、临床表现

AD起病隐匿，持续性进展，主要表现为认知功能减退和非认知性神经精神症状。早期表现为记忆力轻度受损、学习和保持新知识的能力下降，逐渐出现远期近期记忆明显损害、空间定向障碍、失语、失认，晚期出现张口困难、吞咽功能障碍、四肢运动功能障碍、情感淡漠、哭笑无常，以及日常生活能力明显下降等。

五、治疗

由于AD的病因和发病机制仍未阐明，目前尚缺乏特效治疗。临床以对症治疗为主，包括药物改善认知、记忆障碍及改善精神症状。目前采用的比较特异性的治疗策略分别为增加中枢胆碱能神经功能和拮抗谷氨酸能神经的功能。其中胆碱酯酶抑制剂（ChEI）和NMDA受体拮抗剂效果相对肯定，能有效缓解认知功能下降的症状，但不能消除病因。其他如抑制Tau蛋白过度磷酸化制剂、AD疫苗等也在研究开发中。

（一）胆碱酯酶抑制药（ChEI）

此类药物通过抑制突触间隙的乙酰胆碱酯酶（AChE）而减少由突触前神经元释放到突触间隙的ACh的水解，从而增加突触间隙ACh含量，进而增强对胆碱能受体的刺激，改善神经递质传递和提高认知功能，是目前改善痴呆认知功能最主要的药物，也是治疗轻、中度AD一线治疗药物。临床常用的胆碱酯酶抑制剂主要包括多奈哌齐（donepezil）、利斯的明（rivastigmine）、加兰他敏（galantamine）及石杉碱甲（huperzine A）等。胆碱酯酶抑制剂较为安全，少数患者在服药过程中，可能出现恶心、呕吐、食欲减退、腹泻等胃肠道反应。

（二）谷氨酸受体拮抗药

美金刚（memantine）是一种特异、非竞争性NMDA受体拮抗药，是第一个FDA批准用于治疗重度AD的药物。其作用机制可能是干扰谷氨酸能兴奋性毒性或是通过影响海马神经元的功能而改善症状。美金刚可降低谷氨酸所引起的兴奋性毒性，与其他NMDA受体不同，美金刚可以适度结合NMDA受体上的环苯己哌啶结合位点，既可阻断NMDA受体过度激活所引起的兴奋性毒性，也可保留正常学习和记忆所需要的NMDA受体活性。已有研究表明，美金刚能改善AD患者的认知功能及延缓日常生活能力的进行性下降。美金刚的不良反应多为一过性，表现为眩晕、头痛等，但该药的临床效果及其不良反应仍须进一步观察。

Note

（三）神经细胞生长因子增强剂

1. AIT 082

AIT 082（neotrofin）主要用于治疗轻、中度早老性痴呆。通过提高受损害或退化神经元中的神经营养因子水平来增强神经细胞功能。该药能刺激轴突生长，加强神经营养因子的合成，改善记忆力。口服剂量范围大，能快速通过血-脑脊液屏障，单独一次大剂量给药作用持续7天，且未发现明显不良反应。

2. 丙戊茶碱

丙戊茶碱（propentofylline）是血管和神经保护药，Ⅲ期临床试验显示其具有确切的改善痴呆症状的作用且有良好的安全性。能抑制神经元腺苷重摄取及抑制磷酸二酯酶，不仅对痴呆症状有短期改善作用，且有长期的神经保护作用，从而改善和延缓AD进程。常见不良反应有头痛、恶心、腹泻，持续时间短。

（四）脑代谢激活药与神经保护药

此类药物主要改善脑血流循环，促进神经细胞对氨基酸、磷脂和葡萄糖的利用，改善大脑功能，增强患者的反应性、兴奋性和记忆力。临床上常用吡拉西坦（piracetam）、都可喜（duxil）等。

（五）抗氧化药

脂质过氧化可导致AD患者脑组织内神经元死亡，为抗氧化治疗提供了理论基础。维生素E、司来吉兰等可减少氧自由基生成，抗脂质过氧化，增加脑内儿茶酚胺含量，进而改善轻度AD患者的认知功能。

（六）Ca^{2+}阻断药

AD患者脑神经元存在明显的钙稳态失调，Ca^{2+}阻断药如尼莫地平、尼麦角林等可选择性作用于脑血管，扩张血管平滑肌，增加脑血流量，改善脑部供氧，进而改善学习和记忆功能。

（七）针对AD患者精神症状的药物

AD患者如果出现幻觉、妄想、抑郁、焦虑、睡眠障碍等精神症状，应及时给予抗精神病药和抗抑郁药物，前者常选用不典型抗精神病药，如奥氮平、利培酮等，后者则选用西酞普兰、舍曲林等抗抑郁药。应用时需注意评估用药的必要性，谨慎调整剂量，注意治疗个体化等。

目前针对AD发病机制不同靶点，包括Aβ和Tau异常聚集的药物开发尚处于试验阶段。

2021年6月，美国食品和药品监督管理局FDA宣布批准美国渤健（Biogen）公司Aβ淀粉样蛋白抗体Aduhelm（Aducanumab，阿杜那单抗）用于治疗早期（轻度认知障碍和轻度AD）患者。阿杜那单抗是一种高亲和力、靶向Aβ构象定位的人免疫球蛋白（IgG1）单克隆抗体，可针对聚集的可溶性和不可溶性淀粉样蛋白Aβ。临床试验表明，它可以选择性地与AD患者大脑中的淀粉样蛋白沉积结合，然后通过激活免疫系统，吸引免疫细胞吞噬淀粉样蛋白，从而减少神经元附近的淀粉样蛋白斑块。一项多国Ⅲ期临床研究表明，阿杜那单抗可减少AD患者病理的生物标志物，显著延缓临床症状的进展，其临床疗效在将来的临床试验中将进行进一步评估。

（孙　霞）

第四节　抑郁与焦虑

> **病例17-4-1**
>
> 　　威廉，男，大学教授。在45岁生日前后的几个星期里，他感到越来越疲倦，睡眠也有问题。每天早早入睡，因为他总觉得很累，而且往往天刚亮就醒了，再也睡不着了。他的妻子注意到他不再有爱好。他经常对孩子发脾气，没有耐心。威廉取消了一系列的讲座和会议，因为他觉得无法再应付工作。他的失眠越来越严重，体重也在逐渐下降。请推测威廉患了哪种疾病？发病机制是什么？应用哪些药物进行治疗？治疗药物的作用机制是什么？

一、抑郁症

抑郁症（depression）是一类以情绪或心境低落为主要表现的精神疾病，临床表现为情绪或心境低落、思维障碍、意志活动减退、兴趣下降或快感缺失、认知功能损害和躯体症状（如睡眠障碍、乏力、食欲减退、体重下降等）。严重者常出现自伤冲动或自杀倾向。

（一）流行病学

据世界卫生组织统计，目前全球抑郁症发病率约为11%，发病率男性：女性约为1:2，而重症抑郁症的年发病率在2%~5%。中国抑郁症患者达9000万以上，抑郁症已成为中国疾病负担位居第二的疾病。世界范围内，抑郁症患者的自杀率为10%~15%，中国每年大约有28万人因抑郁症自杀。抑郁症作为主要的公共卫生问题，为社会带来沉重的负担。

（二）病因与发病机制

遗传因素、心理因素、社会环境、生物学因素等相互作用可导致抑郁症的发生，其发病机制至今尚未完全阐明。

抑郁症的神经生化机制为单胺类递质假说，该假说认为5-HT、NE和DA功能活动降低与抑郁症关系密切。这三种单胺类神经递质系统遍布于整个大脑，并且相互联系，负责调控情感、认知及行为。此外，越来越多的证据表明，抑郁症的发生可能与GABA浓度降低或GABA能神经元数量减少有关。

抑郁症的神经内分泌机制可能为下丘脑-垂体-肾上腺（HPA）轴、下丘脑-垂体-甲状腺（HPT）轴、下丘脑-垂体-性腺（HPG）轴、下丘脑-垂体-生长激素（HPGH）轴的功能障碍或功能下降。抑郁症与神经内分泌的关系值得进一步研究。

抑郁症患者的神经可塑性，包括中枢神经系统结构和功能的可修饰性存在异常。脑源性神经营养因子（brain-derived neurotrophic factor，BDNF）属于神经营养素家族，其与酪氨酸激酶B（tyrosine kinase B，TrkB）结合，激活参与神经营养因子作用的信号转导通路，维持脑神经元的生长发育。应激状态下，BDNF表达可能受到抑制，海马BDNF供给中断，其中易感神经元发生萎缩、凋亡，进而导致抑郁发生或抑郁反复发作。临床影像学结果显示，抑郁发作时，海马神经元体积缩小且功能受损。目前研究主要集中在BDNF如何影响神经元发育、突触可塑性和抑郁症中神经元的信息处理。

（三）治疗

抑郁症的治疗为以药物治疗为主，结合心理治疗、物理治疗（如电抽搐治疗和光照治疗）的综合治疗。抗抑郁药物（antidepressants）主要通过提高中枢单胺类递质功能或降低受体敏感性从而达到治疗目的。根据化学结构及作用机制不同，抗抑郁药物可分为六大类，大多以抑郁症发病机制的单胺类递质假说为基础，建立动物模型筛选药物，因此在药理作用、临床应用和不良反应等方面有较多相似之处。临床常用的抗抑郁症药物介绍如下。

（四）药物治疗

1. 三环类抗抑郁药

三环类抗抑郁药（tricyclic antidepressant，TCA）的应用始于20世纪50年代末，是第一代环类抗抑郁药，包括丙咪嗪（imipramine）、氯丙咪嗪（clomipramine）、阿米替林（amitriptyline）、多塞平（doxepin），属于非选择性单胺摄取抑制药。三环类药物用于各种原因引起的抑郁症，因选择性低且不良反应多，目前该类药物一般作为二线抗抑郁药物使用。下面以丙咪嗪为例对此类药物进行介绍。

（1）药理作用及作用机制

① 对中枢神经系统的作用：正常人使用后可出现安静、嗜睡、头晕等中枢抑制作用。抑郁症患者连续使用2～3周，可出现情绪高涨、症状减轻。丙咪嗪主要通过阻断NA和5-HT在神经末梢的再摄取，使得突触间隙的递质浓度增高，促进突触传递功能而发挥抗抑郁作用。

② 对自主神经系统的作用：治疗量的丙咪嗪可阻断M胆碱受体，表现为口干、视物模糊、便秘和尿潴留等。

③ 对心血管系统的作用：治疗量丙咪嗪可阻断 α_1 受体引起低血压。还可通过阻断单胺类递质再摄取引起心肌内 NA 浓度增高，从而导致心律失常，以心动过速较常见。

④ 其他：丙咪嗪可阻断 α_1 受体和 H_1 受体引起过度镇静、嗜睡等。

（2）临床应用

① 抑郁症：丙咪嗪可用于各种原因引起的抑郁症，如内源性抑郁症、更年期抑郁症等。

② 遗尿症：丙咪嗪可试用于儿童遗尿症，剂量根据年龄而定，疗程一般为3个月。

③ 焦虑和恐惧症：丙咪嗪对伴有焦虑的抑郁症及恐惧症患者有效。

（3）不良反应：常见的不良反应包括口干、扩瞳、视物模糊、便秘、排尿困难和心动过速等抗胆碱作用，还可出现乏力、头晕、失眠、低血压等。因三环类抗抑郁药易导致尿潴留、眼内压升高及麻痹性肠梗阻，所以前列腺肥大、青光眼和肠麻痹患者禁用。

2. NE再摄取抑制药

NE再摄取抑制药（norepinephrine reuptake inhibitor，NRI）的作用机制是通过选择性抑制突触前膜NE的再摄取，增强中枢神经系统NE的功能而发挥抗抑郁作用，包括地昔帕明（desipramine）、马普替林（maprotiline）、去甲替林（nortriptyline）、瑞波西汀（reboxetine）等。NRI主要用于脑内以NE缺乏为主的抑郁症。此类药物的特点是起效快，而镇静作用、抗胆碱作用和降压作用比TCA稍弱。

3. 选择性5-HT再摄取抑制药

选择性5-HT再摄取抑制药（selective serotonin reuptake inhibitor，SSRI）从20世纪70年代开始研制，是目前开发最多的一类抗抑郁新药，与TCA的结构不同，但对5-HT再摄取的抑制作用选择性更强，而对其他递质和受体作用甚微，保留了与TCA相似的疗效且克服了TCA诸多不良反应。具有安全、容易耐受并且用药方便的优点，已成为第一线抗抑郁药。临床常用药物包括氟西汀（fluoxetine）、帕罗西汀（paroxetine）、舍曲林（sertraline）、氟伏沙明（fluvoxamine）、西酞普兰（citalopram）等。少数患者会出现口干、恶心、呕吐或腹泻、失眠、出汗等不良反应。

4. 5-HT及NE再摄取抑制药

5-HT及NE再摄取抑制药（serotonin and norepinephrine reuptake inhibitor，SNRI）是继SSRI后20世纪90年代初开发研制的抗抑郁药。常用药物包括文拉法辛（venlafaxine）、度洛西汀（duloxetine）。SNRI可同时抑制5-HT和NE的再摄取，而对肾上腺素受体、胆碱能受体及组胺受体无亲合力，安全性及耐受性较好。主要用于抑郁症和广泛性焦虑症，也可用于强迫症和惊恐发作，对SSRI无效的严重抑郁症患者也有效。

5. 单胺氧化酶抑制药

单胺氧化酶抑制药（monoamine oxidase inhibitor，MAOI），如异烟肼（isoniazid）是在20世纪50年代发现的第一代非三环类抗抑郁药。最早用于治疗结核病，后来发现此药可提高情绪，曾用于非典型抑郁症的治疗，因其肝脏毒性目前极少用于抑郁症。吗氯贝胺（moclobemide）是一种新型的可逆性、选择性MAOI，疗效与丙咪嗪相似，主要不良反应包括恶心、口干、视物模糊、便秘等。

吗氯贝胺通过可逆性抑制脑内MAO-A型，抑制突触前膜囊泡内或突触间隙中儿茶酚胺降解，从而提高脑内单胺类递质（NE、5-HT及DA）的水平，发挥抗抑郁作用。适用于各种抑郁症，尤其是不典型抑郁症和重症抑郁症，以及伴有焦虑、惊恐的抑郁症。

6. NE和特异性5-HT能抗抑郁药

NE和特异性5-HT能抗抑郁药（noradrenergic and specific serotonergic antidepressant，NaSSA）是近年开发的具有对NE和5-HT双重作用机制的新型抗抑郁药。代表药物米氮平（mirtazapine），其抗抑郁作用机制与其他类抗抑郁药不同，可阻断突触前膜α_2肾上腺素受体，削弱NE和5-HT释放的抑制作用，使NE和5-HT释放增加；还可特异性阻断突触后膜5-HT$_{2A}$、5-HT$_{2C}$和5-HT$_3$，对组胺受体H$_1$也有一定的阻断作用。因此米氮平还具有抗焦虑及镇静作用。与SSRI相比较，米氮平具有起效快、安全且耐受性好的优点，适用于各种抑郁症，尤其是伴有焦虑、失眠的抑郁症。对其他类抗抑郁药无作用的抑郁症也可试用。最常见的不良反应是食欲增加和体重增加，偶见体位性低血压。

二、双相障碍

双相障碍（bipolar disorder，BPD）是一类既有抑郁发作，又有轻躁狂发作（hypomania）或躁狂发作（manic episode）的精神疾病。躁狂发作时表现为情感高涨、思维奔逸、言语活动增多、意志行为增强等，抑郁发作时表现以情绪低落、言语活动减少、思维迟缓、兴趣或快感丧失等。

（一）病因及发病机制

病因尚未阐明，研究提示遗传、生物学及心理社会等多种因素相互作用，导致双相障碍的发生发展。目前认为大脑内NE过多可能导致躁狂发作。

双相障碍的主要神经生化机制可能是中枢神经系统的神经递质功能异常，目前研究认为与双相障碍相关的神经递质包括5-HT、NE、DA、GABA等。

1. 5-HT假说

5-HT假说是公认的双相障碍的发病机制。5-HT直接或间接参与情绪调节，许多研究提示中枢神经系统内5-HT递质的变化及相应受体功能的改变与双相障碍发生有关。5-HT功能活动降低时常常出现抑郁发作，而5-HT功能增强时则会出现躁狂发作。

2. NE假说

该学说认为躁狂发作主要由大脑内NE过多所致。

3. DA假说

研究表明某些抑郁发作患者脑内DA功能降低，躁狂发作时DA功能增强。抑郁发作时，尿中DA的降解产物高香草酸（homovanillic acid，HVA）水平降低。DA受体拮抗剂氟哌啶醇可有效治疗躁狂发作。

4. GABA假说

临床研究发现抗癫痫药如卡马西平、丙戊酸钠具有抗躁狂和抗抑郁的作用，机制与脑内GABA含量的调控相关。研究发现双相障碍患者血浆和脑脊液中GABA水平下降。

双相障碍的神经内分泌功能改变主要涉及下丘脑-垂体-肾上腺轴（HPA）、下丘脑-垂体-甲状腺（HPT）轴、下丘脑-垂体-生长激素（HPGH）轴。抑郁症和双相障碍患者的HPA轴活性增强，甲状腺功能减退与抑郁发作、双相障碍相关。有证据表明双相障碍患者HPGH调节生长激素（GH）异常，但目前具体机制仍不清楚。

双相障碍与多种生物学改变有关，其中神经可塑性越来越受到重视。许多抗抑郁药物，电抽搐治疗及碳酸锂、丙戊酸钠等情绪稳定药（mood stabilizers）等均可增强神经可塑性，进而产生神经保护作用。

（二）躁狂发作的药物治疗

躁狂发作主要应用情绪稳定药及抗精神病药物治疗。情绪稳定剂包括锂盐（碳酸锂）、抗癫痫药（丙戊酸钠、卡马西平）等。许多抗精神病药如氯丙嗪、氟哌啶醇、奥氮平、利培酮对躁狂有效，尤其是高度兴奋的患者。目前临床最常应用碳酸锂治疗躁狂发作，在此以碳酸锂为代表进行介绍。

碳酸锂（lithium carbonate）为躁狂发作首选药，有效率可达80%以上。

1. 药理作用及作用机制

碳酸锂治疗剂量对正常人的精神行为无明显影响，但对躁狂发作患者及精神分裂症的躁狂、兴奋症状具有抑制作用。碳酸锂主要是锂离子发挥药理作用，其作用机制尚未阐明，可能机制如下。

（1）锂对神经递质的影响：显著抑制中枢神经递质NE 和DA释放，促进突触间隙中NE、DA的再摄取及灭活，使突触间隙中NE和DA浓度降低。

（2）锂对第二信使的影响：中枢神经递质与受体结合后，可通过第二信使将信号传递给效应器进而调节中枢神经功能。目前认为躁狂发作可能与中枢神经细胞第二信使IP3和DAG增加有关。IP3和DAG是α_1受体效应的细胞内信使。IP3 促进肌浆网Ca^{2+}的释放，DAG激活PKC使下游蛋白磷酸化，产生生物效应。锂可抑制AC及PLC介导的反应，降低细胞IP3和DAG含量，减弱细胞膜PKC活性，抑制靶蛋白磷酸化，最终使NE激动α_1受体后的效应明显减弱，缓解躁狂症状。此外锂还可抑制AC，使细胞内cAMP减少，从而抑制第二信使系统，此作用可能与锂的抗躁狂和抗扰郁的双重作用有关。

2. 临床应用

碳酸锂可用于躁狂的急性发作，也可用于缓解期的维持治疗。锂盐对抑郁症也有一定疗效。锂盐起效较慢，需2～3周才能起效，3～4周达到最大效果。长期应用碳酸锂可降低双相障碍躁狂和抑郁的反复发作。锂盐还可治疗强迫症、周期性精神病、经前期紧张症等。

3. 不良反应

锂盐安全范围较窄，急性期治疗的血锂浓度应维持在0.8～1.2 mmol/L，超过

1.5 mmol/L 即可出现中毒，因此在治疗中除密切观察病情变化和治疗反应外，还应对血锂浓度进行监测。轻度中毒（1.5～2.0 mmol/L）症状包括口干、恶心、呕吐、腹痛、腹泻和细微震颤、共济失调；中度中毒（2.0～2.5 mmol/L）包括严重胃肠道反应、视物模糊、发音困难、腱反射亢进、肢体阵挛、惊厥、昏迷、脑电图异常、循环衰竭；重度中毒（＞2.5 mmol/L）表现为全身性抽搐、肾功能衰竭甚至死亡。一旦发生中毒，应立即停药，并进行血锂浓度、电解质、心电图、肾功能检查。锂盐无特效拮抗剂，主要采取对症处理和支持疗法。

三、焦虑

焦虑障碍是指在没有脑器质性疾病或其他精神疾病的情况下，以精神和躯体的焦虑症状或以防止焦虑的行为形式为主要特点的一组精神障碍。具有紧张、担忧、畏惧的内心体验，回避的行为反应，认知、言语和运动功能受损及多种相关的生理反应等特点。包括广泛性焦虑障碍、惊恐障碍、特定恐惧障碍、社交焦虑障碍和分离焦虑障碍等。

（一）发病机制

1. 神经解剖学机制

目前研究的重点为杏仁核，研究发现焦虑障碍的青少年杏仁核体积增大，前额叶背内侧体积也增大，杏仁核、前扣带回和前额叶背内侧活动增加，与焦虑的严重程度呈正相关，而前额叶背外侧活动相对下降。

2. 神经生化机制

（1）GABA：研究发现广泛性焦虑障碍患者外周血细胞GABA受体密度下降，mRNA表达水平降低，当焦虑水平缓解时GABA受体密度及mRNA水平恢复正常。

（2）5-HT：研究发现敲除5-HT$_{1A}$受体基因，可导致小鼠焦虑样行为增加；转基因小鼠过表达5-HT$_{1A}$受体可减少焦虑样行为的发生，激动5-HT$_{2A}$受体则可导致焦虑。

（3）NE：对蓝斑持续刺激导致焦虑样症状，应激诱导的NE释放可诱导动物的焦虑样行为，NE水平升高可持续激动丘脑的α$_1$受体，导致警觉性增加、易激惹和睡眠障碍。同时脑血管收缩，大脑皮质功能下降，杏仁核脱抑制，导致焦虑障碍。

（二）治疗

药物治疗和心理治疗的综合应用是焦虑障碍的最佳治疗方法。

1. 药物治疗

（1）抗焦虑作用的抗抑郁药：如SSRIs（帕罗西汀等）和SNRIs（文拉法辛、度洛西汀等），目前已在临床广泛应用。

（2）苯二氮䓬类：在急性期治疗中非常有效，可选择阿普唑仑、氯硝西泮等。

（3）其他药物：丁螺环酮是5-HT$_{1A}$受体的部分激动药，激动突触前5-HT$_{1A}$受体，反馈抑制5-HT释放而发挥抗焦虑作用。治疗剂量无明显的镇静、催眠、肌肉松弛作用，因无明显的依赖性，常用于焦虑障碍的治疗，但需要1～2周才能起效。主要用于各种神经症所致的焦虑状态及躯体疾病伴发的焦虑状态，还可用于抑郁障碍的增效治疗。

2. 心理治疗

（1）支持性心理治疗：通过心理教育对患者说明疾病的性质，减轻患者的预期焦虑，减少回避行为等。

（2）认知行为治疗：通过改变患者对于恐惧的错误认知，或采用暴露手段降低焦虑反应，减少对场景的焦虑恐惧情绪等。

（孙　霞）

第五节　精神分裂症

> **病例17-5-1**
>
> 　　小王是一位22岁的女大学生。近来同学发现她行为异常，和同学交流有些困难，而且变得很孤僻。她告诉同学，她肩负着把世界从核灾难中拯救出来的使命，并说她"内心的声音"会指引她。请推测她患了哪种疾病？发病机制是什么？应用哪些药物进行治疗？治疗药物的作用机制是什么？

精神分裂症（schizophrenia）是思维、认知、情感、行为等精神活动显著异常的一种精神障碍疾病。根据临床症状，精神分裂症可分为Ⅰ型和Ⅱ型，Ⅰ型以幻觉（hallucination）、妄想（delusion）、思维（言语）紊乱等阳性症状为主；Ⅱ型以情感淡漠、主动性缺乏等阴性症状为主。

一、流行病学

精神分裂症的发病率在世界各国大致相等，在成年人中的终生患病率约为1%，年患病率0.26%～0.45%，男女发病率大体相等，但男性患者具有更多的阴性症状且病程延长。90%的精神分裂症起病于15～55岁，男性高发年龄为10～25岁，女性高发年龄为25～35岁。

二、病因与发病机制

（一）遗传因素

精神分裂症属于复杂的多基因遗传性疾病，一级亲属的终身患病风险平均为5%～10%，同卵双生子或父母双方均为精神分裂症的子女患病率可上升至40%～50%，较一般人群高40多倍。

（二）神经生化异常

1. DA功能亢进假说

支持此假说的事实包括：①促进DA释放剂如苯丙胺和可卡因可使正常人产生幻觉和妄想；②多数抗精神病药通过阻断中枢多巴胺D_2受体可改善幻觉、妄想等精神症状；③DA释放增加与精神分裂症阳性症状的严重程度呈正相关；④研究提示未服药患者尾状核D_2受体数量增加。

然而，DA功能亢进不能解释精神分裂症的阴性症状和认知缺陷等症状。

2. 5-HT假说

该假说认为5-HT功能过度是精神分裂症阳性症状和阴性症状产生的原因之一。$5-HT_{2A}$受体可能与情感、行为控制及调节DA释放有关。

3. 谷氨酸假说

中枢谷氨酸功能不足是精神分裂症的原因之一。谷氨酸是皮质神经元重要的兴奋性递质，可以影响脑发育早期突触形成、维持及可塑性。研究提示，精神分裂症患者中额叶等区域中谷氨酸受体亚型减少。除此之外，有研究提示精神分裂症患者的DA功能异常是继发于谷氨酸神经元调节功能的紊乱。目前已经发现的精神分裂症易感基因部分与谷氨酸传递有关。

4. 神经发育不良假说

遗传因素（易感性）和某些神经发育危险因素（围生期并发症、孕期病毒感染等）相互作用，在胚胎期大脑发育过程中出现某种神经病理改变，主要是新皮质形成期神经细胞从大脑深部向皮质迁移过程中出现细胞结构紊乱。随着患者进入青春期或成年早期，在不良外界环境因素的刺激下，可导致心理结合功能异常而出现精神分裂症状。

5. 社会心理因素

文化、职业、社会阶层、孕期饥饿、移民、社会隔离与心理社会应激事件等可以促进精神分裂症的发生，但难以左右精神分裂症的病程和结局。

三、临床表现

（一）阳性症状

是指异常心理过程的出现，普遍公认的阳性症状包括妄想（属于思维内容障碍，包括关系妄想、夸大妄想、被害妄想等）、思维形式和思维过程障碍、幻觉（幻听、幻视、幻嗅、幻触）等。

（二）阴性症状

是指正常心理功能的缺失，涉及情感、社交及认知方面的缺陷。包括意志减退、快感缺乏、情感迟钝、社交退缩等。

四、治疗

抗精神病药为精神分裂症的首选治疗措施，可联合健康教育、社会心理干预等治疗。下面主要介绍药物治疗。

抗精神病药（antipsychotic drugs）是指主要用于治疗精神分裂症、双相障碍和其他精神病性症状的精神障碍的一类药物。

（一）药物分类

依据化学结构不同，抗精神病药分为吩噻嗪类（phenothiazines）、硫杂蒽类（thioxanthenes）、丁酰苯类（butyrophenones）及其他抗精神病药，如五氟利多、舒必利、氯氮平、奥氮平、利培酮等。

根据临床用途，抗精神病药分为传统/典型和新型/非典型两类。典型抗精神病药有氯丙嗪、奋乃静、氟奋乃静、氟哌噻吨、氟哌啶醇等，对阳性症状非常有效。非典型抗精神病药对阴性症状也有效，如舒必利、氯氮平、奥氮平、利培酮等。

（二）作用机制

目前临床应用的抗精神病药作用机制主要有以下两方面。

1. 阻断中脑-边缘系统和中脑-皮层系统DA受体（尤其是D_2样受体）

DA是中枢神经系统内一种重要的神经递质，与脑内DA受体结合后参与人类神经精神活动的调节。目前认为Ⅰ型精神分裂症与中脑-边缘系统和中脑-皮层DA通路功能亢进密切相关，临床应用的抗精神病药大多可阻断中脑-边缘系统和中脑-皮层通路D_2样受体而发挥作用。典型的抗精神病药对D_2样受体有较高的亲和力，通过阻断中脑-边缘系统和中脑-皮层通路D_2样受体，消除精神分裂症患者的阳性症状，但同时阻断黑质-纹状体通路D_2样受体而产生锥体外系不良反应。非典型抗精神病药选择性阻断中脑-边缘系统、中脑-皮层系统D_2样受体，而对黑质-纹状体通路D_2样受体亲合力差，此类药物对精神分裂症的阴性症状疗效较好，且几乎无锥体外系不良反应。

2. 阻断5-HT受体

主要阻断$5\text{-}HT_{2A}$受体。目前临床常用的非典型抗精神病药如氯氮平和利培酮主要是通过阻断$5\text{-}HT_{2A}$受体而发挥抗精神病作用。

（三）常用药物

1. 氯丙嗪

氯丙嗪（chlorpromazine）又称冬眠灵（wintermine），是第一个问世的吩噻嗪类抗精神病药，为此类药物的典型代表。

1）药理作用及作用机制

（1）中枢神经系统作用。

① 抗精神病作用：精神分裂症患者服用氯丙嗪后，能消除幻觉、妄想等症状，

Note

迅速控制兴奋躁动状态，改善思维障碍，使患者恢复理智，情绪稳定，生活自理。氯丙嗪对中枢神经系统有较强的抑制作用，起到神经安定作用（neuroleptic effect）。动物试验中，治疗量的氯丙嗪能明显减少动物自发活动，易诱导入睡但对刺激有良好的觉醒反应。正常人口服治疗剂量的氯丙嗪后，可出现安静、活动减少、淡漠和注意力下降，但理智正常，在安静环境中易入睡。氯丙嗪主要通过拮抗中脑-边缘系统、中脑-皮层系统D_2样受体而发挥疗效。但由于氯丙嗪对这两条通路和黑质-纹状体通路的D_2样受体的亲和力几乎无差异，长期应用氯丙嗪，锥体外系不良反应的发生率较高。

② 镇吐作用：氯丙嗪具有较强的镇吐作用，但不能对抗前庭刺激引起的呕吐，机制为拮抗延髓第四脑室底部的催吐化学感受区的D_2亚型受体。氯丙嗪对顽固性呃逆有效，机制是氯丙嗪抑制延髓与催吐化学感受区附近的呃逆中枢调节部位。

③ 对体温调节的作用：氯丙嗪对下丘脑体温调节中枢有很强的抑制作用。与非甾体类解热镇痛抗炎药不同，其不但降低发热机体的体温，也能降低正常体温。另外，氯丙嗪的调节体温作用随外界环境温度而变化，环境温度越低其降温作用越明显。在高温天气，氯丙嗪则可使机体体温升高。氯丙嗪通过抑制体温调节中枢，导致体温调节失衡。

（2）对自主神经系统的作用：氯丙嗪可阻断肾上腺素α受体导致血管扩张、血压下降；阻断M胆碱受体，引起口干、便秘、视物模糊、尿潴留等。

（3）对内分泌系统的作用：氯丙嗪可阻断结节-漏斗通路D_2亚型受体，减少催乳素抑制因子的释放，增加催乳素的分泌；抑制促性腺激素释放因子的释放，使雌激素、孕激素下降；抑制促肾上腺皮质激素（ACTH）的释放，使糖皮质激素分泌减少；抑制垂体生长激素的分泌。

2）临床应用

（1）精神分裂症：氯丙嗪可显著缓解精神分裂症的阳性症状，如妄想、幻觉等，但对情感淡漠等阴性症状效果不佳，对急性患者效果显著，但不能根治，需要长期用药，甚至终生治疗；对慢性精神分裂症患者疗效差。

（2）呕吐和顽固性呃逆：氯丙嗪对于多种药物（洋地黄、吗啡、四环素等）和疾病（尿毒症、恶性肿瘤等）引起的呕吐具有显著的镇吐作用，对顽固性呃逆也有显著疗效。对晕动症引起的呕吐无效。

（3）低温麻醉与人工冬眠：氯丙嗪配合物理降温（冰袋、冰浴）可降低体温而用于低温麻醉。氯丙嗪与其他中枢抑制药（哌替啶、异丙嗪）合用，可使患者深睡，降低体温、基础代谢及组织耗氧量，从而增强患者对缺氧的耐受力，减轻机体对伤害性刺激的反应，此种状态称为"人工冬眠"。人工冬眠有利于机体度过危险的缺氧缺能阶段，为其他有效的对因治疗争取时间。人工冬眠多用于严重创伤、感染性休克、高热惊厥、中枢性高热以及甲状腺危象等的辅助治疗。

3）不良反应

（1）一般不良反应：包括中枢抑制症状（嗜睡、淡漠、乏力等）、M受体阻断症状（口干、无汗、视物模糊、便秘、眼压升高等）、α受体阻断症状（鼻塞、体位性低血压、反射性心悸等）。为防止体位性低血压，注射用药后需静卧 1~2 h，然后缓慢起立。

（2）锥体外系反应

① 帕金森综合征（parkinsonism）：多见于中、老年，表现为肌张力增高、面容呆板、动作迟缓、肌肉震颤、流涎等。

② 静坐不能（akathisia）：青、中年多见，患者出现坐立不安、反复徘徊。

③ 急性肌张力障碍（acute dystonia）：多见于青少年，出现在用药后 1~5 天，由于舌、面、颈及背部肌肉痉挛，患者可出现强迫性张口、伸舌、斜颈、呼吸运动障碍及吞咽困难。

上述 3 种反应是由于氯丙嗪阻断了黑质 - 纹状体通路的 D_2 样受体，使纹状体中的 DA 功能减弱而 ACh 的功能相对增强引起的。减少药量或停药后，症状可减轻或自行消除，也可用中枢性胆碱受体阻断药（如苯海索、东莨菪碱）或促 DA 释放药（金刚烷胺）缓解。

④ 迟发性运动障碍：长期服用氯丙嗪后，部分患者可出现迟发性运动障碍（tardive dyskinesia，TD），表现为口 - 舌 - 颊三联症（吸吮、舔舌、咀嚼）等不自主的刻板运动，以及广泛性舞蹈样手足徐动症，停药后仍长期存在。机制可能是因 DA 受体长期被阻断，受体敏感性增加或反馈性促进突触前膜 DA 释放增加所致。抗 DA 药可使此反应减轻。

（3）其他：使用氯丙嗪后还可出现药源性精神异常（意识障碍、淡漠、兴奋、躁动等）、惊厥与癫痫、变态反应、心律失常、内分泌系统紊乱（乳腺增大、泌乳、月经不调、抑制儿童生长）等，应予注意。

2. 氯氮平

氯氮平（clozapine）为第一个非典型的抗精神病药。此药可特异性阻断中脑 - 边缘系统和中脑 - 皮层系统的 D_4 亚型受体，而对黑质 - 纹状体的 D_2 样受体亲和力弱，所以几乎无锥体外系反应。除此之外，还可阻断 5-HT_{2A} 受体，协调 5-HT 与 DA 系统的相互作用和平衡。主要用于其他抗精神病药无效或锥体外系反应明显的患者，对精神分裂症患者的阳性症状、阴性症状及慢性患者均有效。氯氮平还可用于长期应用氯丙嗪等抗精神分裂症药物引起的迟发性运动障碍。

氯氮平几乎无锥体外系反应及内分泌紊乱等不良反应，但可引起粒细胞减少，严重者可致粒细胞缺乏，用药前及用药期间应做血象检查。

3. 利培酮

利培酮（risperidone）也属于非典型抗精神病药物。该药对 5-HT 受体和 D_2 亚型受体具有较强的阻断作用，对其他受体作用弱。利培酮对精神分裂症阳性症状及阴性症状均有效。自 20 世纪 90 年代应用于临床以来，很快在全球推广应用，已成为治疗精神分裂症的一线药物。

（孙　霞）

第六节　成　瘾

成瘾（addiction）是无法控制用药的强迫性行为。它是一种慢性复发性疾病，其特征是无法控制和停止用药。成瘾性药物会出现依赖。依赖性指长期应用某种药物后，机体对这种药物产生生理性或精神性的依赖和需求，可导致持续性用药。生理依赖性（physiological dependence）也称躯体依赖性（physical dependence），即停药后患者产生身体戒断症状（abstinent syndrome）。精神依赖性（psychological dependence）是指停药后患者表现出主观不适，无客观症状和体征。耐受性为机体在连续多次用药后对药物的反应性降低，增加剂量可恢复反应，停药后耐受性可消失。敏化与耐受相反，是指长期滥用药物后，药物的效应逐渐增强。

一、常见的成瘾性药物

成瘾性药物受法律条例的管理，常见的药物如表17-6-1所示。这些药物归属于不同的药理学分类，药物作用靶点各不相同。

表 17-6-1　常见的成瘾性药物及其靶点

药物	分子靶点
阿片类	μ和δ阿片受体
巴比妥类和苯二氮䓬类	$GABA_A$受体
可卡因和苯丙胺类	单胺转运体
大麻（大麻类）	大麻素受体1（GB_1受体）
苯环利啶	NMDA受体
MDMA（摇头丸）	5-HT转运体
尼古丁	烟碱型乙酰胆碱受体
酒精	$GABA_A$受体，NMDA受体

MDMA：二亚甲基双氧安非他明；NMDA：N-甲基-D-天冬氨酸；5-HT：5-羟色胺；GABA：γ-氨基丁酸

（一）阿片类药物

阿片类药物如吗啡和海洛因，通过与阿片受体结合发挥作用，其中μ型阿片受体是吗啡和海洛因成瘾的关键受体。μ型受体激动剂可激活中脑腹侧被盖区（ventral tegmental area，VTA）的多巴胺能神经元，从而增加多巴胺在伏核的释放。这种激活作用是通过抑制GABA能神经元间接实现的。中脑边缘多巴胺能通路，如图17-6-1所示，参与了几种成瘾性药物的奖赏机制。伏核内，中脑边缘多巴胺能神经元末梢释放多巴胺，可以调节中等棘状输出神经元上的来自皮质的谷氨酸能投射。长期暴露于阿片类药物（如吗啡和海洛因）之后，中脑边缘多巴胺能神经元发生功能性变化。中断用药后，中脑边缘多巴胺通路的多巴胺能突触传递减少，这可能是快感缺乏和烦躁发生的基础。

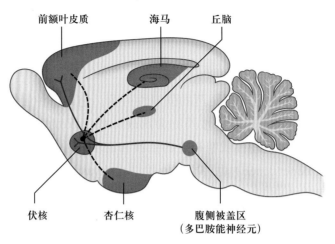

图17-6-1　成瘾的神经生物学基础
从腹侧背盖区起源并投射至伏核的中脑边缘多巴胺系统在成瘾中发挥关键作用（虚线表示伏核与其他结构的联系）

海洛因是成瘾者使用的一种典型的阿片类药物。海洛因是二醋吗啡，乙酰化导致其比吗啡有更高的脂溶性并更易进入大脑。海洛因过量可以引起呼吸抑制而导致死亡。静脉注射阿片类药物（如海洛因）可以导致一种被描述为"巅峰"的强烈欣快感。相反，中断阿片类药物的使用会出现阿片成瘾者非常畏惧的戒断综合征。戒断综合征可能只持续几周，但是药物渴求可能会持续很多年，并且无法完全消失。戒断综合征包括的体征和症状的严重程度随阿片类药物使用剂量和时程的不同而不同。在戒断的早期，成瘾者会经历严重的烦躁不安、厌食、出汗、流涕和震颤。在戒断的晚期，成瘾者的心率和血压会升高，冷战和大汗淋漓交替出现，有严重的恶心、呕吐、腹泻以及持续性脱水。

阿片类药物依赖的治疗如下。

（1）脱毒治疗：包括替代疗法和控制戒断综合征。替代治疗最常用的药物是美沙酮。

（2）预防复吸：主要的药物是纳洛酮，防止复吸效果比较好。

（3）心理治疗：如认知行为治疗，让患者改变不良的认知方式，改变导致吸毒的行为方式，帮助患者应付急慢性的渴求，促进患者的社会技能，帮助患者回归社会。

（二）可卡因

可卡因是一种从灌木古柯的叶子中提取的生物碱，其最常被使用的形式是盐酸可卡因。可卡因可以抑制多巴胺、去甲肾上腺素、5-羟色胺的重摄取。它也有局部麻醉作用。当全身用药时，它会通过激活中脑边缘通路导致伏核内多巴胺的释放增加。可卡因可通过鼻吸和注射给药。它的药效具有精神兴奋性。它可改善情绪、提高性欲及增强自信。霹雳可卡因是一种可以抽吸的可卡因。它可致强烈的快感，成瘾者将这种感觉形容为"全身极度兴奋"。强烈的兴奋性和愉悦感后，随之而来的是"崩溃"，其特点是抑郁、焦虑、易激惹和偏执妄想。持续通过鼻吸使用可卡因会损伤鼻黏膜，抽吸霹雳可卡因可能会导致部分失声。由于可卡因有非常强的拟交感神经作用，大剂量和长期暴露于可卡因有显著的心血管不良反应——高血压、心动过速和心肌梗死的风险。

（三）大麻

大麻由大麻植物的雌花干燥而成。大麻植物包含几种精神活性物质，最重要的是萜类化合物 Δ-9-四氢大麻酚（Δ-9-tetrahydrocannabinol，THC）。大麻具有轻度的镇静作用，使用者使用后有一种放松的感觉。初次使用可能会出现恐慌或焦虑。抽吸大麻可导致血压下降、眼睛充血、眩晕感和食欲增加，记忆和协调功能会短暂受损。大麻的作用机制可能是在中枢神经系统内通过其 CB_1 受体对抑制性和兴奋性突触发挥复杂的调节作用。

（四）苯环利定

苯环利定（phencyclidine，PCP）被称为"天使粉"，对中枢神经系统有许多不同的作用：麻醉、镇痛、精神兴奋、幻觉和拟精神病样作用。PCP 是一种 NMDA 通道阻滞药，很少发生耐受。它有复杂的毒性特征，特别是对男性，服用会变得易激惹、好斗和产生暴力活动。患者会表现出呼吸急促、高血压、心动过速、高热、分泌物增加、刻板行为和茫然的凝视。血压可能会大幅波动，常有癫痫发作，并可能会转化为癫痫持续状态。实验研究发现，慢性使用 PCP 会导致神经元退行性变，发生细胞空泡化和死亡。

（五）苯丙胺类

苯丙胺及其衍生物是去甲肾上腺素能、多巴胺能和 5-羟色胺能突触的间接激动剂。它们抑制单胺的再摄取，促进单胺释放，还可以抑制 MAO 活性。使用苯丙胺可导致睡眠需求减少，反应次数减少，运动增加，注意力提高。苯丙胺也会升高血压，加快心率，扩张瞳孔。苯丙胺类药物可通过鼻吸、口服或注射使用。甲基苯丙胺的作用比苯丙胺更强，与苯丙胺相比，它可以引起强烈的、长时间持续的"快感"。慢性使用甲基苯丙胺可以导致很强的精神依赖和"快感"过后严重抑郁的发作。

（六）摇头丸

摇头丸是被滥用最多的娱乐性药物之一，化学名称为 3,4-亚甲二氧基甲基苯丙胺（3,4-methylenedioxymethamphetamine，MDMA），是苯丙胺的衍生物，在结构上与致幻剂麦司卡林相似。从 20 世纪 80 年代中期开始，MDMA 就成为一种非常流行的娱乐性药物。使用者自述会出现放松和愉悦的状态。MDMA 会加强情绪体验，减少自制力，增强对声音和颜色的感知。MDMA 的药理特性非常复杂，急性注射 MDMA 会导致 5-HT 在脑内的释放增加。MDMA 也会抑制 MAO 的活性（对 MAO_A 的效应比 MAO_B 高 10 倍），也可增加多巴胺释放，但是，它对多巴胺的作用并不是通过影响多巴胺载体，而是通过扩散进入多巴胺能神经元末梢，继而将多巴胺从囊泡中置换出来。MDMA也可急剧增加去甲肾上腺素的释放。MDMA可以与多种受体结合，它与5-HT$_2$受体、α$_2$受体、M$_1$毒蕈碱型受体和H$_1$组胺受体有很高的亲和力。

（七）致幻剂

可以引起类似精神病样变化的药物被称为致幻剂或迷幻剂。1938年，瑞士化学家Albert Hofmann合成了麦角酰二乙胺（lysergic acid diethylamide，LSD）。几年后，他偶然摄入了一些粉末，体验到药物"思维拓展"的特性。这种体验被描述为"类似梦境的状态"，出现感知的融合。在幻觉发生时，各种感觉形态混合在一起，称为"联觉"。有趣的是，颞叶癫痫患者有时也会出现这种幻觉。能引起时间的感受受损，但是记忆不受影响。可能出现完全超脱的感觉和人格解体。致幻剂可能会影响情绪，但作用类型是情景依赖的且取决于使用者的思维方式。同一个使用者可以经历好的"旅行"，也可以经历可怕的、坏的"旅行"；会出现交感神经活动增加、血压和心率升高、瞳孔扩大及体温升高。

LSD及其他致幻剂（例如从裸盖蘑菇中提取的化合物赛洛西宾，或者从佩奥特仙人掌中提取的化合物麦司卡林）的结构与5-HT十分类似。已经明确，LSD可以激活突触前5-HT受体，继而降低中缝核5-羟色胺能神经元的活性。该作用至少是致幻剂药效的部分机制，有几种类型的5-HT受体参与了致幻剂的复杂的药理学作用。LSD的药效很强，25 μg就足以引起幻觉。因为LSD的安全剂量范围很宽，所以其过量致死很少见。当发生过量时，会出现呕吐、呼吸麻痹和昏迷。LSD也存在急性耐受。致幻剂可能会导致精神依赖而非躯体依赖。LSD与大麻、摇头丸和苯丙胺是在俱乐部人群中最流行的药物。通过摄入LSD或"迷幻蘑菇"（即含有赛洛西宾的蘑菇）体验致幻药物的作用，尤其是对青少年更具诱惑。

二、成瘾的神经生物学

对各类成瘾药物的研究显示了一些成瘾的共同分子机制，即从腹侧背盖区（VTA）起源并投射至伏核的中脑边缘多巴胺系统在成瘾中发挥了关键作用（图17-6-1）。中脑边缘多巴胺系统与天然奖赏及成瘾性药物引起的奖赏均相关。成瘾性药物之所以有如此强的作用，可能是因为大脑无法分辨奖赏环路是被食物或性行为等天然刺激所激活的，还是被药物所激活的。成瘾性药物似乎"劫持"了自然的机体反应，并且用远高于天然刺激的强度来激活奖赏环路。尽管成瘾性药物属于多种药理学分类，很多成瘾性药物都可以升高伏核的多巴胺水平。一些药物是直接作用于VTA，另一些药物可激活内源性阿片肽通路，最终导致VTA多巴胺能神经元的激活（如酒精和尼古丁）。脑内多巴胺能神经元对奖赏刺激有着复杂的反应。当奖赏是新出现的、没有预期的时，多巴胺能神经元会剧烈放电。反复暴露于该奖赏一段时间之后，多巴胺能神经元会在奖赏预期阶段放电。如果预期的奖赏没有出现，神经元的放电会被抑制。相反，如果奖赏超过预期，神经元的放电增强。然而，其他脑结构也参与成瘾过程，特别是戒断症状消失很久后仍存在的药物渴求和再次接触特定线索后所引发的复吸都强烈提示，杏仁核、皮质和海马等结构参与成瘾。

三、成瘾与康复

在药物成瘾治疗过程中，有3个阶段干预手段可以发挥重要作用：①持续使用药物阶段；②缓解戒断症状；③防止复吸。目前的观点认为，成瘾是一种脑疾病，具有复杂的躯体和情感特征。多重药物成瘾是一个普遍问题。成瘾者可能会同时使用包括酒精、可卡因、霹雳可卡因、美沙酮、PCP和嗅胶等在内的不同药物的组合。每一种药物都有自己的特性，有时它们的不良反应可能是协同的。可卡因和海洛因可以导致耐受。而在特定条件下，苯丙胺等成瘾性药物可以导致相反的现象敏化，也就是药物的作用增强。酒精和阿片药物可以导致躯体依赖，而可卡因和苯丙胺则不会。目前越来越清楚的是，无论是停药后短期内，还是戒断后很长时间内，用药相关线索在复吸中都发挥关键作用。用药场所、人或用药相关器具都可以诱发复吸。在多种成瘾类型中，应激也是一种复吸的触发因子。

成瘾者会出现极度的身体损害和人格改变。目前，治疗成瘾的有效手段还很有限。人们认为，在成瘾者脑中，内稳态被"非稳态"（即完全不同的设定点）所替代，成瘾的有效治疗需要更深入地了解参与向"非稳态"转化的所有神经递质的变化。

（陈　琳）

第十八章 中枢神经系统的常见疾病

第一节 中枢神经系统基本病理变化及常见并发症

一、中枢神经系统基本病理变化

构成神经系统的细胞主要包括神经元、胶质细胞、小胶质细胞、脑膜的组成细胞及血管，详见第二章。

（一）神经元的基本病变

神经元的基本病变如下：①急慢性损伤导致的神经元变性及坏死、中央尼氏小体溶解和轴突反应；②病毒感染或代谢产物引起的包涵体形成；③细胞结构蛋白异常等。

1. 急性损伤性病变

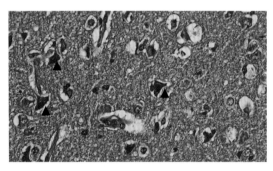

图18-1-1 红色神经元
神经元细胞核固缩、细胞体积缩小、变形、尼氏小体消失，
HE染色呈深红色（▲）

急性缺血、缺氧和感染可引起神经元的坏死，细胞核固缩、细胞体积缩小、变形、尼氏小体消失。HE染色细胞质呈深伊红色，故称为红色神经元（red neuron）（图18-1-1），继而出现核溶解、核消失，有时仅见死亡细胞的轮廓，称为鬼影细胞（ghost cell）。

2. 亚急性或慢性神经元损伤（变性） 某些缓慢进展、病程较长的变性疾病（如多系统萎缩、肌萎缩性侧索硬化）等可引起神经元呈进行性变性和死亡，又称为单纯性神经元萎缩（simple neuronal atrophy）。病变常选择性累及一个或多个功能相关的系统。神经元胞体及细胞核固缩、消失，通常无炎症反应。病变早期此类神经元很难被察觉。晚期胶质细胞常反应性增生。

3. 中央尼氏小体溶解与轴突反应

病毒感染、缺氧、轴突损伤、B族维生素缺乏等原因可导致神经元胞体变圆，细胞核边置，核仁体积增大。尼氏小体逐渐崩解消失，仅在胞膜下有少量残留，细胞质呈苍白均质状染色。此种改变由粗面内质网脱颗粒所致，又称为中央尼氏小体溶解（central chromatolysis）。早期病变可逆，具有代偿意义；若病因长期存在，则可致神经元死亡。

轴突损伤时除神经元出现中央尼氏小体溶解，轴突也出现一系列变化，被称为Waller变性（Waller degeneration）：①轴突远端和部分近端轴索断裂、崩解、被吞噬，近端轴突再生并向远端延伸；②髓鞘崩解脱失；③施万细胞或少突胶质细胞增生包绕再生轴索，形成髓鞘，使轴突损伤得以修复。

4. 包涵体形成

神经元内包涵体可由代谢、变性或病毒感染引起。

由代谢引起的脂褐素包涵体多见于老年人。脂褐素源于溶酶体的残体，位于神经元胞质内，有时可占据神经元胞体的绝大部分。

病毒感染也可引起包涵体形成，常见如单纯疱疹病毒、巨细胞病毒、麻疹病毒、狂犬病毒等。包涵体可出现于神经元胞质内（如狂犬病的Negri小体，该小体具有诊断价值），也可同时出现于细胞核内和胞质内（如巨细胞病毒感染）。

Parkinson病时，患者黑质神经元中常见Lewy体，该小体位于胞质中，圆形或梭形，中心嗜酸性着色，边缘着色浅。电镜下显示为细丝样物质。

5. 细胞结构蛋白异常

细胞结构蛋白在神经元胞质内有时可引起包涵体样聚集，包括细胞骨架蛋白的异常及其他蛋白的异常累积。细胞骨架蛋白的异常可见于阿尔茨海默病（神经原纤维缠结）和震颤性麻痹（Lewy小体）。海绵状脑病时异常蛋白（PrP）的累积，可引起神经元胞体和突起的空泡化改变。

（二）胶质细胞基本病变

神经胶质细胞包括星形胶质细胞、少突胶质细胞及室管膜细胞，其基本病变包括水样变性（细胞肿胀）、增生和坏死等。小胶质细胞属于单核巨噬细胞系统，在损伤修复中发挥重要作用。

1. 星形胶质细胞病变

星形胶质细胞在病理情况下参与炎症过程和损伤后修复。星形胶质细胞的基本病变包括肿胀、包涵体形成、反应性胶质化等。

（1）肿胀：星形胶质细胞肿胀是神经系统受到损伤后最早出现的形态变化，常见于缺氧、中毒、低血糖及海绵状脑病等。镜下星形胶质细胞明显肿大、淡染。如损伤因子持续存在，可出现细胞死亡。

（2）反应性胶质化（reactive gliosis）：反应性胶质化是神经系统受损伤后的修复反应，几乎所有病变均可以引起胶质细胞增生，表现为胶质细胞数目增多、其胞体和突起增加形成胶质瘢痕；或者表现为肥胖型胶质细胞（gemistocytic astrocyte）。但胶质瘢痕与纤维瘢痕不同，其机械强度较弱。

肥胖型星形胶质细胞镜下表现为星形胶质细胞的细胞体积增大、细胞质丰富嗜酸，细胞核体积增大、核偏位，甚至出现双核；核膜清晰、核仁明显。电镜显示此种细胞胞质中含有丰富的胶质纤维酸性蛋白（glial fibrillary acidic protein，GFAP），主要成分为中间丝（细胞骨架）、线粒体、内质网、高尔基体及空泡等。此种细胞多见于局部缺氧、水肿、梗死、脓肿及肿瘤等病变周围。

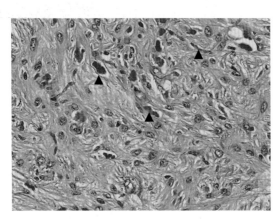

图 18-1-2　细胞质内包涵体（胡萝卜小体）
星形胶质细胞胞质内可见粗大的、嗜酸性的条索状、圆形或
卵圆形结构，称为胡萝卜小体、棒状小体（▲）

（3）细胞质内包涵体形成：星形胶质细胞内包涵体形成，多见于各种变性疾病，如陈旧性胶质瘢痕、毛细胞性星形细胞瘤以及由编码 GFAP 的基因发生突变而导致的 Alexander 病时常可见到 Rosenthal 纤维。该纤维为星形胶质细胞胞质内出现的粗大的、嗜酸性的条索状（纵切面）、圆形或卵圆形结构（横断面），由 GFAP、热休克蛋白 27（heat shock protein 27，HSP27）和泛素等多种蛋白成分构成，又称为胡萝卜小体、棒状小体等（图 18-1-2）。

2. 少突胶质细胞病变

中枢神经系统的少突胶质细胞和周围神经系统的施万细胞的主要功能是形成髓鞘。在 HE 切片中少突胶质细胞的大小与小淋巴细胞相仿，细胞呈圆形或卵圆形，胞质透明或淡粉色，细胞核圆形，位于细胞中央，似煎蛋样。在白质和周围神经两种细胞都沿轴突走行，数个细胞一组呈线状纵向排列。

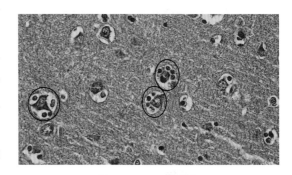

图 18-1-3　卫星现象
坏死、变性的神经元周围由 5 个或 5 个以上少突胶质细胞围绕，称为卫星现象（黑色圈内）

神经元变性或坏死时，一个神经元常由 5 个或 5 个以上少突胶质细胞围绕，称为卫星现象（satellitosis），意义不明，可能与神经营养有关（图 18-1-3）。

少突胶质细胞病变还可表现为脱髓鞘（demyelination）和脑白质营养不良（leukodystrophy）。此外在变性疾病，如多系统萎缩（multiple system atrophy，MSA）中少突胶质细胞胞质中还可以出现嗜银性的蛋白包涵体。

3. 室管膜细胞病变

室管膜细胞（ependymal cell）为覆盖于脑室系统内膜的单层立方上皮。各种致病因素均可引起局部室管膜细胞的丢失，由室管膜下的星形胶质细胞增生，充填缺损，形成突向脑室面的细小颗粒，称为颗粒性室管膜炎（ependymal granulation）。病毒感染尤其是巨细胞病毒感染可引起广泛室管膜损伤。

（三）小胶质细胞病变

小胶质细胞（microglia）属单核巨噬细胞系统，通常处于静止状态，神经元或其他胶质细胞受损时可激活，其常见反应如下。

1. 噬神经细胞现象

噬神经细胞现象（neuronophagia）指神经元死亡后被激活的小胶质细胞或血源性

Note

巨噬细胞包围吞噬的现象（图18-1-4）。有时巨噬细胞在吞噬细胞或组织碎片后细胞胞质中充填大量的小脂滴，HE染色呈空泡状，称为泡沫细胞（foamy cell）或格子细胞（gitter cell），在梗死和脱髓鞘病变中常见。

2. 胶质细胞结节

某些慢性进行性损害如神经梅毒等，可引起小胶质细胞局灶性增生，形成结节（图18-1-5）。

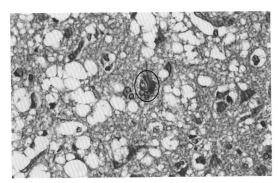

图18-1-4　噬神经细胞现象
坏死的神经元周围可被小胶质细胞包绕、吞噬（黑色圆圈）

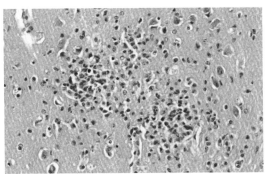

图18-1-5　胶质细胞结节
神经组织坏死后，小胶质细胞可结节状增生

二、中枢神经系统常见并发症

中枢神经系统疾病最常见且最重要的并发症为脑水肿、颅内压升高和脑积水，脑水肿或脑积水可引起或加重颅内压升高，三者可合并发生，互为因果，严重可导致死亡。

（一）脑水肿

脑水肿（brain edema）是指因脑组织中液体过多蓄积而引起脑组织体积增大。许多病理过程如缺氧、炎症、梗死、肿瘤、中毒等均可引发脑水肿。主要包括以下两种类型。

1. 血管源性脑水肿

脑肿瘤、出血、创伤或炎症时，常引起血管通透性增加，血管中的液体进入组织间隙，形成脑水肿，是导致脑水肿最常见的原因。白质水肿较灰质更明显。

2. 细胞毒性脑水肿

多见于缺血或中毒，此时细胞膜的钠-钾依赖性ATP酶失活，细胞内水钠潴留，引起细胞肿胀。病变主要累及灰质。

上述两种脑水肿常同时存在，在缺血性脑病时尤其明显。肉眼观，脑组织体积增大、重量增加，脑回变宽而扁平，脑沟狭窄。白质水肿明显，脑室缩小，严重者伴脑疝形成。光镜下，血管源性脑水肿脑组织疏松，细胞与血管周围空隙变大。电镜下，星形细胞足突肿胀，细胞外间隙增宽。细胞毒性水肿时，神经元、神经胶质细胞等细胞体积增大，胞浆淡染，但细胞外间隙增宽不明显。

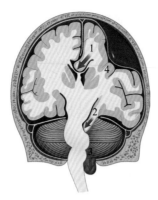

图 18-1-6 脑疝形成
1. 扣带回疝；2. 海马沟回疝；3. 小脑扁桃体疝；
4. 占位病变

（二）颅内压升高和脑疝形成

颅内压升高是指侧卧位时脑脊液压力超过 2 kPa（正常为 0.6～1.8 kPa），其主要原因是颅内占位性病变和脑脊液循环阻塞所致的脑积水。常见于脑出血和血肿形成、梗死、炎症及脑肿瘤等。颅内压升高失代偿后可致死亡。

颅内压升高可引起脑组织移位、脑室变形，使部分脑组织嵌入大脑镰、小脑天幕等颅脑内分隔和枕骨大孔导致脑疝形成（图 18-1-6）。常见的脑疝有如下类型。

1. 扣带回疝

又称大脑镰下疝。一侧大脑半球（尤其是额叶、顶叶及颞叶）的占位性病变，引起中线向对侧移位，使同侧扣带回从大脑镰下缘膨出，凸向对侧。受压脑组织可出血、坏死。

2. 小脑天幕疝

又称海马沟回疝。由于小脑天幕以上的额叶或颞叶内侧占位病变引起脑组织肿大，使颞叶的海马沟回经小脑天幕孔向下膨出，形成海马沟回疝，进而引起同侧动眼神经受压、中脑及脑干受压后移、中脑侧移，致使脑组织出血坏死，进而导致意识丧失、昏迷，甚至死亡。

3. 小脑扁桃体疝

又称枕骨大孔疝。颅内压增高、后颅窝占位病变将小脑和延髓推向枕骨大孔并向下移位而引起小脑扁桃体疝。疝入枕骨大孔的小脑扁桃体和延髓呈圆锥状，其腹侧出现枕骨大孔压迹。由于延髓受压，生命中枢及网状结构受损，严重时可引起呼吸骤停、心脏停搏从而猝死。

（三）脑积水

脑室系统中脑脊液量异常增多使脑室扩张称为脑积水。其主要原因如下：①脑脊液循环阻塞，阻塞的原因包括先天畸形、炎症、外伤、肿瘤、蛛网膜下腔出血、寄生虫等。脑脊液循环阻塞引起的脑积水称阻塞性或非交通性脑积水。②脑脊液吸收减少或分泌过多引起的脑积水称为交通性脑积水。如炎症可引起蛛网膜颗粒，进而引起绒毛吸收脑脊液障碍；脉络丛乳头状瘤因分泌过多脑脊液也可导致脑积水。

肉眼观，轻度脑积水时，脑室轻度扩张，脑组织轻度萎缩。严重积水时，脑室高度扩张，脑组织受压萎缩、变薄，甚至呈囊性，神经组织大部分萎缩或消失。

（张晓芳）

第二节　中枢神经系统感染性疾病及肿瘤

病例 18-2-1

　　患儿男性，10岁，出现流鼻涕、干咳等上呼吸道感染症状5天。随后出现体温升高，最高达39.5℃，寒战，精神不振。次日出现喷射状呕吐伴剧烈头痛。随后嗜睡，继而意识不清。遂急症来医院就诊。体格检查：颈项僵直、Kernig征阳性。血常规检测：白细胞$12×10^9$/L（正常$3.5×10^9\sim9.5×10^9$/L），中性粒细胞$8.5×10^9$/L（正常$1.8×10^9\sim6.3×10^9$/L），淋巴细胞$1.85×10^9$/L（正常$1.1×10^9\sim3.2×10^9$/L），中性粒细胞百分比70.8%。腰穿行脑脊液检查显示颅内压为2.5 kPa（正常$0.8\sim2.0$ kPa），抽出乳白色浑浊液体。患儿经治疗无效死亡。镜下改变如图18-2-1所示。

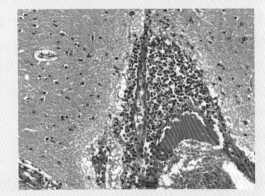

图18-2-1

　　请思考：

　　1. 对此病的诊断是什么？

　　2. 该改变是一种什么类型的炎症？

　　3. 通常由什么因素引起？

　　4. 患儿出现头痛、喷射状呕吐、颈项强直等症状的机制是什么？

一、神经系统感染性疾病

　　神经系统感染性疾病的常见病原体有细菌、病毒、真菌、寄生虫等。病原体通过以下途径入侵中枢神经系统：①血源性感染，是感染的主要途径，如脓毒血症的栓子随血流运行到脑；②局部扩散，如颅骨开放性骨折、中耳炎、乳突炎等；③直接感染，开放性创伤或医学处置（如腰椎穿刺）可引起感染；④经神经感染，一些病毒如狂犬病病毒沿周围神经上行，单纯性疱疹病毒可沿嗅神经、三叉神经入侵中枢神经而引发感染。

　　感染后可引起脑膜炎、脑脓肿和脑膜脑炎等病变。本节重点介绍急性化脓性脑膜炎和流行性乙型脑炎。

（一）脑膜炎

　　脑膜炎（menigitis）有3种基本类型：化脓性脑膜炎（多为细菌引起）、淋巴细胞性脑膜炎（多为病毒感染所致）和慢性脑膜炎（可由结核杆菌、梅毒螺旋体、布鲁氏杆菌和真菌等引起）。急性化脓性脑膜炎的致病菌因患者年龄而异，新生儿及婴幼儿常见的致病菌为大肠埃希菌、B族链球菌和流感杆菌，儿童和青少年常见的致病菌为脑膜炎球菌，肺炎球菌感染则常见于幼儿（多继发于中耳炎）和老年人（继发于肺炎）。下面以流行性脑脊髓膜炎为例叙述急性化脓性脑膜炎。

流行性脑脊髓膜炎（epidemic cerebrospinal meningitis）是由脑膜炎球菌（meningococcus）感染引发的急性化脓性脑膜炎。多为散发，冬春季可引起流行。患者多为儿童及青少年。临床可表现发热、头痛、皮肤瘀点（斑）、呕吐、脑膜刺激症状，部分患者可能出现中毒性休克。

1. 病因及发病机制

流行性脑脊髓膜炎的主要致病菌为脑膜炎球菌，该菌存在于患者及带菌者的鼻咽部，通过咳嗽、喷嚏等经呼吸道传播。大多数仅引起局部轻度炎症，成为健康带菌者，当机体抵抗力下降或者感染细菌数量多、致病力强时，细菌在局部大量繁殖，引起菌血症或败血症。2%～3%机体抵抗力低下者，细菌可到达脑膜或脊膜，通常位于软脑（脊）膜，引起急性化脓性炎症。

该细菌为革兰阴性双球菌，大多有荚膜和菌毛。荚膜可帮助细菌抵抗白细胞的吞噬作用。细菌可产生内毒素，引起小血管或毛细血管出血、坏死，引起皮肤瘀斑瘀点。

2. 病理变化

肉眼观，脑脊膜血管高度扩张充血，病变较轻的区域，可见脓性渗出物沿血管分布。病变较重区域蛛网膜下腔充满灰黄色脓性渗出物，覆盖着脑沟、脑回，以致脑组织结构模糊不清（图18-2-2）。脓性渗出物可累及大脑矢状窦附近或脑底部视神经交叉及邻近各池（如交叉池、脚间池）。由于炎性渗出物的阻塞，脑脊液循环发生障碍，可引起不同程度的脑室扩张。

镜下，蛛网膜血管高度扩张充血，蛛网膜下腔增宽，其中有大量中性粒细胞及纤维蛋白渗出和少量单核细胞、淋巴细胞浸润（图18-2-3）。用革兰氏染色，在细胞内外均可找到致病菌。病变一般不累及脑实质，但邻近的脑皮质可有轻度水肿。病变严重者，动、静脉管壁可受累并诱发脉管炎和血栓形成，从而导致脑实质的缺血和梗死。

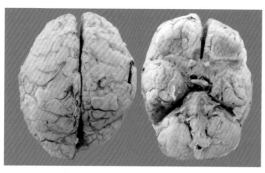

图18-2-2　流行性脑脊髓膜炎

脑脊膜血管高度扩张充血，灰黄色脓性渗出物覆盖脑沟、脑回

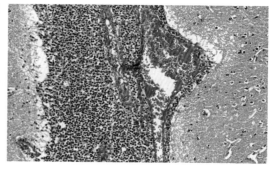

图18-2-3　流行性脑脊髓膜炎镜下

蛛网膜下腔内充满中性粒细胞及渗出的纤维素，血管扩张充血

Note

3. 临床病理联系

除发热、瘀斑瘀点等全身症状外，常伴下列神经系统症状。

（1）脑膜刺激症状：主要引起颈项强直和Kernig征阳性。前者因炎症累及脊髓神经根周围的蛛网膜、软脑膜及软脊膜，致使神经根通过椎间孔时受压，引起颈部或背部肌肉痉挛。后者因腰骶部节段神经后根受炎症波及而受压，当屈髋伸膝时，坐骨神经受到牵引，腰神经根受压疼痛而出现的体征。此外，在婴幼儿，由于腰背肌肉发生保护性痉挛可引起角弓反张的体征。

（2）颅内压升高：由于脑膜血管充血，蛛网膜下腔渗出物堆积，蛛网膜颗粒因脓液阻塞而影响脑脊液吸收所致，临床表现为头痛、喷射性呕吐、小儿前囟饱满。如伴有脑水肿，则颅内压升高更显著。

（3）颅神经麻痹：基底部脑膜炎时，可累及自该处出颅的第Ⅲ、Ⅳ、Ⅵ和Ⅶ对颅神经，引起相应的神经麻痹症状。

（4）脑脊液变化：脑脊液检查是本病诊断的一个重要证据。脑脊液压力升高，混浊不清，含大量脓细胞，蛋白增多，糖减少。经涂片和培养检查可找到病原体。

4. 结局和并发症

经及时治疗和应用抗生素，大多数患者能够痊愈，病死率由过去的70%～90%降到现在的5%～10%。如不能得到及时治疗，病变可由急性转为慢性，并可出现下列后遗症。

（1）脑积水：由脑膜粘连、脑脊液循环障碍所致。

（2）颅神经麻痹：如面神经瘫痪、耳聋、斜视、视力障碍等。

（3）脑缺血和脑梗死：颅底脉管炎导致血管腔阻塞，引起相应部位的脑缺血和脑梗死。

少数病例起病急、病情危重，称为暴发性脑膜炎球菌败血症，多见于儿童。主要表现为周围循环衰竭、休克和皮肤大片紫癜，而脑膜病变轻微。患者常伴有双侧肾上腺出血，肾上腺皮质功能衰竭等症状，称为沃-弗综合征（Warterhouse - Friederichsen syndrome），其发生机制是大量内毒素释放所致弥散性血管内凝血，病情凶险，常在短期因严重败血症死亡。

（二）流行性乙型脑炎

流行性乙型脑炎（epidemic encephalitis B）是由乙型脑炎病毒感染所致的急性传染病。引起中枢神经系统病毒性疾病的病毒种类繁多，如疱疹病毒（包括单纯疱疹病毒、带状疱疹病毒、EB病毒、巨细胞病毒等）、肠源性病毒（包括脊髓灰质炎病毒等）、虫媒病毒（包括乙型脑炎病毒、森林脑炎病毒）、狂犬病病毒及人类免疫缺陷病毒（HIV）等。下面主要介绍乙型脑炎。

流行性乙型脑炎多在夏秋季流行，儿童患病率高于成人，尤以10岁以下儿童多见，占乙型脑炎的50%～70%。此病起病急，病情重，死亡率高。临床主要表现为高热、嗜睡、抽搐、昏迷等症状。

1. 病因及传染途径

乙型脑炎病毒为有膜RNA病毒，其传播媒介为蚊（在我国主要为三节吻库蚊）。其传染源为乙型脑炎患者和牛、马、猪等中间宿主。带病毒的蚊叮人时，病毒可侵入人体，先在局部血管内皮细胞及单核巨噬细胞系统中繁殖，入血后引起短暂的病毒血症。大多数情况下，病毒无法穿透血-脑脊液屏障，进入中枢神经系统；但机体免疫功能低下、血-脑屏障功能不健全时，病毒可侵入中枢神经系统而发病。

2. 病理变化

病变通常广泛累及整个中枢神经系统实质，主要累及大脑皮质、基底核、视丘的神经元，因此此处病变通常最重；小脑皮质、延髓及脑桥次之；脊髓病变最轻，常仅限于颈段脊髓。病毒可引起神经系统广泛变性、坏死，胶质细胞增生，属于变质性炎。

肉眼观，脑膜充血、脑膜及脑实质水肿、脑沟变窄、脑回增宽；切面可见粟粒或针尖大的半透明软化灶，境界清楚，弥散分布或聚集成群。

镜下，可出现以下病变：

（1）血管变化和炎症反应：脑实质内血管扩张充血，有时可见小灶出血。血管周围可见较多炎细胞袖套样围绕血管，称为血管袖套现象，渗出的炎细胞以淋巴细胞、单核细胞及浆细胞为主（图18-2-4）。脑实质水肿，部分神经元坏死后，可见较多炎细胞包绕。

（2）神经细胞变性、坏死：病毒在神经细胞内繁殖导致细胞损伤，表现为细胞肿胀，尼氏小体消失，胞浆可见空泡，核偏位。严重者神经元坏死，可见红色神经元。可出现卫星现象和噬神经细胞现象。

（3）软化灶形成：严重时，灶性神经组织液化性坏死，形成镂空筛网状软化灶。软化灶呈圆形或卵圆形，散在分布，边界清楚（图18-2-5）。

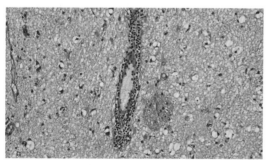
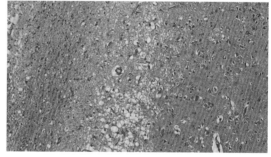

图18-2-4　流行性乙型脑炎——血管袖套现象
血管周围可见较多炎细胞袖套样围绕血管，以淋巴细胞、单核细胞、浆细胞为主

图18-2-5　流行性乙型脑炎——软化灶
脑组织内可见境界清楚的镂空筛状软化灶，其内神经细胞液化性坏死

（4）胶质细胞增生：小胶质细胞增生明显，可弥漫或局灶增生（胶质细胞结节）。后者多位于小血管旁或坏死的神经细胞附近。

3. 临床病理联系

因神经细胞广泛受累，早期即可出现嗜睡和昏迷，是该病主要的症状。脑内血管扩张充血、血流淤滞、内皮细胞受损可使血管通透性增高，引起脑水肿和颅内压增高，患者出现剧烈头痛、喷射状呕吐等症状。严重者出现脑疝，其中小脑扁桃体疝可导致延髓呼吸中枢受压，呼吸骤停而致死。如颅神经受损则导致相应的麻痹症状。因脑膜有不同程度的炎症反应，临床上可出现脑膜刺激症状，脑脊液检查可见脑脊液中细胞数目增多。

本病经治疗，患者多数在急性期后痊愈。病变较重者可出现痴呆、语言障碍、肢体瘫痪、颅神经麻痹等后遗症。这些症状多在数月后恢复正常。仅少数病例不能完全恢复而遗留后遗症。

二、神经系统常见肿瘤

神经系统肿瘤包括CNS肿瘤和周围神经系统肿瘤。CNS肿瘤包括起源于脑、脊髓或脑脊膜的原发性和转移性肿瘤。原发性CNS肿瘤主要包括胶质瘤、胶质神经元肿瘤、神经元肿瘤、脑膜瘤、脉络丛肿瘤和胚胎性肿瘤等，其中胶质瘤最多见。周围神经肿瘤中，源于神经鞘膜的神经鞘瘤和神经纤维瘤多见。儿童CNS恶性肿瘤发病率仅次于白血病。CNS肿瘤同其他部位的肿瘤比较，具有独特的分级、分子遗传和临床表现：①CNS肿瘤采用世界卫生组织四级分级系统；②成人CNS肿瘤常发生于小脑幕上，而儿童CNS肿瘤多发生于幕下，如小脑或第四脑室周围，成人和儿童CNS肿瘤具有不同的分子遗传学特点；③由于颅内解剖学的特殊性，CNS肿瘤发生部位在一定程度上影响患者预后；④脑脊液转移是CNS恶性肿瘤常见的转移方式；⑤不同类型颅内肿瘤可引起相同的临床表现，如压迫或破坏周围脑组织而引起局部神经症状，或者头痛、呕吐和视乳头水肿等颅内压升高表现。

以组织学为基础的WHO肿瘤分类和分级系统作为"金标准"，在CNS肿瘤的诊断与治疗中发挥重要作用。2021年WHO第5版分类在组织学诊断的基础上附加分子特征，由生物学和分子特征来命名和定义中枢神经系统肿瘤。例如，由于分子遗传学不同，将弥漫性胶质瘤分为成人型和儿童型两大类。下面重点介绍三种常见的成人型弥漫胶质瘤，包括星形细胞瘤、少突胶质细胞瘤和胶质母细胞瘤，以及发生于周围神经系统的神经鞘瘤。

（一）星形胶质细胞瘤，*IDH*突变

1. 定义

星形胶质细胞瘤，*IDH*突变（astrocytoma, IDH-mutant）是一种以异柠檬酸脱氢酶1（isocitrate dehydrogenase 1，IDH1）或*IDH2*突变为特征的弥漫性浸润的胶质瘤，具有频繁的α地中海贫血/X连锁精神发育迟滞综合征蛋白（α-thalassaemia X-linked retardation syndrome protein，ATRX）和（或）肿瘤蛋白53（tumor protein，*TP53*）基因突变，缺乏1p/19q共缺失（1p/19q-codeleted）（CNS WHO 2级、3级或4级）。

2. 临床和预后特征

大多数CNS WHO 2级或3级肿瘤患者年龄在30～50岁（中位年龄38岁）；CNS WHO 4级肿瘤的患者往往年龄稍大。星形细胞瘤在儿童，或者年龄>55岁的老年人群中少见；可发生于中枢神经系统的任何区域，包括脑干和脊髓；但最常发生在幕

上，通常位于额叶附近。癫痫发作是常见的症状，对于额叶肿瘤，行为或性格的改变可能是最初的临床特征，可能在诊断前数月甚至数年就已经存在。WHO 2级星形细胞瘤患者的中位总生存期一般大于10年；3级星形细胞瘤患者的中位总生存期一般为5~10年；而4级患者的中位总生存期一般为3年。WHO 2级星形细胞瘤复发后，有组织学级别增高，并最终转变为WHO 4级星形细胞瘤的倾向。

3. 病理变化

（1）大体特征：组织学分级2级和3级的肿瘤通常表现为与周围脑组织分界不清的肿块，可呈实性或胶冻状外观，由于易发生囊性变，可形成大小不等的囊腔，内充满透明液体。组织学4级的星形细胞瘤，常伴有出血、坏死及囊性变，表现出与周围脑组织差别显著的灰黄或者灰红色区。

图18-2-6　星形细胞瘤，*IDH*突变——组织学特征
光镜下细胞密度增加，细胞核染色深，轻度异性，可见黏液样囊性变区（箭头所示）

（2）组织学特征：肿瘤呈浸润性生长。组织学2级的星形细胞瘤表现为肿瘤细胞轻到中度增生，与反应性星形细胞增生的不同主要体现在细胞核的异型性上。细胞核增大、深染，核轮廓不规则，染色质不均一（图18-2-6）。肿瘤细胞内含有细胞骨架成分GFAP，免疫组织化学染色呈阳性反应。组织学3级的星形细胞瘤同2级肿瘤相比，细胞密度明显增加，核多形性更加显著，可见核分裂象。组织学4级的星形细胞瘤表现出以下至少一种特征：坏死，微血管增生，细胞周期蛋白依赖的激酶抑制剂2A（cyclin-dependent kinase inhibitor 2A，CDKN2A）和（或）CDKN2B纯合性缺失。微血管增生指血管结构的巢团状增生，血管内皮细胞增生明显，细胞肿胀，甚至可以见到核分裂。有时高度增生的血管丛呈球状，称肾小球样血管增生。多项回顾性研究表明，CDKN2A和（或）CDKN2B的纯合子缺失与*IDH*突变星形细胞瘤患者较短的生存期相关，与WHO 4级生物学行为相对应。

（3）分子特征：IDH基因突变于2008年首次报道，是IDH突变星形细胞瘤的特征性分子改变。IDH基因突变与高甲基化表型［嘧啶-磷酸-鸟嘌呤（CpG）岛甲基化表型（G-CIMP）］有关，是胶质瘤发生的早期事件，在肿瘤进展过程中常持续存在。*IDH*突变导致肿瘤代谢物2-羟基戊二酸产生过度。过量2-羟基戊二酸的生理后果广泛存在，包括对细胞表观基因组状态和基因调控的影响。将*IDH1*突变转入原代人类星形胶质细胞会改变特定的组蛋白标记，并诱导广泛的DNA高甲基化，表明*IDH1*突变的存在足以建立高甲基化表型。启动子区域广泛的高甲基化可以沉默与细胞分化相关的重要基因的表达，有利于出现或维持肿瘤发生的干细胞样状态。

*IDH*突变包括*IDH1*或*IDH2*的突变（图18-2-7A）。*IDH1*突变比*IDH2*突变更频繁，R132H位点突变是星形细胞瘤最常见的突变位点，可通过免疫组化检测IDH1 p.R132H蛋白的方法证实*IDH1*基因的突变（图18-2-7B）。*IDH*突变星形细胞瘤常伴有*TP53*和

Note

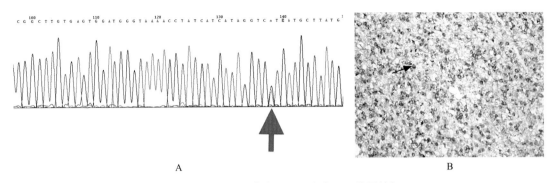

图18-2-7　星形细胞瘤，*IDH*突变——分子特征

IDH1（异柠檬酸脱氢酶1）R132H位点突变是星形细胞瘤最常见的突变位点，可通过一代测序（A）的方法，或者免疫组织化学（B）检测IDH1 p.R132H蛋白的方法证实*IDH1*基因的突变（表现为所有肿瘤细胞浆内棕黄色阳性表达）

*ATRX*突变。*ATRX*编码一种染色质结合蛋白，其缺陷与表观基因组失调和端粒功能障碍有关。*ATRX*突变诱导了一种异常的端粒维持机制，称为端粒替代延长。*ATRX*突变与激活端粒基因的端粒酶逆转录酶（telomerase reverse trancriptase，TERT）启动子突变相互排斥。TERT启动子突变在IDH突变星形细胞瘤中非常罕见，但存在于绝大多数*IDH*突变的少突胶质细胞瘤和*IDH*野生型胶质母细胞瘤中。

（二）少突胶质细胞瘤，*IDH*突变和1p/19q共缺失

1. 定义

少突胶质细胞瘤，*IDH*突变和1p/19q共缺失（oligodendroglioma，IDH-mutant and 1p/19q-codeleted）是一种弥漫性浸润性胶质瘤，具有*IDH1*或*IDH2*突变，同时染色体臂1p和19q共缺失（2级或3级）。

2. 临床和预后特征

少突胶质细胞瘤主要发生于成人，在儿童中少见，中位年龄为43岁。额叶是少突胶质细胞瘤最常见的发病部位，较少见的部位包括后颅窝、基底节和脑干。脊髓少突胶质细胞瘤罕见。约2/3患者可出现癫痫发作；其他常见的初始症状取决于肿瘤的位置和生长速度，包括头痛、颅内压升高、局灶性神经功能缺损和认知能力改变；预后较好，中位生存时间大于10年；复发时可表现为软脑膜扩散。

3. 病理变化

（1）大体特征：通常表现为边界相对清楚、柔软、灰粉色的肿块，大脑灰质–白质边界模糊。有时可见软脑膜侵犯。钙化常见，偶尔密集钙化区域可发生瘤内结石。囊性变和瘤内出血常见，偶尔可出现广泛的黏液样变性。CNS WHO 3级肿瘤可见灰黄色坏死区。

（2）组织学特征：典型的少突胶质瘤细胞具有均匀圆形的细胞核，比正常少突细胞稍大，染色质密度增加，可见明显的核膜。在甲醛固定、石蜡包埋的组织中，肿瘤细胞常表现为细胞膜边界清晰、细胞形态一致的圆形细胞，胞浆透明，细胞核位于中央，呈特征性的蜂窝状或煎蛋状外观。血管分布也很有特征，呈纤细的网状结构，可形成典型的鸡爪样分支毛细血管网。可伴有不同程度的钙化和砂粒体形成（图18-2-8）。CNS WHO 3级肿瘤细胞异型性增加，核分裂象多见，并可见坏死和微血管增生。

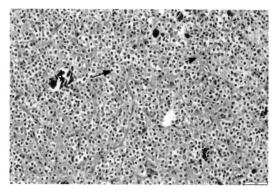

图 18-2-8　少突胶质细胞瘤，*IDH* 突变和 1p/19q 共缺失组织学特征

长箭头示肿瘤细胞特征性"煎蛋状"外观；短箭头示纤细的"鸡爪样"分支血管网结构；星状标记示肿瘤内特征性钙化结构

（3）分子特征：大多数少突胶质细胞瘤发生 *IDH1* 的突变。其余可发生 *IDH2* 的突变，且 *IDH2* 在少突胶质细胞瘤中突变比例高于星形细胞瘤。少突胶质细胞瘤具有 1p/19q 共缺失的特征性改变，可通过荧光原位杂交的方法证实。绝大多数少突胶质细胞瘤携带 TERT 启动子热点突变。其他常见突变基因包括：Capicua 转录抑制因子（capicua transcriptional repressor，CIC）（70%）、远端上游原件结合蛋白 1（far upstream element binding protein 1，FUBP1）（20%~30%）、Notch 神经同源蛋白 1 前体（neurogenic locus notch homolog protein 1 precusor，NOTCH1）（15%）等。

（三）胶质母细胞瘤，IDH 野生型

1. 定义

胶质母细胞瘤，IDH 野生型（Glioblastoma，IDH-wildtype）是一种弥漫性 IDH 野生型和 H3 野生型的星形细胞胶质瘤，具有以下一种或多种组织学或遗传学特征：①微血管增生；②坏死；③TERT 启动子突变；④表皮生长因子受体（epidermal growth factor receptor，EGFR）基因扩增；⑤+7/−10 染色体拷贝数变化。

2. 临床和预后特征

肿瘤可发生于任何年龄，但最常见于老年人，发病高峰 55~85 岁。可发生于所有脑叶，最常见于大脑半球的皮质下白质和较深的灰质。肿瘤常浸润延伸至邻近皮质，并通过胼胝体进入对侧半球。可表现为广泛累及中枢神经系统的脑胶质瘤病模式，包括多个脑叶的累及。68% 的患者从症状开始到确诊的时间小于 3 个月；84% 的患者从症状开始到确诊的时间小于 6 个月。大多数胶质母细胞瘤患者在治疗后 15~18 个月死亡。

3. 病理变化

（1）大体特征：胶质母细胞瘤通常体积较大，可以占据多个脑叶。通常为单侧病变，但也可穿过胼胝体，呈双侧病变（蝶状病变）。大多数半球性胶质母细胞瘤以白质为中心，位于脑实质内。少见情况下，可以位于浅表部位，累及软脑膜和硬脑膜，有时类似转移瘤或脑膜瘤。肿瘤边界不清；肿瘤切面由于常见出血和坏死，颜色变化较大。有时中央坏死可占肿瘤的 80% 以上。胶质母细胞瘤常伴有红色新鲜或陈旧性棕黄色出血灶。可发生大量肿瘤内出血，并引起类似脑卒中的症状，可为肿瘤患者的首发临床表现。可见内含液化坏死肿瘤组织的混浊液体的囊腔，与低级别弥漫性星形细胞瘤中的透明性囊液形成对比。

（2）组织学特征：肿瘤细胞密度大，细胞异型性和多形性显著，核分裂象多见。可见微血管增生（图 18-2-9A）和坏死，坏死周围肿瘤细胞栅栏样排列是诊断特征

（图18-2-9B）。至少有一种特征（微血管增生或坏死）足以诊断胶质母细胞瘤。胶质母细胞瘤形态异质性显著。分化较差的梭形、圆形或多形性细胞可能占优势，但分化较好的肿瘤性星形胶质细胞至少在局部可识别。形态的异质性反映了肿瘤进化过程中由于亚克隆分子多样化而出现的独特肿瘤克隆。肿瘤容易沿白质束浸润，可浸润胼胝体，随后在对侧半球生长，出现双侧对称的病变。肿瘤细胞可在神经元周围呈卫星样增生，或者在血管周围和软脑膜下聚集。组织学上，离肿瘤中心几厘米远，仍可发现浸润的单个肿瘤细胞，这些浸润细胞是治疗后局部复发最可能的来源。

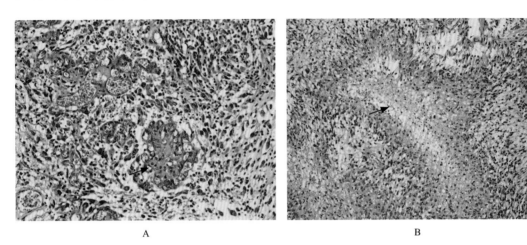

A   B

图18-2-9　胶质母细胞瘤，IDH野生型——组织学特征
图A箭头所示胶质母细胞瘤特征性的微血管增生；图B箭头所示肿瘤组织内特征性的栅栏样坏死

（3）分子特征：成人型IDH野生型胶质瘤，具有以下一种或多种分子改变即可诊断为胶质母细胞瘤，包括TERT启动子突变，或者EGFR基因扩增，或者+7/−10染色体拷贝数变化。大多数胶质母细胞瘤无*ATRX*突变。60%胶质母细胞瘤出现EGFR扩增、突变、重排或剪接改变，最常见的是*EGFR*扩增，约占40%。约40%的胶质母细胞瘤伴有第10号染色体缺失的磷酸酶及张力蛋白同源基因（phosphatase and tensin homolog deleted on chromosome ten，*PTEN*）的突变/缺失。25%～30%的胶质母细胞瘤可见*TP53*突变。O-6-甲基鸟嘌呤DNA甲基转移酶（O-6-methylguanine DNA methyltransferase，MGMT）启动子甲基化是胶质母细胞瘤中总生存期延长的独立预后标志，也是对烷基化和甲基化化疗反应的一个强有力的预测指标。

（四）神经鞘瘤

神经鞘瘤（neurilcmoma）又称施万细胞瘤（schwannoma），是源于施万细胞的良性肿瘤。肿瘤可单发或多发于身体任何部位的神经干或神经根周围。颅内的神经鞘瘤主要发生在听神经，又称听神经瘤。神经鞘瘤是椎管内最常见的肿瘤，其发生率占椎管内肿瘤的25%～30%。临床表现视肿瘤大小和部位而异。体积较小的肿瘤可无症状，较大者因受累神经受压而引起麻痹或疼痛，并沿神经放射。颅内听神经瘤可引起听觉障碍或耳鸣等症状。大多数肿瘤能手术根治，少数与脑干或脊髓等紧密粘连，不能完全切除者可复发。

组织特征

通常可见两种组织形态（图18-2-10A）：①束状型（antoni A型），肿瘤细胞呈梭形，相互紧密平行排列呈栅栏状或旋涡状（图18-2-10B）；②网状型（antoni B型），肿瘤细胞稀少，排列呈稀疏的网状结构，细胞间可出现黏液样变（图18-2-10C）。以上两种结构往往同时存在于同一肿瘤中，但多数以其中一型为主。

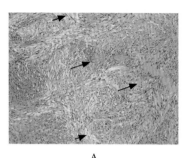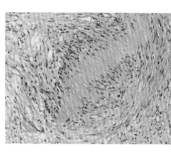

A　　　　　　　　　　B　　　　　　　　　　C

图18-2-10　神经鞘瘤——组织学特征

低倍镜下：神经鞘瘤显示两种组织学结构（长箭头和短箭头）交织在一起混合构成（图A）。高倍镜下：一种组织学结构（束状型，antoni A型）表现为梭形肿瘤细胞排列成紧密栅栏状（图B）；另一种组织学结构（网状型，antoni B型）表现为肿瘤细胞排列成稀疏网状（图C）

（张晓芳　牟　坤）

第三节　脑 卒 中

病例 18-3-1

张先生今年71岁，身高175 cm，在妻子的陪同下到急诊室就诊。张先生的夫人说，他两小时前刚吃完早餐，为油炸物，早餐后什么也没做，在谈话中突然无法说话。张先生似乎对周围环境非常熟悉，但无法理解妻子或医生对他说的话或为他写的话。他说话有困难，而且他说的话别人也无法理解。检查结果显示他体重108 kg，患有高血压。神经病学检查显示他的右臂和面部反射增加，有些无力；他的面部和右侧手臂也没有躯体感觉。医生告诉妻子，张先生刚刚得了脑卒中。医生立即给他开了一种叫作阿替普酶（Alteplase，tPA）的药物。10天后，他的病情有所好转，所有的感觉都恢复了，他现在能够理解口头和书面命令。然而，他仍然无法正常说话，运动症状仍然存在。

联系本病例思考以下问题：

1. 引发脑卒中的主要原因是什么？如何预防？
2. 脑组织的血液供应是什么？

3．主动脉血供与大脑皮质的主要功能区有何关系？张先生的症状和体征主要是哪个血管血供异常造成的？

4．脑卒中后脑细胞损伤的机制是什么？这对治疗有何影响？

5．阿替普酶是一种什么药物？药物机制是什么？应用该药需要注意哪些事项？

6．张先生以后需注意哪些事情？

一、概述

脑卒中（stroke）是指因脑血管阻塞或破裂引起脑组织缺血缺氧，致其结构和功能损害而引起的一系列临床综合征。在世界范围内脑卒中是导致人类死亡的第2位原因，在我国已成为第一致死病因，具有高发病率、高致残率、高死亡率、高复发率、高经济负担5大特点，给患者、家庭和社会带来沉重的负担和痛苦。

脑卒中可分为缺血性脑卒中和出血性脑卒中。70%～80%为缺血性脑卒中，20%～30%为出血性脑卒中。不管哪种类型都造成了脑组织损坏，会出现相应的症状。早期症状的识别、及时就医对减少脑卒中患者入院前时间延误、赢得抢救时间，具有重要意义。

以下症状突然出现时应考虑脑卒中的可能：①一侧肢体无力或麻木；②一侧面部麻木或口角歪斜；③说话不清或理解语言困难；④双眼向一侧凝视；⑤一侧或双眼视力丧失或模糊；⑥眩晕伴呕吐；⑦既往少见的严重头痛、呕吐；⑧意识障碍或抽搐。但单纯依靠症状和体征等临床表现不能完全区别缺血性或出血性脑卒中，必须依靠脑CT等神经影像学检查才能做出鉴别诊断。

本节主要介绍缺血性脑卒中。根据病因，缺血性脑卒中可分为大动脉粥样硬化型、心源性栓塞型、小动脉闭塞型、其他明确病因型和不明原因型5种类型。对缺血性脑卒中患者进行病因分型有助于预后判断、指导治疗和二级预防决策。

二、缺血性脑卒中的病理生理机制

脑细胞的生存依赖于有氧代谢。大脑约占体重的2%，但消耗20%的氧气和15%的心输出量。如果缺氧20 s，受影响的神经元停止电活动，大脑就会陷入无意识状态；如果超过5 min，就会变成不可逆损伤，发生脑梗死。随着缺血时间延长，梗死灶越来越大。

急性脑梗死病灶由中心坏死区及周围的缺血半暗带组成（图18-3-1）。坏死区由于完全性缺血导致脑细胞死亡，但缺血半暗带仍存在侧支循环，可获得部分血液供应，尚有大量存活的神经元。如果血流迅速恢复使脑代谢改善，半暗带损伤仍然可逆，神经元仍可存活并恢复功能。因此，保护这些可逆性损伤神经元是急性脑梗死治疗的关键。随着缺血时间延长，缺血坏死区越来越大，半暗带越来越小。

缺血性脑损伤的机制包括能量耗竭、兴奋性毒性、钙超载、自由基损伤、神经元凋亡和炎症等。这些因素相互促进，互为因果，形成级联反应，最终导致神经细胞死亡（图18-3-2）。

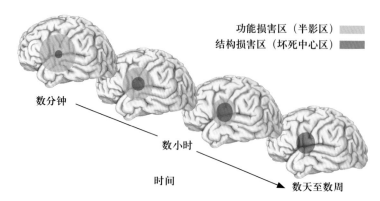

图18-3-1　脑梗死灶随时间的组成变化

随时间推移，如果半影区的血供没有及时恢复，半影区则逐渐变为坏死区，坏死区的范围则越来越大

（一）能量耗竭

在脑缺血后，最先发生的改变是能量耗竭，有氧代谢转变为无氧代谢，乳酸增加，导致酸中毒，促进谷氨酸释放，引起兴奋性毒性；钠泵需要耗能，钠泵失活导致细胞膜除极化程度高，钙通道容易激活，引起钙超载；同时钠泵失活导致细胞内钠离子不能泵出，渗透压增高，引起细胞水肿；能量耗竭也直接导致钙泵失活，线粒体损害，又进一步加重了钙超载。

（二）兴奋性氨基酸毒性

脑缺血时，缺血神经元释放大量兴奋性氨基酸，如谷氨酸和天冬氨酸，对大脑皮质具有广泛而强烈的兴奋作用，在神经元损伤中起重要作用。

谷氨酸通过激活相应受体发挥作用。谷氨酸受体主要分为离子型受体和代谢型受体两大类。其中离子型谷氨酸受体包括NMDA、AMPA及海人藻酸3种亚型。谷氨酸水平过高激活AMPA受体导致神经元去极化延长，而突触后细胞的去极化又激活了NMDA受体，导致大量的Ca^{2+}涌入神经元，形成钙超载。而且Ca^{2+}内流又进一步促进兴奋性递质的释放，因此兴奋性毒性与细胞内钙超载关系密切，互为因果。钙超载进一步引发多方面的级联反应。

（三）钙超载

Ca^{2+}是维持细胞正常生理功能的重要离子。生理条件下，神经元细胞内游离Ca^{2+}浓度极低（约$0.1\ \mu mol/L$），只有胞外Ca^{2+}浓度的万分之一左右。脑缺血引起突触间隙谷氨酸浓度异常升高，激活谷氨酸受体，促使大量Ca^{2+}内流，使缺血区脑细胞内Ca^{2+}浓度快速增加（$50\sim100\ \mu mol/L$），从而形成神经细胞内钙超载。研究证实，细胞内钙超载是触发神经元缺血损伤的关键事件，胞内过量的游离Ca^{2+}可以触发神经毒性的级联反应，主要包括以下几个方面：①激活Ca^{2+}依赖蛋白酶、脂肪酶、磷酸酶和核酸内切酶，水解各种蛋白质（包括细胞骨架蛋白质、结构蛋白质、膜结合蛋白质等），引起细胞膜破坏、线粒体损伤、氧自由基过度产生、细胞骨架分解和DNA断裂，最终导致神经元的死亡；②激活半暗区caspase损伤线粒体并诱导凋亡；③激活磷脂酶A2

Note

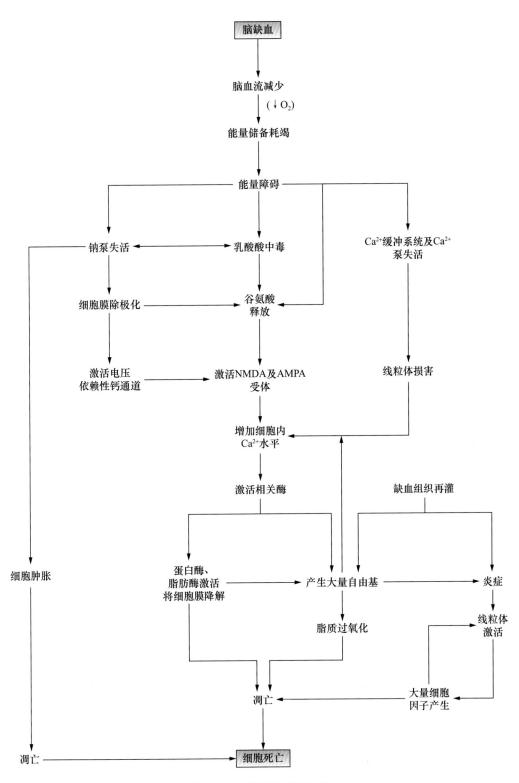

图 18-3-2 脑缺血病理生理

缺血性脑损伤的病理生理机制是一个众多因素参与的级联反应，这些因素互相促进，互为因果，最终导致神经细胞死亡

（phospholipase A2，PLA2），生成游离花生四烯酸；花生四烯酸进一步生成炎性因子PG、LT等，促进炎症反应并增加微血管通透性，引起血管性脑水肿；④促进兴奋性神经递质谷氨酸释放；⑤使线粒体氧化磷酸化解耦联，细胞呼吸抑制；⑥使自由基生成增加，自由基进一步造成各种细胞结构的损害。

（四）自由基损伤

自由基是原子、分子、离子或基团的总称，包括超氧阴离子（O^{2-}）、羟自由基（OH^-）、脂质过氧化物（LO^-，LOO^-），NO氧化代谢物（NO_2，$ONOO^-$）等。它们的电子轨道外层有一个或多个未配对电子，对增加第二个电子有很强的亲和力，故能起强氧化剂的作用，造成脂质过氧化、炎症、凋亡等一系列反应。在缺血卒中损伤中，氧源自由基（通常称为"活性氧"）的一个主要来源是线粒体，它在电子传递过程中产生超氧阴离子自由基。另一个潜在的重要来源是花生四烯酸通过环氧酶途径和脂氧酶途径代谢过程中产生的。氧自由基也可由活化的小胶质细胞和再灌注后浸润到缺血组织的外周白细胞通过NADPH氧化酶系统产生。这种氧化会导致进一步的组织损伤，被认为是缺血性脑卒中后细胞凋亡的重要触发分子。

过量的自由基会攻击重要的细胞组分如蛋白质、磷脂双键和核DNA，引起脂质过氧化，膜损伤和基因组突变的发生；自由基还会充当触发炎症和细胞凋亡的重要信号，引发炎症和细胞凋亡等不可逆的反应；在氧化应激发生后自由基还会通过神经元、神经胶质和内皮细胞触发基质金属蛋白酶-9（MMP-9）的释放，进而消化内皮基底层，损伤血-脑脊液屏障，引起脑水肿。

（五）NO合成酶

NO由L-精氨酸通过NO合成酶（NOS）催化生成。神经型NO合成酶（nNOS）需要钙/钙调素来激活，由整个大脑的某些神经元亚群表达。诱导型NO合成酶（iNOS）由炎性细胞如小胶质细胞和单核细胞表达。在缺血性条件下，这些亚型都会对大脑造成损伤。在内皮细胞中发现的第三种亚型内皮型NO合成酶（eNOS）具有血管扩张作用，可能通过改善局部血流量发挥有益作用。NMDA受体的激活已被证明能通过激活nNOS刺激NO的产生，并可能在兴奋性毒性介导的缺血性脑卒中损伤中发挥作用。

NO在膜上自由扩散，并能与超氧化物反应生成过氧亚硝酸盐（$ONOO^-$），是另一种高活性氧。氧源性自由基和活性氮均参与激活卒中后细胞死亡的多种途径，如凋亡和炎症。氧供应的减少也会通过厌氧糖酵解导致乳酸的积累，从而导致酸中毒。

（六）炎症

炎症在缺血性卒中的病程进展中发挥着重要作用。白细胞、小胶质细胞、星形胶质细胞等均参与了炎症反应的过程：①脑卒中过程中，损伤组织释放出大量炎症介质（LTB4、TNF、IL-8、PAF、H_2O_2等）激活局部白细胞，同时黏附分子数量和活性显著上调，诱导白细胞与内皮细胞牢固黏附。进入大脑缺血区的白细胞生成并释放大量的细胞因子与趋化因子，进一步引起原位胶质细胞激活。②细胞因子激活小胶质细胞，小胶质细胞释放更多的细胞因子、谷氨酸和其他神经毒素，并吸引表达 iNOS 的免疫细胞。小胶质细胞也是参与固有免疫的细胞，与炎性小体的形成密切相关。③星形胶质细胞也产生大量的炎症介质、趋化因子、MMP 等导致血 - 脑脊液屏障破坏。上述系列炎症级联反应最终介导神经元细胞死亡。

近年来的研究发现，虽然缺血性卒中发生后小胶质细胞的过度活化会抑制中枢神经系统的修复甚至进一步加重脑组织损伤，但也可以清除细胞碎片，在之后的神经重塑和神经发生中发挥重要作用。小胶质细胞之所以拥有神经保护和神经毒性的双重作用，主要因为其表型具有高度可塑性。因其表型的改变，不同极化状态的小胶质细胞对脑卒中的预后产生了不同的影响。

（七）细胞凋亡

缺血性卒中发生后，缺血中心区以细胞坏死为主；在缺血半暗带区，细胞凋亡是主要的细胞死亡类型。神经元可能在数小时或数天后发生凋亡，因此在卒中发作后一段时间内有可能恢复。细胞凋亡的激活一般有两种途径：内源性途径和外源性途径。细胞凋亡的过程依次为：细胞质浓缩、细胞膜起泡、细胞核裂解为碎块、产生凋亡小体、被吞噬细胞消除。发生凋亡的细胞从内部有组织地拆除，以最大限度地减少对邻近细胞的损伤和破坏。

前面介绍的损伤机制如自由基与 NO、兴奋性氨基酸毒性、炎症等均可诱发神经细胞凋亡。

三、缺血性脑卒中的药物治疗

急性缺血性脑卒中治疗的最根本目标是挽救缺血半暗带，避免或减轻原发性脑损伤。对脑卒中急性期的治疗包括一般处理和特异性治疗。一般处理包括呼吸与吸氧、心脏监测与心脏病变处理、体温控制、血压控制及血糖控制。特异性治疗包括改善脑血循环、应用他汀类药物和神经保护药及其他疗法。

（一）改善脑血循环的药物

脑梗死后最迫切的治疗是改善脑血循环。改善脑血循环的药物包括静脉溶栓药、抗血小板药、抗凝药、降纤药及其他改善脑血循环药物。

1. 静脉溶栓药

静脉溶栓是目前最主要的恢复血流措施，能迅速使闭塞血管再通。它们都直接或间接地将纤溶酶原转化为纤溶酶，进而分解纤维蛋白，从而溶解血栓。静脉溶栓应尽快进行，血栓形成后早期开始应用，血栓溶解的效果较好。超过时间窗治疗，效果不佳或不良反应明显。现认为有效挽救半暗带组织的时间窗为 4.5 h 内或 6 h 内。

静脉溶栓药物分为三代，包括链激酶、阿替普酶、尿激酶和替奈普酶等。链激酶为第一代天然溶栓药，容易引起出血及变态反应，不常用。我国目前使用的溶栓药主要为第二代溶栓药阿替普酶。阿替普酶是美国 FDA 迄今批准用于急性缺血性脑卒中的唯一溶栓药物。

（1）阿替普酶（alteplase）：是用基因工程方法生产的人重组组织型纤溶酶原激活物（recombinant tissue plasminogen activator，rt-PA），是一种丝氨酸蛋白酶，主要优点是选择性高。溶栓效果与链激酶相当，但它只激活血凝块中与纤维蛋白结合的纤溶酶原，而不激活血浆游离的纤溶酶原，所以出血并发症少。而且该药无抗原性，无变态反应。影响其有效性最重要的因素是应用的时间，越早应用，效果越好。超过时间窗，不仅溶栓效果大大降低，而且出血并发症增加。《中国急性缺血性脑卒中诊治指南2018》（以下简称《指南》）对阿替普酶静脉溶栓的不同时间窗（3 h内及3～4.5 h）的适应证、禁忌证及相对禁忌证都有详细的规定。

（2）尿激酶（urokinase）：是从尿液中提取的活性双链结构激酶，为最早发现的纤溶酶原激活物。可直接作用于纤溶酶原，部分药物可迅速进入血栓内部，激活血栓中的纤溶酶原，起局部溶栓作用。无抗原性，对新鲜的血栓溶解迅速、有效，对陈旧性血栓溶解较差。尿激酶的缺点是属非选择性溶栓药物，能耗竭全身纤维蛋白原，造成全身抗凝溶栓状态，容易诱发出血。尿激酶应该在6 h内使用，其静脉溶栓的适应证及禁忌证在《指南》中也有详细的规定。如没有条件使用tPA，且发病在6 h内，对符合适应证和禁忌证的患者，可考虑静脉给予尿激酶。

溶栓药物最主要的并发症是出血，特别要注意脑出血的发生。一旦出血，可应用抗纤维蛋白溶解药（氨基己酸或氨甲环酸）进行对抗。

2. 抗血小板药

主要通过作用于血小板代谢途径中不同的靶点而抑制血小板黏附、聚集和释放反应，防止血栓形成和发展。

（1）分类：根据药物作用的靶点不同，抗血小板药主要分为以下几类：①环氧酶抑制剂，如阿司匹林（aspirin）；②TXA_2合成酶抑制剂，如利多格雷（ridogrel）；③前列腺素类，如依前列醇（epoprostanol，PGI_2）；④PDE抑制药，如双嘧达莫（dipyridamole）；⑤ADP受体拮抗药，如氯吡格雷（clopidogrel）；⑥血小板糖蛋白（platelet glycoprotein Ⅱb/Ⅲa，GPⅡb/Ⅲa）受体拮抗药如阿昔单抗（abciximab）、依替巴肽（integrilin）等。

缺血性脑卒中，用得较多的药物为阿司匹林和氯吡格雷。

（2）临床用药要点：①对于不符合静脉溶栓或血管内取栓适应证且无禁忌证的缺血性脑卒中患者，口服阿司匹林160～300 mg/d。急性期后可改为预防剂量（50～300 mg/d）。②溶栓治疗者，阿司匹林等抗血小板药物应在溶栓24 h后开始使用。③对不能耐受阿司匹林者，可考虑选用氯吡格雷等抗血小板治疗。④未接受静脉溶栓治疗的轻型脑卒中患者，在发病24 h内应尽早启动双重抗血小板治疗（阿司匹林和氯吡格雷）并维持21天。

3. 抗凝药物

抗凝药是通过抑制某些凝血因子来防止血液凝固的药物。它们的功能是防止现有的血块变大以及防止新的血块形成。

凝血过程是一个由各类凝血因子层层激活的级联反应，最终通过激活凝血酶（凝血因子Ⅱ）而激活纤维蛋白原（凝血因子Ⅰ），形成血凝块。抗凝药物通过抑制不同

Note

的凝血因子而产生作用，主要分类如下。

（1）凝血酶间接抑制药。

① 肝素（heparin）：通过与抗凝血酶结合，使抗凝血酶发生构象改变，增强抗凝血酶Ⅲ（AT-Ⅲ）的抗凝活性，加速凝血因子（$Ⅱ_a$、$Ⅸ_a$、$Ⅹ_a$、$Ⅺ_a$、$Ⅻ_a$）的失活。肝素抗凝作用强大，体内外都有效，须注射给药。其不良反应包括出血、血小板减少、过敏、肝功能异常等。在使用过程中一旦出血，应当立即停药，可静注硫酸鱼精蛋白进行急救。

② 低分子量肝素（low molecular weight heparin，LMWH）：由普通肝素降解得到，一般分子量<7 kDa。对因子$Ⅹ_a$的影响强于因子$Ⅱ_a$，出血副作用少，作用时间长，血小板减少症及出血并发症的发生率低。

（2）凝血酶直接抑制药：阿加曲班（argatroban）和水蛭素。与肝素相比，具有直接抑制血块中的凝血酶、起效较快、作用时间短、出血倾向小、无免疫源性等潜在优点。

（3）维生素K抑制药：如华法林（warfarin），通过拮抗维生素K，从而抑制凝血因子Ⅱ、Ⅶ、Ⅸ、Ⅹ的活化。口服有效，起效慢，持续时间长。若有出血并发症可用维生素K对抗。

《指南》中对抗凝药物使用的推荐意见：①对大多数急性缺血性脑卒中患者，不推荐无选择地早期进行抗凝治疗（Ⅰ级推荐，A级证据）。临床试验显示治疗组90天时结局优于对照组，但症状性出血显著增加，认为超早期抗凝不应替代溶栓疗法。②对少数特殊的急性缺血性脑卒中患者（如放置心脏机械瓣膜）是否进行抗凝治疗，需综合评估（如病灶大小、血压控制、肝肾功能等），如出血风险较小，致残性脑栓塞风险高，可在充分沟通后谨慎选择使用。

4. 降纤药

很多研究显示缺血性脑卒中急性期血浆纤维蛋白原和血液黏滞度增高，降纤制剂可显著降低血浆纤维蛋白原，并有轻度溶栓和抑制血栓形成作用。对不适合溶栓并经过严格筛选的脑梗死患者，特别是高纤维蛋白原血症者可选用降纤治疗。

（1）降纤酶（defibrase）：国内的蛇毒类凝血酶多从五步蛇、白眉蝮蛇、江浙蝮蛇中提取，统称为降纤酶。不良反应多为轻度，不良反应主要为出血。因此有出血倾向的患者包括新近手术患者、正在使用具有抗凝作用及抑制血小板功能的药物者，以及有过敏史者均禁用降纤酶。

（2）巴曲酶（batroxobin）：巴曲酶从巴西矛头蝮蛇毒液中提取，是目前应用最多的降纤制剂。不良反应较少，主要为出血并发症。因此有出血倾向的患者禁用。

5. 扩容药

扩容药包括右旋糖酐70（中分子右旋糖酐），右旋糖酐40、20（低分子右旋糖酐），右旋糖酐10（小分子右旋糖酐）。主要作用有：①扩充血容，维持血压；②低、小分子量右旋糖酐可抑制血小板和红细胞聚集，降低血液黏滞性，改善微循环；③渗透性利尿。

6. 扩血管药

目前缺乏血管扩张剂能改善缺血性脑卒中临床预后的大样本高质量随机对照试验证据，需要开展更多临床试验。

7. 其他改善脑血循环药物

急性缺血性脑卒中的治疗目的除了恢复大血管再通外，脑侧支循环代偿程度与急性缺血性脑卒中预后密切相关，需进一步开展临床研究寻找有利于改善脑侧支循环的药物或方法。丁基苯酞（butylphthalide）是近年国内开发的Ⅰ类化学新药，主要作用机制为改善脑缺血区的微循环，促进缺血区血管新生，增加缺血区脑血流。

（二）他汀类药物（HMG-CoA还原酶抑制剂）

他汀类（statins）药物是目前临床上应用最广的降脂药。常用药物有洛伐他汀、辛伐他汀、普伐他汀、氟伐他汀、阿托伐他汀等。

血脂主要包括胆固醇和三酰甘油。他汀以降胆固醇为主，而胆固醇是引起动脉粥样硬化的主要因素。他汀类主要降低血浆中低密度脂蛋白胆固醇（LDL-C）、总胆固醇（TC），轻度降低三酰甘油和升高高密度脂蛋白胆固醇（HDL-C），具有剂量依赖性。

他汀类药物可竞争性抑制羟甲基戊二酰辅酶A（3-hydroxy-3-methyl glutaryl coenzyme A，HMG-CoA）还原酶，阻断胆固醇合成。胆固醇生物合成主要在肝中进行，其合成量几乎占全身合成量3/4以上。合成从两分子乙酰辅酶A缩合开始。HMG-CoA还原酶使HMG-CoA转换为中间产物甲羟戊酸（mevalonic acid，MVA）。合成过程中HMG-CoA还原酶是合成胆固醇的限速酶，他汀类与HMG-CoA化学结构相似，且对HMG-CoA还原酶的亲和力高出HMG-CoA数千倍，对该酶发生竞争性抑制作用，使胆固醇合成受阻。

此外，他汀类药物可能对缺血性脑卒中脑损伤具有潜在的多效作用。他汀类药物可降低胆固醇水平，这与降低血管事件风险有关，但它们也具有多种作用，如调节NO和谷氨酸代谢、调节炎症反应、减少血小板聚集、免疫抑制活性、抗凋亡作用以及潜在的促进血管生成。

临床研究表明，他汀类药物在脑卒中急性期具有神经保护作用。对于急性缺血性脑卒中发病前服用他汀类药物的患者，可继续使用他汀治疗；对动脉粥样硬化性脑梗死患者发病后应尽早使用他汀药物开展二级预防，根据患者年龄、性别、脑卒中亚型、伴随疾病及耐受性等临床特征，确定他汀治疗的种类及强度。

（三）神经保护药

应用神经保护药物的目的是防止或减少缺血半暗带的继发性细胞死亡。目前对细胞凋亡、兴奋性毒性和氧化应激等分子途径了解很多，针对不同靶点开发的神经保护药物包括自由基清除药、阿片受体阻断药、电压门控性钙通道阻断药、兴奋性氨基酸受体阻滞药、GABA受体激动药、抗凋亡药、抗炎药物等，理论上讲，均应能够改善缺血性脑卒中患者预后。但绝大多数神经保护药物虽然在动物研究中显示可减轻神经功能缺损程度，却很少在Ⅲ期临床试验中显示同样的保护作用。

　　依达拉奉（edaravone）是一种抗氧化剂和自由基清除剂，国内外多个随机双盲安慰剂对照试验提示依达拉奉能改善急性脑梗死的功能结局并且安全性好，还可改善接受阿替普酶静脉溶栓患者的早期神经功能。胞二磷胆碱（cytidine diphosphate choline）是一种细胞膜稳定剂，几项随机双盲安慰剂对照试验对其在脑卒中急性期的疗效进行了评价，单个试验未显示差异有统计学意义。吡拉西坦（piracetam）的临床试验结果不一致，目前尚无最后结论。

四、缺血性脑卒中的预后

　　该病发病30天内的病死率为5%～15%，致残率达50%以上。存活者中40%以上复发，且复发次数越多病死率和致残率越高。预后受年龄、伴发基础疾病、是否出现合并症等多种因素影响。

　　大脑具有很强的可塑性。在脑卒中后的几周或几个月里，许多部分受损的细胞会恢复并重新开始工作。与此同时，大脑中其他未受影响的部分接管了之前由受损脑细胞执行的任务，这是康复目标的一部分。恢复所需的时间因人而异。在脑卒中后的最初几周大脑功能的恢复是很常见的。但通常情况下，大部分的功能恢复发生在脑卒中后一年至一年半的时间内，但仍有部分患者大脑功能在更长的时间内能够继续改善。

（安　杰）

第十九章 神经系统一般检查

第一节 神经系统疾病的常见症状与体征

病例 19-1-1

患者李大爷，男，60岁，因"头痛、肢体抽搐1个月，加重伴发热、精神异常2周"入院。1个月前无明显诱因出现头痛，表现为胀痛，头顶部显著，不伴恶心呕吐等症状。理发过程中突然从座椅摔下，双眼向右侧凝视，右侧口角抽动，四肢强直，呼之不应。肢体抽搐约3 min停止，事后患者不能回忆发作过程，此后出现类似抽搐发作3次，测体温38℃，发作间期患者可正常进食和行走，头痛持续存在。2周前，抽搐症状出现更频繁，并出现躁动、喊叫、记忆力下降（忘记物品放置位置）等症状。

请思考以下问题：神经系统损害有哪些常见症状？该患者病史中描述的主要症状有哪些？提示是什么疾病造成的？为什么会造成这些疾病？为了准确诊断，你还需要知道哪些信息？这些信息有何意义？如何获得？

在临床实践中，患者常因某种神经系统症状就诊，因此，对于医生来说，掌握神经系统常见症状与体征至关重要，结合患者病史、症状、体征，进行神经系统定位诊断和定性诊断，为下一步的检查及治疗方案提供思路。本节主要介绍神经科常见的症状和体征，以提高临床医学生对神经系统疾病的认识及诊断能力。

一、意识障碍

意识是指个体对于内部和外部环境的感知、理解能力。主要包括觉醒和意识内容两部分。觉醒需要脑干网状结构和大脑半球的相互作用，脑干网状结构功能障碍或大脑半球功能障碍都会引起意识的改变，表现为嗜睡、昏睡和昏迷等。意识内容的改变包括意识模糊、谵妄状态等。

（一）意识内容障碍

1. 意识模糊（confusion）

患者对外界刺激的反应低于正常水平，表现为注意力减退、定向力障碍、情感反应淡漠、言语及活动减少。

2. 谵妄（delirium）

患者对周围环境的认知和反应都下降，表现为思维迟钝，记忆力、注意力、定向力、语言功能下降，睡眠周期紊乱，常出现紧张、恐惧、兴奋，甚至有冲动和攻击行为。

（二）意识水平变化

根据意识水平的变化，可以分为嗜睡、昏睡和昏迷。

1. 嗜睡

嗜睡（somnolence）是指患者在没有外部刺激的情况下无法维持清醒状态。在这种状态下，精神、言语和身体活动都会减少，表现为注意力不集中和轻微的混乱，两者都随着觉醒而改善。这种状态与轻度睡眠无法区分，通过与患者交谈或施加触觉刺激可引起缓慢觉醒。

2. 昏睡

昏睡（stupor）是指患者只能通过强烈的外部刺激被唤醒，但如果没有重复的外部刺激，患者无法维持唤醒状态。对口头命令的反应要么缺乏，要么缓慢且不充分，不安或刻板的运动是常见的，自主运动减少或完全消失。肌腱和足底反射及呼吸模式可能会改变，也可能不会改变，这取决于患者潜在疾病的发生方式。

3. 昏迷

昏迷（coma）是指患者无法被外部刺激或内在需求唤醒。在深昏迷阶段，患者角膜反射、瞳孔反射、咽反射、肌腱和足底反射消失，肢体肌肉的张力减弱。在浅昏迷阶段，瞳孔反射、眼部反射、角膜反射和其他脑干反射在不同程度上得到保留。

植物状态（vegetative state）指患者有觉醒但无知觉的深昏迷状态，是大脑半球严重受损而脑干功能相对保留的一种状态。最常见于闭合性头部创伤导致的弥漫性脑损伤、心脏停搏后脑皮质的广泛坏死。患者有睡眠-觉醒周期，能够自发睁眼，眼睛会间歇性地左右移动，但没有任何形式的、有目的的行为。非外伤性脑损伤持续3个月，或者脑外伤后持续12个月，称为持续性植物状态。

脑死亡（brain death）是指大脑和脑干功能完全丧失的状态，特征是人体对所有刺激模式完全无反应、呼吸停止，以及24 h内无所有脑电图活动。诊断脑死亡必须排除可逆原因，如药物过量、低温等。

二、认知障碍

认知是指脑接受外界信息，进行加工处理，获得并应用知识的过程。主要包括记忆、计算、视空间、判断、语言和执行等。认知障碍指上述至少1项功能出现损害。

（一）记忆障碍

记忆是指大脑对信息的储存和提取过程。常分为瞬时记忆（即时记忆）、短时记忆和长时记忆。瞬时记忆是大脑对事物的瞬间印象，有效时间短于2 s，不能构成真正的记忆。短时记忆一般不超过1 min。短时记忆经过反复学习，在脑内形成长时记忆，可维持数分钟、数日甚至终生。记忆障碍包括遗忘、记忆减退等。

遗忘（amnesia）是指对学习记忆的材料不能回忆。常分为顺行性遗忘和逆行性遗忘。顺行性遗忘指不能回忆疾病发生后一段时间内经历的事件，表现为近期事件记忆差，不能保留新近获得的信息，而远期记忆尚保存。逆行性遗忘指不能回忆疾病发生前某一时间段的事情，是既往的信息丢失，可见于脑震荡、中毒等。

（二）痴呆

痴呆（dementia）是指脑功能障碍导致的获得性和持续性智能损伤综合征。痴呆的诊断必须有两项及以上认知域受损，并影响患者的日常或社会能力。痴呆可由脑退行性变（如阿尔茨海默病）或脑血管病、外伤、中毒等病因导致，痴呆患者常伴发精神行为异常或人格改变。

轻度认知障碍（mild cognitive impairment）是介于正常衰老和痴呆之间的一种认知障碍综合征。患者存在轻度认知功能减退，但日常生活能力不受明显影响。

（三）失语

失语（aphasia）是指在意识和发音器官功能正常情况下，脑语言功能区病变导致的言语交流障碍，表现为自发讲话、听理解、复述、阅读、命名和书写6个方面能力损害或丧失。失语的主要类型可分为以下3种。

1. 外侧裂周围失语综合征

包括Broca失语和Wernicke失语，病灶位于脑外侧裂周围，共同特点是均有复述障碍。

（1）Broca失语：又称运动性失语，由语言优势侧额下回后部病变引起。临床表现为口语表达障碍，找词困难，不能运用复杂句式，或者仅能发出个别音节，但口语理解能力保留。

（2）Wernicke失语：又称感觉性失语，由语言优势侧颞上回后部病变引起。临床特点是听理解障碍，患者虽然听觉正常，但听不懂别人和自己的讲话。口语表达流利，发音正常，语量增多，但语言混乱，缺乏有意义的词句，答非所问，难以理解。

2. 命名性失语

语言优势侧颞中回后部病变引起。主要特征是患者能表述物体的性质和用途，却不能说出物体名称（命名）。别人告知患者该物体的名称时，患者能辨别对错。

3. 完全性失语

也称混合性失语，是最严重的失语类型，所有语言功能均严重障碍或丧失。患者仅能刻板言语，听理解、命名、复述、阅读和书写均不能。

三、头痛

头痛（headache）是指外眦、外耳道与枕骨粗隆连线以上部位的疼痛。主要临床表现为全头部或局部的胀痛、搏动样痛、勒紧感等，头痛程度和病变严重程度不一定成正比。头痛鉴别需要根据头痛的发生速度、疼痛部位、持续时间、疼痛程度、疼痛性质及伴随症状等综合分析。头痛大致分为原发性头痛和继发性头痛两类。继发性头

Note

痛病因可以涉及各种明确病变如脑血管病、脑炎、脑外伤及全身疾病等。原发性头痛不能归于某一确切病因，主要见于以下3种类型。

（一）偏头痛

偏头痛（migraine）是一种常见的原发性头痛，多为单侧、中重度、搏动性头痛，持续时间4～72 h，日常活动（如步行或上楼梯）会加重头痛，可伴有恶心、呕吐、畏光、畏声等症状，根据偏头痛发作前有无先兆可分为有先兆偏头痛和无先兆偏头痛。

（二）丛集性头痛

丛集性头痛（cluster headache）表现为一侧眼眶周围发作性剧烈疼痛，可伴有结膜充血、流泪、面部出汗、瞳孔缩小等自主神经功能症状，常于每日同一时间发作，夜间发作是丛集性头痛的一个特征，颅脑影像学检查无器质性疾病。

（三）紧张性头痛

紧张性头痛（tension headache）为最常见的原发性头痛，中年女性稍多见，表现为枕、颞、额部或者全头部紧绷感或压迫性头痛，通常呈钝痛，多为双侧，部分患者伴有焦虑和抑郁症状。目前紧张性头痛的机制尚不清楚。

四、眩晕

头晕（dizziness）是一种非特异性症状，可表现为头昏、头胀、头重脚轻等感觉。眩晕（vertigo）是一种位置性或运动性错觉，指感到周围环境物体或自身旋转或摇动。当患者表示环境中的物体在一个方向上旋转或有节奏地移动，或者有头部和身体旋转的感觉时，眩晕的识别并不困难。这种感觉可以描述为身体的来回或上下运动，患者可以将这种感觉描述为船舶的纵摇和横摇带来的感觉。步行时患者可能感觉不稳定并转向一侧，或者可能有倾斜或被拉到地面另一侧的感觉。这种冲动或"脉动"的感觉是眩晕的特征。眩晕常伴有一定程度的恶心、呕吐、苍白、出汗和行走困难等症状。患者可能只是不愿意走路，或者走路不稳，转向一侧，或者如果眩晕严重，可能根本无法走路。被迫躺下时，患者可意识到某个姿势，通常是一侧闭眼时能够减少眩晕和恶心症状，而头部的轻微运动也会加剧眩晕和呕吐。

根据病变解剖部位，眩晕可分为系统性眩晕（前庭神经系统病变）和非系统性眩晕（前庭神经系统以外病变）。

（一）系统性眩晕

按病变部位和临床表现又可分为周围性眩晕和中枢性眩晕。

1. 周围性眩晕

指前庭感受器和前庭神经颅外段病变引起的眩晕，眩晕感严重，持续时间短，常伴耳鸣及听力下降，恶心出汗等自主神经症状明显。可见于良性发作性位置性眩晕、梅尼埃病等。

2. 中枢性眩晕

指前庭神经颅内段、前庭神经核、小脑和大脑皮质病变引起的眩晕，眩晕感较轻，但持续时间长，听觉损害及自主神经症状较轻，常见于脑干梗死和出血等疾病。

（二）非系统性眩晕

通常无自身旋转感或摇摆感，表现为头晕眼花，行走不稳，较少出现恶心呕吐等症状。常见于眼部疾病（屈光不正）、心血管疾病、内分泌代谢疾病、感染、中毒等。

五、癫痫发作

癫痫发作（epileptic seizure）是指由于大脑皮质神经元异常放电导致的短暂脑功能障碍。临床表现包括运动异常、感觉异常、意识障碍、自主神经功能障碍、精神异常等。运动异常包括肢体抽搐、阵挛、强直等；感觉异常可表现为肢体麻木、针刺感等；意识障碍可见于发作初始期，也可见于发作结束后；精神异常可表现为似曾相识感、恐惧感、幻觉、错觉等；自主神经功能异常可表现为面色潮红、多汗、小便失禁等。癫痫发作病因多样，既可以由原发性神经系统疾病引起，也可以由其他系统性疾病引起，如低血糖、高热、药物中毒等。虽然所有癫痫患者都表现出癫痫发作症状，但患者若仅出现一次癫痫发作，不能被认为一定患有癫痫。

（一）癫痫发作的分类

1. 根据癫痫发作时的临床表现和脑电图特征进行分类，临床应用最广的是国际抗癫痫联盟（ILAE）1981年癫痫发作分类。

（1）部分性发作（partial seizures）：包括单纯部分性发作（运动性、感觉性、自主神经性、精神症状性发作）、复杂部分性发作、部分性发作继发全面性发作。前者无意识障碍，后两者出现意识障碍。

（2）全面性发作（generalized seizures）：包括失神发作、强直性发作、阵挛性发作、强直阵挛性发作、肌阵挛发作、失张力发作。

（3）不能分类的发作。

2. 2017年国际抗癫痫联盟新的癫痫发作分类与1981版层层递进分类不同，采用平行结构分类。第一步区分局灶性起源、全面性起源和起源不明，第二步根据临床获得的信息（特别是最初症状、脑电图）进行更详细分类。基本分类如下。

（1）局灶性起源：第一步，明确有无知觉障碍（impaired awareness）；第二步，明确是否运动症状起源，是否为局灶性进展为双侧强直-阵挛发作。

（2）全面性起源：分为运动症状起病或非运动症状起病（失神）。

（3）起源不明：分为运动症状起病或非运动症状起病，以及不能分类的发作。

（二）癫痫发作的鉴别

1. 晕厥

指由于脑血液灌注不足引起的伴有姿势张力丧失的发作性意识丧失。包括反射性晕厥（血管迷走性晕厥最常见）、心源性晕厥、脑源性晕厥等。晕厥发作前通常会有心慌、胸闷、大汗、面色苍白、视物不清、头晕、肢体无力等晕厥前期症状，而后患者意识丧失，伴有血压下降、脉搏微弱，可伴有小便失禁。一般无肢体抽搐、舌咬伤等症状，发作过后可留有头痛、头晕、面色苍白及乏力等症状。发作期间脑电图多正常。

2. 短暂性脑缺血发作

指由于脑或视网膜缺血引起的短暂性神经功能缺损，多见于老年人，伴有高血压、糖尿病、冠心病等脑血管病危险因素，起病急，表现为相应血管病变的临床症状，短时间内症状完全恢复，不超过 24 h，影像学检查无责任病灶。脑电图检查无痫性放电。

3. 心因性发作

由心理障碍引发的情感、自主神经、感觉或运动表现的假性癫痫发作，临床表现为心悸、窒息感、眩晕、莫名的不适感、肢端感觉异常、哭闹和意识改变，伴或不伴运动表现。与癫痫发作不同的是，心因性发作表现形式多样，无固定的表现模式，且比癫痫发作持续时间更长，情绪引导或暗示可能起到一定作用，脑电图无痫性放电。

六、瘫痪

瘫痪（paralysis）表示个体随意运动功能部分或完全丧失。按照病因可分为神经源性、神经肌肉接头性、肌源性。根据肌无力的位置和分布，瘫痪可分为单瘫、偏瘫、截瘫、四肢瘫。按照损伤的运动传导通路部位不同，瘫痪可分为上运动神经元性瘫痪和下运动神经元性瘫痪。

（一）根据肌无力的位置和分布进行分类

1. 单瘫

单瘫（monoplegia）是指一条腿或手臂的所有肌肉的无力或麻痹。不伴肌萎缩的单瘫通常是由大脑皮质损伤引起的。伴肌萎缩的单瘫更常见，肌肉失神经支配时，常发生失神经萎缩，还可能伴肌束颤动，肌腱反射减少或消失。

2. 偏瘫

偏瘫（hemiplegia）是最常见的瘫痪形式，包括同侧的手臂、腿部，有时还包括身体一侧的面部。偏瘫常因对侧的皮质脊髓传导束损伤导致。偏瘫的病因主要包括脑卒中、脑外伤、脑肿瘤、脱髓鞘疾病等。

3. 截瘫

截瘫（paraplegia）是指脊髓损伤导致损伤平面以下瘫痪。严重的截瘫会影响到损伤水平以下的所有肌肉，并伴有受损平面以下感觉丧失及大小便障碍。

4. 四肢瘫

四肢瘫（quadriplegia）是指四肢无力或瘫痪。病因包括颈髓、周围神经、神经肌肉接头、肌肉疾病及大脑或脑干的双侧上运动神经元病变。

（二）按照损伤的运动传导通路部位不同进行分类

1. 上运动神经元性瘫痪

上运动神经元性瘫痪也称痉挛性瘫痪，是由大脑皮质运动区神经元及其发出的下行纤维病变所致。

2. 下运动神经元性瘫痪

下运动神经元性瘫痪也称迟缓性瘫痪，通常是脊髓前角运动神经元及其轴突形成的周围神经损伤所致，脑干运动神经核及其轴突组成的脑神经运动纤维损伤也可造成迟缓性瘫痪。

上运动神经元性瘫痪与下运动神经元性瘫痪的比较详见表19-1-1。

表 19-1-1　上运动神经元性瘫痪与下运动神经元性瘫痪的比较

特征	上运动神经元性瘫痪	下运动神经元性瘫痪
瘫痪分布	整个肢体为主	肌群为主
肌张力	增高，呈痉挛性瘫痪	降低，呈迟缓性瘫痪
浅反射	消失	消失
腱反射	增强	减弱或消失
病理反射	阳性	阴性
肌萎缩	无或轻度废用性萎缩	明显
肌束或肌纤维颤动	无	可有

七、躯体感觉障碍

躯体感觉（somatic sensation）是指作用于躯体的各种刺激在人脑中的反映。一般躯体感觉包括浅感觉、深感觉和复合感觉。感觉障碍通常分为抑制性感觉障碍和刺激性感觉障碍。

（一）抑制性感觉障碍

抑制性感觉障碍是指感觉（痛觉、触觉、温度觉、深感觉等）的减退或丧失，通常是因为感觉传导通路受损，功能受到抑制所致。某个部位各种感觉都缺失称为完全性感觉障碍。某个部位出现某种感觉缺失，而该部位其他感觉仍存在称为分离性感觉障碍。

（二）刺激性感觉障碍

刺激性感觉障碍通常因感觉传导通路兴奋性增高所致，包括感觉过敏、感觉过度、感觉倒错等。

1. 感觉过敏

感觉过敏是指一般情况下对正常人不会引起不适感或仅引起轻微感觉的刺激，却引发患者强烈的感觉，甚至难以忍受。常见于浅感觉障碍。

2. 感觉过度

感觉过度是指患者在经历很强的刺激后，经过一个潜伏期才能感到强烈的、定位不明确的不适感觉，患者不能正确指出刺激部位，有时感到刺激会向四周扩散，而且不适感持续一段时间后才消失。

　　3. 感觉倒错

　　感觉倒错是指对刺激产生错误的感觉。比如触觉刺激感受为痛觉，常见于脑顶叶病变或分离性转换障碍。

八、共济失调

　　共济失调（ataxia）指小脑、前庭、本体感觉障碍导致的躯干、咽喉和肢体肌肉运动笨拙和不协调，表现为身体平衡、姿势、步态及言语障碍。共济失调临床上可分为以下几种。

（一）小脑性共济失调

　　表现为随意运动速度、幅度和节律不规则，常伴有肌张力减低、眼球运动障碍（粗大眼震、下跳性眼震）及言语障碍（说话缓慢、声音断续、顿挫样、吟诗样语言）。小脑、小脑脚传入传出纤维、脑桥、脊髓等损伤都可以产生小脑性共济失调。小脑半球病变引起同侧肢体共济失调，表现为动作容易超过目标物（辨距不良），动作接近目标时震颤明显（意向性震颤），精细运动协调障碍（如书写字迹越来越大）。小脑蚓部病变可引起躯干的共济失调，导致平衡障碍和步态异常，患者站立不稳，行走时两腿分开以保持身体平衡。

（二）大脑性共济失调

　　由大脑和小脑间联系纤维额桥束和颞枕桥束损伤所致，一侧大脑病变可引起对侧肢体共济失调，症状通常较小脑性共济失调轻。

（三）感觉性共济失调

　　深感觉障碍导致患者不能辨别肢体位置及运动方向所致。表现为站立不稳、落脚不知深浅、踩棉花感。视觉能辅助改善症状，黑暗或闭目后症状明显加重。不伴有眩晕、眼球震颤和言语障碍。多见于脊髓后索和周围神经病变。

（四）前庭性共济失调

　　由前庭损害导致。表现为站立不稳，行走向患侧倾倒，头位的改变常加重症状，伴有明显的眩晕、恶心、眼球震颤。四肢共济运动和语言功能正常。常见于内耳疾病和脑血管病。

九、步态异常

　　步态（gait）通常指行走的运动形式和姿态。正常的步态取决于整个神经调控轴上各种结构的功能是否正常，包括大脑皮质、皮质下和脊髓以及运动神经元、神经肌肉接头及其所支配的肌肉。常见的异常步态分为以下几种（图19-1-1）。

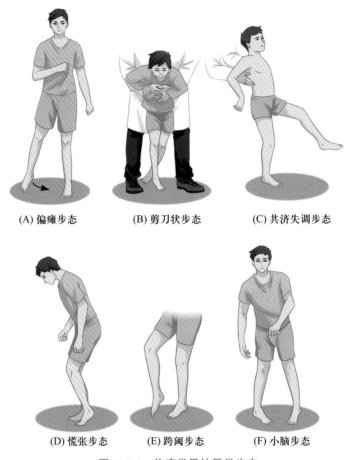

(A) 偏瘫步态　　　(B) 剪刀状步态　　　(C) 共济失调步态

(D) 慌张步态　　(E) 跨阈步态　　(F) 小脑步态

图 19-1-1　临床常见的异常步态

（一）痉挛性偏瘫步态

单侧皮质脊髓束受损引起。特点为上肢屈曲内收，下肢伸直，行走时下肢刮擦地面做划半圈的环形运动。常见于脑血管病、脑外伤后。

（二）痉挛性截瘫步态

双侧皮质脊髓束受损引起。表现为站立时双下肢伸直，双足下垂并内旋，行走时足尖着地，双腿交叉前进，似剪刀样，故又称为"剪刀样步态"。可见于脑瘫、脊髓病变患者。

（三）慌张步态

表现为头向前探，身体前屈，双上肢肘关节屈曲，自然摆臂动作减少，下肢膝关节屈曲，行走时起步困难，迈步后，以极小的步伐越走越快，不能及时止步。是帕金森病的特征性症状之一。

（四）跨阈步态

胫前肌群病变或腓总神经受损引起。表现为足尖下垂，行走时脚过度抬起，足尖先落地。可见于腓总神经病变、腓骨肌萎缩等。

（五）感觉性共济失调步态

深感觉病变引起，如关节位置觉或肌肉运动觉受损。表现为行走时身体晃动，走路不稳，需仔细查看地面寻找落地点，下肢迈步时幅度过大，落地时粗重。闭眼或者无视觉辅助下，共济失调明显加重，故夜间行走困难，闭目难立征阳性。多见于脊髓病变。

（六）小脑步态

小脑受损引起。主要的特点是宽基底步态（双腿分开），站立不稳，行走时步幅步频不规律，向一侧倾斜，表现为"醉酒样"。小脑半球受损出现同侧肢体共济失调，患者倾倒方向与病变部位同侧。

十、不自主运动

不自主运动（involuntary movement）是在意识清楚情况下出现不受主观意识控制的、无目的的异常运动。常见的不自主运动主要包括以下几种。

（一）震颤

震颤（tremor）是主动肌和拮抗肌交替收缩引起身体某部位有节律的运动。震颤常分为生理性震颤、病理性震颤和功能性震颤。病理性震颤分为静止性震颤和动作性震颤。

1. 静止性震颤

是指在肌肉松弛、安静状态下出现的震颤，活动时减轻，睡眠时消失。手指出现"搓丸样"抖动，频率4～6次/s，常见于帕金森病患者。

2. 动作性震颤

常见姿势性震颤和运动性震颤。

（1）姿势性震颤：肢体或躯干保持某种姿势时出现，在随意运动中不出现，可见于特发性震颤、慢性酒精中毒、肝性脑病患者。

（2）运动性震颤：又称为意向性震颤，是指在运动过程中出现的震颤，越接近目标震颤越明显，当到达目标保持固定姿势时，震颤通常仍持续存在。多见于小脑、丘脑、红核病变。

（二）舞蹈样运动

舞蹈样运动（choreic movement）为肢体不规则、无节律的不自主运动，表现为努嘴伸舌、转颈、耸肩、抬臂、扭腕、伸屈手指等，通常随意运动和情绪紧张时加重，安静时减轻，睡眠后消失。多由尾状核和壳核病变引起，比如小舞蹈病、亨廷顿病等。

（三）手足徐动症

手足徐动症（athetosis）表现为手腕和手指缓慢交替性伸屈动作，因上肢远端游走性肌张力增高和降低导致，多见于核黄疸和肝豆状核变性。

（四）偏身投掷运动

偏身投掷运动（hemiballismus）表现为一侧肢体猛烈的投掷样运动，通常肢体近端明显，为丘脑底核损害所致。

（五）抽动症

抽动症（tics）表现为单个或多个肌肉的快速收缩动作，固定或呈游走性，表现为挤眉弄眼、面肌抽动、噘嘴。若累及咽喉肌肉，抽动时则伴有不自主的发声，常见于抽动秽语综合征儿童。

第二节　神经系统体格检查

病例 19-2-1

患者赵大爷，男，66岁，主诉四肢麻木无力1周，加重伴呼吸困难3天。赵大爷1周前腹泻后出现双腿麻木无力，行走变慢，抬脚费力，5天前出现双手麻木，持重物困难，病情持续进展，3天前他爬楼梯、解衣扣、使用钥匙开门均有困难，无发热，无视力下降、吞咽困难、饮水呛咳等症状，无尿便异常。否认高血压、糖尿病史。否认乙肝、结核等传染性疾病史。否认外伤、手术及输血史。个人及家族史：无冶游史，否认家族史。预防接种史：近期无疫苗接种。神经系统体格检查：神志清，精神差，言语流利。记忆力、计算力正常。双侧瞳孔等大等圆，约3 mm，对光反射灵敏，眼球各方向活动灵活，双侧鼻唇沟对称，伸舌居中。四肢肌张力正常，双上肢近端肌力4级，远端肌力3级，双下肢近端肌力4级，远端肌力3级，肱二头肌腱反射（-），膝反射（-），巴宾斯基征（-）。四肢远端痛觉和触觉减退。

问题：1.规范的神经系统临床检查包括哪些内容？

2.赵大爷的临床检查提示哪些异常？这些异常说明什么问题？

临床检查主要涉及患者病史、检查及医生根据上述临床信息做出的医学解释。病史采集和检查（体格检查、辅助检查）是医生基本的诊断技能。

病史采集是临床评估中最重要的部分，可获得患者所经历问题的演变及疾病可能的病因信息。采集内容还包括下列信息：患者年龄、性别、种族、职业、惯用手、既往疾病史、用药史（过去/现在的药物治疗、是否药物过敏）、个人史（包括女性月经史）、外伤输血史、家族史和免疫接种史等。

神经系统体格检查是医生重要的基本技能，有助于发现和评估有无神经系统损伤。体格检查必须娴熟并要顾及患者的痛楚和体验。神经系统体格检查应通常包括以下评估：脑高级皮质功能、脑神经、运动系统（包括共济运动和步态）、反射、感觉系统、脑膜刺激征和自主神经系统。

一、脑高级皮质功能检查

（一）意识及精神状态

通过与患者交流，评估患者是否意识清醒，有无意识水平变化（嗜睡、昏睡、昏迷等）及意识内容改变（意识模糊、谵妄状态等）；通过观察患者外表行为、动作举止及思维等，评估患者精神状态是否正常，有无人格改变、行为异常、精神症状及情绪改变等；有无精神淡漠、低落、欣快、兴奋、烦躁、抑郁及焦虑等情况。

（二）语言及认知功能

1. 记忆力

首先告知患者，需复述检查者所说的词语。检查者说出"国旗、树木、皮球"3个词语，嘱患者即刻复述，评估患者的瞬时记忆功能，确认患者记住这些词语后再进行其他项目测试，约 5 min 后让患者再次回忆以上词语，以评估患者的短时记忆功能。可通过询问患者一些基础常识，比如首都、年份等，评估患者的长时记忆功能。

2. 计算力

可通过让患者做减法算数来评估，比较常用的是嘱患者进行100减7的减法，连续减3次。

3. 定向力

（1）时间定向力：询问患者目前的季节、年月日、星期几等。

（2）空间定向力：询问患者目前在哪个地方，家在哪里等。

4. 失用

给与患者一些指令如洗脸、穿衣服等，观察患者执行命令的情况。

5. 失语

评估患者语言功能时，患者需意识清楚、保持配合。通过患者的口语表达、听理解、阅读、复述、命名和书写能力，综合判断患者是否存在失语情况，并判断患者属于运动性失语、感觉性失语、命名性失语、完全性失语还是不完全失语。

二、脑神经检查

（一）嗅神经

首先询问患者有无嗅觉减退、幻嗅等主观嗅觉障碍，有无鼻腔堵塞及鼻炎等情况。嘱患者闭目，一只手堵塞一侧鼻孔，用常见的带有气味的物质（如牙膏、肥皂、香水）依次置于患者被检查侧鼻孔，让患者描述所闻到的气味并鉴别两者之间有无区别。

（二）视神经

视神经检查可分为视力、视野和眼底的检查。

1. 视力

分为远视力和近视力。

（1）远视力：采用国际标准视力表检测。

（2）近视力：采用标准近视力表检测。

若患者视力明显减退无法分辨视力表，可在一定距离内检测患者手动；若视力减退更严重，可使用瞳孔笔检测患者有无光感。

2. 视野

指双眼平视前方时所能看到的空间范围。检查者与患者间隔约60 cm面对面而坐，嘱患者注视检查者眼睛，双方各自用一只手遮挡住一侧眼睛，检查者用示指在两人等间距之间分别从颞侧、鼻侧、上方、下方由外向内移动，嘱患者看到移动的手指时告知检查者。同理，进行另一侧视野检查。同时以检查者的视野范围作为正常对照进行比较。

3. 眼底

嘱患者坐位或卧位，双眼平视前方，不要转动眼睛。检查患者右眼时，检查者位于患者右侧，右手持眼底镜，右眼观察患者眼底。检查患者左眼时，检查者位于患者左侧，左手持眼底镜，左眼观察患者眼底。眼底检查主要观察患者的视神经盘、黄斑、视网膜及视网膜血管。

（三）动眼神经、滑车神经、展神经

1. 一般检查

嘱患者平视前方，观察患者有无眼睑下垂，两侧眼裂是否一致，有无增大或变窄。

2. 眼球

（1）外观：观察患者眼球位置有无偏斜，眼球有无突出及内陷。

（2）眼球运动：检查者将示指置于患者双眼视线前方30 cm处，嘱患者头部保持不动，双眼跟随示指做向上、下、左、右、左上、左下、右上、右下8个方向运动，观察患者眼球向各个方向运动是否灵活及到位，有无运动受限，同时询问患者眼球向各个方向运动时有无复视，观察患者有无眼球震颤。将示指置于患者视线前方30 cm处，嘱患者注视检查者示指，然后迅速将示指移动至患者鼻根处，可观察到患者双眼内聚（辐辏反射）。

3. 瞳孔

（1）外观：观察患者瞳孔大小，正常室内光照条件下，瞳孔直径为3~4 mm，双侧等大等圆，瞳孔位置居中。瞳孔直径<2 mm为瞳孔缩小，瞳孔直径>5 mm为瞳孔扩大。

（2）对光反射：检查者一只手置于患者鼻梁中央，用瞳孔笔分别从侧面照射双眼瞳孔，瞳孔笔照射时可见瞳孔缩小。照射侧瞳孔缩小称为直接对光反射，照射一侧时出现对侧瞳孔缩小称为间接对光反射。

（3）调节反射：将示指置于患者视线前方30 cm处，嘱患者注视检查者示指，然后迅速将示指移动至患者鼻根处，可观察到患者瞳孔缩小（调节反射）。

（四）三叉神经

1. 运动功能

检查者首先检查患者双侧颞肌及咬肌有无萎缩。用双手同时触碰患者颞肌及咬肌，嘱患者做咬牙动作，感受患者双侧颞肌及咬肌力量大小及双侧是否对称。嘱患者张口，观察有无下颌偏斜。

2. 感觉功能

用针、棉絮、装有温水或冷水的试管接触患者面部皮肤，检测患者痛觉、触觉及温度觉，注意两侧进行对比。

3. 角膜反射

嘱患者眼睛向一侧注视，用细棉絮在眼睛注视侧对侧轻触患者角膜，正常情况下会引起双侧眨眼，直接触及侧为直接角膜反射，对侧为间接角膜反射。

（五）面神经

1. 运动功能

观察患者双侧额纹、眼裂及鼻唇沟是否对称，口角两侧是否对称，有无一侧口角低垂或歪斜。嘱患者做皱眉、闭眼、鼓腮、呲牙等动作，观察患者上述动作能否完成及左右两侧是否对称。

2. 味觉

检查患者舌部前方2/3的味觉，可用棉签蘸取糖、盐等溶液，嘱患者伸舌，涂在舌部一侧，让患者指出事先写在纸上的味觉之一，注意双侧进行比较。

（六）前庭蜗神经

1. 听力检查

用棉球堵住患者一侧耳朵，用机械表、音叉等置于患者另一侧耳朵，由远及近，直至患者能听到声音，记录听到声音的距离，左右两只耳朵分别测量。也可以用粗测法，双手轻捻，询问患者能否听到声音及两侧是否对称。

2. 音叉试验

（1）Rinne试验：将振动的音叉柄置于患者耳后乳突上（骨导），当患者听不到声音时，再将音叉移至患者外耳道旁（气导），询问患者能否听到声音，正常情况下，气导＞骨导，即气导能听到的声音要长于骨导能听到的声音。

（2）Weber试验：将振动的音叉柄置于患者前额正中处，正常情况下，两耳感受到的声音应该一致。

（七）舌咽神经、迷走神经

1. 运动功能

询问患者有无声音嘶哑、吞咽困难及饮水呛咳等症状。嘱患者张开嘴发"啊"声，观察患者软腭动度及左右两侧是否对称，腭垂是否居中。

2. 感觉功能

用棉签轻触患者软腭及咽后壁，询问患者有无感觉及双侧是否对称。检查舌后1/3味觉，用棉签蘸取糖、盐等溶液，嘱患者伸舌，涂在舌部一侧，让患者指出事先写在纸上的味觉之一，注意双侧进行比较。

3. 咽反射

嘱患者张口发"啊"声，用棉签轻触患者一侧咽后壁，可引起患者恶心及干呕动作。注意两侧进行比较。

（八）副神经

观察患者斜方肌及胸锁乳突肌有无萎缩，有无斜颈及塌肩。嘱患者做转颈及耸肩动作，并在给与阻力的情况下嘱患者重复上述动作，左右两侧分别进行并比较。

（九）舌下神经

嘱患者张口，观察患者有无舌肌萎缩及舌肌纤颤。嘱患者伸舌，观察患者伸舌是否居中，有无向一侧偏斜。

三、运动系统检查

1. 姿势及自主运动

观察患者坐位或卧位姿势是否存在异常，是否处于被动卧位状态。观察患者自主运动是否正常。

2. 不自主运动

观察患者有无震颤，若有震颤，评估患者是否为静止性震颤、姿势性震颤或意向性震颤。观察患者有无舞蹈症、手足徐动症，有无肢体抽搐及肌阵挛。出现上述情况时，需记录出现的部位。

3. 肌张力

肌张力（muscle tone）指肌肉在松弛状态下的紧张度。嘱患者放松，令患者关节被动活动，明确关节活动时有无阻力。肌张力增高时，被动活动关节时阻力增大，可分为折刀样肌张力增高（锥体束病变）、铅管样肌张力增高（锥体外系病变）和齿轮样肌张力增高（锥体外系病变，同时存在肢体震颤）。

4. 肌力

肌力（muscle strength）指患者主动运动时肌肉产生的收缩力。通常以关节为中心检查肌群的伸、屈、外展、内收、旋前和旋后等功能。适用于上运动神经元病变及周围神经损害造成的瘫痪，对单神经损害引起的肌力下降则需要对受影响的单块肌肉分别进行检查。各主要肌肉肌力检查方法如表19-2-1和表19-2-2所示。

表19-2-1　上肢主要肌肉肌力检查方法

肌肉	支配神经	功能	检查方法
三角肌	$C_5 \sim C_6$，腋神经	上臂外展	上臂水平外展位，检查者将肘部向下压
肱二头肌	$C_5 \sim C_6$，肌皮神经	前臂屈曲和外旋	肘部屈曲、前臂外旋位，检查者使其伸直并加阻力
肱三头肌	$C_7 \sim C_8$，桡神经	前臂伸直	肘部做伸直动作，检查者加阻力
腕伸肌	$C_6 \sim C_8$，桡神经	腕部伸直	腕部背屈位，检查者自手背下压
腕屈肌	$C_6 \sim T_1$，正中和尺神经	腕部屈曲	腕部掌屈位，检查者自手掌上抬
指伸总肌	$C_6 \sim C_8$，桡神经	2～5掌指关节伸直	指部伸直，检查者在近端指节处加压
拇指伸肌	$C_7 \sim C_8$，桡神经	拇指关节伸直	伸拇指，检查者加阻力
拇屈肌	$C_7 \sim T_1$，正中和尺神经	拇指关节屈曲	屈拇指，检查者加阻力
指屈肌	$C_7 \sim T_1$，正中和尺神经	2～5指关节屈曲	屈指，检查者加阻力
桡侧腕屈肌	$C_6 \sim C_7$，正中神经	腕屈曲和外展	腕部屈曲，检查者在桡侧掌部加压
尺侧腕屈肌	$C_7 \sim T_1$，尺神经	腕屈曲和内收	腕部屈曲，检查者在尺侧掌部加压

表19-2-2　下肢主要肌肉肌力检查方法

肌肉	支配神经	功能	检查方法
髂腰肌	$L_2 \sim L_4$，腰丛、股神经	髋部屈曲	仰卧屈膝，髋部屈曲，检查者将大腿向足部推
股四头肌	$L_2 \sim L_4$，股神经	膝部伸直	仰卧伸膝，检查者屈曲大腿
股内收肌	$L_2 \sim L_5$，闭孔、坐骨神经	股部内收	仰卧，下肢伸直，两膝并拢，检查者向外分开两腿
股二头肌	$L_4 \sim S_2$，坐骨神经	膝部屈曲	俯卧，膝部屈曲，检查者加阻力
臀大肌	$L_5 \sim S_2$，臀下神经	髋部伸直	俯卧屈膝90°，将膝部抬起，检查者加阻力
胫前肌	$L_4 \sim L_5$，腓深神经	足部背屈	足部背屈，检查者加阻力
腓肠肌	$L_5 \sim S_2$，胫神经	足部跖屈	膝部伸直，跖屈足部，检查者加阻力
踇伸肌	$L_4 \sim S_1$，腓深神经	踇趾伸直，足部背屈	踇趾背屈，检查者加阻力
踇屈肌	$L_5 \sim S_2$，胫神经	踇趾跖屈	踇趾跖屈，检查者加阻力
趾伸肌	$L_4 \sim S_1$，腓深神经	2～5趾背屈	伸直足趾，检查者加阻力
趾屈肌	$L_5 \sim S_2$，胫神经	2～5趾跖屈	跖屈足趾，检查者加阻力

六级肌力记录法（0～5级）：检查时让患者做有关肌肉收缩运动，检查者施加阻力，来判断记录。详细检查方法见表19-2-3。

表19-2-3　六级肌力记录法（0～5级）

分级	标准
0级	肌肉完全瘫痪
1级	肌肉可轻微收缩，但不能产生运动
2级	肌肉收缩可产生水平运动，但不能抵抗重力，即不能抬离床面
3级	肢体可以抵抗重力抬离床面，但不能抵抗检查者施加的阻力
4级	肢体能抵抗检查者施加的阻力，但不完全
5级	正常肌力

5. 共济运动

（1）指鼻试验：嘱患者外展伸直一侧上肢，用示指触摸自己鼻尖，反复进行多次，睁眼和闭眼时分别进行上述检查，同时双侧进行比较。

（2）快复动作：嘱患者手掌同时快速进行旋前和旋后动作，观察患者旋转的频率及一致性。

（3）轮替动作：嘱患者用一侧手掌和手背快速交替拍打另一侧手掌，同时对另一侧进行检查并两侧进行比较。

（4）跟膝胫试验：嘱患者卧位，抬高一侧下肢，屈膝后将足跟置于另一侧下肢的膝盖上，并沿小腿胫骨前沿下滑至踝部。注意两侧进行比较。

（5）闭目难立征：嘱患者双足并拢站立，双手向前平伸，观察患者身体能否保持平衡。先睁眼进行检查，后嘱患者闭眼进行上述检查。感觉性共济失调患者睁眼时站立稳定，闭眼时站立不稳定，称为闭目难立征阳性。

6. 步态

嘱患者按照指令站立、行走及转弯，观察患者步态有无异常，并评估患者是否存在偏瘫步态、慌张步态、共济失调步态、跨阈步态、剪刀样步态。

四、反射检查

包括浅反射、深反射、阵挛和病理反射等。检查反射时应双侧对比。

1. 浅反射与深反射

浅反射是指刺激受检者的皮肤、黏膜引起的肌肉收缩反应，包括腹壁反射、提睾反射、肛门反射、跖反射等（图19-2-1和图19-2-2）。深反射是指刺激受检者的骨膜或肌腱，引起的肌肉快速收缩反应，包括肱二头肌反射、肱三头肌反射、膝反射、踝反射等（图19-2-3）。常见的浅反射及深反射检查方法详见表19-2-4和表19-2-5。

图19-2-1　腹壁反射检查方法　　　　图19-2-2　跖反射检查方法

Note

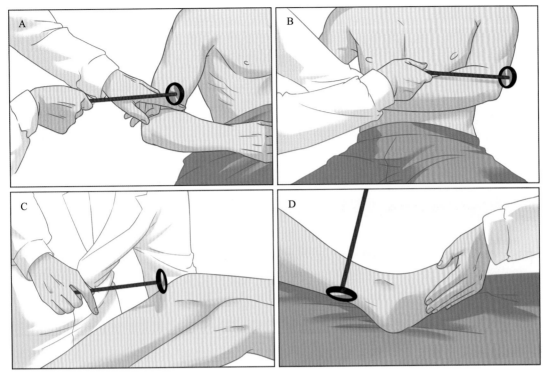

图19-2-3　深反射检查方法
A．肱二头肌反射　B．肱三头肌反射　C．膝反射　D．踝反射

表19-2-4　常见的浅反射检查方法

浅反射	支配神经	检查方法	正常表现
腹壁反射	$T_7 \sim T_{12}$，肋间神经	患者仰卧位，双下肢屈曲，腹部肌肉放松，用竹签分别从外向内划肋弓下缘（$T_7 \sim T_8$，上腹壁反射）、脐孔水平（$T_9 \sim T_{10}$，中腹壁反射）、腹股沟水平（$T_{11} \sim T_{12}$，下腹壁反射）两侧皮肤	腹肌收缩
提睾反射	$L_1 \sim L_2$，生殖股神经	患者卧位，检查者用竹签划患者大腿上部内侧皮肤	提睾肌收缩，同侧睾丸上提
肛门反射	$S_4 \sim S_5$，肛尾神经	用竹签轻划肛门周围皮肤	肛门外括约肌收缩
跖反射	$S_1 \sim S_2$，胫神经	用竹签沿足底外侧划至小趾根部转向内侧	足趾跖屈

表19-2-5　常见的深反射检查方法

深反射	支配神经	检查方法	正常表现
肱二头肌反射	$C_5 \sim C_6$，肌皮神经	患者坐位或卧位，肘部屈曲成直角，检查者左手拇指或中指置于患者肱二头肌肌腱，右手持叩诊锤敲击左拇指或中指	肱二头肌收缩，引起屈肘
肱三头肌反射	$C_6 \sim C_7$，桡神经	患者坐位或卧位，上臂外展，肘部屈曲，检查者左手拖住患者肘部，右手持叩诊锤敲击患者肱三头肌肌腱	肱三头肌收缩，前臂伸展
桡骨膜反射	$C_5 \sim C_8$，桡神经	患者坐位或卧位，肘部微屈曲旋前，腕部放松，检查者右手持叩诊锤敲击患者桡骨下端	桡骨肌收缩，肘部屈曲，前臂旋前
膝反射	$L_2 \sim L_4$，股神经	患者坐位时，膝关节屈曲，小腿自然下垂；患者卧位时，检查者左手托起膝关节呈钝角，右手持叩诊锤敲击患者股四头肌肌腱	股四头肌肌腱收缩，小腿伸展
踝反射	$S_1 \sim S_2$，胫神经	患者仰卧位，屈膝外展位，检查者左手使患者足背屈，右手持叩诊锤敲击患者跟腱	足跖屈

2. 病理反射

正常情况下（除婴儿外）不出现，仅在中枢神经系统锥体束损害时才发生的异常反射，产生机制是大脑失去了对脑干和脊髓的抑制作用。

Babinski征又称巴宾斯基征。被检查者仰卧，下肢伸直，检查者手持被检查踝部，用钝头竹签划足底外侧缘，由后向前至小趾跟部并转向为内侧，正常反应为足趾跖屈，阳性反应为蹞趾背屈，余趾呈扇形展开。Babinski征阳性是锥体束损害时最重要的体征。常见的病理征检查方法见表19-2-6。

表19-2-6　常见病理征检查方法

病理征	检查方法	病变表现（体征阳性）
Babinski征	患者坐位或仰卧位，用竹签轻划患者足底外侧，自足跟处向前划至小足趾处转向内侧	蹞趾背屈，其余足趾呈扇形散开
Chaddock征	由外侧踝部下方向前划至足背外侧	蹞趾背屈，其余足趾呈扇形散开
Oppenheim征	用拇指和示指沿胫骨前沿自上而下用力下滑	蹞趾背屈，其余足趾呈扇形散开
Gordon征	检查者用手挤压患者腓肠肌	蹞趾背屈，其余足趾呈扇形散开

Hoffmann征的反射中枢在脊髓C_7～T_1节段，由正中神经传导。检查者左手持患者腕部，右手中指抬起患者中指，并用拇指弹拨患者中指指甲，阳性表现为被检查侧拇指屈曲内收，其他手指屈曲，提示锥体束损害。

3. 阵挛

（1）髌阵挛：患者仰卧位，下肢伸直，检查者捏住患者髌骨上缘，快速的向下推动。阳性表现为髌骨发生节律性上下颤动，提示锥体束受损。

（2）踝阵挛：患者仰卧位，膝关节屈曲，检查者左手托住患者腘窝，右手握患者足前部，迅速使患者足背屈，并用手持续压于足底。阳性表现为跟腱发生节律性收缩，提示锥体束受损。

五、感觉系统检查

应在安静地环境下进行，先检查病变侧，再检查正常侧。感觉系统检查主要包括浅感觉、深感觉、复合感觉。

（一）浅感觉

1. 痛觉

用针头轻刺患者皮肤，询问患者有无疼痛，并双侧进行比较。

2. 温度觉

用盛冷水和热水的试管分别触及患者皮肤，询问患者冷热感觉，并双侧进行比较。

3. 触觉

用细棉絮或棉签轻触患者皮肤，询问患者感觉，并双侧进行比较。

Note

（二）深感觉

1. 运动觉

嘱患者闭目，用手指捏住患者手指或足趾两侧，向上、向下活动患者手指或足趾，嘱患者说出移动的方向。

2. 位置觉

嘱患者闭目，移动患者一侧肢体至特定位置，嘱患者用另一侧肢体进行模仿。

3. 振动觉

将振动的音叉柄置于患者骨隆起处，询问患者有无振动的感觉，并双侧进行比较。

（三）复合感觉

1. 实体觉

嘱患者闭目，让患者触摸平时常见的物体，让患者说出物体的名称、形状等。

2. 定位觉

嘱患者闭目，用手指轻触患者皮肤，让患者说出触及的部位。

3. 图形觉

嘱患者闭目，用棉签在患者皮肤上画出圆形、方形或三角形，让患者说出所画的形状。

六、脑膜刺激征

脑膜刺激征包括颈强直、Brudzinski 征和 Kernig 征。

1. 颈强直

首先排除患者颈椎病及其他引起颈部活动受限的疾病。患者仰卧位，嘱患者颈部放松，检查者左手托住患者枕部，并使患者头部做被动屈颈动作。一般正常人屈颈时下颏可触及胸骨柄，被动屈颈受限称为颈强直。

2. Brudzinski 征

患者仰卧位被动屈颈时出现膝、髋关节屈曲，为 Brudzinski 征阳性。

3. Kernig 征

患者仰卧位，下肢膝、髋关节屈曲呈直角，检查者使患者膝关节被动伸直，如果伸直受限（大小腿夹角<135°）并出现疼痛，则为 Kernig 征阳性（图 19-2-4）。

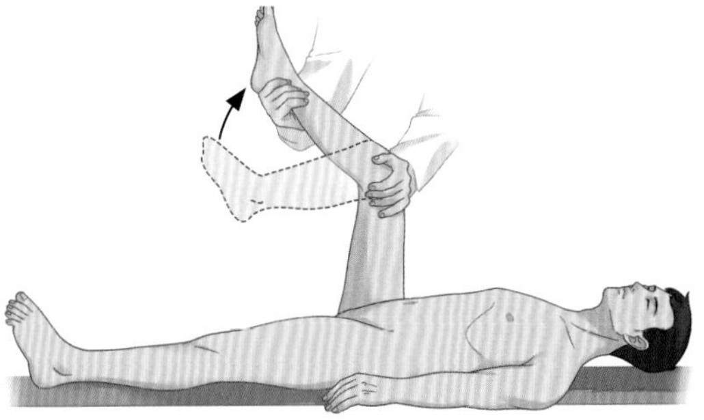

图 19-2-4　Kernig 征检查方法

七、自主神经系统

1. 一般检查

检查患者皮肤黏膜、毛发和指甲的状态，出汗的情况等。

2. 皮肤划痕实验

用竹签在患者腹壁加压画一条线，数秒后变成白线条，之后变成红线条为正常反应。如白线条持续时间超过5 min，为交感神经兴奋性增高。

3. 卧立位血压试验

嘱患者排空膀胱，休息15 min以上，在安静环境下给与患者测量血压。然后嘱患者站立，3 min后复测血压，正常人血压下降范围<10 mmHg。如果站立3 min内，收缩压下降>20 mmHg，舒张压下降>10 mmHg，并且有大脑低灌注情况，如出现头晕、视物模糊甚至晕厥等症状，提示患者自主神经兴奋性增高，卧立位血压试验阳性。

第三节　神经系统辅助检查

一、脑脊液检验

脑脊液（cerebrospinal fluid，CSF）检查通常用于神经系统感染、神经免疫疾病及蛛网膜下腔出血的诊断。通过腰椎穿刺的方法对脑脊液进行采样，同时可以测量压力。正常成人CSF体积约为150 mL，大约每8 h循环更新一次。正常腰椎穿刺测压力为80~180 mmH$_2$O。CSF中白细胞计数及蛋白含量增高常见于脑膜脑炎、神经免疫病或肿瘤性疾病。CSF存在红细胞或含铁血黄素沉着巨噬细胞常提示蛛网膜下腔出血。

二、神经电生理检查

（一）脑电图

脑电图（electroencephalography，EEG）通过放置多个电极（头皮或颅内）记录大脑的电活动，可以记录到正常人不同脑区表现的特定频率的节律（图19-3-1）。脑电图常用于诊断癫痫（图16-4-1），对癫痫样放电的分析有助于确定癫痫发作的起源部位。脑电图也被用于确认脑死亡，可以显示大脑的电活动是否停止。

（二）肌电图

肌电图（electromyography，EMG）常用于肌肉病和周围神经疾病的诊断，使用肌内针或表面电极记录自发和电刺激的肌肉活动，可以检查肌纤颤或肌束颤。前者是肌肉纤维失神经后不能被肉眼识别的自发肌肉活动；后者是由于神经变性引起自发的运动单位放电导致受累肌纤维不规则"跳动"。神经传导速度检测是在应用电刺激后测量动作电位沿神经传导速度，也能记录肌肉出现反应的时间（图19-3-2）。

Note

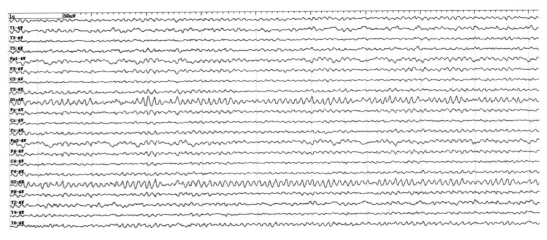

图 19-3-1　脑电图（成人清醒时）

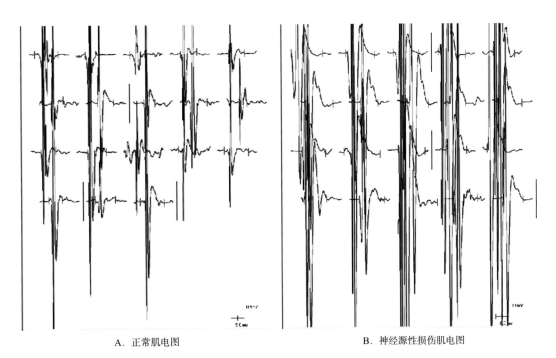

A. 正常肌电图　　　　　　　　　　　　　B. 神经源性损伤肌电图

图 19-3-2　肌电图检查

A. 正常肌电图（小力肌肉收缩时针极肌电采集到的运动单位电位）；B. 神经源性损伤肌电图（运动单位电位较正常变宽变高）

三、神经影像检查

（一）计算机断层扫描

计算机断层扫描（computed tomography，CT）的原理是X线束以一系列连续的平面方式扫描人体，如头颅或脊柱，根据组织对X线束的差分吸收建立扫描的结构图，图像通常是在轴向平面上获得的（图19-3-3）。CT对急性脑出血、颅骨骨折、脑肿瘤诊断具有优势。尽管它可以检测出突出的椎间盘和骨质断裂，但CT对脊髓结构相对不敏感。额外注射对比剂可以帮助显示血管系统（如动脉瘤和动静脉畸形）和病变性质。

Note

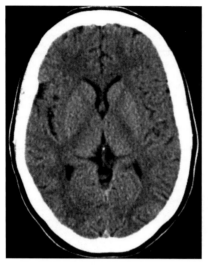

图 19-3-3 颅脑 CT（基底节层面）

（二）磁共振成像

　　磁共振成像（magnetic resonance imaging，MRI）产生的信号是源于氢质子（主要存在于神经组织的水中）在磁场中的变化。质子在强磁场中被横向磁脉冲激发，在恢复期间，它们发出的信号可以被采集并转换为反映解剖结构功能的图像。因为神经系统灰质比白质含有更多水，两者图像信号有明显区别。常用的 MRI 的图像序列是 T_1 加权像、T_2 加权像、液体衰减反转恢复（fluid-attenuated inversion recovery，FLAIR）像、弥散加权像（图 19-3-4）。MRI 能够清晰地显示脊髓和神经根图像，有助于脊髓压迫、脊髓空洞症或肿瘤诊断。由于磁共振成像仪的强大的磁场会移动铁磁性物体，因此它只能在患者没有金属植入物（如金属板、除颤器和起搏器等）的情况下安全使用。此外，患者必须在磁共振扫描设备中平躺较长时间保持不动进行扫描。

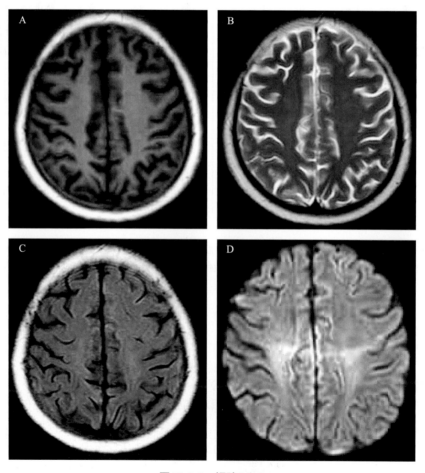

图 19-3-4 颅脑 MRI
A. T_1 加权像；B. T_2 加权像；C. 液体衰减反转恢复像；D. 弥散加权像

正电子发射体层成像（position emission tomography，PET）是基于发射正电子的放射性核素标记的化合物来成像，可监测大脑活动期间的脑血流及其变化。PET的缺点是空间分辨率较低且显像剂具有辐射性。

（三）经颅多普勒超声

经颅多普勒超声（transcranial doppler，TCD）借助脉冲多普勒技术使超声束穿透颅骨较薄的部位，描记脑动脉血流的多普勒信号，获取脑动脉的血流动力学参数，可以用于评估血管狭窄和通过血管的血液流动特征（图19-3-5）。

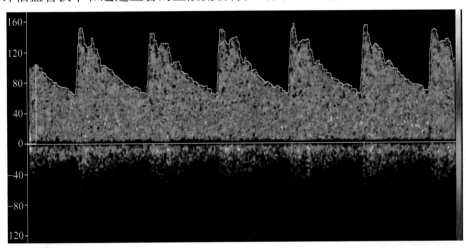

图19-3-5　经颅多普勒超声（大脑中动脉）

（四）数字减影血管造影

数字减影血管造影（digital subtraction angiography，DSA）应用计算机程序将经动脉或静脉注入对比剂后的组织图像与原始图像进行减影（去除骨骼/脑组织等影像）处理，保留充盈对比剂的血管图像。DSA显示的血管影像清晰准确，是评估血管病变的重要手段（图19-3-6）。

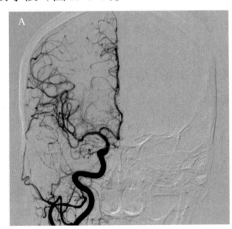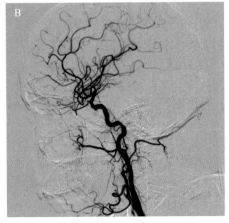

图19-3-6　脑血管造影（前循环）

A. 冠状位；B. 矢状位

（王胜军）

参 考 文 献

[1] 丁文龙, 刘学政. 系统解剖学 [M]. 9版. 北京: 人民卫生出版社, 2018.

[2] 崔慧先, 李瑞锡. 局部解剖学 [M]. 9版. 北京: 人民卫生出版社, 2018.

[3] 张绍祥, 张雅芳. 局部解剖学 [M]. 3版. 北京: 人民卫生出版社, 2015.

[4] KANDEL E R, SCHWARTZ J H, JESSELL T M, et al. Principles of neural science [M]. 5th ed. New York: McGraw-Hill Education, 2013.

[5] 李和, 李继承. 组织学与胚胎学 [M]. 3版. 北京: 人民卫生出版社, 2015.

[6] 李继承, 曾园山. 组织学与胚胎学 [M]. 9版. 北京: 人民卫生出版社, 2018.

[7] BEAR M F, CONNORS B W, PARADISO M A. Neuroscience-exploring the brain [M]. 4th ed. Netherlands: Wolters Kluwer, 2016.

[8] PURVES D, AUGUSTINE G J, FITZPATRICK D, et al. Neuroscience [M]. 6th ed. New York Oxford University Press, 2017 .

[9] 骆利群. Principles of neurobiology [M]. Garland Science: Taylor & Francis Group, 2013.

[10] 关新民. 医学神经生物学纲要 [M]. 北京: 科学出版社, 2003.

[11] 何成, 陈宜张. 医学神经生物学 [M]. 上海: 第二军医大学出版社, 2014.

[12] 寿天德. 神经生物学 [M]. 3版. 北京: 高等教育出版社, 2013.

[13] 于龙川. 神经生物学 [M]. 北京: 北京大学出版社, 2012.

[14] 熊鹰, 陈鹏慧, 周艺. 神经生物学 [M]. 2版. 北京: 科学出版社, 2021.

[15] 丁斐. 神经生物学 [M]. 4版. 北京: 科学出版社, 2022.

[16] 王庭槐. 生理学 [M]. 9版. 北京: 人民卫生出版社, 2018.

[17] BEAR F M, CONNORS W B, PARADISO A M. 神经科学——探索脑 [M]. 2版. 王建军, 译. 北京: 高等教育出版社, 2004.

[18] JOHN E H, MICHAEL E H. Guyton and hall textbook of medical physiology [M]. 14th ed. Philadelphia: Elsevier, Inc, 2021.

[19] 高英茂, 李和. 组织学与胚胎学 [M]. 3版. 北京: 人民卫生出版社, 2015.

[20] MARK F B, BARRY W C, MICHAEL A P. Neuroscience exploring the brain [M]. 4th ed. Lippincott: Williams & Wilkins, 2015.

[21] 杨宝峰, 陈建国. 药理学 [M]. 9版. 北京: 人民卫生出版社, 2018.

[22] 杨宝峰, 陈建国. 药理学 [M]. 3版. 北京: 人民卫生出版社, 2015.

[23] MICHAEL-TITUS A, REVEST P, SHORTLAND P. The nervous system: basic science and clinical conditions [M]. London: Churchill Livingstone, 2010.

[24] MOINI J, PIRAN P. Functional and clinical neuroanatomy-a guide for health care professionals [M]. Philadelphia: Academic Press, 2020.

[25] MICHAEL-TITUS A, SHORTLAND P, REVEST P. System of the body—The nervous system [M]. 2nd

ed. Philadelphia: Elsevier, 2010.

［26］贾建平. 神经病学 [M]. 9版. 北京: 人民卫生出版社, 2018.

［27］谢鹏, 高成阁, 江涛. 器官系统整合教材神经与精神疾病 [M]. 2版. 北京: 人民卫生出版社, 2021.

［28］陆林, 郝伟. 精神病学 [M]. 9版. 北京: 人民卫生出版社, 2018.

［29］步宏, 李一雷. 病理学 [M]. 9版. 北京: 人民卫生出版社, 2018.

［30］Central Nervous System Tumors: WHO classification of tumors [M]. 5th ed. Lyon Washington, DC: IARC, 2021.

［31］KURIAKOSE D, XIAO Z. Pathophysiology and treatment of stroke: present status and future perspectives [J]. Int J Mol Sci, 2020, 21 (20): 7609.

［32］陈杰, 周桥. 病理学 [M]. 3版. 北京: 人民卫生出版社, 2015.

［33］KUMAR V, ABBAS A K, ASTER J C. Robbins basic pathology [M]. 10th ed. Philadelphia: Elsevier Inc, 2018.

［34］LOUIS D N, PERRY A, WESSELING P, et al. The 2021 WHO classification of tumors of the central nervous system: a summary [J]. Neuro Oncol. 2021, 23 (8): 1231-1251.

［35］GRITSCH S, BATCHELOR T T, GONZALEZ C L N. Diagnostic, therapeutic, and prognostic implications of the 2021 World Health Organization classification of tumors of the central nervous system [J]. Cancer, 2022, 128 (1): 47-58.

［36］万学红, 卢雪峰. 诊断学 [M]. 9版. 北京: 人民卫生出版社, 2018.

Note

中英文索引

A

B

C

D

Note

E

R

G

J

K

M

P

R

S

Note

Note

T

Note

W

X

Note

Z

Note